William Dunham

Mathematik von A-Z

Eine alphabetische Tour durch vier Jahrtausende

Aus dem Amerikanischen
von Eberhard Schmitt

Springer Basel AG

Die Originalausgabe erschien 1994 unter dem Titel „The Mathematical Universe" bei John Wiley & Sons, Inc., New York, N.Y.
©John Wiley & Sons, Inc. 1994
All Rights Reserved
Autorisierte Übersetzung der englischen Originalversion

Die Deutsche Bibliothek – CIP-Einheitsaufnahme

Dunham, William:
Mathematik von A – Z : eine alphabetische Tour durch vier Jahrtausende / William Dunham. Aus dem Amerikan. von Eberhard Schmitt.
    Einheitssacht.: The mathematical universe < dt. >
    ISBN 978-3-0348-6015-4   ISBN 978-3-0348-6014-7 (eBook)
    DOI 10.1007/978-3-0348-6014-7

NE: HST

©1996 Springer Basel AG
Ursprünglich erschienen bei Birkhäuser Verlag Basel 1996
Softcover reprint of the hardcover 1st edition 1996

Umschlaggestalltung: WSP Design, Heidelberg
Gedruckt auf säurefreiem Papier, hergestellt aus chlorfrei gebleichtem Zellstoff. ∞

ISBN 978-3-0348-6015-4

9 8 7 6 5 4 3 2 1

Inhalt

Vorwort

Für viele Kinder ist der erste Schritt in die Welt der Schrift ein alphabetisches Lesebuch. Auf dem Schoß seiner Mutter hört das Kind einem Alphabet zu, das sich von „A wie Alligator" bis „Z wie Zebra" erstreckt. Große Literatur sind solche Bücher nicht, aber sie bieten eine bequeme Einführung in die Welt der Buchstaben, Worte und Sätze.

Als Reminiszenz an die alphabetischen Lesebücher der frühen Kindheit soll dieses Buch anhand einer Reihe von Essays von A bis Z in die Welt der Mathematik einführen. Der Gehalt ist ein wenig anspruchsvoller – der Buchstabe K steht für einen der Könige der Mathematik, Newton, und nicht mehr für den König der Stubentiger –, und der Schoß der Mutter ist auch nicht mehr obligatorisch. Die Grundidee einer Reise durch das Alphabet bleibt jedoch bestehen.

Durch diese Anordnung werden einem Buch, das von Anfang bis Ende gelesen werden soll, allerdings gewisse Nebenbedingungen auferlegt. Mathematische Themen schließen nicht unbedingt in einer logischen Reihenfolge aneinander an, wenn man sie alphabetisch sortiert. Zwischen manchen Kapiteln kommt es daher zu recht abrupten Übergängen. Darüber hinaus stellen manche Anfangsbuchstaben eine Fülle möglicher Themen in Aussicht, bei anderen ist die Auswahl eher bescheiden. Diese Situation kennen wir auch aus dem Kinderalphabet: K steht für Katze, aber wofür steht eigentlich X? Auch hier wird der Leser bemerken, daß einige der Themen ins Alphabet eher hineingezwungen wurden. Den Fluß der Themen mit dem Fluß des Alphabets in Einklang zu bringen, war selbst schon eine logische und vor allem logistische Herausforderung.

Das Buch beginnt mit einem scheinbar einfachen Sujet, der Arithmetik. Im weiteren Verlauf sprechen die Kapitel oft wiederkehrende und miteinander verwobene Tehmen an. Bisweilen gehören aufeinanderfolgende Kapitel zusammen, wie die Kapitel G, H und I über Geometrie oder die Kapitel K und L, die wie die zwei Seiten einer Medaille die großen mathematischen Rivalen des siebzehnten Jahrhunderts, Isaac Newton und Gottfried Wilhelm Leibniz, charakterisieren. In manchen Kapiteln konzentrieren wir uns auf einen einzelnen Mathematiker: Auf Euler in Kapitel E, auf Fermat in Kapitel F und auf Bertrand Russell in Kapitel R. In anderen werden spezielle Ergebnisse beschrieben, wie das isoperimetrische Problem oder Archimedes' Bestimmung der Kugeloberfläche. Und in wieder anderen wenden wir uns ganz allgemeinen Betrachtungen zu, wie der Persönlichkeit des Mathematikers oder der Frage nach der Stellung der Frau in dieser Disziplin. Was immer aber auch das spezielle Thema ist, jedes Kapitel ist mit einer gehörigen Portion Geschichte gewürzt.

Auf unserer alphabetischen Reise werden alle wichtigen Gebiete der Mathematik – von der Algebra über die Geometrie und die Wahrscheinlichkeitstheorie bis zur Analysis – wenigstens kurz gestreift. Die Abschnitte, die die Bekanntschaft mit einer grundlegenden mathematischen Begriffsbildung vermitteln sollen, haben den Charakter eines informellen Lehrbuchs, daher erscheinen hier und da auch mal Beweise – oder wenigstens Beweislets, wie man ihre verknappte Form in Anlehnung an eine modische Tendenz zur mathematischen Namensgebung nennen könnte. In den Kapiteln D und L wird die Einführung der Differential- und Integralrechnung geschildert, und das bringt etwas mehr mathematischen Ballast mit sich.

In den meisten Kapiteln wurde jedoch sorgfältig darauf geachtet, daß die Darstellung nicht zu technisch wird. Die angesprochene mathematische Thematik ist durchweg elementar, so daß ein jeder mit einigermaßen gesicherten Kenntnissen in Algebra und Geometrie keinerlei Verständnisprobleme zu erwarten hat. Professionelle Mathematiker werden weniges finden, was sie überraschen könnte. Dieses Buch richtet sich vor allem an die, deren mathematisches Interesse mindestens so stark ist wie ihre Vorbildung.

Einige Grundgedanken kehren immer wieder: Die Mathematik ist ein uraltes und doch lebendiges Gebiet; die Mathematik behandelt sowohl Fragen von alltäglicher Bedeutung wie auch Fragen von keinerlei praktischer Relevanz; die Mathematik ist eine Disziplin, deren bemerkenswerte Breite nur noch von ihrer gleichermaßen bemerkenswerten Tiefe erreicht wird. Dieses Gefühl in einer Serie alphabetisch angeordneter Kapitel zu vermitteln, ist ein Hauptanliegen dieses Buches.

Es wäre ein sträfliches Versäumnis, John Allen Paulos' Buch *Von Algebra bis Zufall* (Frankfurt/M. 1992) nicht zu erwähnen, das er selbst beschreibt als „bestehend aus einem Teil Diktionär, einem Teil Sammlung von kurzen mathematischen Essays und einem Teil Grübeleinen eines Mannes der Zahlen". Paulos' lebhaft geschriebenes Buch skizziert einen Mathematikkursus von A bis Z – von Algebra bis Zeno in diesem Falle. Er ließ aber mehrere Stichworte zu einem Buchstaben zu und erreichte dadurch eine größere Themenvielfalt. Ich entschied mich für wenige, aber längere Essays und damit für eine detailliertere Darstellung. Ich möchte der Hoffnung Ausdruck verleihen, daß unsere beiden Bücher friedlich koexistieren mögen als zwei unterschiedliche Variationen desselben alphabetischen Musters.

Natürlich wird es niemals einem Autor gelingen, jede zentrale Idee, jede wichtige Persönlichkeit oder jede brisante mathematische Entwicklung anzusprechen. Eine Auswahl muß bei jedem Themenkreis getroffen werden, eine

Auswahl, die von der Forderung nach innerer Geschlossenheit der Darstellung, von der Komplexität des Gebiets, von den Interessen und der Kompetenz des Autors und nicht zuletzt von der Willkür des Alphabets mitbestimmt wird. Bei einem Vorhaben dieser Art wird tausendmal mehr ausgelassen als vorgestellt, und potentielle weitere Themen fallen schließlich dem Schnitt bei der Textbearbeitung zum Opfer.

Man sollte auch nicht vergessen, daß dieses Buch meinen subjektiven Eindruck von einem unendlichen mathematischen Universum schildert. Es stellt nur eine von zahllosen Reisen vor; andere Autoren hätten andere Reisen unternommen, und so erhebe ich keinerlei Anspruch darauf, eine umfassende oder gar definitive Route von A nach Z gefunden zu haben.

Von solcherlei Einschränkungen einmal abgesehen hoffe ich, daß die folgenden Kapitel zumindest einen leisen Eindruck von einem unendlich faszinierenden Gebiet vermitteln mögen. Im neunzehnten Jahrhundert hat es die Mathematikerin Sofia Kowalewskaja einmal so ausgedrückt: „Viele, die nie die Gelegenheit hatten, tiefer in die Mathematik einzudringen, verwechseln sie mit Rechnen und halten sie für eine trockne und spröde Wissenschaft. In Wirklichkeit jedoch verlangt sie die größte Vorstellungskraft überhaupt."[1] Vielleicht kann dieses Buch auch dazu beitragen, Proclus' erhabene Schilderung aus dem Griechenland des fünften nachchristlichen Jahrhunderts zu bekräftigen: „Die Mathematik allein kann die Seele wiederbeleben und ... ihr die Vision des Seins zum Bewußtsein bringen, kann sie von bloßen Bildern zur Wirklichkeit führen und das Licht des Intellekts in die Dunkelheit tragen."[2]

Beim Abfassen dieses Buches habe ich von vielen Freunden und Verwandten, von Kollegen und Lektoren Unterstützung erfahren. Einige von ihnen verdienen spezielle Erwähnung.

Ein ganz besonderer Dank geht an Daryl Karns, die als erste die Idee von einem alphabetischen Buch über Mathematik äußerte. Daryl gehört zu den großen Professoren in der Biologie, sie ist eine ganz außergewöhnliche Wissenschaftlerin, und mit besonderer Freude zähle ich sie zu meinen engsten Freunden.

Als Neuling an der Fakultät des Muhlenberg Colleges bedanke ich mich besonders für die herzliche Aufnahme, die mir der Präsident, Arthur Taylor, und meine Kollegen am Department of Mathematical Sciences bereitet haben: John Meyer, Bob Stump, Roland Dedekind, Bob Wagner, George Benjamin und Dave Nelson. Der gleiche Dank geht auch an den Stab der Muhlenberg Trexler Library für die bereitwillige Hilfe bei der Vorbereitung des Manuskripts.

Den Kollegen Don Bailey, Victor Katz, Alayne Parson und Buck Wales, die an anderen Institutionen beschäftigt sind, danke ich ebenfalls für ihre Unterstützung in verschiedenen Phasen der Vorbereitung des Manuskripts. Dankbare Anerkennung gilt auch meinen Lektoren bei John Wiley & Sons: Steve

Ross, der dieses Buch aus der Taufe hob, und Emily Loose und Scott Renschler, die es von der Geburt bis zur Reife geleiteten.

Ein besonders herzliches Dankeschön möchte ich meiner Mutter aussprechen, ferner Ruth und Bob Evans und Carol Dunham für ihre immerwährende Liebe und Ermutigung.

Am meisten Dank schulde ich aber meiner Frau und Kollegin, Penny Dunham. Sie war behilflich bei der Auswahl des Stoffes und bei dem Entwurf einiger der Kapitel. Als Meisterin des Macintosh hat sie die Abbildungen entworfen. Ihre Bearbeitung des Manuskripts hat das Endprodukt entscheidend verbessert. Pennys Einfluß auf den folgenden Seiten ist allgegenwärtig.

W. Dunham
Allentown, Pennsylvania, 1994

Arithmetik

Für einen jeden von uns beginnt die Mathematik mit der Arithmetik, also auch dieses Buch. Wie wir alle wissen, handelt die Arithmetik von dem natürlichsten aller quantitativen Konzepte, den ganzen Zahlen 1, 2, 3... Wenn es eine universelle mathematische Idee gibt, so ist es die, verschiedene Grade von Vielfachheit zu unterscheiden, und das nennen wir „zählen".

Den ganzen Zahlen kann man nicht entgehen. Ihre nicht zu leugnende Natürlichkeit bildet den Kern von Leopold Kroneckers Bonmot: „Die ganzen Zahlen hat Gott gemacht, alles andere ist Menschenwerk."[1] Wenn wir uns die Mathematik als ein großes Orchester vorstellen, so könnte man das System der ganzen Zahlen mit einer Baßtrommel vergleichen: einfach, direkt, sich immer wiederholend und damit den Grundrhythmus für alle anderen Instrumente legend. Da gibt es natürlich auch noch viel ausgefeiltere Konzepte – die Oboen und Hörner und Celli der Mathematik –, und einige davon werden wir auch in späteren Kapiteln näher kennenlernen. Aber die ganzen Zahlen bilden immer die Grundlage.

Die Mathematiker nennen die unendliche Serie 1, 2, 3... die positiven Zahlen oder auch, vielleicht ein wenig anschaulicher, die natürlichen Zahlen. Nachdem wir die natürlichen Zahlen nun eingeführt und benannt haben, werden wir die Möglichkeiten betrachten, diese miteinander zu kombinieren. Am bedeutendsten ist die Addition. Diese Verknüpfung natürlicher Zahlen ist nicht nur grundlegend, sie ist eigentlich *die natürliche* Operation, da die Konstruktion der Zahlen direkt auf der Addition beruht. So ist $2 = 1+1$, $3 = 2+1$, $4 = 3+1$ und so weiter. Gerade so, wie ein Vollblutpferd „zum Rennen geboren" ist, so sind die natürlichen Zahlen „zur Addition geboren".

In den ersten Klassen addieren wir zunächst Zahlen *ad infinitum* (jedenfalls fast) und wenden uns dann der umgekehrten, oder inversen, Operation zu, der Subtraktion. Dann geht es weiter zu Multiplikation und Division, begleitet von schier endlosen Stunden des Drills. Schließlich meistern die derart Unterrichteten die Operationen der Arithmetik mit höchst unterschiedlichem

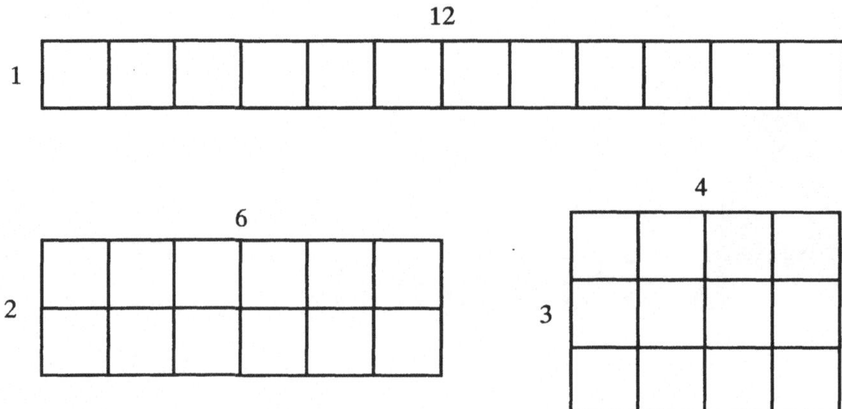

Grad an Imperfektion, sich dessen bewußt, daß ein Taschenrechner für fünf Mark die ganze Rechnerei fehlerlos in einem Bruchteil der Zeit erledigt. Es ist geradezu ein Unglück, daß für so viele Schüler Arithmetik deshalb zu einem Synonym für Drill und Plackerei wird.

Vor noch nicht allzu langer Zeit umfaßte der Begriff *Arithmetik* nicht nur die Grundrechenarten der Addition, Subtraktion, Multiplikation und Division, sondern stand auch für die „tieferliegenden" Eigenschaften der ganzen Zahlen. In Europa sprach man beispielsweise von der „höheren Arithmetik" und meinte damit die „schwierigere Arithmetik". Heutzutage zieht man in diesem Zusammenhang den Begriff *Zahlentheorie* vor.

Dieses Gebiet der Zahlentheorie, so weitreichend und tiefgehend es auch ist, hat seine Grundlage im großen und ganzen im Begriff der Primzahl. Eine ganze Zahl, die größer als 1 ist, wird *prim* genannt, wenn sie sich nicht als das Produkt zweier kleinerer ganzer Zahlen schreiben läßt. Die ersten zehn Primzahlen sind also 2, 3, 5, 7, 11, 13, 17, 19, 23 und 29. Keine dieser Zahlen läßt sich durch eine andere positive ganze Zahl als 1 und sich selbst teilen.

Der kritische Leser mag nun einwerfen, daß man die Primzahl 17 sehr wohl als Produkt schreiben *kann* – zum Beispiel $17 = 2 \times 8{,}5$ oder $17 = 5 \times 3{,}4$. Aber einer der beiden Faktoren dieser Zerlegung ist keine ganze Zahl. Man muß sich immer vor Augen halten, daß in der Zahlentheorie die Hauptrollen mit den ganzen Zahlen besetzt sind; ihre anspruchsvollen und bedeutenden Verwandten – die Brüche, die irrationalen und imaginären Zahlen – bleiben von der Bühne verbannt.

Eine ganze Zahl, die größer ist als 1 und nicht prim, die also einen ganzzahligen Faktor, verschieden von 1 und von sich selbst besitzt, heißt *zusammengesetzt*. Beispiele sind Zahlen wie $24 = 4 \times 6$ oder $51 = 3 \times 17$. Aus Gründen, die sehr bald offensichtlich werden, ist die Zahl 1 von den Kategorien der Primzahlen oder der zusammengesetzten Zahlen selbst ausgeschlossen. Die kleinste Primzahl ist also 2.

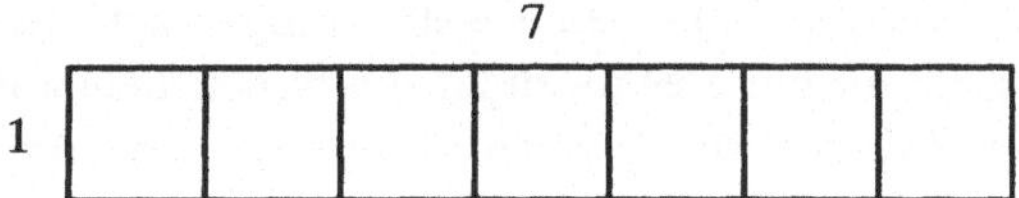

Mit einer einfachen und oft beschriebenen Methode kann man sich die erwähnten Sachverhalte bildlich vor Augen führen, wenn man sich die verschiedenen Alternativen vorstellt, wie man quadratische Fliesen auf einer rechteckigen Fläche auslegen kann. Bei 12 derartigen Fliesen haben wir mehrere Möglichkeiten, ein Rechteck zu bilden, wie es in der Abbildung auf Seite 12 dargestellt ist. Dies liegt natürlich daran, daß gilt: $12 = 1 \times 12$, aber auch $12 = 2 \times 6$ oder $12 = 3 \times 4$. Wir unterscheiden hier nicht zwischen 3×4 und 4×3, denn die Form der resultierenden Fläche ist in beiden Fällen dieselbe, nur ist die eine um 90 Grad gedreht gegenüber der anderen. Ganz ähnlich liefern 48 Fliesen fünf verschiedene Bodengrundrisse, die den Zerlegungen $48 = 1 \times 48 = 2 \times 24 = 3 \times 16 = 4 \times 12 = 6 \times 8$ entsprechen.

Auf der anderen Seite gibt es aber nur einen einzigen Grundriß, den wir aus 7 Fliesen bilden können. Diese offensichtliche und nicht weiter aufregende Fläche zu 1×7 ist in der Abbildung oben wiedergegeben. Wenn also jemand einen rechteckigen Raum mit genau 7 Fliesen auslegen soll, so täte der- oder diejenige gut daran, sich auf einen langen Schlauch einzustellen. Unter diesem Gesichtspunkt ist also eine Zahl dann prim, wenn man ihr nur einen einzigen Grundriß zuordnen kann: den trivialen $p = 1 \times p$. Eine Zahl ist dagegen zusammengesetzt, wenn sie verschiedene Grundrisse zuläßt.

Primzahlen mögen nun zwar die Grundlage für die höhere Arithmetik bilden, gleichzeitig sind sie aber auch die Ursache für die größten mathematischen Herausforderungen. Dies hat einen einfachen Grund: Während die ganzen Zahlen durch die Operation der Addition konstruiert werden, bringen Fragen über Primzahlen und zusammengesetzte Zahlen die *Multiplikation* aufs Tapet. Die Zahlentheorie ist so kompliziert und gleichzeitig so faszinierend, weil die Mathematiker hier versuchen, etwas durch Addition Konstruiertes unter einem multiplikativen Gesichtspunkt zu betrachten.

In diesem Sinne könnte man die natürlichen Zahlen mit einem Fisch auf dem Trockenen vergleichen. Durch die Addition in die Welt gesetzt, finden sie sich wieder in einer ungewohnten, multiplikativen Umgebung. Bevor wir aber nun das ganze Unterfangen als hoffnungslos abtun, sollten wir uns vergegenwärtigen, daß vor 350 Millionen Jahren der Fisch *tatsächlich* aus dem Wasser an Land gekrochen ist. Er nahm schwerfällig einige wirkungslose Atemzüge in einer Welt, für die er nur unzureichend ausgerüstet war – und ging dazu über, sich zu Amphibien, Reptilien, Vögel, Säugetiere und Mathematiker weiterzuentwickeln. Manchmal macht eben eine neue, feindliche Umwelt den ganz großen Unterschied.

Die Primzahlen würden sicher eine weit weniger zentrale Position in der Zahlentheorie einnehmen, gäbe es da nicht ein wesentliches Resultat, nämlich den Hauptsatz der Zahlentheorie, auch Hauptsatz der Arithmetik genannt (man beachte den Gebrauch des Begriffs *Arithmetik* in seinem erweiterten Sinne). Wie der Name schon sagt, handelt es sich um einen der fundamentalsten und wichtigsten Sätze der gesamten Mathematik. Er läßt sich sehr einfach formulieren:

Hauptsatz der Zahlentheorie: Jede positive ganze Zahl (ungleich 1) läßt sich auf eine und nur eine Weise als Produkt von Primzahlen schreiben.

Dieser Satz beinhaltet zwei wesentliche Aussagen, nämlich erstens, daß jede beliebige ganze Zahl als das Produkt von Primzahlen in *irgend einer* Weise dargestellt werden kann, und zweitens, daß es *genau eine* Art gibt, dies zu tun. Dies führt uns direkt zu der Überzeugung, daß die Primzahlen die multiplikativen Bausteine sind, aus denen sich alle ganzen Zahlen generieren lassen. Gerade darin liegt ihre Bedeutung. Die Primzahlen spielen eine ähnliche Rolle wie die chemischen Elemente. Denn gerade so, wie jede natürliche Verbindung in eine Kombination der 92 natürlichen Elemente des Periodensystems (oder die 100 und soundsoviel Elemente, wenn man die in den Laboratorien künstlich hergestellten mitzählt) zerlegt werden kann, so kann jede ganze Zahl in ihre Primfaktoren zerlegt werden. Ein Molekül der Verbindung Wasser, H_2O, läßt sich in zwei Atome des Elements Wasserstoff und ein Atom des Elements Sauerstoff zerlegen. Gleichermaßen kann man die Verbindung (genauer, die zusammengesetzte Zahl) 45 in ein Produkt von zwei Faktoren der Primzahl 3 und einen Faktor der Primzahl 5 zerlegen. Würde man die chemische Formel für Wasser genau übertragen, so könnte man $45 = 3_25$ schreiben, aber Mathematiker ziehen die exponentielle Schreibweise $45 = 3^2 \times 5$ vor.

Der Hauptsatz der Zahlentheorie hat jedoch mehr zu bieten als die bloße Zerlegung einer ganzen Zahl in ihre Primfaktoren. Genauso bedeutungsvoll ist die Garantie, daß eine solche Zerlegung eindeutig bestimmt ist. Wenn jemand die Primfaktorisierung von $92\,365$ zu $5 \times 7 \times 7 \times 13 \times 29$ bestimmt, so *muß* ein Kollege – ob er sie nun im gleichen Raum oder in einem anderen Land, heute oder in ein paar Jahrtausenden bestimmt – zu exakt der gleichen Zerlegung kommen.

Dies ist für Mathematiker eine ungeheuer beruhigende Vorstellung. Ebenso beruhigend ist es für einen Chemiker, der ein Wassermolekül in ein Atom Sauerstoff und zwei Atome Wasserstoff zerlegt, zu wissen, daß ein anderer Chemiker das gleiche Molekül nicht in ein Atom Blei und zwei Atome Molybdän zerlegen kann. Primzahlen sind also wie die Elemente nicht nur Bausteine, sie sind wie diese in eindeutiger Zusammensetzung in ihren Gebilden vorhanden.

Es sollte an dieser Stelle erwähnt werden, daß der Wunsch nach der Eindeutigkeit der Faktorisierung uns zwingt, die 1 von den Primzahlen auszuschließen. Denn wäre die 1 eine Primzahl, so hätte beispielsweise die Zahl 14 nicht nur die Primfaktorzerlegung $14 = 2 \times 7$, sondern auch die davon *verschiedenen*

Faktorisierungen $14 = 1 \times 2 \times 7$ oder $14 = 1 \times 1 \times 1 \times 2 \times 7$. Die Eindeutigkeit der Primzerlegung wäre somit dahin. Es ist viel besser, so sagen die Mathematiker, der 1 eine besondere Rolle zukommen zu lassen. Weder prim noch zusammengesetzt wird sie eine *Einheit* genannt.

Mit einer positiven ganzen Zahl konfrontiert, könnte nun ein Mathematiker den Wunsch verspüren festzustellen, ob die Zahl prim oder zusammengesetzt ist und, wenn letzteres der Fall sein sollte, auch die Primfaktoren zu bestimmen. Manchmal geht das ganz einfach. Jede gerade ganze Zahl (außer 2) ist offenbar nicht prim, da sie den Faktor 2 enthält. Jede ganze Zahl, die mit den Ziffern 5 oder 0 endet (außer 5), ist ebenfalls zusammengesetzt. In anderen Fällen kann die Frage nach Primalität jedoch weit größere Schwierigkeiten bereiten. Wer würde sich zum Beispiel gerne der Tortur unterziehen und bestimmen, welche der beiden Zahlen 4 294 967 297 und 4 827 507 229 prim ist und welche nicht? Wer sich dafür interessiert: Die erste Zahl ist durch 641 teilbar, die zweite ist eine Primzahl (vergleiche David Wells, *The Penguin Dictionary of Curious and Interesting Numbers*, Penguin, New York, p. 192).

Im neunzehnten Jahrhundert stellte Carl Friedrich Gauß (1777–1855), der vielleicht größte aller Zahlentheoretiker, dieses Problem in seinem Meisterwerk *Disquisitiones Arithmeticae* so dar:

> *Primzahlen von zusammengesetzten Zahlen zu unterscheiden und die letzteren in ihre Primfaktoren aufzulösen, ist bekanntlich eines der wichtigsten und nützlichsten Probleme der Arithmetik ... Die Würde der Wissenschaft selbst scheint es zu erfordern, daß jeder erdenkliche Weg beschritten wird, um ein derart elegantes und berühmtes Problem zu lösen.*[2]

Mehr als zwei Jahrtausende, von den alten Griechen bis zu den modernen Zahlentheoretikern, wurden die Mathematiker von solchen Problemen unwiderstehlich angezogen – wie die Motten vom Licht oder die Spaghettisauce vom weißen Hemd. Auf ihrem langen Weg haben die Gelehrten eine Vielzahl von Vermutungen über die Primzahlen formuliert. Manche dieser Vermutungen wurden schließlich bewiesen, andere haben sich als falsch herausgestellt, aber eine überraschend große Zahl der Probleme ist immer noch ungelöst.

So wurde eine für die weitere Entwicklung bedeutsame Frage 1644 von dem französischen Priester Marin Mersenne (1588–1648) gestellt. Mersenne spielte eine wichtige Rolle in der Wissenschaft des siebzehnten Jahrhunderts, und zwar nicht nur wegen seiner Beiträge zur Zahlentheorie, sondern auch durch seine zentrale Stellung im Informationsaustausch unter den Mathematikern. Gelehrte, die sich für den aktuellen Stand der Mathematik interessierten oder mit einem schwierigen Problem beschäftigt waren, schrieben an Mersenne, der entweder die Lösung kannte oder den Anfragenden an einen kompetenten Fachmann weitervermitteln konnte. Der Wert eines solchen Informationskanals – besonders in den Tagen vor der Einrichtung von wissenschaftlichen Kongressen, Fachzeitschriften oder elektronischer Post – kann nicht hoch genug eingeschätzt werden.

Mersenne war besonders fasziniert von Zahlen der Form $2^n - 1$. Das sind Zahlen, die um 1 kleiner sind als eine reine Zweierpotenz. Heute nennt man, ihm zu Ehren, Zahlen dieser Form *Mersennezahlen.* Offenbar sind alle diese Zahlen ungerade. Aber noch wichtiger, einige sind prim.

Mersenne bemerkte sehr schnell, daß $2^n - 1$ dann zusammengesetzt ist, wenn n zusammengesetzt ist. Wenn beispielsweise $n = 12$ ist, so ist die Mersennezahl $2^{12} - 1 = 4095 = 3 \times 3 \times 5 \times 7 \times 13$ zusammengesetzt, wie die 12 selbst. Für die zusammengesetzte Zahl $n = 33$ ist $2^{33} - 1 = 8\,589\,934\,591 = 7 \times 1\,227\,133\,513$ ebenfalls keine Primzahl.

Wenn der Exponent jedoch eine Primzahl ist, ist die Situation schon weniger klar. Betrachtet man die Primzahlen $p = 2, 3, 5$ und 7, so erhält man die „mersenneschen Primzahlen" $2^2 - 1 = 3$, $2^3 - 1 = 7$, $2^5 - 1 = 31$ und $2^7 - 1 = 127$. Bei dem primen Exponenten $p = 11$ erhält man jedoch $2^{11} - 1 = 2047$; diese Zahl ist aber das Produkt von 23 und 89 und daher zusammengesetzt. Mersenne war sich durchaus bewußt, daß die Tatsache: p ist prim, noch lange nicht garantiert, daß auch $2^p - 1$ eine Primzahl ist. Er behauptete genauer, daß die einzigen Primzahlen p zwischen 2 und 257, für die $2^p - 1$ prim ist, die Zahlen $p = 2, 3, 5, 7, 13, 17, 19, 31, 67, 127$ und 257 seien.[3]

Unglücklicherweise litt Pater Mersennes Behauptung sowohl an der Sünde der Auslassung als auch an der der Ausschweifung. So übersah er beispielsweise ganz einfach die Tatsache, daß $2^{61} - 1$ eine Primzahl ist. Andererseits stellte sich die Zahl $2^{67} - 1$ keineswegs als prim heraus. Diese letztere Beobachtung stammte von Edouard Lucas (1842–1891), der sich 1876 bei seinem Beweis, daß die Zahl zusammengesetzt ist, einer derart indirekten Argumentation bediente, daß keiner der Faktoren der Zerlegung explizit zutage trat. In gewissem Sinne blieb die Geschichte der Zahl $2^{67} - 1$ also unvollendet, und ihr Abschluß ist es wert, daß wir einen kleinen Exkurs anschließen.

Wir schreiben das Jahr 1903 und befinden uns auf einem Treffen der American Mathematical Society. Unter den Vortragenden ist Frank Nelson Cole von der Columbia University. Als er an der Reihe ist, geht Cole nach vorne, multipliziert, ohne ein Wort zu sagen, 2 siebenundsechzigmal mit sich selbst, subtrahiert 1 und erhält das monumentale Ergebnis von $147\,573\,952\,588\,676\,412\,927$. Soeben Zeuge dieser gewaltigen, aber wortlosen Rechenoperation geworden, beobachtet die Zuschauerschaft perplex, wie Cole daraufhin das Produkt

$$193\,707\,721 \times 761\,838\,257\,287$$

an die Tafel schreibt und ebenso wortlos berechnet. Das Produkt ist nichts anderes als

$$147\,573\,952\,588\,676\,412\,927.$$

Cole setzt sich wieder. Sein Auftritt hätte hervorragend in ein Pantomimentreffen gepaßt.

Die Zuhörer, die gerade Zeuge der expliziten Faktorisierung der Mersennezahl $2^{67} - 1$ in zwei gigantische Faktoren geworden waren, waren fürs erste genauso sprachlos wie Cole selbst. Dann brachen sie in einen Beifallssturm aus und bescherten Cole eine „standing ovation"! Diese Anerkennung erwärmte Coles Herz, denn er gab später zu, daß er die letzten zwei *Jahrzehnte* an dieser Rechnung gearbeitet hatte.[4]

Ungeachtet der Faktorisierung Coles bleiben die Mersennezahlen eine Fundgrube für Primzahlen. Fast immer, wenn eine Zeitung den Fund einer neuen „größten Primzahl" meldet, handelt es sich um eine Zahl der Form $2^p - 1$. 1992 war die größte bekannte Primzahl $2^{756839} - 1$, ein Monster mit 227 832 Stellen.[5] Aber die allgemeine Frage, welche Mersennezahlen prim sind und welche nicht, ist immer noch ein ungelöstes Problem der Zahlentheorie.

Um die Mersennezahl $2^7 - 1$ rankt sich eine weitere Geschichte über Primzahlen. In der Mitte des neunzehnten Jahrhunderts behauptete der französische Mathematiker A. de Polignac:

Jede ungerade Zahl läßt sich als Summe einer Zweierpotenz und einer Primzahl darstellen.[6]

Beispielsweise kann man 15 schreiben als Summe $8 + 7 = 2^3 + 7$ und $53 = 16 + 37 = 2^4 + 37$ oder $4107 = 4096 + 11 = 2^{12} + 11$. Obwohl de Polignac nicht für sich in Anspruch nahm, diese faszinierende Vermutung bewiesen zu haben, so behauptete er doch, sie wenigstens für alle ungeraden Zahlen bis zu drei Millionen überprüft zu haben.

Da eine Zweierpotenz in ihrer Primfaktorzerlegung natürlich keine ungerade Zahl enthält, sind Zweierpotenzen in gewissem Sinne die reinsten aller geraden Zahlen. De Polignacs Behauptung besagt also, daß jede ungerade Zahl aus einer Primzahl, jenem fundamentalsten aller Bausteine, und einer reinen Zweierpotenz additiv zusammengesetzt werden kann. Eine wahrhaft verwegene Aussage.

Und völlig falsch war sie außerdem. Wenn de Polignac tatsächlich seine Zeit dazu verwandt hat, seine Vermutung bis in die Millionen hinein zu testen, so können wir ihn eigentlich nur bedauern, denn schon eine relativ kleine Mersennesche Primzahl widerlegt seine Behauptung: Es gibt keine Möglichkeit, 127 als Summe einer Potenz von 2 und einer Primzahl zu schreiben. Dies wird klar, wenn wir 127 einfach auf alle möglichen Weisen in eine Zweierpotenz und den entsprechenden Rest zerlegen und dann feststellen, daß dieser Rest niemals prim ist:

$$127 = 2 + 125 \ \ = 2^1 + (5 \times 25)$$
$$127 = 4 + 123 \ \ = 2^2 + (3 \times 41)$$
$$127 = 8 + 119 \ \ = 2^3 + (7 \times 17)$$
$$127 = 16 + 111 = 2^4 + (3 \times 37)$$
$$127 = 32 + 95 \ \ = 2^5 + (5 \times 19)$$
$$127 = 64 + 63 \ \ = 2^6 + (3 \times 21)$$

Da $2^7 = 128$ größer als 127 ist, brauchen wir nicht weiterzugehen. De Polignacs Vermutung kann damit dem zahlentheoretischen Papierkorb überantwortet werden, denn er hat ein Gegenbeispiel übersehen, auf das er mit seiner Nase hätte stoßen müssen. Wie die Schwingenflügler des neunzehnten Jahrhunderts hat sich seine ambitiöse Behauptung niemals als tauglich erwiesen.

Wir haben vorhin Parallelen zwischen der eindeutigen Zerlegung chemischer Verbindungen in Elemente und der eindeutigen Faktorisierung ganzer Zahlen in Primzahlen gezogen. In einer Hinsicht allerdings versagt diese Analogie, so hilfreich sie auch war: Die gesamte Laborarbeit aller Chemiker in der Geschichte hat den Vorrat an Elementen auf gerade mal etwas mehr als 100 erweitert, aber der Vorrat an Primzahlen ist unendlich. Während die Periodentafel der chemischen Elemente an einer Wand mittlerer Größe bequem angebracht werden kann, würde eine ähnliche Karte der mathematischen Primzahlen eine Wand unendlicher Ausdehnung erfordern.

Der erste Beweis für die unendliche Anzahl der Primzahlen geht auf den griechischen Mathematiker Euklid (um 300 v. Chr.) zurück und erschien in seinem Klassiker, den *Elementen*.[7] Wir geben hier eine leicht modifizierte Version seiner Argumentation wieder, die aber die Stärke und Eleganz des Originals widerspiegelt.

Um dem Gedankengang Euklids folgen zu können, müssen zwei elementare Ergebnisse aus der Zahlentheorie vorausgesetzt werden. Zunächst muß man wissen, daß für jede Zahl n die Differenz zwischen zwei Vielfachen von n selbst wieder ein Vielfaches von n ist. Symbolisch ausgedrückt: Sind a und b Vielfache von n, so auch $a - b$. Beispielsweise sind sowohl 70 als auch 21 Vielfache von 7, also auch ihre Differenz $70 - 21 = 49 = 7 \times 7$. Ähnlich sind 216 und 72 Vielfache von 9 und daher auch $216 - 72 = 144 = 16 \times 9$. Der allgemeine Beweis dieser Behauptung soll hier nicht aufgeführt werden, er ist aber in der Tat so simpel, wie die Behauptung glaubwürdig ist.

Die zweite Voraussetzung ist ebenso elementar. Sie besagt, daß jede zusammengesetzte Zahl mindestens einen Primfaktor enthält. Wieder wollen wir das durch Beispiele illustrieren. Die zusammengesetzte Zahl 39 hat den Primteiler 3, die zusammengesetzte Zahl 323 den Primteiler 17, und die zusammengesetzte Zahl 25 enthält den Primfaktor 5. Euklid gab den klugen Beweis seines Theorems als Proposition 31 im siebten Buch seiner *Elemente*.

Nun ist es noch erforderlich, neben den zahlentheoretischen Voraussetzungen das Prinzip des Beweises durch Widerspruch zu verstehen, wenn wir die unendliche Zahl der Primzahlen beweisen wollen. Dazu müssen wir uns die grundlegende Dichotomie der Logik vergegenwärtigen: Eine Aussage ist entweder wahr oder falsch.

Eine Möglichkeit, die Wahrheit einer Aussage zu beweisen, liegt im direkten Beweis. Dies ist natürlich offensichtlich (und eigentlich banal). Ein ganz anderer, aber ebenso nützlicher Zugang – der sogenannte *Beweis durch Widerspruch* – besteht darin anzunehmen, daß die Behauptung falsch sei, und aus dieser Annahme unter Benutzung der Regeln der Logik einen Widerspruch, eine unmögliche Schlußfolgerung, herbeizuführen. Eine solche Folgerung zeigt an, daß irgend etwas in der Schlußkette falsch sein muß. Wenn die einzelnen logischen Schritte jedoch richtig gewesen sind, ist der Schuldige schnell gefunden: Unsere ursprüngliche Annahme, daß die Behauptung falsch sei, ist selbst falsch gewesen. Wir müssen daher diese Annahme der Fehlerhaftigkeit verwerfen, und die erwähnte Dichotomie läßt dann nur eine Möglichkeit: Die Behauptung muß doch wahr sein. Zugegeben, dieses Vorgehen mag seltsam indirekt und mit Umwegen verbunden erscheinen. Bevor wir zum Beweis der unendlichen Anzahl der Primzahlen zurückkehren, wollen wir daher den Wert indirekter Beweisführung an dem folgenden Beispiel verdeutlichen:

Nehmen wir an, wir interessieren uns für Zahlen, die sowohl Quadrate als auch Kuben sind, so wie sich zum Beispiel die 64 als 8^2 und 4^3 oder die 729 als 27^2 oder 9^3 schreiben lassen. Solch eine Zahl wollen wir einen „Qubus" nennen. Wir wollen nun die folgende Tatsache beweisen:

Theorem: Es gibt unendlich viele Quben.

Beweis: Dies läßt sich einfach und direkt zeigen. Dazu muß man nur bemerken, daß für jede beliebige natürliche Zahl n die Zahl $n^6 = n^3 \times n^3 = (n^3)^2$ eine Quadratzahl ist und gleichzeitig wegen $n^6 = n^2 \times n^2 \times n^2 = (n^2)^3$ auch ein Kubus. Damit bekommt man unmittelbar eine unendliche Serie von Quben:

$$
\begin{array}{lll}
1^6 = 1^2 = 1^3 & 4^6 = 4096 = 64^2 = 16^3 & 7^6 = 117649 = 343^2 = 49^3 \\
2^6 = 64 = 8^2 = 4^3 & 5^6 = 15625 = 125^2 = 25^3 & 8^6 = 262144 = 512^2 = 64^3 \\
3^6 = 729 = 27^2 = 9^3 & 6^6 = 46656 = 216^2 = 36^3 & \text{und so weiter.}
\end{array}
$$

Dieser Prozeß läßt sich offensichtlich endlos fortsetzen und erzeugt für jedes neue n auch ein neues und von allen anderen verschiedenes n^6. Die unendliche Anzahl der Quben wurde damit *direkt* gezeigt.

Leider gibt es zum Beweis der Unendlichkeit der Primzahlen keinen derartigen direkten Ansatz. Weder Euklid noch sonst jemand hat seitdem eine einfache Formel gefunden, die gerade so Primzahlen ausspuckt, wie unsere Formel n^6 Quben ausspuckt. Statt also einen Frontalangriff zu wagen, müssen wir uns auf die indirekte Methode stützen und den Beweis durch Widerspruch führen – feiner ausgeklügelt, diffiziler, aber am Ende auch viel eleganter. Bis zu einem gewissen Grade kann diese Art des Beweises als eine Art Lackmustest für mathematische Sensibilität gelten: Diejenigen mit einem natürlichen Hang zur Mathematik rührt er zu Tränen, diejenigen ohne einen solchen Hang finden ihn zum Heulen. Mag der Leser selbst entscheiden.

Theorem: Es gibt unendlich viele Primzahlen.

Beweis durch Widerspruch: Nehmen wir an, es gäbe nur endlich viele Primzahlen, und nehmen wir weiter an, sie seien mit $a, b, c, \ldots, d$ bezeichnet.

Diese Menge mag vielleicht 400 oder 400 000 Primzahlen enthalten, wir nehmen jedenfalls an, sie enthalte *alle*. Machen wir uns nun auf den Weg zu einem Widerspruch.

Wir bilden eine neue Zahl, indem wir alle diese Primzahlen miteinander multiplizieren und 1 addieren:

$$N = (a \times b \times c \times \cdots \times d) + 1.$$

Man beachte hierbei, daß wir diese Multiplikation tatsächlich ausführen können, da wir nur endlich viele Zahlen miteinander zu multiplizieren haben. Bei einer unendlichen Anzahl von Primzahlen wäre dies nicht möglich.

Es ist klar, daß N größer ist als irgendeine der Primzahlen $a, b, c, \ldots$ oder d, also ist N auch verschieden von all diesen Zahlen. Da dies aber auch die einzigen vorhandenen Primzahlen waren, können wir schließen, daß N keine Primzahl ist.

N ist also eine zusammengesetzte Zahl, und nach der zweiten oben erwähnten Beobachtung hat N einen Primteiler. Da wir angenommen haben, daß $a, b, c, \ldots d$ den gesamten Vorrat an Primzahlen auf dieser Welt darstellt, muß sich auch der Primteiler von N darunter befinden.

Umgekehrt betrachtet ist also N ein Vielfaches einer der endlich vielen Primzahlen $a, b, c, \ldots$ oder d. Es spielt nun keine Rolle, um welche dieser Primzahlen es sich handelt, aber um etwas Konkretes vor Augen zu haben, nehmen wir an, N sei ein Vielfaches von c. Nun ist aber offenbar das Produkt $a \times b \times c \times \cdots \times d$ ebenfalls ein Vielfaches von c, denn c tritt als einer der Faktoren auf. Nach der ersten oben erwähnten Beobachtung ist dann auch die Differenz zwischen N und $a \times b \times c \times \cdots \times d$ ein Vielfaches von c. Aber N war nach Definition um 1 größer als dieses Produkt, also ist die Differenz 1.

Wir sind nun zu dem Schluß gelangt, daß 1 ein Vielfaches von c ist (oder von jedem anderen Primfaktor von N). Dies ist aber unmöglich, denn die kleinste Primzahl ist 2, und daher ist 1 nicht Vielfaches *irgendeiner* Primzahl. Irgend etwas muß schiefgelaufen sein.

Wenn wir unseren Argumentationsweg nun zurückverfolgen, so stellen wir fest, daß die einzige Quelle des Übels tatsächlich nur die ursprüngliche Annahme sein kann, es gäbe endlich viele Primzahlen. Diese Annahme müssen wir verwerfen und aufgrund des Widerspruches schließen, daß es Primzahlen in unendlicher Hülle und Fülle gibt. Der Beweis ist somit abgeschlossen.

Diese elegante Argumentationsweise ist elementar und doch tiefgründig. Der Beweis garantiert, daß die Primzahlen in unerschöpflicher Menge vorhanden sind und nie zur Neige gehen werden. Nachdem nun der leistungsfähigste Computer nachgewiesen hat, daß $2^{756\,839} - 1$ prim ist, können wir selbstgefällig darauf hinweisen, daß da noch viel größere Primzahlen – ja, sogar unendlich viele größere Primzahlen – im verborgenen schlummern. Selbst wenn es uns nicht mehr gelingen sollte, einer dieser größeren Primzahlen Herr zu werden,

so soll doch keiner denken, wir wollten uns davor drücken. Dank der Raffinesse
der Logik und des Beweises durch Widerspruch wissen wir, sie sind irgendwo
da draußen.

Da sich die Zahlentheorie solcher Ergebnisse einfacher Eleganz rühmen
kann, hat sie vielen jungen Studierenden als Einstieg in die höhere Mathematik
gedient. Darunter war auch die amerikanische Mathematikerin Julia Robinson
(1919–1985). 1970 gehörte Robinson zu einer Gruppe von drei Wissenschaftlern, die das bekannte zehnte Hilbertsche Problem lösten. Dabei handelt es
sich um eine sehr tiefgehende Frage aus der Zahlentheorie, die sieben Jahrzehnte ungelöst blieb, nachdem David Hilbert (1862–1943) sie gestellt hatte.
Schon als junge Studentin war Robinson von den wunderbaren Eigenschaften
der ganzen Zahlen in ihren Bann geschlagen. „Ich war ganz besonders aufgeregt über einige Theoreme der Zahlentheorie", schrieb sie, „und ich erzählte
sie immer Constance [ihre Schwester], wenn wir abends zu Bett gegangen waren. Sie hatte bald herausgefunden, daß sie mich wachhalten konnte, indem
sie mir Fragen über die Mathematik stellte, wenn sie selbst noch nicht schlafen
wollte".[8]

Weiter gibt es da den ungarischen Mathematiker Paul Erdös (Errdösch ge-
sprochen). In einem Rückblick auf seine lange Laufbahn erinnert sich Erdös
(geboren 1913): „Als ich zehn war, erzählte mir mein Vater von dem Euklidschen Beweis [der unendlichen Anzahl der Primzahlen], und ich hatte angebis-
sen."[9]

Erdös war in seiner Jugend in geistiger Hinsicht sehr produktiv, in gleichem
Maße aber auch sozial isoliert. Im Alter von 17, wenn die meisten Schüler
genug damit zu tun haben, ihre Pubertät hinter sich zu bringen, erwarb Erdös
mathematischen Ruhm mit einem elementaren Beweis dafür, daß zwischen je
zwei ganzen Zahlen n und $2n$ immer mindestens eine Primzahl liegen muß.
So muß es beispielsweise zwischen 8 und 16 eine Primzahl geben und ebenso
mindestens eine zwischen 8 Milliarden und 16 Milliarden.

Dies sieht vielleicht nicht gerade nach einer spektakulären Entdeckung aus.
Tatsächlich war es auch schon fast ein Jahrhundert früher bewiesen worden,
und zwar von einem russischen Mathematiker mit dem melodischen Namen
Pafnuty Lvovich Chebyshev (dessen Erscheinen in der mathematischen Literatur als Chebychev, Tchebysheff, Cebysev und Tshebychev wohl eher auf
Fehler in der Transliteration als auf einen ausgeprägten Hang zu Pseudony-
men zurückgeht). Aber Chebyshevs Argumentation war sehr kompliziert. Das
Besondere an Erdös' Beweis war die Tatsache, daß er um so vieles einfacher
war und von einem so jungen Mathematiker kam.

Wir bemerken am Rande, daß dieser Satz einen anderen Beweis für die
unendliche Anzahl der Primzahlen darstellt. Denn er garantiert, daß es eine
Primzahl gibt zwischen 2 und 4, eine weitere zwischen 4 und 8, eine zwischen
8 und 16 und so weiter. Gerade so, wie wir Zahlen immerfort verdoppeln
können, werden auch die Primzahlen unerschöpflich sein.

Der erwähnte Satz war der erste in einer langen Reihe von Theoremen von Paul Erdös, dem produktivsten und vielleicht exzentrischsten Mathematiker des zwanzigsten Jahrhunderts. Sogar als Angehöriger eines Berufsstandes, in dem ungewöhnliches Verhalten schon als Markenzeichen gilt, ist Erdös zur Legende geworden. Seine Jugend beispielsweise war tatsächlich so beschützt, daß er erst mit 21 Jahren – vier Jahre *nach* seinem Beweis des erwähnten Theorems über die Primzahlen – sein erstes Butterbrot selbst strich. Später erinnerte er sich:

> *Ich war gerade nach England gegangen, um dort zu studieren. Es war Teezeit, und es wurde Brot gereicht. Ich war viel zu verwirrt, um zuzugeben, daß ich noch nie ein Butterbrot geschmiert hatte. Ich versuchte es, und es war gar nicht so schwer.*[10]

Ebenso ungewöhnlich ist die Tatsache, daß Erdös über keinen festen Wohnsitz verfügt. Statt dessen reist er um den Globus, von einem mathematischen Forschungszentrum zum nächsten. Er lebt aus dem Koffer und vertraut darauf, daß ihn bei jeder Station jemand abholt und für die Nacht aufnimmt. Als Folge dieses unaufhörlichen Herumwanderns hat dieser vagabundierende Mathematiker mit mehr Kollegen zusammengearbeitet und mehr Artikel mit anderen zusammen veröffentlicht als irgendein anderer in der Geschichte. Er ist der lebende Beweis für das biblische Sprichwort, daß der Mensch nicht nur vom (Butter-)Brot allein lebt.

Die Mathematikergemeinde wiederum ließ ihm eine wunderliche Ehrung zuteil werden: die sogenannte Erdöszahl.[11] Erdös selbst hat Erdöszahl 0; jeder Mathematiker, der mit Erdös zusammen einen Artikel veröffentlicht hat, hat Erdöszahl 1; ein Mathematiker, der zwar nicht selbst direkt mit Erdös zusammengearbeitet hat, aber mit jemandem gemeinsam etwas veröffentlicht hat, der einen Artikel mit Erdös publiziert hat, erhält die Erdöszahl 2; jemand, der gemeinsam veröffentlicht hat mit jemandem, der gemeinsam veröffentlicht hat mit jemandem, der gemeinsam veröffentlicht hat mit Erdös, hat Erdöszahl 3 und so weiter. Wie eine mächtige Eiche hat sich der Erdöszahlenbaum in die gesamte Mathematikerwelt hineinverzweigt.

Es ist also klar, daß die Leidenschaft für die Zahlentheorie bei all den Primzahlen, zusammengesetzten Zahlen, Mersennezahlen und sogar den Erdöszahlen nicht Gefahr läuft zu verebben. Für Mathematiker von Gauß bis Robinson, von Euklid bis Erdös hat sich kein Zweig der Mathematik schöner, eleganter oder faszinierender gezeigt als die höhere Arithmetik.

Bernoulli-Versuche

Bernoulli-Versuche sind Ecksteine der elementaren Wahrscheinlichkeitstheorie und spielen daher eine wichtige Rolle bei unserem Bemühen, diese unsichere Welt zu verstehen.

Ein *Bernoulli-Versuch* ist schlichtweg ein Experiment mit einem zweiwertigen Ergebnis. Das Resultat ist entweder Erfolg oder Mißerfolg, schwarz oder weiß, ein oder aus. Es gibt keine Mittelwege, keinen Raum für Kompromisse, keine Zuflucht im Wischiwaschi.

Dafür gibt es unzählige Beispiele. Wir ziehen eine Spielkarte vom Stapel und achten darauf, ob sie schwarz oder rot ist. Ein Kind wird geboren, und es ist entweder ein Mädchen oder ein Junge. Wir werden während eines 24-Stunden-Tages entweder von einem Meteoriten getroffen oder auch nicht. In jedem dieser Fälle stellt es sich als vorteilhaft heraus, den einen Ausgang als „Erfolg" und den anderen als „Mißerfolg" zu definieren. So könnten die Wahl einer schwarzen Karte, die Ankunft einer Tochter und das Nichtgetroffenwerden von einem Meteoriten als Erfolge klassifiziert werden. Vom Standpunkt der Wahrscheinlichkeitstheorie aus macht es allerdings auch keinen Unterschied, wenn die rote Karte, der Sohn oder der Meteorit als Erfolge angesehen werden. Auf diesem Gebiet bedeutet das Wort *Erfolg* keine Wertung.

Ein einzelner Bernoulli-Versuch ist eigentlich nie von Interesse. Das ändert sich aber, wenn Bernoulli-Versuche wiederholt ausgeführt werden und man beobachtet, wie viele davon zum Erfolg führen und wie viele zum Mißerfolg. Eine solche akkumulative Aufzeichnung kann nützliche Informationen über den dem Versuch zugrundeliegenden Prozeß geben.

Eine Bedingung ist allerdings unerläßlich, wenn wir solche Experimente durchführen: Die nacheinander durchgeführten Versuche müssen *unabhängig* sein. Dieser Begriff hat eine klare technische Definition, aber er hat natürlich auch eine informelle Bedeutung, die für unsere Zwecke wichtig ist: Zwei Ereignisse sind unabhängig, wenn das Ergebnis des einen absolut keinen Einfluß auf das Ergebnis des anderen hat. So sind beispielsweise die Geburt eines Sohnes bei den Meiers und die Geburt einer Tochter bei den Müllers unabhängige Ereignisse. Ebenso sind die Ergebnisse (Kopf oder Zahl) eines Münzwurfes mit einem Groschen und einem Markstück voneinander unabhängig; das Ergebnis bei der einen Münze hat keinen Einfluß auf das bei der anderen Münze.

Wenn wir aber zwei Spielkarten von einem Stapel austeilen, die eine nach der anderen, wobei wir eine schwarze Karte als Erfolg werten wollen, so geht die Unabhängigkeit beim Übergang von der ersten zur zweiten Karte verloren. Denn wenn die erste Karte Pikas ist (also ein Erfolg), so wird dies das Ergebnis beim nächsten Zug insofern beeinflussen, als die Wahrscheinlichkeit sinkt, daß auch hier eine schwarze Karte gezogen wird. Sie wird auch mit einer geringeren Wahrscheinlichkeit ein As sein, und mit absoluter Sicherheit wird es sich nicht um das Pikas handeln.

Glücklicherweise kann aber dieser Mangel an Unabhängigkeit auf einfachste Weise beseitigt werden. Nachdem wir die erste Karte gezogen haben, legen wir sie einfach wieder in den Stapel zurück, mischen sorgfältig und ziehen dann erneut. Da die erste Karte in einem gutgemischten Stapel ersetzt wurde, kann auch die Tatsache, daß es sich um dieselbe Karte handelt, keinen Einfluß auf unseren nächsten Zug haben. In diesem Sinne erfordern unabhängige Ereignisse saubere Versuchsbedingungen bei jedem einzelnen Experiment, so daß die Erfolgswahrscheinlichkeit von Versuch zu Versuch dieselbe bleibt.

Die reinsten Beispiele für Bernoulli-Versuche findet man beim Glücksspiel, zum Beispiel beim Münzwurf oder beim Würfeln. Beim Münzwurf gibt es eine offensichtliche Unabhängigkeit von Wurf zu Wurf, so daß die Wahrscheinlichkeit für einen Erfolg – zum Beispiel beim Ereignis „Kopf" – für jeden Wurf dieselbe ist. Wenn wir dabei eine Münze „ausgewogen" nennen, so wollen wir damit sagen, daß die Wahrscheinlichkeit, Kopf zu werfen, exakt 1/2 ist. Bei einem „fairen" Würfel ist die Erfolgswahrscheinlichkeit, wenn wir als Erfolg das Werfen einer 3 bezeichnen, immer 1/6.

Was passiert aber, wenn wir eine Münze fünfmal werfen? Was ist die Wahrscheinlichkeit dafür, daß wir insgesamt dreimal Kopf und zweimal Zahl unter unseren fünf Würfen haben? Oder wenn wir die Münze 500mal werfen, mit welcher Wahrscheinlichkeit bekommen wir 247mal Kopf und 253mal Zahl? Dies mag als ein alptraumhaftes Problem erscheinen, seine Lösung jedoch findet sich in einem der ersten Meisterwerke der Wahrscheinlichkeitstheorie, der *Ars Conjectandi* von Jakob Bernoulli (1654–1705).

Bernoulli war gebürtiger Schweizer, sein Großvater, sein Vater und sein Schwiegervater waren erfolgreiche Apotheker. Jakob wandte sich allerdings von Mörser und Pistill ab und studierte Theologie, worin er mit 22 Jahren seinen Abschluß machte. So beschäftigte sich seine Familie also mit Seren und er sich mit Sermonen. Sein eigentliches Interesse galt jedoch der Mathematik.

Von den späten 1670er Jahren bis zu seinem Tod gehörte Jakob Bernoulli zu den führenden Mathematikern der Welt. Sein bemerkenswertes Talent war gepaart mit einer kantigen Persönlichkeit, einem egozentrischen Charakter und

Jakob Bernoulli

(Aus *Jakob Bernoulli, Collected Works, Vol. 1: Astronomia, Philosophia naturalis*; herausgegeben von Joachim O. Fleckenstein, Birkhäuser, Basel, 1969.)

der Tendenz, die Bemühungen der weniger Begabten herabzuwürdigen. So fand er zum Beispiel, nachdem er die mittlerweile ihm zu Ehren „Bernoulli-Zahlen" genannten Zahlen studiert hatte, eine geniale Methode, die Potenzen positiver ganzer Zahlen aufzusummieren. Er bemerkte, daß es „mich weniger als die Hälfte einer Viertelstunde kostete", die Summe der zehnten Potenzen der ersten 1000 positiven ganzen Zahlen zu berechnen. Er hatte also in weniger als zehn Minuten die wahrhaft riesige Summe

$$1^{10} + 2^{10} + 3^{10} + 4^{10} + \ldots + 1000^{10}$$

$$= 91\,409\,924\,241\,424\,243\,424\,241\,924\,242\,500$$

berechnet. In einem für sich selbst angebrachten Kommentar wies Jakob darauf hin, daß seine kurze Berechnungsmethode „klar hatte werden lassen, wie

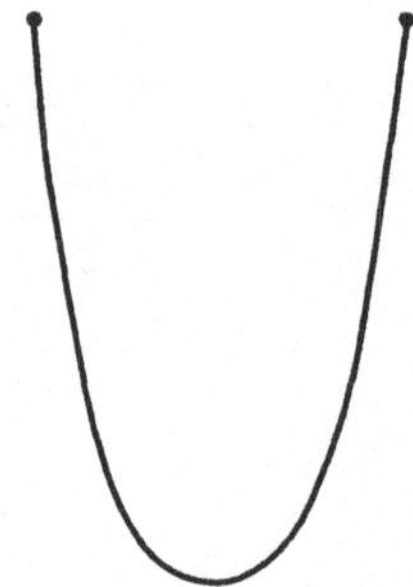

nutzlos die Arbeiten des Ismael Bullialdus waren, ... in denen er nichts weiter
gemacht hatte als mit immensem Arbeitsaufwand die Summen der ersten sechsten Potenzen zu bestimmen, was nur ein Teil der Ergebnisse ist, die wir auf einer Seite untergebracht haben."[1] Unser Mitleid muß dem armen Ismael gelten,
der als Kritiker nicht nur einen Mathematiker mit enormer Einsichtsfähigkeit,
sondern auch mit enormem Ego bekommen hatte.

Jakob Bernoullis produktive Jahre fielen in die Zeit der Entdeckung der Infinitesimalrechnung durch Gottfried Wilhelm Leibniz. Jakob wurde einer der
Hauptverfechter dieses sich als so fruchtbar erweisenden Sujets. Wie bei jeder
in Entwicklung befindlichen Theorie, so profitierte auch die Infinitesimalrechnung von denen, die in die Fußstapfen des eigentlichen Erfinders traten – von
Gelehrten, deren Brillanz vielleicht nicht an die von Leibniz heranreichte, deren
Beiträge aber zur Ordnung der Theorie unabdinglich waren. Jakob Bernoulli
war einer davon.

Bei seinen Bemühungen um die Infinitesimalrechnung hatte er einen un-
angenehmen Verbündeten in Johann Bernoulli (1667–1748), dem jüngeren der
beiden brillanten, aber biestigen Bernoulli-Brüder. In der Tat hatte Jakob
eine entscheidende Rolle bei der Entwicklung seines jüngeren Bruders gespielt,
da er ihn Mathematik lehrte. In späteren Jahren mag er sicher bereut haben,
daß er Johann so gut unterrichtet hatte, denn der Kleine entpuppte sich als
ein Mathematiker, der seinem Lehrer ebenbürtig, wenn nicht überlegen war.
Zwischen den Brüdern entspann sich ein heftiger Wettstreit um die mathematische Vorherrschaft. Johann legte unverhohlene Schadenfreude an den Tag,
wenn er ein Problem löste, mit dem sich sein Bruder erfolglos herumgequält
hatte. Jakob hingegen nannte Johann geringschätzig seinen „Schüler", womit
er ausdrücken wollte, daß dieser die Brillanz seines Lehrers lediglich kopierte.
Keinen der Bernoullis könnte man einen wahrhaft großmütigen Charakter nennen.

Zu einem berühmt gewordenen Krach kam es über das Problem der Kettenlinie. Eine Kettenlinie ist diejenige Kurve, die eine an ihren beiden Enden
befestigte Kette einnimmt (siehe die Abbildung oben). Die Leser, die mit der
Oberstufenalgebra noch vertraut sind, werden vielleicht annehmen, daß die

Kette die Form eines parabelförmigen Bogens beschreibt. Eine vollkommen vernünftige Annahme, zu der schon kein Geringerer als Galilei im siebzehnten Jahrhundert gelangt war. Aber die Kette hängt eben *nicht* in Parabelform. Jakob Bernoulli rackerte sich, es war um 1690, redlich ab, den wahren Kurvenverlauf zu bestimmen – also eine Gleichung für die Kurve anzugeben.

Wie sich aber herausstellte, war Jakob der Aufgabe nicht gewachsen. Man kann sich leicht vorstellen, wie groß seine Verblüffung war, als Johann mit der Lösung herauskam. Johann weidete sich später an seinem Triumph und konstatierte, daß ihn die Lösung nur „den Schlaf einer ganzen Nacht gekostet hätte".[2] Und da er genauso taktlos wie genial war, eilte Johann zu Jakob und präsentierte dem immer noch perplexen Bruder die richtige Lösung. Jakob war am Boden zerstört.

Aber er sollte seine Rache bekommen, und zwar auf dem Schlachtfeld des sogenannten isoperimetrischen Problems. Hierbei geht es darum, unter allen möglichen Kurven gleicher Länge diejenige zu bestimmen, die die *größte* Fläche einschließt. Wir werden dieses Problem in Kapitel I näher betrachten, aber schon jetzt sei der Hinweis gestattet, daß Jakob Bernoulli 1697 die Infinitesimalrechnung auf eine Variante dieser Fragestellung anwandte. Sein Ansatz zwang ihn, sich mit einem komplizierten mathematischen Objekt abzugeben, einer Differentialgleichung dritter Ordnung. Dieser Ansatz wies ihm aber auch den Weg zu einem neuen, wichtigen und weitreichenden Zweig der Mathematik, der heute als Variationsrechnung bezeichnet wird.

Bruder Johann war mit dieser Lösung nicht einverstanden und behauptete, das isoperimetrische Problem mit einer wesentlich einfacheren Differentialgleichung *zweiter Ordnung* gelöst zu haben. Wie es im Hause Bernoulli so oft der Fall war, artete der sachliche Disput in offene Feindschaft aus und machte gerade noch vor dem Brudermord halt.

Diesmal war es Jakob, der als letzter lachte, denn die Differentialgleichung zweiter Ordnung seines Bruders war falsch. Unglücklicherweise bekam Jakob allerdings nie eine wirkliche Gelegenheit zu lachen oder auch nur zu grinsen, denn er starb 1705, während Johanns falsche Lösung unerklärlicherweise verschlossen in den Büros der Pariser Akademie verwahrt wurde. Es gibt Spekulationen, denen zufolge Johann seinen Irrtum erkannt und arrangiert hatte, daß sein Fehler verborgen wurde – nur um nicht öffentlicher Demütigung ausgesetzt zu werden, solange sein Bruder dies hätte genießen können.[3]

Diese Episoden sollen ein Gefühl dafür geben, welche Mißhelligkeiten die brüderliche Beziehung beherrschten. Es ist kein Wunder, daß Jakobs Witwe Johann verbot, die Papiere seines kürzlich verstorbenen Bruders zu editieren, da sie schließlich befürchten mußte, der rachsüchtige Johann würde die mathematische Hinterlassenschaft Jakobs sabotieren.[4] Vielleicht hat J. E. Hofmann es mit seiner Charakterisierung Jakobs im *Dictionary of Scientific Biography* am besten ausgedrückt: „Er war eigensinnig, halsstarrig, rachsüchtig, von Minderwertigkeitsgefühlen geplagt und dennoch von seinen Fähigkeiten fest

Johann Bernoulli
(Nachdruck mit freundlicher Genehmigung der
Carnegy Mellon University Library.)

überzeugt. Bei diesem Charakter mußte er zwangsläufig mit seinem ähnlich disponierten Bruder aneinandergeraten."[5]

Wir wenden uns nun von der geschwisterlichen Rivalität ab und wieder der eingangs gestellten wahrscheinlichkeitstheoretischen Frage zu: Wenn eine regulär geprägte Münze fünfmal geworfen wird, wie groß ist dann die Wahrscheinlichkeit, daß dreimal Kopf und zweimal Zahl auftreten? In der *Ars Conjectandi* gab Jakob Bernoulli eine allgemeine Regel an: Wenn wir $n+m$ wiederholte unabhängige gleichartige Experimente (also $n + m$ Bernoulli-Versuche) durchführen, wobei die Erfolgswahrscheinlichkeit eines einzelnen Versuchs p und die Wahrscheinlichkeit für einen Mißerfolg $1 - p$ ist, so ergibt sich die Wahrscheinlichkeit für genau n Erfolge und genau m Mißerfolge nach der folgenden Formel:

$$\frac{(n + m) \times (n + m - 1) \times \ldots \times 3 \times 2 \times 1}{[n \times (n - 1) \times \ldots \times 3 \times 2 \times 1] \times [m \times (m - 1) \times \ldots \times 3 \times 2 \times 1]} p^n (1 - p)^m.$$

Um diesen Ausdruck zu vereinfachen, führt man in der Mathematik den Begriff der *Fakultät* ein:

$$n! = n \times (n - 1) \times \ldots \times 3 \times 2 \times 1.$$

So ist beispielsweise $3! = 3 \times 2 \times 1 = 6$ und $5! = 5 \times 4 \times 3 \times 2 \times 1 = 120$. Wir weisen ausdrücklich darauf hin, daß das Ausrufungszeichen in der Notation der Fakultät es *nicht* erforderlich macht, mit erhobener Stimme zu sprechen. Mit dieser Konvention vereinfacht sich das Ergebnis Bernoullis in folgender Weise:

$$P(n \text{ Erfolge und } m \text{ Mißerfolge}) = \frac{(n + m)!}{n! \times m!} p^n (1 - p)^m.$$

Die Wahrscheinlichkeit, dreimal das Ergebnis Kopf bei fünf Würfen mit einer Münze zu bekommen, kann man berechnen, indem man $n = 3$, $m = 2$ und $P(\text{Kopf}) = 1/2$ setzt. Man erhält:

$$\begin{aligned}
P(\text{3mal Kopf, 2mal Zahl}) &= \frac{(3 + 2)!}{3! \times 2!} \left(\frac{1}{2}\right)^3 \left(1 - \frac{1}{2}\right)^2 = \frac{5!}{3! \times 2!} \left(\frac{1}{8}\right) \left(\frac{1}{4}\right) \\
&= \frac{120}{6 \times 2} \left(\frac{1}{32}\right) = 0{,}3125,
\end{aligned}$$

also etwas mehr als 31%.

In gleicher Weise berechnet man die Wahrscheinlichkeit, genau 5 Vieren bei 15 unabhängigen Würfen eines Würfels zu erhalten. Wir definieren hier das Würfeln einer Vier als Erfolg und setzen weiter:

$$\begin{aligned}
n &= 5 &&\text{(Anzahl der Erfolge)}, \\
m &= 15 - 5 = 10 &&\text{(Anzahl der Mißerfolge)}, \\
p &= 1/6 &&\text{(Erfolgswahrscheinlichkeit)}.
\end{aligned}$$

Damit ist die Wahrscheinlichkeit, 5 Vieren bei 15 Würfen zu erhalten:

$$\frac{(5 + 10)!}{5! \times 10!} \left(\frac{1}{6}\right)^5 \left(1 - \frac{1}{6}\right)^{10} = \frac{15!}{5! \times 10!} \left(\frac{1}{6}\right)^5 \left(\frac{5}{6}\right)^{10} = 0{,}0624,$$

also ein sehr unwahrscheinliches Ereignis.

Um nun zu einer früher gestellten Frage zurückzukommen: Die Wahrscheinlichkeit, bei 500 Münzwürfen 247mal Kopf und 253mal Zahl zu bekommen, ist

$$\frac{(247+253)!}{247! \times 253!}\left(\frac{1}{2}\right)^{247}\left(1-\frac{1}{2}\right)^{253} = \frac{500!}{247! \times 253!}\left(\frac{1}{2}\right)^{247}\left(\frac{5}{6}\right)^{253}$$

Natürlich ist diese Formel korrekt, aber es ist viel zu kompliziert, danach die Wahrscheinlichkeit von Hand auszurechnen. Selbst ein teurerer Taschenrechner wird bei dem Versuch, eine Zahl wie 500! auszurechnen, streiken (Skeptiker können es ja mal ausprobieren). In Kapitel N werden wir eine Methode kennenlernen, derartige Wahrscheinlichkeiten approximativ zu berechnen. Aber auch wenn sich die direkte Berechnung anhand der Formel von selbst verbietet, ist die Formel theoretisch einwandfrei. Sie bietet den Schlüssel, die Wahrscheinlichkeit für jede beliebige Folge von Bernoulli-Versuchen zu bestimmen.

Nun sind die meisten Situationen des täglichen Lebens etwas komplizierter als das Werfen einer Münze, was wohl eine zu idealistische wahrscheinlichkeitstheoretische Beschreibung darstellt. Schon weit schwieriger ist die Aufgabe, die Wahrscheinlichkeit zu berechnen, mit der ein 25jähriger Mann das Alter von 70 Jahren erreichen oder gar überschreiten wird. Oder die Wahrscheinlichkeit, daß am nächsten Dienstag mehr als drei Zentimeter Regen fallen. Oder die Wahrscheinlichkeit, daß ein auf die Kreuzung zufahrendes Auto rechts abbiegen wird. Derartige Probleme sind geradezu kontaminiert mit der enormen Komplexität unserer Welt, was auch Jakob Bernoulli erkannte, als er schrieb:

Welcher Sterbliche, so frage ich, könnte die Zahl der Krankheiten feststellen, indem er alle Möglichkeiten zählt, die den Körper des Menschen in jedem seiner Teile und in jeder Altersstufe betreffen, und sagen, um wieviel wahrscheinlicher die eine Krankheit tödlich verläuft als eine andere – Pest eher als Wassersucht zum Beispiel oder Wassersucht eher als Fieber – und auf dieser Grundlage eine Vorhersage machen über das Verhältnis von Leben und Tod in zukünftigen Generationen?[6]

Liegt die Berechnung solcher Wahrscheinlichkeiten außerhalb der Reichweite der Mathematik? Beschränkt sich die Anwendbarkeit der Wahrscheinlichkeitstheorie ausschließlich auf künstlich erdachte Glücksspiele?

Bernoulli hat in der *Ars Conjectandi* eine universelle Antwort auf diese Frage gegeben, und das kann als sein größtes Vermächtnis gelten. Er selbst nannte diese Antwort sein „Goldenes Theorem" und schrieb: „Sowohl seine Neuheit als auch seine große Nützlichkeit, gepaart mit seiner ebenso großen Schwierigkeit, gehen in Gewichtung und Wert weit über die anderen Kapitel dieser Lehre hinaus."[7] Dieses heute als „Satz von Bernoulli" oder auch, weiter verbreitet, als „Gesetz der großen Zahlen" bekannte Theorem stellt einen der zentralen Stützpfeiler der Wahrscheinlichkeitstheorie dar.

Um etwas tiefer in seine Natur einzudringen, stellen wir uns wieder vor, wir führen unabhängige Bernoulli-Versuche durch, wobei die Erfolgswahrscheinlichkeit bei jedem Versuch p sei. Wir wollen dabei sowohl die Gesamtzahl der Versuche N als auch die Anzahl der erfolgreichen Versuche x beobachten. Der Bruch x/N stellt somit den *Anteil* der erfolgreichen Versuche dar.

Wenn zum Beispiel bei 100 Würfen einer Münze 47mal Kopf auftritt, dann ist der beobachtete Anteil von Köpfen $47/100 = 0{,}47$. Wenn die Münze weitere 100mal geworfen wird und dabei weitere 55mal Kopf auftritt, so ist der kombinierte Anteil der gesamten Würfe

$$\frac{47+55}{100+100} = \frac{102}{200} = 0{,}510.$$

Und da gibt es nichts (außer des Lebens Langeweile), was den Werfer davon abhalten könnte, die Münze erneut 100mal oder noch einmillionenmal hochzuwerfen. Die wesentliche Frage dabei ist, was passiert mit dem Anteil x/N auf lange Sicht?

Es sollte niemanden überraschen, daß sich dieser Anteil immer mehr an $0{,}5$ annähert, wenn man die Anzahl der Wiederholungen in diesem Experiment erhöht. Allgemein gilt: Für wachsendes N strebt der schwankende Wert von x/N gegen die feste Zahl p, die *echte* Wahrscheinlichkeit für einen Erfolg in jedem einzelnen Versuch. Damit – und hierin liegt der eigentliche Wert des Theorems – sollte, wenn die Erfolgswahrscheinlichkeit p *unbekannt* ist, der Anteil der Erfolge (x/N) bei einer großen Zahl von Versuchen einen guten Schätzwert für p darstellen. In symbolischer Schreibweise:

$$\frac{x}{N} \approx p \quad \text{(für großes } N\text{)},$$

wobei $\approx$ bedeutet: „ist ungefähr gleich".

Dies ist, mit einigen wichtigen Voraussetzungen, das Gesetz der großen Zahlen. Bemerkenswert an Jakob Bernoullis Theorem ist nicht sosehr, daß es richtig ist, sondern vielmehr, daß es so schwer war, es mathematisch exakt zu beweisen. Jakob bestätigte in seiner nicht gerade bescheidenen Weise, daß „selbst der Dümmste [das Gesetz der großen Zahlen] aufgrund eines natürlichen Instinkts kennt."[8] Dennoch kostete ihn ein gültiger Beweis die Anstrengung von immerhin 20 Jahren und füllt mehrere Seiten seiner *Ars Conjectandi*.[9] Seine Anmerkung hierzu, daß „der wissenschaftliche Beweis dieses Prinzips nicht einfach ist", ist denn auch leicht untertrieben.

Wir sollten noch einige Worte über die oben erwähnten „wichtigen Voraussetzungen" des Bernoullischen Satzes verlieren. Da es sich um eine wahrscheinlichkeitstheoretische Aussage handelt, unterliegt sie den Unsicherheiten, die bei jedem zufälligen Ereignis ins Spiel kommen. Man kann nicht mit letzter Sicherheit behaupten, daß bei tausendmaliger Wiederholung eines Münzwurfes der Anteil der Würfe mit dem Ergebnis Kopf näher bei $0{,}5$ liegt als bei nur einhundertmaliger Wiederholung. Man kann sich ja vorstellen, daß 51 der 100 Würfe das Ergebnis Kopf produzieren, aber nur 486 bei den 1000 Würfen. Dann wäre die Schätzung $x/N = 51/100 = 0,51$ aus der kleinen Stichprobe tatsächlich näher an der wahren Wahrscheinlichkeit des Auftretens des Ergebnisses Kopf als die Schätzung aus der großen Stichprobe $x/N = 486/1000 = 0,486$. Der Zufall macht's möglich.

Aus demselben Grunde ist es auch durchaus nicht unmöglich, daß wir die Münze weitere 1000mal werfen, und jedesmal erscheint Kopf. Dies ergäbe die erstaunliche Anzahl von 1486mal Kopf bei 2000 Würfen und damit eine geschätzte Wahrscheinlichkeit von 1486/2000=0,743. In einem solchen Fall scheint das Gesetz der großen Zahlen außer Kraft gesetzt.

Aber das scheint eben nur so. Denn was Jakob Bernoulli genau bewiesen hat, ist folgendes: Gegeben sei eine kleine Toleranz – sagen wir 0,000001. Die *Wahrscheinlichkeit*, daß die geschätzte Wahrscheinlichkeit x/N und die wahre Wahrscheinlichkeit p sich nur um diese Toleranz oder weniger unterscheiden, liegt dann so nahe bei 1, wie man nur will, wenn man die Anzahl der Versuche immer größer werden läßt. Wenn wir genügend viele Experimente machen, können wir fast sicher sein – Bernoulli benutzt hier die Bezeichnung *moralisch sicher* –, daß sich unsere Schätzung x/N höchstens um 0,000001 von der wahren Wahrscheinlichkeit p unterscheidet.[10] Zugegeben, hundertprozentig sicher sind wir nicht, daß p und x/N bis auf 0,000001 übereinstimmen, aber die große Zahl der Versuche überzeugt uns hinreichend von der Übereinstimmung, so daß uns die Angelegenheit jedenfalls nicht den Schlaf raubt.

Die oben erwähnte Situation, in der die Münzwurfwahrscheinlichkeit nach 2000 Würfen einer Münze zu 0,743 geschätzt wurde, ist weniger wahrscheinlich als die Möglichkeit, daß ein Leser bei der Lektüre dieses Kapitels von einem Meteor erschlagen wird. Selbst wenn man zu einer derartig unwahrscheinlichen Schätzung käme, könnte Bernoulli selbstgefällig versichern, daß bei Durchführung weiterer Versuche, 2000 oder 2000 Millionen, das Verhältnis x/N mit „moralischer Sicherheit" in die Nähe von 0,5 zurückkehren würde.

Es sollte noch einmal ausdrücklich darauf hingewiesen werden, daß selbst mit diesen geringen Voraussetzungen das Gesetz der großen Zahlen *beweisbar* ist. Damit unterscheidet es sich von anderen bekannten Gesetzen, denen man im täglichen Leben begegnet, angefangen bei Murphys Gesetz (alles, was nur schiefgehen kann, wird auch schiefgehen) bis hin zum Gravitationsgesetz. Diese sind entweder allgemein akzeptierte Platitüden (wie das erstere) oder hochgeschätzte physikalische Modelle (wie das letztere) und damit Modifikationen unterworfen, sollten neue Erkenntnisse die Sachlage ändern. Aber das Gesetz der großen Zahlen ist ein mathematisches *Theorem*, bewiesen im Rahmen der nichts entschuldigenden Regeln der Logik, mit Bestand bis ans Ende der Zeiten.

Und es findet natürlich seine Anwendung. Überlebenswahrscheinlichkeiten, die die Diskontierungstabellen der Versicherungsgesellschaften beherrschen, beruhen auf den Ergebnissen einer großen Anzahl von Versuchen (Leben und

Sterbefälle der Menschen). Und ähnlich verhält es sich mit den Wahrscheinlichkeitsangaben der Wetterfrösche für Regen.

Oder betrachten wir ein Problem, das aus dem achtzehnten Jahrhundert stammt: Wie ist die Wahrscheinlichkeit anzugeben, mit der eine Frau einem Jungen und keinem Mädchen das Leben schenken wird? Wie könnte jemand jemals diese Wahrscheinlichkeit im voraus, also a priori, angeben? Schon allein die komplexen genetischen Faktoren komplizieren die Frage hoffnungslos, von vornherein, auf rein theoretischem Wege, die Wahrscheinlichkeit für die Geburt eines Jungen zu bestimmen. Statt dessen ist man gezwungen, a posteriori die vollendeten Tatsachen zu untersuchen, und das Werkzeug hierfür ist der Satz von Bernoulli.

Genau diese Frage beschäftigte John Arbuthnot in den frühen Jahren des achtzehnten Jahrhunderts in England. Wie andere vor ihm hatte er den Bevölkerungsstatistiken entnommen, daß jedes Jahr etwas mehr Jungen als Mädchen geboren wurden. Er behauptete, daß dies „schon jahrhundertelang, und nicht nur in London, sondern in der ganzen Welt" der Fall war.[11] Arbuthnot versuchte dieses Phänomen durch eine göttliche Einflußnahme auf das menschliche Tun zu erklären. Einige Jahre später wandte Nicholas Bernoulli, ein Neffe von Jakob und Johann und weiteres Mitglied dieser mathematisch talentierten Familie, das Gesetz der großen Zahlen an und kam zu dem Schluß, daß die Wahrscheinlichkeit, einen Jungen zu gebären, 18/35 betrug. Mit anderen Worten, in der großen Anzahl aufgezeichneter Geburten zeigte sich eine markante und stabile Tendenz zu 18 männlichen gegenüber 17 weiblichen Geburten. Bernoullis Theorem hatte seinen Dienst erwiesen „nicht nur in London, sondern in der ganzen Welt".

Es versieht seinen Dienst auch heute noch. Eine Technik, die allgemein als Monte-Carlo-Methode bezeichnet wird, kombiniert die Aussagekraft von Bernoullis Theorem mit der Leistungsfähigkeit des Computers. Sie ist sehr wichtig geworden, weil sie den Wissenschaftlern erlaubt, einen großen Bereich von zufallsgelenkten Phänomenen mit wahrscheinlichkeitstheoretischen Methoden zu simulieren. Das folgende Beispiel ist eine vereinfachende, aber anschauliche Demonstration der Monte-Carlo-Methode. Nehmen wir an, wir wollten die Fläche eines unregelmäßig berandeten Sees bestimmen. Wir könnten sein Ufer abschreiten oder ein Luftbild aufnehmen, aber der kurvenreiche und scheinbar zufällig gestaltete Umriß des Sees schließt eine leichte mathematische Flächenbestimmung nach einer einfachen Formel ohnehin aus.

Wir nehmen an, unser See sieht so aus wie in der Abbildung auf Seite 35, wo er in das Standard-Koordinatensystem aus x- und y-Achse eingezeichnet ist. Da wir auf das Beispiel in Kapitel L noch einmal zurückkommen werden, haben wir einen See mit sehr moderatem Ufer gewählt – er wird von der x-Achse und dem Parabelsegment mit der Gleichung $y = 8x - x^2$ berandet.

Wir werden seine Fläche nun mit Hilfe der wahrscheinlichkeitstheoretischen Methode bestimmen. Zunächst schließen wir den Bereich in ein Rechteck der

Größe 8 × 16 ein, wie in der Abbildung angedeutet. Dann lassen wir den Computer Hunderte von Punkten (x, y) in diesem Rechteck zufällig auswählen. Darunter könnten zum Beispiel die eingezeichneten Punkte $A = (3{,}5; 7{,}3)$ oder $B = (6{,}0; 13{,}7)$ sein.

Jetzt fragen wir den Rechner, ob die zufällig erzeugten Punkte im See liegen oder nicht. In unserem Beispiel läßt sich diese Frage sehr leicht beantworten. Um Punkt A zu überprüfen, setzen wir $x = 3{,}5$ in die Gleichung der Parabel ein und finden den zugehörigen Wert $y = 8 \cdot 3{,}5 - (3{,}5)^2 = 15{,}75$. Also liegt der Punkt $(3{,}5; 15{,}75)$ *auf* der Parabel. Daher liegt der Punkt A mit der gleichen x-Koordinate, aber der y-Koordinate 7,3 unter dem Parabelbogen und damit im Wasser.

Ähnlich setzen wir für Punkt B die erste Koordinate in die Gleichung der Parabel ein, was den Wert $y = 8 \cdot 6 - 6^2 = 12$ ergibt. Also liegt $(6; 12)$ auf der Parabel, so daß $B = (6; 13{,}7)$ etwas oberhalb von der Kurve und damit auf dem Trockenen zu liegen kommt. Innerhalb weniger Millisekunden Computerzeit können wir so Unmengen zufällig erzeugter Punkte darauf testen, ob sie im See landen oder nicht.

Nun kommt aber der wesentliche Knackpunkt aus der Sicht der Monte-Carlo-Simulation: Die *exakte* Wahrscheinlichkeit p, daß ein zufällig gewählter Punkt im See landet, entspricht genau dem Flächenanteil des 8×16-Rechtecks, den der See belegt. Also gilt:

$$
\begin{aligned}
p \;&=\; P(\text{ein zufälliger Punkt liegt im See}) \\[2mm]
&=\; \frac{\text{Fläche des Sees}}{\text{Fläche des umschließenden Rechtecks}} \\[2mm]
&=\; \frac{\text{Fläche des Sees}}{8 \times 16} = \frac{\text{Fläche des Sees}}{128}.
\end{aligned}
$$

Natürlich können wir diese Wahrscheinlichkeit nicht berechnen, wenn wir die Fläche des Sees nicht kennen, doch diese Fläche ist gerade die Unbekannte, die wir suchen. Aber wir können die Wahrscheinlichkeit p, den See zu treffen, durch den Anteil x/N der Treffer innerhalb des schattierten Gebietes in der Abbildung schätzen. Diese Approximation der wahren Erfolgswahrscheinlichkeit durch den Erfolgsanteil bei einer langen Reihe von Versuchen ist eine direkte Anwendung des Gesetzes der großen Zahlen.

In diesem Beispiel wählte der Computer 500 Punkte in dem Rechteck aus, wobei von 342 Punkten festgestellt wurde, daß sie im See lagen. Daher beträgt die Schätzung:

$$
\frac{342}{500} \approx p = \frac{\text{Fläche des Sees}}{128},
$$

woraus man nach Auflösung die Beziehung

$$
\text{Fläche des Sees} \approx 128 \times \frac{342}{500} = 87\,552 \text{ Flächeneinheiten}
$$

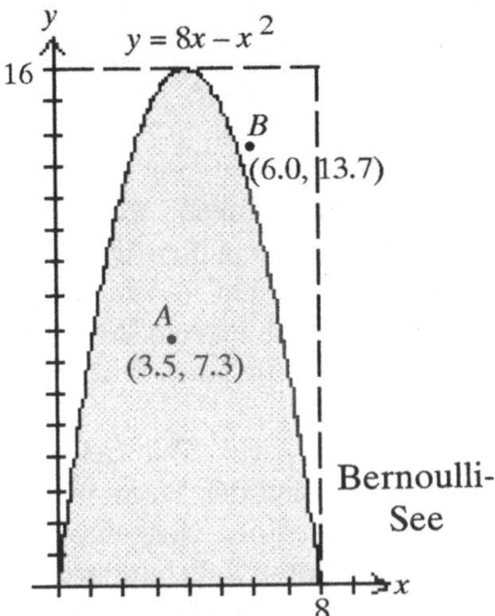

erhält. Wir haben also eine grobe Schätzung der Größe des Sees erhalten, wobei wir nichts weiter als das Theorem von Bernoulli und einen Computer benutzt haben.

Wie können wir zu einer besseren Schätzung gelangen? Wir lassen den Computer einfach nicht nur 500, sondern 5000 zufällige Punkte in dem Rechteck erzeugen. Bei diesem Lauf liegen 3293 Punkte im Wasser, womit sich ergibt:

$$\frac{3293}{5000} \approx p = \frac{\text{Fläche des Sees}}{128}$$

und weiter

$$\text{Fläche des Sees} \approx 128 \times \frac{3293}{5000} = 84\,301 \text{ Flächeneinheiten.}$$

Selbstverständlich könnten wir nun den Rechner bitten, 50 000 oder 500 000 Punkte zufallsmäßig zu generieren – oder so viele, wie unsere Stromrechnung zuläßt. Die so erhaltenen Schätzungen der Fläche unseres parabolischen Sees würden sich immer größerer Zuverlässigkeit erfreuen.

Dies ist ein sehr elementares, aber auch künstliches Beispiel. In Wirklichkeit kann man mit der Monte-Carlo-Methode wesentlich kompliziertere Phänomene untersuchen. Darüber hinaus kann man, wie wir später sehen werden, die in Frage stehende parabolisch begrenzte Fläche *exakt* bestimmen, und zwar mit Mitteln der Integralrechnung. Dennoch mag dieses Beispiel einen Eindruck von der Leistungsfähigkeit wahrscheinlichkeitstheoretischer Methoden vermitteln.

Dreihundert Jahre sind nun vergangen, seit Jakob Bernoulli diesen wichtigen Satz bewiesen hat. Wie schon so oft in der Mathematik ist sein ursprünglicher Beweis inzwischen durch eine viel flüssigere Version ersetzt worden, die sich auf das Wesentliche konzentriert. Der heute in den Lehrbüchern übliche Beweis stützt sich auf ein Ergebnis des russischen Mathematikers Pafnuty Chebychev, dem wir bereits in Kapitel A begegnet sind. Sein Ansatz, der die Begriffe „Erwartungswert" und „Standardabweichung" einer Zufallsvariablen verwendet, erlaubt es, den Beweis vom Gesetz der großen Zahlen auf gerade einen Paragraphen zu beschränken, womit er Bernoullis seitenlange Argumentationskette fast beliebig erscheinen läßt. Trotzdem werden wir, in einer Anwandlung großmütiger Nachsicht, die Jakob Bernoulli völlig fremd gewesen wäre, der Versuchung widerstehen, sein Werk „nutzlos" zu nennen, bloß weil er ein ganzes Kapitel benötigt für „das, was wir auf einer einzigen Seite untergebracht haben".

So ist eben der Lauf des Fortschritts. Wie bei allen Unternehmungen des Menschen ist es aber angebracht, sich der Pioniere zu erinnern. So wie heute die Lasertechnologie mit ihren CDs einen viel reineren Musikgenuß ermöglicht als die Phonographen des neunzehnten Jahrhunderts mit ihrem Rauschen und Kratzen, hat die moderne Wahrscheinlichkeitstheorie den Bernoullischen Beweis des Gesetzes der großen Zahlen verkürzt und vereinfacht. Und immer noch erinnern wir uns beispielsweise an Thomas Edison, wenn auch der Fortschritt seine ursprüngliche Erfindung der Geschichte überantwortet hat. Es ist daher nur angemessen, wenn wir auch Jakob Bernoulli denselben Respekt für sein „Goldenes Theorem" zollen, auf das er doch mit Recht so stolz war.

Crux mit dem Kreis

In den ersten beiden Kapiteln haben wir uns mit einer Einführung in die Gebiete der Zahlentheorie und der elementaren Wahrscheinlichkeitstheorie befaßt. Wir wenden uns nun einem Thema aus der Geometrie zu, einem der wichtigsten Zweige der Mathematik. Die Geometrie, der die griechischen Mathematiker ihr Hauptaugenmerk schenkten, wie wir in Kapitel G noch sehen werden, hat eine vielfältige und interessante geschichtliche Entwicklung. In der antiken Welt war dieses Forschungsgebiet gar so vorherrschend, daß die Worte *Mathematiker* und *Geometer* als Synonyme benutzt wurden. Und so war es auch zu einem großen Teil die Geometrie, der sich die Mathematiker in ihrer Forschung zuwandten.

Eine Einführung in die Geometrie kann man natürlich auf verschiedenen Grundlagen aufbauen. In diesem Kapitel wollen wir von einer Untersuchung des Kreises ausgehen, der sicher eines der wichtigsten geometrischen Objekte darstellt. Die zweidimensionalen Kreise repräsentieren in ihrer Einfachheit, Eleganz und Schönheit eine ursprüngliche Vollkommenheit. Bei den Griechen wurden sie jedoch nicht nur um ihrer selbst willen, sondern auch als elementare Werkzeuge zur Untersuchung komplizierterer geometrischer Konzepte betrachtet.

Die Terminologie, die sich um den Kreis entsponnen hat, ist inzwischen in den täglichen Sprachgebrauch eingedrungen. Definitionsgemäß ist ein *Kreis* eine ebene Figur, deren Punkte alle denselben Abstand von einem festen Punkt haben. Dieser Punkt heißt der *Mittelpunkt*, und der Abstand der Punkte auf der Kreislinie vom Mittelpunkt ist der *Radius*. Die Länge des Kreisquerschnitts durch den Mittelpunkt nennt man den *Durchmesser*, und die Länge der Kreislinie – also die Entfernung, die man bei einer vollen Umrundung zurücklegen würde – ist der *Umfang*.

Ein Neuling würde bei seiner ersten Bekanntschaft mit Kreisen sehr schnell eine wesentliche Eigenschaft bemerken: Alle Kreise haben die gleiche Gestalt. Zwar mögen einige größer und andere kleiner sein, aber ihre „Kreisförmigkeit",

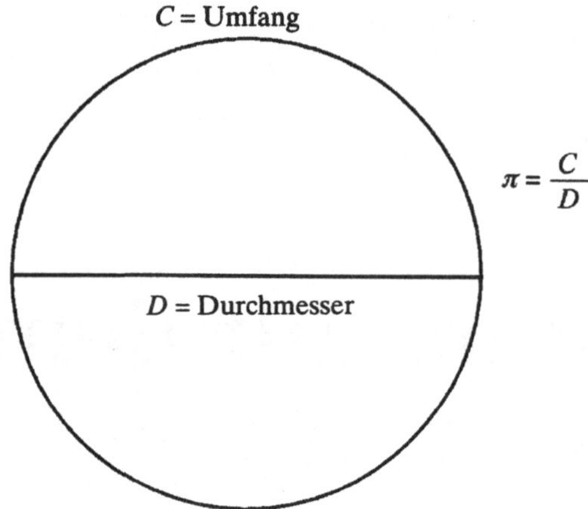

ihre perfekte Rundung, fällt sofort ins Auge. In der Mathematik sagt man, alle Kreise sind *ähnlich.* Bevor man diese Beobachtung als banale Trivialität abtut, sollte man sich klarmachen, daß im Gegensatz zum Kreis keineswegs alle Dreiecke die gleiche Gestalt haben, genausowenig wie alle Vierecke oder gar alle Leute. Man kann sich ohne Schwierigkeiten lange, schmale Rechtecke oder lange, schmale Menschen vorstellen, aber ein langer, schmaler Kreis ist eben überhaupt kein Kreis.

Nun haben also alle Kreise dieselbe Gestalt. Hinter dieser keineswegs aufregenden Feststellung verbirgt sich ein tiefliegendes Theorem der Mathematik: Das *Verhältnis* von Umfang und Durchmesser ist bei jedem Kreis gleich. Sei der Kreis riesig, mit großem Umfang und großem Durchmesser, oder winzig klein, mit winzigem Umfang und winzigem Durchmesser, die *relative* Größe von Umfang zu Durchmesser ist immer dieselbe. Bezeichnet man den Umfang mit C und den Durchmesser mit D, so kann man mathematisch formulieren, daß das Verhältnis C/D von Kreis zu Kreis immer gleich bleibt.

Wie heißt nun die gefundene Konstante? Mathematiker lassen ja keine Gelegenheit aus, ein neues Symbol einzuführen, und so wählten sie in diesem Fall den sechzehnten Buchstaben des griechischen Alphabets, π, und verliehen ihm damit, wenigstens mathematisch betrachtet, Unsterblichkeit. Die Wahl ist nicht unpassend, waren es doch die Griechen, die als erste den Kreis mathematisch genauen Untersuchungen unterzogen. Sie selbst verwendeten den Buchstaben π aber nie in diesem Sinne.

Um nun zu einer formalen Definition zu kommen, führen wir π anhand der obigen Abbildung ein:

Definition: Bezeichnet man den Umfang eines Kreises mit C und den Durchmesser mit D, so gilt: $\pi = C/D$.

Löst man diese Gleichung nach C auf, so erhält man die bekannte Beziehung

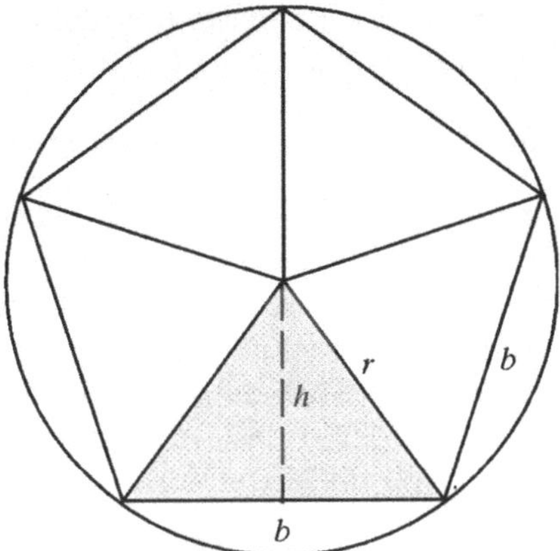

$C = \pi D$. Berücksichtigt man andererseits, daß der Durchmesser D das Zweifache des Radius r beträgt, so kommt man zu der ebenso bekannten Gleichung $C = 2\pi r$.

Damit stellt π die wichtige Beziehung zwischen dem Umfang (eine Länge) und dem Radius (ebenfalls eine Länge) eines Kreises her. Dieselbe Konstante verbindet außerdem die *Fläche* des Kreises mit seinem Radius. Dies ist eine der wichtigsten Erkenntnisse der Mathematik, wenn auch nicht sofort einleuchtend und klar. Deshalb ist sie eine Auseinandersetzung wert.

Der grundlegende Ansatz besteht in der Approximation des Kreises durch ein einbeschriebenes *regelmäßiges Polygon*, also ein n-Eck, dessen Seiten alle die gleiche Länge haben und dessen Winkel alle gleich groß sind. Polygone sind geometrisch leichter faßbar als Kreise. Die genauere Kenntnis der Geometrie von Polygonen erlaubt es uns deshalb, Schlüsse über die Kreise zu ziehen, in denen sie liegen.

Die Abbildung oben zeigt ein regelmäßiges Fünfeck, das einem Kreis mit dem Radius r einbeschrieben ist. Um die Fläche des Fünfecks zu bestimmen, ziehen wir Radien vom Mittelpunkt des Kreises zu allen fünf Ecken auf der Kreislinie. Dadurch wird das Fünfeck in fünf dreieckige Stücke zerlegt. Jedes Dreieck hat eine Basis der Länge b, die der Länge einer Seite des Fünfecks entspricht. Die Höhe h, die als gestrichelte Linie eingezeichnet ist, trifft, vom Kreismittelpunkt ausgehend, senkrecht auf die Polygonseite. Sie wird auch *Apothem* genannt. Mit der bekannten Formel für den Flächeninhalt eines Dreiecks erhält man:

$$\text{Fläche eines Dreiecks} = \frac{1}{2} \cdot \text{Basis} \cdot \text{Höhe} = \frac{1}{2}bh.$$

Also gilt:

$$\text{Fläche des Fünfecks} = 5 \times \text{Fläche eines Dreiecks} = 5 \times \frac{1}{2}bh = \frac{1}{2}h \times 5b.$$

$5b$ ist das Fünffache einer Seite des Fünfecks und daher gleich dem Umfang des Pentagons. Wir haben also gezeigt, daß gilt:

$$\text{Fläche des Fünfecks} = \frac{1}{2}h \times \text{Umfang}.$$

Denkt man einen Moment über diesen Beweis nach, so sieht man sofort, daß dieselbe Formel unabhängig davon gilt, ob wir dem Kreis ein Fünfeck, ein Zwanzigeck oder ein Tausendeck einbeschreiben. Betrachtet man den allgemeinen Fall eines einbeschriebenen regelmäßigen n-Ecks, so wird das Polygon in n kleine Dreiecke unterteilt. Jedes hat dabei die Basislänge b, entsprechend der Länge einer Seite des n-Ecks, und das Apothem h, die rechtwinklig zur Basisseite gemessene Entfernung zum Mittelpunkt. Damit ergibt sich die Formel:

$$\text{Fläche des Polygons} = n \times \text{Fläche des Dreiecks}$$
$$= n \times \frac{1}{2}bh = \frac{1}{2}h \times nb = \frac{1}{2}h \times \text{Umfang},$$

denn der Umfang entspricht der n-fachen Länge b einer Seite.

Wir stellen uns nun vor, wir beschreiben dem Kreis nacheinander ein regelmäßiges Zehneck, dann ein Zehntausendeck, ein Zehnmillioneneck ein und so weiter, wobei wir die Anzahl der Seiten ins Unendliche erhöhen. Es ist einleuchtend, daß die Polygone auf diese Weise allmählich den Kreis „auffüllen" oder, wie die Griechen sagten, „ausschöpfen". Die Flächen der einbeschriebenen n-Ecke werden sich dem Flächeninhalt des Kreises von unten annähern. Mit der Bezeichnung lim für *limes* oder Grenzwert kann man also sagen:

$$\text{Fläche des Kreises} = \lim[\text{Fläche der einbeschriebenen Polygone}]$$
$$= \lim\left[\frac{1}{2}\right]h \times \text{Umfang}.$$

Niemals wird jedoch ein einbeschriebenes Polygon *exakt* dieselbe Fläche wie der Kreis haben, denn eine gerade Polygonseite, wie klein sie auch immer sein mag, kann nie exakt mit einem gekrümmten Kreisbogen übereinstimmen. Aber die Flächeninhalte der Polygone werden der begrenzenden Fläche des Kreises immer besser entsprechen.

Es bleiben noch zwei Fragen zu klären: Was passiert mit dem Apothem und was mit dem Umfang, wenn die Anzahl der Seiten des Polygons ins Unendliche wächst? Es ist klar, daß h im Grenzwert gegen den Radius des Kreises strebt. Und genauso strebt der Umfang der einbeschriebenen regelmäßigen n-Ecke gegen den Umfang des Kreises. Symbolisch läßt sich das so ausdrücken:

$$\lim h = r \quad \text{und} \quad \lim(\text{Umfang}) = C.$$

Also ergibt sich:

$$\text{Fläche des Kreises} = \lim\left[\frac{1}{2}h\right] \times \text{Umfang} = \left[\frac{1}{2}r\right] \times C = \frac{rC}{2}.$$

(FRANK & ERNEST.
Nachdruck mit freundlicher Genehmigung von NEA, Inc.)

Nun erscheint zu guter Letzt π auf der Bildfläche, denn wir haben schon vorhin bemerkt, daß $C = \pi D = 2\pi r$. Damit wird obige Formel zu:

$$\text{Fläche des Kreises} = \frac{rC}{2} = \frac{r(2\pi r)}{2} = \frac{2\pi r^2}{2} = \pi r^2.$$

Dabei handelt es sich zweifelsohne um eine der bedeutendsten Formeln in der Mathematik, die nicht nur die Herzen der Mathematiker höher schlagen läßt, sondern auch die Phantasie der Zeitungskarikaturisten anregt, wie das Bild oben zeigt.

Wann immer wir den Umfang oder den Flächeninhalt eines gegebenen Kreises bestimmen wollen, werden wir mit Sicherheit der Zahl π begegnen. Dies wirft aber ein rein praktisches Problem auf, nämlich das der Bestimmung des numerischen Wertes des fundamentalen Verhältnisses C/D, für das die Konstante π steht. Schließlich ist π nur ein Symbol für eine wohlbestimmte reale Zahl, und jeder, der bei einer Berechnung im Zusammenhang mit Kreisen diese Zahl braucht, muß ihren numerischen Wert, zumindest in Näherung, kennen. Letztlich kann man den Zahlenwert einer Kreisfläche genausowenig nur unter Zuhilfenahme des *Symbols* π angeben, wie man einen Kuchen mit dem *Wort Ei* als Zutat backen kann.

Die einfachste Methode, eine Näherung für das Verhältnis C/D zu bestimmen, scheint in der Messung von Umfang und Durchmesser eines bestimmten Kreises zu bestehen. Dann hat man nur noch den Umfang durch den Durchmesser zu teilen. So mißt man beispielsweise für die Länge einer Schnur, die außen um einen Fahrradreifen gewickelt wird, 82 Zoll für den Umfang, während man mit einer anderen, diametral gespannten Schnur den Durchmesser zu 26 Zoll bestimmt. Diese Messung führt uns zur Schätzung $\pi = C/D \approx 82/26 = 3{,}15\ldots$ Hier steht das Zeichen „$\approx$" für den Ausdruck „ist etwa gleich" wie schon im vorigen Kapitel. Nun führt aber unglücklicherweise eine ähnliche Messung von Umfang und Durchmesser am kreisförmigen

Rand einer Kaffeekanne zu einem Wert von $\pi = C/D \approx 18/6 = 3{,}00$, was nun nicht gerade mit dem ersten Wert übereinstimmt. Physikalische Messungen wie diese bringen immer Ungenauigkeiten mit sich, und außerdem stellen dingliche Gegenstände wie Kaffeekannen oder Fahrradräder nicht gerade mathematisch perfekte Kreise dar.

Um zu einer rein mathematischen Abschätzung des Verhältnisses von Umfang zu Durchmesser zu kommen, folgen wir dem Gedankengang des Archimedes von Syrakus (287–212 v. Chr.), einer hochverehrten Persönlichkeit aus der Geschichte der Mathematik. Zerstreut, in sich selbst vertieft und in mancher Weise exzentrisch, wurde Archimedes schon zu Lebzeiten als ein genialer Vertreter der Wissenschaft angesehen. Heutzutage, sei dies gerechtfertigt oder nicht, erinnert man sich seiner am ehesten aufgrund des berühmten Vorfalls um die Krone des Königs Hieron.

Der Legende nach soll der König von Syrakus einem Goldschmied eine bestimmte Menge Goldes überlassen haben, um eine besonders schöne Krone daraus zu machen. Als das Werk vollendet war, kam das Gerücht auf, der Goldschmied habe einen Teil des Goldes durch Silber ersetzt und dadurch nicht nur den Wert der Krone gemindert, sondern auch den König betrogen. Was war dran an dem Gerücht? Archimedes wurde beauftragt, die Wahrheit ans Licht zu bringen. Für den weiteren Verlauf der Geschichte bemühen wir den römischen Architekten Vitruvius mit seinen eigenen Worten:

Während Archimedes über die Sache nachdachte, begab er sich zu den Bädern. Als er in das Bad stieg, bemerkte er, daß die Menge des Wassers, das aus dem Bad herausfloß, gleich der Menge seines Körpers war, die bereits in das Bad eingetaucht war. Da ihm diese Tatsache den Weg zur Methode wies, mit der er den fraglichen Fall lösen konnte, zögerte er keinen Moment, sondern sprang in höchster Erregung aus dem Bad und rief, während er nackt nach Hause lief, daß er genau das gefunden habe, wonach er gesucht hatte. Er rief auf griechisch: Heureka, heureka![1]

Wenn auch die Authentizität dieser Schilderung fraglich ist, so handelt es sich dennoch um eine berühmte Geschichte. Wahrscheinlich gibt es keine andere Anekdote in der Wissenschaft, die die Elemente der Brillanz und der Blöße derart effektvoll verbindet.

Historiker berichten, daß Archimedes oft Figuren in den Sand zeichnete, wenn er über mathematische Probleme nachdachte. Man sagt ihm sogar nach, daß er einen tragbaren Sandkasten bei sich trug, einen antiken Laptop. Wenn ihn eine Inspiration überkam, pflegte er den Sandkasten niederzulegen, den Sand glattzuwischen und seine geometrischen Figuren zu zeichnen. Aus heutiger Sicht hat ein solches Arbeitsgerät ganz wesentliche Nachteile: Ein starker Windstoß könnte einen genialen Beweis davonblasen; ein Hooligan könnte einem ein Theorem zertreten, und sollte sich gar eine Katze in den Sandkasten verirren, so wollen wir über das Ergebnis lieber nicht weiter nachdenken.

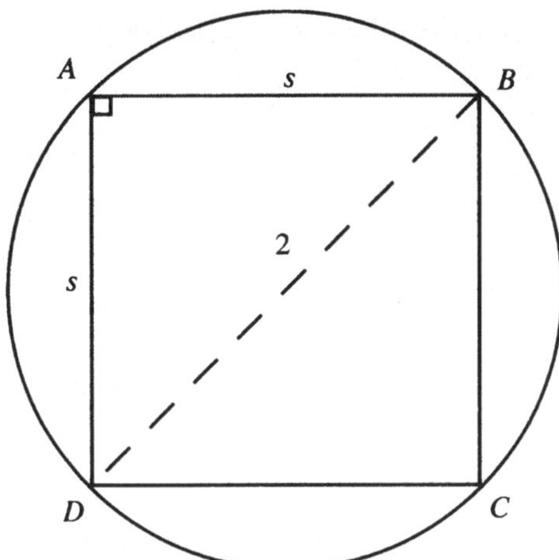

Archimedes jedoch ist glänzend damit zurechtgekommen. Er hat ein mathematisches Werk geschaffen, dem nicht nur seine Zeitgenossen, sondern Generationen um Generationen seiner Schüler Ehrfurcht zollen. Wir werden ein weiteres Mal in Kapitel S auf ihn zurückkommen, wo wir einen seiner größten Triumphe, nämlich die Bestimmung der Kugeloberfläche, im Detail beschreiben werden. Hier wollen wir uns auf seine herausragende Schätzung des Verhältnisses von Kreisumfang zu Durchmesser konzentrieren, also seine Methode zur Approximation von π.

Archimedes näherte, wie wir vorhin, den Kreis durch regelmäßige Vielecke an. Die folgende Ableitung, in der wir die moderne Schreibweise und einen etwas anderen Ausgangspunkt wählen, stimmt im wesentlichen mit seinem Vorgehen überein. Lediglich ein wenig Algebra und der Satz des Pythagoras werden benötigt. Nach dem Satz von Pythagoras ist in einem rechtwinkligen Dreieck die Summe der Kathetenquadrate gleich dem Hypotenusenquadrat. Eine Diskussion des Satzes von Pythagoras findet sich in Kapitel H.

Beginnen wir unsere Ableitung, indem wir die Abbildung oben betrachten, in der das Quadrat $ABCD$ einem Kreis einbeschrieben ist. Da das Verhältnis von Umfang zu Durchmesser bei allen Kreisen gleich ist, können wir der Einfachheit halber den Radius des betrachteten Kreises gleich 1 setzen: $r = 1$. Die Diagonale des Quadrats, die gestrichelte Linie in der Zeichnung, ist gleichzeitig der Kreisdurchmesser, hat also die Länge $2r = 2$.

Wir bezeichnen die Kantenlänge des Quadrats mit s. Das rechtwinklige Dreieck ABD hat also zwei Seiten der Länge s und eine Hypotenuse der Länge 2. Nach dem Satz des Pythagoras folgt: $s^2 + s^2 = 2^2$, also $2s^2 = 4$ und daher $s = \sqrt{2}$. Demnach ist der Umfang des Quadrats $P = 4s = 4\sqrt{2}$.

Der Umfang des Quadrats stellt eine erste, zugegebenermaßen recht grobe Schätzung für den Umfang des Kreises dar. Setzen wir also den Umfang des

Quadrates für den Umfang des Kreises in die Gleichung für π ein, so ergibt sich:

$$\pi = \frac{\text{Kreisumfang}}{\text{Kreisdurchmesser}}$$

$$\approx \frac{\text{Quadratumfang}}{\text{Kreisdurchmesser}} = \frac{4\sqrt{2}}{2} = 2\sqrt{2} = 2{,}828427125\ldots$$

2,8284 als Näherung für π ist nicht nur äußerst ungenau, sie ist sogar noch schlechter als die Schätzung mit dem Fahrradreifen. Wenn wir nichts Besseres zustande bringen, sollten wir tunlichst zurück zur Wandtafel gehen oder sogar zum Sandkasten.

Der grundlegende Gedanke von Archimedes war, die erste Schätzung des Kreisumfangs durch die Verdopplung der Anzahl der Seiten des Polygons zu verbessern. Wir erhalten also ein einbeschriebenes regelmäßiges *Achteck* und betrachten dessen Umfang als unsere verbesserte Näherung an den Kreisumfang. Wir verdoppeln die Seitenzahl erneut und erhalten auf diese Weise ein einbeschriebenes regelmäßiges Sechzehneck, dann ein Zweiunddreißigeck und so weiter. Es ist klar, daß die Näherung für π mit jedem Schritt genauer wird. Es ist aber auch klar, daß das wesentliche Problem bei diesem Vorgehen in der Frage liegt, wie denn der Umfang eines Polygons mit dem des nächsten in der Reihe zusammenhängt.

Dieses Problem läßt sich mit einer nochmaligen Anwendung des Satzes von Pythagoras aus der Welt schaffen. Dazu ziehen wir die Abbildung unten heran, auf der ein Teil eines Kreises mit dem Mittelpunkt O und dem Radius $r = 1$ dargestellt ist. Die Strecke AB der Länge a ist eine Seite eines einbeschriebe-

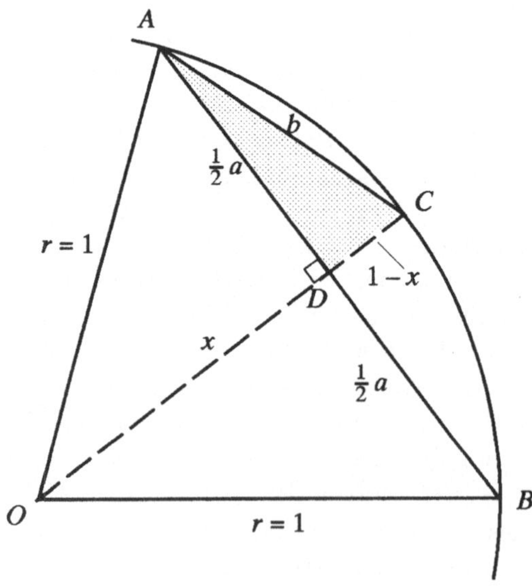

nen regelmäßigen n-Ecks. Halbiert man die Strecke AB im Punkt D und zieht einen Radius durch D, der den Kreis im Punkt C trifft, so stellt die so konstruierte Strecke AC die Seite eines einbeschriebenen regelmäßigen $2n$-Ecks dar. Nun bezeichnen wir die Länge der Strecke AC mit b und versuchen, die Beziehung zwischen a und b zu ermitteln. Denn diese stellt den Zusammenhang zwischen einem einbeschriebenen regelmäßigen n-Eck und einem anderen mit der doppelten Seitenzahl her.

Zunächst bemerkt man, daß es sich bei $\triangle ADO$ um ein rechtwinkliges Dreieck mit der Hypotenuse der Länge $r = 1$ und der Kathete AD der Länge $(1/2)a$ handelt. Wenn nun x die Länge der anderen Kathete OD bezeichnet, so gilt nach dem Satz des Pythagoras:

$$1^2 = \left(\frac{1}{2}a\right)^2 + x^2 = \frac{a^2}{4} + x^2 \quad \Rightarrow \quad x^2 = 1 - \frac{a^2}{4} \quad \Rightarrow \quad x = \sqrt{1 - \frac{a^2}{4}}.$$

Da sich die Länge der Strecke CD offensichtlich aus der Differenz des Radius OC und der Strecke OD ergibt, beträgt die Länge von CD:

$$1 - x = 1 - \sqrt{1 - \frac{a^2}{4}}.$$

Nach erneuter Anwendung des Satzes von Pythagoras auf das schattierte Dreieck ADC folgt

$$\begin{aligned}
b^2 &= \left(\frac{1}{2}a\right)^2 + (1 - x)^2 = \frac{a^2}{4} + 1 - 2x + x^2 \\
&= \frac{a^2}{4} + 1 - 2\sqrt{1 - \frac{a^2}{4}} + 1 - \frac{a^2}{4} = 2 - 2\sqrt{1 - \frac{a^2}{4}},
\end{aligned}$$

da sich die Terme $a^2/4$ gegeneinander wegheben. Man kann den Ausdruck noch etwas vereinfachen, indem man die 2 vor der Wurzel nach Quadrieren in die Wurzel hineinzieht, und erhält

$$b^2 = 2 - 2\sqrt{1 - \frac{a^2}{4}} = 2 - \sqrt{4\left(1 - \frac{a^2}{4}\right)} + 2 - \sqrt{4 - a^2}.$$

Schließlich ergibt sich:

$$b = \sqrt{2 - \sqrt{4 - a^2}}.$$

Wir kehren nun zu unserem eigentlichen Problem zurück, nämlich der Approximation von π. Wir erinnern uns, daß die Seitenlänge des ursprünglich einbeschriebenen Quadrats $s = \sqrt{2}$ betrug. Diese Seitenlänge s steht nun für die Länge a in der Formel, wenn wir die Seitenlänge eines einbeschriebenen regelmäßigen Achtecks bestimmen wollen:

$$b = \sqrt{2 - \sqrt{4 - a^2}} = \sqrt{2 - \sqrt{4 - (\sqrt{2})^2}} = \sqrt{2 - \sqrt{4 - 2}} = \sqrt{2 - \sqrt{2}}.$$

Der *Umfang* des Achtecks ist also $8 \times b = 8\sqrt{2 - \sqrt{2}}$. Damit erhalten wir eine Abschätzung für π durch

$$\pi = \frac{\text{Kreisumfang}}{\text{Kreisdurchmesser}}$$

$$\approx \frac{\text{Polygonumfang}}{\text{Kreisdurchmesser}} = \frac{8\sqrt{2 - \sqrt{2}}}{2} = 4\sqrt{2 - \sqrt{2}} = 3{,}061467459\ldots$$

Gehen wir nun zu einem Sechzehneck über. Diesmal ist die eben bestimmte Länge der Achteckseite $a = \sqrt{2 - \sqrt{2}}$ die Länge, die wir benutzen müssen, um die Seitenlänge des Sechzehnecks zu bestimmen:

$$b = \sqrt{2 - \sqrt{4 - a^2}} = \sqrt{2 - \sqrt{4 - (\sqrt{2 - \sqrt{2}})^2}}$$

$$= \sqrt{2 - \sqrt{4 - (2 - \sqrt{2})}} = \sqrt{2 - \sqrt{2 + \sqrt{2}}}.$$

Also ist der Umfang des Sechzehnecks:

$$16 \times b = 16\sqrt{2 - \sqrt{4 - (2 - \sqrt{2})^2}},$$

womit sich für π eine verbesserte Abschätzung ergibt:

$$\pi = \frac{C}{D} \approx \frac{\text{Polygonumfang}}{\text{Kreisdurchmesser}}$$

$$= \frac{16\sqrt{2 - \sqrt{2 + \sqrt{2}}}}{2} = 8\sqrt{2 - \sqrt{2 + \sqrt{2}}} = 3{,}121445153\ldots$$

Nun sind wir auf dem richtigen Weg. Eine weitere Verdopplung der Seitenanzahl und die anschließende Anwendung der Formel ergibt für den Umfang des einbeschriebenen regelmäßigen Zweiunddreißigecks den Wert

$$32\sqrt{2 - \sqrt{2 + \sqrt{2 + \sqrt{2}}}}$$

und eine neue Approximation an π :

$$\pi \approx \frac{\text{Polygonumfang}}{\text{Kreisdurchmesser}} = 16\sqrt{2 - \sqrt{2 + \sqrt{2 + \sqrt{2}}}} = 3{,}136548491\ldots$$

Offenbar können wir diese Prozedur so oft wiederholen, wie wir möchten. Ja mehr noch, das Muster, dem die bisher aufgeführten Formeln folgen, erleichtert den Übergang von einer Stufe zur nächsten ungemein.

Mit Hilfe eines Taschenrechners kann man mühelos sieben weitere Verdopplungen bewerkstelligen, also die Erweiterung auf ein 64-, 128-, 256-, 512-, 1024-, 2048- und schließlich ein 4096eck. Man kann sich ohne weiteres vorstellen, daß ein 4096eck, dem Kreis, dem es einbeschrieben ist, sehr nahe kommt, wenn auch nicht bis zur vollständigen Übereinstimmung. In diesem Fall erhält man die folgende Abschätzung für π :

$$\pi \;=\; \frac{C}{D} \;\approx\; \frac{\text{Polygonumfang}}{\text{Kreisdurchmesser}}$$

$$=\; 2048\,\sqrt{2 - \sqrt{2 + \sqrt{2 + \sqrt{2 + \sqrt{2 + \sqrt{2 + \sqrt{2 + \sqrt{2 + \sqrt{2 + \sqrt{2 + \sqrt{2}}}}}}}}}}}$$

$$=\; 3{,}141594618\ldots$$

Dieser Ausdruck, dessen pures Erscheinungsbild schon ein mathematisches Kunstwerk ist, ergibt eine Zahl, die auf fünf Dezimalstellen genau ist. Aber noch wichtiger ist, daß wir eine Methode kennen, mit deren Hilfe wir *immer bessere* Abschätzungen für π bekommen können: Wir müssen nur den Verdopplungsprozeß fortführen, und wenn uns der Sinn danach steht, das vielleicht 50mal. Auf diese Weise können wir uns dem Wert der Konstanten π nähern, soweit wir nur wollen.

Dieser Ansatz, der auf der Verwendung von regelmäßigen Polygonen beruht, ist nun schon 22 Jahrhunderte alt und geht auf Archimedes zurück. Er hat aber einen kleinen Nachteil: Man muß Wurzeln von Wurzeln von Wurzeln berechnen. Bei jeder erneuten Verdopplung der Seitenzahl bekommt die Formel ein weiteres Wurzelzeichen und wird entsprechend aufwendiger. Archimedes hatte noch nicht einmal das Dezimalsystem zur Verfügung, geschweige denn einen Taschenrechner, und mußte den sich auftürmenden Berg von Quadratwurzeln bezwingen, indem er diese möglichst gut durch geeignete Brüche approximierte. Beim 96eck hörte er schließlich auf, es spricht jedoch für seine Genialität, daß er überhaupt so weit gekommen war.

Gibt es am Ende vielleicht doch einen bequemeren und effizienteren Weg zur Berechnung des Wertes von π? Die Antwort ist tatsächlich ja, obwohl er sich erst nach der Entdeckung der Differentialrechnung und der unendlichen Reihenentwicklungen im siebzehnten Jahrhundert auftat. Erst dadurch wurden die Mathematiker in die Lage versetzt, wirklich effiziente Approximationsmethoden zur Berechnung von π zu entwickeln. Obwohl hier subtilere mathematische Methoden zur Anwendung kommen, wollen wir doch einen kleinen Einblick in diesen Lösungsansatz geben.

In der Trigonometrie gibt es eine wichtige Funktion, den Arcus-Tangens, der mit arctan oder auch $\tan^{-1}$ bezeichnet wird, dessen eigentliche Definition uns hier aber nicht interessieren muß. Wichtig jedoch ist, daß man die Funktion $\tan^{-1}$ durch die unendliche Reihe

$$\tan^{-1} x = x - \frac{x^3}{3} + \frac{x^5}{5} - \frac{x^7}{7} + \frac{x^9}{9} - \frac{x^{11}}{11} + \frac{x^{13}}{13} - \dots$$

ausdrücken kann, wobei sich die Summation nach dem angedeuteten Gesetz ins Unendliche fortsetzt. Je weiter man sie ausführt, desto genauer wird der Wert für $\tan^{-1} x$.

Was hat das aber mit π zu tun? Nun, man kann in der Trigonometrie beweisen, daß

$$\pi = 4 \left[\tan^{-1} \frac{1}{2} + \tan^{-1} \frac{1}{5} + \tan^{-1} \frac{1}{8} \right].$$

Man approximiert die Werte $\tan^{-1} 1/2$, $\tan^{-1} 1/5$ und $\tan^{-1} 1/8$, indem man in die angegebene Reihenentwicklung die Werte $x = 1/2$, $x = 1/5$ und $x = 1/8$ einsetzt. Rechnet man die Reihen jeweils bis zum siebten Glied aus, so erhält man beispielsweise:

$$\pi = 4 \left[\tan^{-1} \frac{1}{2} + \tan^{-1} \frac{1}{5} + \tan^{-1} \frac{1}{8} + \right]$$
$$\approx 4 \left[\left((1/2) - \frac{(1/2)^3}{3} + \frac{(1/2)^5}{5} - \frac{(1/2)^7}{7} + \frac{(1/2)^9}{9} - \frac{(1/2)^{11}}{11} + \frac{(1/2)^{13}}{13} \right) \right.$$
$$+ \left((1/5) - \frac{(1/5)^3}{3} + \frac{(1/5)^5}{5} - \frac{(1/5)^7}{7} + \frac{(1/5)^9}{9} - \frac{(1/5)^{11}}{11} + \frac{(1/5)^{13}}{13} \right)$$
$$+ \left. \left((1/8) - \frac{(1/8)^3}{3} + \frac{(1/8)^5}{5} - \frac{(1/8)^7}{7} + \frac{(1/8)^9}{9} - \frac{(1/8)^{11}}{11} + \frac{(1/8)^{13}}{13} \right) \right]$$
$$= 4 \cdot 0{,}785399829 \dots = 3{,}141599318 \dots$$

Ähnlich wie unsere letzte Abschätzung ist auch diese auf einige Dezimalstellen genau. Aber im Gegensatz zur vorherigen Approximation, wo jede neu hinzugekommene Quadratwurzel ihre eigene Näherungslösung erforderte, wurde dieser Näherungswert gewonnen, ohne daß auch nur eine Wurzel am Horizont erschien. Allein durch Einführung der unendlichen Reihe für die Funktion $\tan^{-1}$ war es den Mathematikern möglich, das Gespenst der Quadratwurzel aus diesen Berechnungen zu verbannen.

Diese Entdeckung, die nun etwa dreihundert Jahre alt ist, brachte einen enormen Fortschritt für die Berechnung von π. Aber natürlich muß hier auch ein Hilfsmittel aus der jüngsten Zeit genannt werden: der Computer, dessen Einsatz diese Rechenoperationen erleichtert. Vor der Erfindung des Computers, genauer im Jahre 1948, war π bis auf 808 Dezimalstellen genau bekannt. Ein Jahr später schraubte der ENIAC-Rechner, der nach heutigen Standards als eher lächerlich klein zu bezeichnen wäre, die Genauigkeit der Berechnung von π auf 2037 Stellen hoch.[2] Die Größenordnung dieser Verbesserung stellte ein neues Paradigma auf: Alle weiteren Berechnungen von π würden nur noch mit Computern durchgeführt werden. Und wirklich, die digitale Suche nach π ist für eine kleine, aber erlesene Gruppe von Zahlenakrobaten zur Leidenschaft geworden. In rascher Abfolge wuchs die Genauigkeit der Approximationen an π auf hunderttausend, dann auf eine Million und schließlich auf eine Milliarde Stellen. Derartige Rechnungen werden in der Regel an größeren Universitäten oder Forschungseinrichtungen auf leistungsfähigen Supercomputern durchgeführt.

Gegen diesen Trend schwimmen allerdings David und Gregory Chudnovsky, zwei brillante, exzentrische Brüder, die π bis auf zwei Milliarden Stellen genau berechnet haben. Ihren Computer haben sie in ihrem Appartement in Manhattan aus Teilen zusammengebastelt, die aus dem Versandhaus stammten. Im Verlauf ihres Projektes verschwanden ihre Tische unter Bergen von elektronischen Bauteilen, und ihre Gänge waren verstopft vom Kabelsalat. Die Hitze, die all die Elektronik erzeugte, erreichte im Appartement höllische Dimensionen. Nichtsdestotrotz haben die Chudnovskys das Unternehmen durchgezogen. Der Vergleich zwischen ihrer Arbeit und der an den Universitäten entspricht dem mathematischen Pendant zur Geschichte von David (mit Gregory) und Goliath, nur daß die Zwerge in diesem Fall mit elektronisch gesteuerten Schleudern ausgerüstet waren.[3]

Die Chudnovskys aus New York gleichen einsamen Wölfen, die jedoch äußerst erfolgreich Jagd auf π machten. Gleichfalls allein, aber dafür mit einer spektakulären Bauchlandung, ging Dr. E. J. Goodwin zu Werke. Seine Geschichte ist in Mathematikerkreisen wohlbekannt und wird immer wieder gern erzählt.

Es geschah in den letzten Jahren des neunzehnten Jahrhunderts. Dr. Goodwin lebte in Solitude, Indiana, einer Stadt, die ihren Namen verdiente. Sie war klein, abgelegen und langweilig. Um seine freie Zeit totzuschlagen, dilettierte der gute Doktor in Mathematik, leider mit mehr Enthusiasmus als Talent. Er glaubte, eine phantastische Entdeckung über den Zusammenhang zwischen der Fläche und dem Umfang eines Kreises gemacht zu haben, die eine welterschütternde Konsequenz für π selbst nach sich ziehen würde.

Große mathematische Entdeckungen werden gewöhnlich mit der Gemeinschaft der Wissenschaftler geteilt. Aber Dr. Goodwin verfolgte eine andere Strategie. Er trug den Fall in die politische und nicht in die akademische Arena, indem er seinen Wahlkreisrepräsentanten im Parlament von Indiana bat, den folgenden Antrag als „House Bill 246" des Jahres 1897 einzubringen:

Es sei hiermit von der Generalversammlung des Staates Indiana gesetzlich festgelegt, daß folgendes herausgefunden wurde: Die Fläche eines Kreises ist gleich der Fläche des Quadrats über einer Geraden von der Länge eines Quadranten des Umfangs.[4]

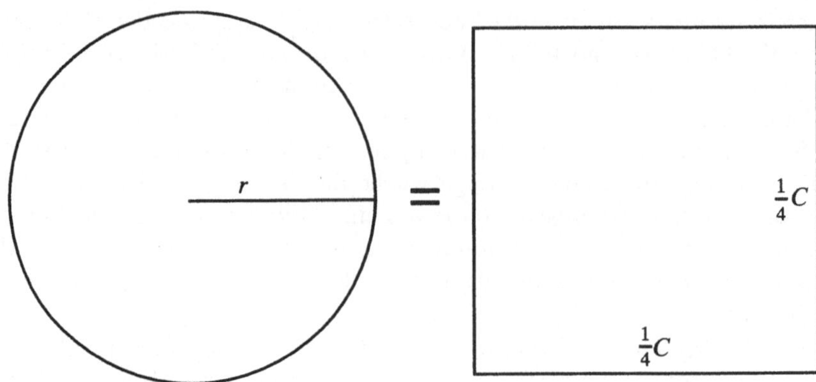

Offensichtlich waren die Politiker des Jahres 1897 mathematisch nicht firmer als ihre heutigen Kollegen, denn sie fanden diesen Antrag durchaus akzeptabel. Was bedeutete dies nun?

Goodwin behauptete mit seinem Antrag, daß die Kreisfläche im linken Teil der obigen Abbildung gleich der Fläche des Quadrats im rechten Abbildungsteil ist. Jede Seite des Quadrats hat dabei die Länge des Kreisbogens eines Quadranten, also eines Viertels des Kreisumfangs. Bezeichnen wir den Radius des Kreises mit r und den Umfang mit $C = 2\pi r$, so kennen wir die Fläche des Kreises: πr^2, und auch die des Quadrats:

$$\left(\frac{1}{4}c\right)^2 = \left(\frac{1}{4}2\pi r\right)^2 = \left(\frac{1}{2}\pi r\right)^2 = \frac{1}{4}\pi^2 r^2.$$

Wenn nun, wie Dr. Goodwin behauptet, die beiden Flächen gleich sind, so folgt:

$$\pi r^2 = \text{Fläche des Kreises} = \text{Fläche des Quadrats} = \frac{1}{4}\pi^2 r^2.$$

Bringt man die 4 auf die andere Seite, so ergibt sich $4\pi r^2 = \pi^2 r^2$, und nach Kürzen von πr^2 folgt das bemerkenswerte Resultat $\pi = 4$.

Archimedes hätte sich wohl im Grabe umgedreht, aber keiner der Gesetzesmacher schien von dieser Schlußfolgerung besonders beunruhigt zu sein. Ihnen war offenbar allein die Sprache schon so schwer verständlich, daß sie das Ganze für unanfechtbar hielten. Die Vorlage passierte den ersten Ausschuß, seltsamerweise, aber doch vielleicht passend, den Senatsausschuß für Sumpflandgebiete. Am 2. Februar 1897 passierte die Vorlage den Senatsausschuß für Erziehung. Drei Tage später stimmte das gesamte Repräsentantenhaus des Staates Indiana der Goodwinschen Behauptung $\pi = 4$ zu.

Irgendwo auf dem Wege dahin hatte die Angelegenheit die Aufmerksamkeit der Presse erregt. Der *Indianapolis Sentinel* warf sein ganzes Gewicht in die Waagschale der Gesetzesbefürworter:

*Die Gesetzesvorlage ... ist keineswegs als Scherz gedacht. Dr. Goodwin und
der Staatssekretär für öffentliche Bildung, Geeting, glauben, daß es sich
hierbei um die langgesuchte Lösung handelt ... Der Autor Dr. Goodwin ist
ein Mathematiker von Rang. Er hat das Urheberrecht und schlägt vor, dem
Staat zu erlauben, seine Lösung gebührenfrei benutzen zu dürfen, wenn die
Legislative die Gesetzesvorlage unterstützen sollte.*[5]

Diese Passage könnte neben dem Hinweis darauf, daß der Staatssekretär
für öffentliche Bildung die Vorlage unterstützte, eine rationale Erklärung für
diese absonderlichen Vorgänge enthalten: Den Gesetzgeber gelüstete es nach
den nationalen oder sogar internationalen Lizenzgebühren, die Indiana von all
denen zu erwarten hatte, die für π diesen neuen Wert benutzen würden.

Die „House Bill 246" ging als nächstes an den Senatsausschuß für Absti-
nenz, den sie am 12. Februar passierte. Nun war der Weg frei für die volle
Zustimmung des Senats und den angestrebten Gesetzesstatus.

Im letzten Moment wurde die Vorlage schließlich doch noch zu Fall gebracht. Dieser Abschluß der Affäre ist zu einem großen Teil dem Mathematiker C. A. Waldo von der Purdue-Universität zu verdanken, der zu dieser Zeit
in Indianapolis weilte. Waldo schilderte nach einem Besuch im Capitol seine
Eindrücke von den Geschehnissen aus der Sicht des Beobachters:

*Ein Mitglied zeigte dann dem Verfasser eine Kopie der Vorlage ... und
fragte ihn, ob er dem gelehrten Doktor, dem Verfasser der Vorlage, vorgestellt werden wolle. Er lehnte dieses Angebot dankend ab mit der Bemerkung, daß er schon genügend Verrückte kenne.*[6]

Mit der Ablehnung des Professors brach die Unterstützung der Gesetzesvorlage
durch die Versammlung zusammen. Am Nachmittag des 12. Februar stellte
der Senat den Antrag auf unbestimmte Zeit zurück, und so durfte π weiterhin,
auch im Namen des Gesetzes, den Wert 3,14159... annehmen, in Indiana wie
überall auf der Welt. Senator Hubbell, ein Gegner der Vorlage, faßte die ganze
Geschichte zusammen: „Der Senat könnte genausogut dem Wasser gesetzlich
vorschreiben, bergauf zu fließen."[7]

Der Kreis und die Zahl π haben also die Phantasie der Leute von Archimedes mit seinen Sandkästen bis zu den Gesetzgebern im Capitol von Indianapolis
angeregt. Sowohl dem Kreis als auch der Zahl π werden wir in den folgenden
Kapiteln des Buches wiederbegegnen, denn beide haben eine zentrale Stellung
in der Mathematik. Für den Augenblick aber wollen wir den Leser allein lassen
mit den ersten 30 Dezimalstellen einer der großartigsten Zahlen der Welt:

$$\pi = 3{,}141592653589793238462643383279\ldots$$

Differential- rechnung

Im Jahre 1684 erschien in einer Ausgabe der Zeitschrift *Acta Eruditorum* ein mathematischer Artikel, dessen Verfasser Gottfried Wilhelm Leibniz war, ein deutscher Gelehrter und Diplomat mit weitgestreuten Interessen und scheinbar unbegrenzten Fähigkeiten. Der Artikel bestand aus einer dichtgepackten Mixtur lateinischer Worte und mathematischer Symbole, so daß zeitgenössische Leser wohl wenig gefunden haben mögen, was sie hätten verstehen können. Aus heutiger Sicht ist der Schlüssel zu dieser Materie in einem Wort versteckt, das ganz unauffällig am Ende des Titels erscheint: *Calculi.*

Es handelt sich um die erste veröffentlichte Version des Differentialkalküls. Der Titel läßt sich etwa so übersetzen: „Eine neue Methode zur Bestimmung von Maxima und Minima wie von Tangenten, die weder durch gebrochene noch irrationale Größen erschwert wird, und ein bemerkenswerter Typ von Kalkül hierfür".[1] Das Wort *Kalkül* steht dabei für „Rechenregeln". Hier werden diese Regeln auf Probleme der Maximal- und Minimalwerte sowie der Tangentenbestimmung angewandt, von denen Leibniz sagte, daß sie auch durch den Einsatz von Brüchen oder irrationalen Größen nicht zugänglicher würden. Aufgrund der Bedeutung der Leibnizschen Entdeckung hat das Wort *Kalkül* mathematische Unsterblichkeit erlangt. Im Englischen ist es bis heute, neben dem Begriff „Analysis", der Fachterminus für die Differentialrechnung.

Im traditionellen Oberstufenunterricht dient die Differentialrechnung als Einstieg – und für manchen leider auch als endgültiger Ausstieg – in die Weihen der höheren Mathematik. Sie ist zum unentbehrlichen Werkzeug für Ingenieure, Physiker, Chemiker, Ökonomen und viele andere Wissenschaftler geworden. Das Differentialkalkül war sicherlich die Krönung der Mathematik des siebzehnten Jahrhunderts, und viele sehen sie sogar als die Krönung der Mathematik generell an. John von Neumann (1903–1957), einer der einflußreichsten Mathematiker des zwanzigsten Jahrhunderts, schrieb einmal: „Das Kalkül war die erste große Leistung der modernen Mathematik, und man kann seine Bedeutung kaum überschätzen."[2] Man beachte, daß von Neumann von *dem* Kalkül spricht.

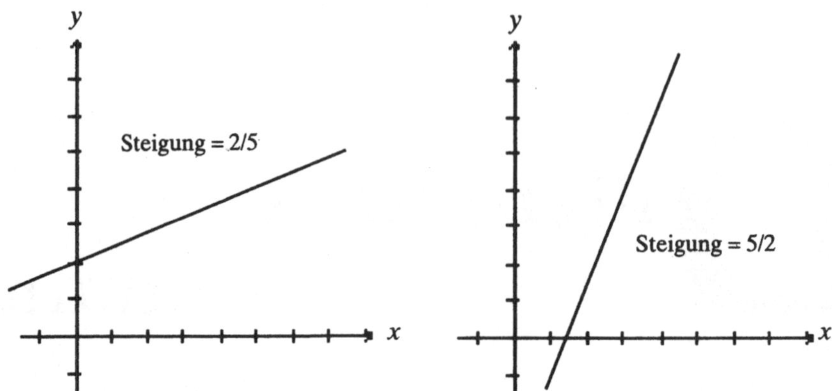

Die Arbeit von Leibniz aus dem Jahre 1684 handelt von der *Differentialrechnung*, einem der beiden Teile des neu entwickelten Regelwerks. Der andere Teil, die *Integralrechnung*, wurde von Leibniz 1686 in der gleichen Zeitschrift eingeführt. Sie wird uns in Kapitel L beschäftigen.

Bevor wir einen genaueren Blick auf die Differentialrechnung werfen, sollten wir einige Worte zu ihrem Ursprung verlieren. Obwohl Leibniz Mitte der 1680er Jahre als erster eine Abhandlung über den Differentialkalkül schrieb, war es Isaac Newton, der in den Jahren 1664–1666 die Theorie zuerst formulierte. Newton hatte als Student am Trinity College in Cambridge etwas entwickelt, was er „Fluxionen" nannte. Dabei handelt es sich um einen Satz von Regeln, mit denen er sowohl Maxima und Minima als auch Tangenten bestimmen konnte. Sie wurden ebenfalls nicht durch gebrochene oder irrationale Größen beeinträchtigt. Kurz gesagt, seine Fluxionen nahmen vorweg, was Leibniz zwei Jahrzehnte später als Differentialkalkül veröffentlichen sollte.

Die heutigen Forscher billigen beiden die Ehre unabhängiger Entdeckung zu. Die Mathematiker jener Zeit waren in dieser Beziehung jedoch weit weniger großzügig, argwöhnten sie doch eine Form des Plagiats. Eine heftige Kontroverse erhob sich zwischen den britischen und den kontinentalen Mathematikern, erstere treue Advokaten eines Prioritätsanspruches für Newton, letztere ebenso treue Verteidiger von Leibniz. Diesen Disput, der eine der unglücklichsten Episoden der gesamten Mathematikgeschichte darstellt, werden wir noch in aller Ausführlichkeit in Kapitel K kennenlernen.

Was aber hatten Newton und Leibniz eigentlich entdeckt? Im Zentrum der Differentialrechnung stehen zwei Begriffe, der der Steigung, der in der Algebra der Oberstufe eingeführt wird, und der der Tangente, der zentral in der Oberstufengeometrie ist. Der letztere Begriff erscheint auch im Titel der Leibnizschen Arbeit. Wir werden unsere Diskussion jedoch mit dem ersteren beginnen.

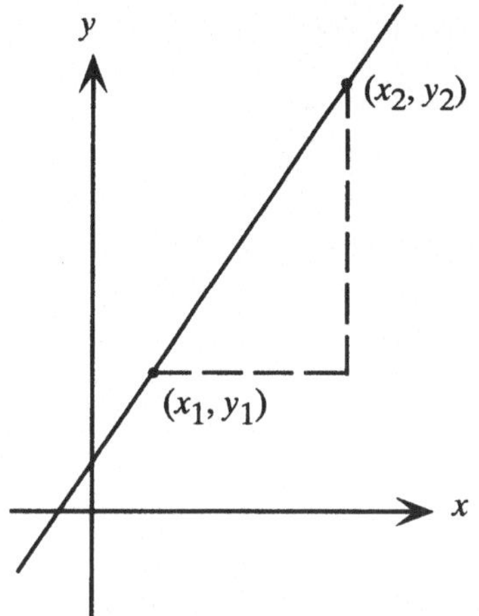

Nehmen wir an, wir haben eine Gerade, die in einer Koordinatenebene eingezeichnet ist. Man könnte die x-Koordinaten und die y-Koordinaten getrennt betrachten, aber es ist natürlich sinnvoller, zu überlegen, wie sich x und y in Abhängigkeit voneinander verändern. Wenn beispielsweise x um 4 Einheiten wächst, was passiert dann mit den zugehörigen y-Werten?

Nach kurzem Nachdenken wird man darauf kommen, daß dies von der Steigung der betreffenden Geraden abhängt. Die Gerade im linken Teil der Abbildung auf Seite 54 steigt nur ganz allmählich an, so daß eine Zunahme von x um 4 Einheiten, also horizontal, nur eine relativ kleine Änderung des y-Wertes, also vertikal, hervorruft. Bei der viel steileren Geraden im rechten Teil der Abbildung bewirkt eine Zunahme von x um 4 Einheiten dagegen einen signifikanten Anstieg des y-Wertes.

Um diesem Gedanken eine feste mathematische Grundlage zu geben, definieren wir die *Steigung* einer Geraden durch die Gleichung:

$$\text{Steigung} = \frac{\text{Änderung in } y}{\text{Änderung in } x} = \frac{\text{vertikaler Anstieg}}{\text{horizontale Zunahme}}.$$

Hat eine Gerade die Steigung 2/5, so erhöht sich bei einer Zunahme des x-Wertes um 5 Einheiten der y-Wert gleichzeitig um 2 Einheiten, was einem leichten Anstieg entspricht. Beträgt die Steigung andererseits jedoch 5/2, so bedeutet eine Zunahme von x um 2 Einheiten eine Zunahme von y um 5 Einheiten, also schon eher eine Kletterpartie. Müßten wir ein Klavier eine schiefe Ebene hinaufschaffen, wäre uns eine Steigung von 2/5 bedeutend lieber als eine von 5/2.

Als gebräuchliches Symbol für eine Steigung hat sich m eingebürgert. Geht eine Gerade durch die Punkte (x_1, y_1) und (x_2, y_2), so ergibt sich die formale

Definition der Steigung, wie in der Abbildung auf Seite 55 gezeigt wird, aus:

$$m = \frac{\text{Änderung in } y}{\text{Änderung in } x} = \frac{y_2 - y_1}{x_2 - x_1}.$$

Bei einer Geraden mit der Steigung 5/2 führt eine Zunahme von 2 Einheiten in horizontaler Richtung zu einem Anstieg um 5 Einheiten in vertikaler Richtung. Wenn also x um $3 \times 2 = 6$ Einheiten wächst, so beträgt der zugehörige Anstieg von y genau $3 \times 5 = 15$ Einheiten. Entsprechend bedeutet ein Zuwachs in x um *eine einzige* Einheit nach rechts einen Anstieg von y um $5/2 = 2{,}5$ Einheiten. Bei einer Geraden mit der Steigung 2/5 führt der Zuwachs von einer Einheit in x zu einem Anwachsen von y um $2/5 = 0{,}4$ Einheiten. Wir können uns also die Steigung einer Geraden als die Größe der Änderung des y-Wertes bei Änderung des x-Wertes um eine Einheit vorstellen. Oder anders ausgedrückt: Die Steigung gibt an, wie sich y verhält, wenn man x um 1 erhöht.

Bis jetzt scheint dies alles noch nicht viel mit der Wirklichkeit zu tun zu haben, aber das scheint eben nur so. Betrachten wir beispielsweise die Reise eines Flugzeuges, wobei x die Zeit bezeichnen soll, die der Flieger bereits in der Luft ist, und y die Strecke, die er in den x Stunden zurückgelegt hat. Nehmen wir nun an, die graphische Aufzeichnung dieser $x - y$-Beziehung ergibt eine Gerade, dann läßt sich die Steigung dieser Geraden als die Änderung der zurückgelegten Wegstrecke pro Änderung der Zeit, also Änderung in y pro Änderung in x, interpretieren. Dies bedeutet, daß die Steigung die *Geschwindigkeit* des Flugzeugs in Kilometern pro Stunde angibt. Es ist wohl unbestreitbar, daß die Geschwindigkeit eines Flugzeugs eine ganz wesentliche Größe ist. Daß sie so eng mit dem abstrakten mathematischen Begriff der Steigung verbunden ist, macht verständlich, daß dieser Begriff der Steigung über die reine Mathematik hinaus eine solche Bedeutung erlangt hat.

Betrachten wir noch ein anderes, ein ökonomisches Problem. Wir stellen die Beziehung zwischen zwei Variablen dar, die sich auf einen Produktionsprozeß beziehen: x sei die Anzahl der produzierten Einheiten und y der Gewinn, den der Verkauf von x Einheiten erbringt. Ist die $x - y$-Beziehung linear, so können wir die Steigung als die Änderung des Gewinns pro Einheitsänderung im Verkauf betrachten. Sie bezeichnet also den zusätzlichen Profit, den wir bei jedem zusätzlich verkauften Produkt machen. Die Ökonomen sind von dieser Interpretation der Steigung derart begeistert, daß sie ihr einen eigenen Namen gegeben haben, die *Marginalquote*. Dieser Wert kann den Entwicklungsverlauf ganzer Industrien lenken.

Es gibt noch viele weitere Fälle, in denen Steigungen eine ganz natürliche Rolle spielen. Maßangaben wie Liter pro Kilometer, Meter pro Sekunde oder DM pro Kilogramm stoßen einen schon mit der Nase darauf, daß hier eine Steigung versteckt ist. Einige der gebräuchlichsten Anwendungen mathemati-

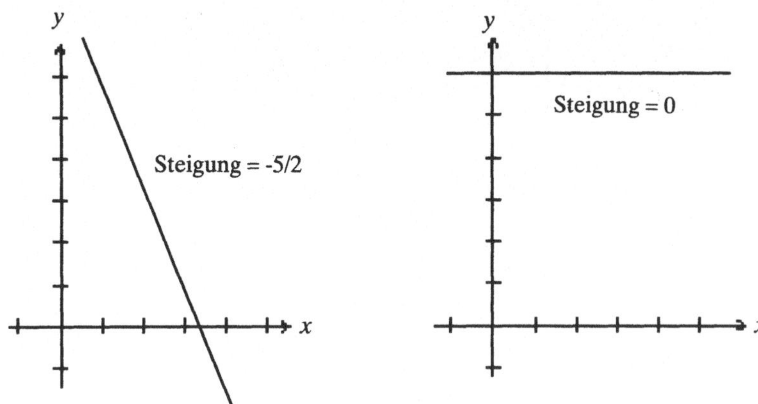

scher Methoden beziehen sich auf die Änderungsrate einer Meßgröße in bezug auf eine andere, was der Definition des Steigungsbegriffes entspricht.

In den bisher behandelten Beispielen resultierte eine Zunahme des x-Wertes um eine Einheit in einer entsprechenden *Zunahme* des y-Wertes. In der graphischen Darstellung erkennt man das daran, daß die Gerade ansteigt, wenn man weiter auf der x-Achse nach rechts geht. Keineswegs alle linearen Beziehungen verhalten sich aber in dieser Weise. Natürlich begegnet man auch Fällen, in denen eine Zunahme in x eine Abnahme in y bewirkt. Wenn wir uns an das Beispiel mit dem Flugzeug erinnern, so könnten wir bei x an die Flugzeit, bei y aber an die verbleibende Entfernung zum Flugziel denken. In diesem Fall nimmt y um so mehr ab, je mehr x zunimmt. Ein solches Beispiel ist in der Abbildung oben links dargestellt, wo y um 5 abnimmt, wenn x um 2 zunimmt. Hier gilt also folgende Gleichung:

$$m = \frac{\text{Änderung in } y}{\text{Änderung in } x} = \frac{-5}{2} = -2{,}5.$$

Zuletzt wollen wir einen in der Differentialrechnung besonders wichtigen Fall betrachten: die horizontale Gerade. Im rechten Teil der obigen Abbildung ist eine solche Gerade eingezeichnet. Hier bewirkt eine Zunahme des x-Wertes weder eine Zu- noch eine Abnahme des y-Wertes, der also unverändert bleibt. Deshalb gilt:

$$m = \frac{\text{Änderung in } y}{\text{Änderung in } x} = \frac{0}{\text{Änderung in } x} = 0.$$

Wir können zusammenfassen: Eine ansteigende Gerade hat eine positive, eine abfallende Gerade eine negative Steigung. Eine waagrechte Gerade, sozusagen der Grenzfall zwischen ansteigender und abfallender Geraden, hat die Steigung null, entsprechend dem Zahlenwert an der Grenze zwischen positiv und negativ. Damit wäre alles bisher Gesagte frei von Widersprüchen.

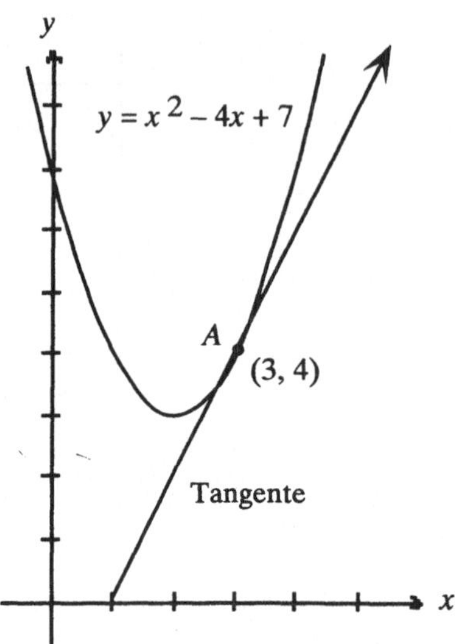

Leider ist diese Theorie nur auf Geraden anwendbar, die ja auf ihrer gesamten Länge die gleiche Steigung haben. Geraden sind sicherlich von fundamentaler Bedeutung für die Mathematik, aber andererseits ist völlig klar, daß viele Phänomene in unserer Alltagswelt ein variables und damit nichtlineares Verhalten an den Tag legen. Flugzeuge fliegen nicht mit konstanter Geschwindigkeit, Produktionsprozesse liefern keine konstante Marginalquote. Wie aber, wenn überhaupt, können wir die Steigung einer *Kurve* bestimmen? Bei der Behandlung dieser Frage stoßen wir zum Kern der Differentialrechnung vor.

Zur Illustration betrachten wir einmal den Graphen der Parabel $y = x^2 - 4x + 7$, wie er in der Abbildung oben dargestellt ist. Für $x = 3$ gilt $y = 3^2 - 4 \cdot 3 + 7 = 4$. Dieser Punkt $(3,4)$ ist auf der Kurve als A markiert.

Offensichtlich hat die Parabel in ihrem Verlauf keine konstante Steigung. Wenn wir der Kurve folgen, so ändern wir stetig die Richtung, von einer Abwärtsbewegung auf der linken Seite über die flache Stelle am tiefsten Punkt zu einem steilen Anstieg ganz rechts. Hier wird eine grundlegende Eigenschaft deutlich: Bei Kurven ändert sich, anders als bei Geraden, die Steigung von Punkt zu Punkt.

Wie kann man nun die Steigung dieser Kurve im Punkt A bestimmen? Aus geometrischer Sicht scheint es vernünftig, in A die *Tangente* an die Parabelkurve anzulegen und die Steigung der linearen Tangente als die Steigung der gekrümmten Parabel in diesem Punkt zu interpretieren. Daß dieses Vorgehen durchaus richtig ist, wird sich in der folgenden Untersuchung herausstellen.

Stellen wir uns vor, wir führen in einem winzigen Fahrzeug auf dieser parabolischen Straße. Links sind wir abwärts gefahren, bis in die flache Stelle hinein, und fahren nun, je weiter wir nach rechts gelangen, immer steiler berg-

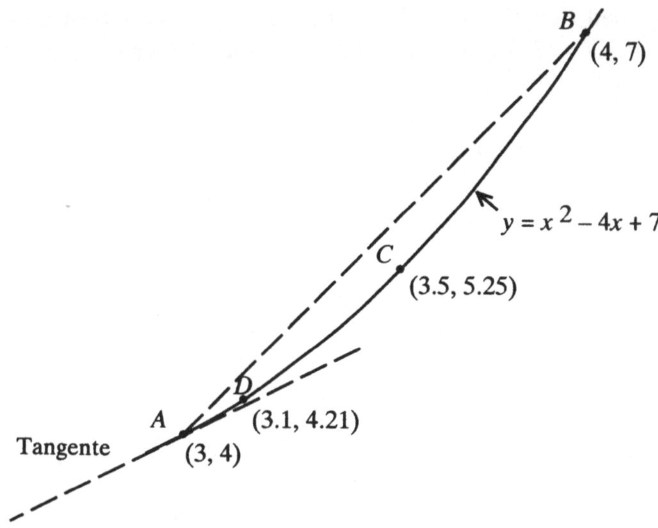

auf. Genau dann, wenn wir den Punkt (3,4) erreichen, fliegen wir plötzlich aus dem Gefährt und bewegen uns in Pfeilrichtung entlang der geraden Linie weiter, die in der Abbildung auf Seite 58 gezeigt ist. Das Auto fährt indessen auf seinem parabolischen Pfad weiter davon. Unsere Flugrichtung ist damit tangential zur Kurve im Punkt (3, 4), und die *Steigung* der Tangente entspricht dem, was wir unter der Steigung der Parabel im Punkt A verstehen.

Bisher war der Gedankengang noch recht einfach. Weniger einfach zu beantworten ist da schon die Frage, wie man die Steigung der Tangente findet. Bevor wir die Lösung dieses Problems untersuchen, sollten wir uns darüber klar werden, wo die Schwierigkeiten liegen. Da die Steigung durch die Formel

$$m = \frac{y_2 - y_1}{x_2 - x_1}$$

definiert ist, werden *zwei* Punkte auf einer Geraden benötigt, um diesen Ausdruck auszuwerten. In unserem Beispiel ist aber nur ein einziger Punkt, nämlich $A = (3, 4)$, auf der Tangente bekannt. Wenn wir nur einen weiteren Punkt auf der Tangente hätten, wäre die Berechnung der Steigung eine Kleinigkeit. Ohne diesen zweiten Punkt, so scheint es, sind wir in einer Sackgasse gelandet. Die Differentialrechnung zeigt uns jedoch einen Ausweg: Wir bestimmen die Steigung der Tangente indirekt und approximativ. Diese Methode ist schlichtweg genial.

In unserem Beispiel (vergleiche hierzu die Abbildung oben) wollen wir die Tangentensteigung im Punkt $x = 3$ bestimmen. Dazu sehen wir uns zuerst einmal an, was bei $x = 4$ passiert. Derzeit haben wir keine Möglichkeit, den Punkt auf der *Tangente* zu bestimmen, der zum Wert $x = 4$ gehört, aber wir können den Punkt auf der *Parabel* für $x = 4$ bestimmen, nämlich $y = 4^2 - 4 \cdot 4 + 7 = 7$. In der Abbildung, die eine Vergrößerung des kritischen Abschnitts der Kurve zeigt, bezeichnen wir den Punkt $(4, 7)$ mit B. Es ist ein leichtes, nun die Steigung der Geraden durch A und B, also einer *Sekanten* der Parabel, zu berechnen:

$$m = \frac{y_2 - y_1}{x_2 - x_1} = \frac{7 - 4}{4 - 3} = \frac{3}{1} = 3.$$

Eine höchst einfache Rechnung, nur handelt es sich leider nicht um die Steigung der Tangente, sondern lediglich um die der Sekante, und damit ist sie nur eine grobe Approximation. Wie kann man diese Abschätzung verbessern?

Warum wählen wir nicht einfach einen Punkt auf der Parabel, der näher an A liegt als B? Nehmen wir doch einmal $x = 3{,}5$. Der zugehörige y-Wert ist $y = 3{,}5^2 - 4 \cdot 3{,}5 + 7 = 5{,}25$. Also liegt der Punkt $C = (3{,}5; 5{,}25)$ auf der Parabel. Die Steigung der Sekante durch A und C ergibt sich zu:

$$m = \frac{y_2 - y_1}{x_2 - x_1} = \frac{5{,}25 - 4}{3{,}5 - 3} = \frac{1{,}25}{0{,}5} = 2{,}50.$$

Stellt man sich die Sekante durch A und C in der Abbildung auf Seite 59 eingezeichnet vor, so wird erkennbar, daß sie sich deutlicher an die Tangente nähert als die erste Sekante durch A und B. Also liegt auch die Steigung 2,50 näher an der Tangentensteigung als unsere erste Schätzung von 3,00.

Der nächste Schritt ist nun klar: Wir nehmen einen noch näher an A liegenden Parabelpunkt. Wählen wir beispielsweise $x = 3{,}1$ und damit $y = 3{,}1^2 - 4 \cdot 3{,}1 + 7 = 4{,}21$, so ist $D = (3{,}10; 4{,}21)$ der entsprechende Punkt auf der Parabel. Die Sekante durch die Punkte A und D liegt schon sehr nahe an der gewünschten Tangente, und für die Sekantensteigung gilt:

$$m = \frac{y_2 - y_1}{x_2 - x_1} = \frac{4{,}21 - 4}{3{,}10 - 3} = \frac{0{,}21}{0{,}10} = 2{,}10.$$

Wir gehen nun weiter nach dieser Methode vor, wobei die Punkte auf der Parabel immer mehr zu A heruntergleiten, und berechnen jeweils die Steigungen der zugehörigen Sekanten. Solch eine Folge von Berechnungen ist in der folgenden Tabelle wiedergegeben:

Punkt x auf der Parabel	Steigung der Sekanten durch die Punkte x und A
$(4{,}0; 7)$	3,0
$(3{,}5; 5{,}25)$	2,5
$(3{,}10; 4{,}21)$	2,10
$(3{,}01; 4{,}0201)$	2,01
$(3{,}0001; 4{,}00020001)$	2,0001

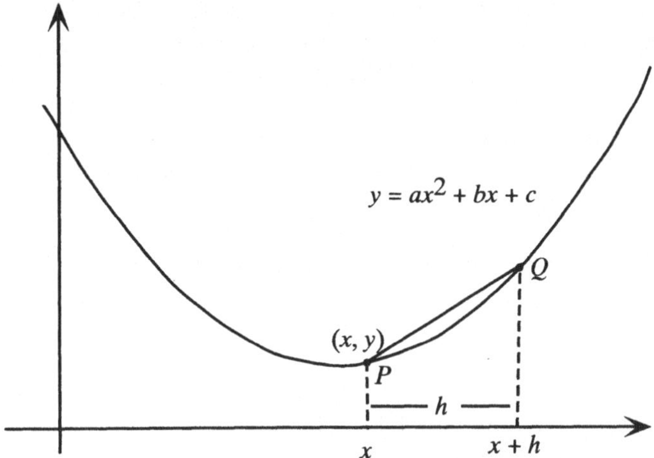

Nun wird auch eine gewisse Regelmäßigkeit sichtbar. Während sich unser Referenzpunkt auf der Parabel auf $A = (3, 4)$ zubewegt, nähern sich die zugehörigen Sekanten immer mehr an die Tangente an. Ihre Steigungen stellen daher auch immer genauere Annäherungen an die Steigung der Tangente dar. Betrachten wir unser Beispiel, so sind wir gerne bereit, anzunehmen, daß die *exakte* Steigung der fraglichen Tangente durch die Zahl gegeben wird, gegen die die Näherungswerte der Sekantensteigungen streben: Die Steigung der Tangente, die im Punkt $(3, 4)$ an die Parabel $y = x^2 - 4x + 7$ angelegt ist, scheint 2 zu sein.

So weit, so gut. Was kann man aber tun, wenn man nun die Steigung der Tangente an dieselbe Parabel im Punkt $(1, 4)$ benötigt? Wir müßten denselben Prozeß analoger Rechnungen durchlaufen und wieder eine Tabelle anlegen. Was wäre, wenn wir die Tangentensteigung in einem Dutzend weiterer Punkte berechnen müßten? Wir müßten ein Dutzend weiterer Tabellen anlegen, und das Ganze würde langsam in Arbeit ausarten. Kann denn die Prozedur der Tangentenberechnung nicht irgendwie beschleunigt werden?

Natürlich kann sie das. Genau das hat Leibniz mit seinem Regelwerk gezeigt, das er in seinem Artikel aus dem Jahre 1684 beschrieb. Um seinen Ansatz zu verstehen, müssen wir einen etwas allgemeineren, in diesem Fall einen algebraischen, Standpunkt einnehmen. Anstatt uns auf den Punkt $(3, 4)$ zu fixieren, wollen wir eine Formel ableiten, die es gestattet, die Steigung der Tangente in *irgendeinem beliebigen* Punkt P einer beliebigen Parabel $y = ax^2 + bx + c$ zu berechnen (vergleiche für das Folgende die obige Abbildung).

Wir nehmen an, P habe die Koordinaten (x, y) mit $y = ax^2 + bx + c$. Wie eben wählen wir einen Punkt in der Nähe von (x, y) und schätzen die Tangentensteigung anhand der Steigung der entsprechenden Sekante ab.

Es hat sich eingebürgert, die erste Koordinate des „nahe" bei (x, y) liegenden Punktes mit $x + h$ zu bezeichnen. Wir sehen dabei h als einen sehr kleinen, aber nicht fest gewählten Wert an, gewissermaßen als ein Inkrement, das uns nur ein klein wenig von x wegführt. Der entsprechende Punkt auf der Parabel ist in der Abbildung mit Q bezeichnet. Um dessen zweite Koordinate zu ermitteln, müssen wir $x + h$ in die Parabelgleichung einsetzen; wir ersetzen also jeden Wert x in der Gleichung durch $x + h$. Damit ergibt sich die zweite Koordinate von Q zu:

$$\begin{aligned} a(x+h)^2 + b(x+h) + c &= a(x^2 + 2xh + h^2) + b(x+h) + c \\ &= ax^2 + 2axh + ah^2 + bx + bh + c. \end{aligned}$$

Q ist also der Punkt mit den Koordinaten $(x+h, ax^2+2axh+ah^2+bx+bh+c)$. Man kann unschwer erkennen, daß sich der algebraische Anteil des Problems um einen oder zwei Grade erhöht hat. Die sich ergebende allgemeine Formel macht dies jedoch wieder wett.

Als nächstes bestimmen wir mit Hilfe der Formel für m die Steigung der Sekante durch P und Q :

$$\begin{aligned} m &= \frac{y_2 - y_1}{x_2 - x_1} = \frac{(ax^2 + 2axh + ah^2 + bx + bh + c) - (ax^2 + bx + c)}{(x + h) - x} \\ &= \frac{ax^2 + 2axh + ah^2 + bx + bh + c - ax^2 - bx - c}{h} \\ &= \frac{2axh + ah^2 + bh}{h} \\ &= \frac{h(2ax + ah + b)}{h} \\ &= 2ax + ah + b. \end{aligned}$$

Kurz gesagt, für jedes Inkrement h ergibt sich die Steigung der Sekante durch P und Q aus dem algebraischen Ausdruck $2ax + ah + b$. Wir wollten aber den Punkt Q auf der Parabel gegen den Punkt P wandern lassen, was hier nichts anderes bedeutet, als daß h immer mehr gegen null geht. Mit anderen Worten, der *exakte* Wert für die Steigung der Tangente ergibt sich als Grenzwert der Sekantensteigungen, wenn h gegen null strebt. In unserem Beispiel ist die Steigung der Tangente also gegeben durch die Beziehung:

$$\lim_{h \to 0}(2ax + ah + b) = 2ax + a \cdot 0 + b = 2ax + b.$$

Das Symbol $\lim_{h \to 0}$ steht für den Ausdruck „Limes für h gegen null". Die Zahlen a, b und x bleiben unverändert, wenn h gegen null geht.

Es sollte noch bemerkt werden, daß man diese allgemeine Formel auch auf unser Problem mit der Parabel $y = x^2 - 4x + 7$ anwenden kann. Hier ist $a = 1, b = -4$ und $c = 7$. Im Punkt A, für den $x = 3$ war, beträgt die Tangentensteigung also $2ax + b = 2 \cdot 1 \cdot 3 + (-4) = 2$, wie wir aufgrund der Tabelle ja schon vermutet hatten. Um die Steigung im Punkt $(1, 4)$ zu bestimmen, setzen wir lediglich $x = 1$ und erhalten für die Steigung $2 \cdot 1 \cdot 1 - 4 = -2$. In der graphischen Darstellung auf Seite 58 erkennt man, daß die Parabel in diesem Punkt abfällt, was mit der berechneten negativen Steigung übereinstimmt.

Wir fassen noch einmal zusammen: Die Steigung der Tangente in einem beliebigen Punkt einer Kurve ergibt sich als Grenzwert oder *Limes* der Steigungen der Sekanten durch den entsprechenden Punkt, wenn h gegen 0 geht. Dieser Grenzwert wird die *Ableitung* genannt. Die Operation, mit der man diese Ableitung bestimmt, heißt *Differentiation*, und der Zweig der Mathematik, der sich mit dieser Problematik beschäftigt, ist die *Differentialrechnung*.

Eines der Ziele der Differentialrechnung ist die Bestimmung möglichst allgemeiner Formeln. Wir wollen uns schließlich nicht nur auf Parabeln beschränken. Genau wie eben kann man auch bei einer nicht näher spezifizierten Funktion $y = f(x)$ nach der Steigung der Tangente in einem beliebigen Punkt (x, y) auf dem Graphen der Funktion suchen. Ganz analog wählt man nahe bei dem interessierenden Punkt einen zweiten Punkt mit der ersten Koordinate $x + h$, der demzufolge die zweite Koordinate $f(x + h)$ besitzt. Nun berechnet man die Sekantensteigung

$$m = \frac{y_2 - y_1}{x_2 - x_1} = \frac{f(x + h) - f(x)}{(x + h) - x} = \frac{f(x + h) - f(x)}{h}$$

und bestimmt schließlich den Grenzwert dieses Quotienten, wenn h gegen 0 geht.

Leibniz bezeichnete die Ableitung mit dem Symbol dy/dx. Eine andere Schreibweise wurde später von Joseph Louis Lagrange (1736–1813) eingeführt. Er benutzte das Symbol $f'(x)$ für die Ableitung der Funktion $f(x)$. Damit wären wir bei jener grundlegenden Formel angelangt, die sich in allen Büchern über Differentialrechnung findet:

$$f'(x) = \lim_{h \to 0} \frac{f(x + h) - f(x)}{h}.$$

Geht man von dieser allgemeinen Definition aus, so kann man ohne Schwierigkeiten die Ableitungen einer sehr großen Klasse von Funktionen angeben. Differenziert man beispielsweise eine Potenzfunktion von x, also eine Funktion der Form x^n, so findet man die bemerkenswerte Gesetzmäßigkeit:

$$\text{Für } f(x) = x^n \text{ ist } f'(x) = nx^{n-1}.$$

In Worten: Um die Ableitung einer Potenz x^n zu bestimmen, muß man nur den Exponenten als Koeffizienten vor x schreiben und den Exponenten um eins erniedrigen. Die Ableitung von x^5 ist $5x^4$, die von x^{19} ist $19x^{18}$. Diese Regel ist geheimnisvoll und von ebenmäßiger Schönheit. Daß sich die Eigenschaften von Kurven und ihren Tangenten so einfach ausdrücken lassen, gibt einen Eindruck von den tief verborgenen Symmetrien der Mathematik.

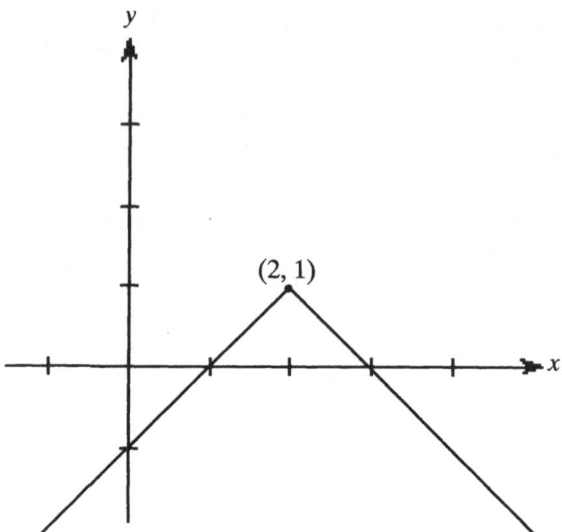

An diesem Punkt scheint es aber angebracht, auch einige Warnungen zur Definition der Ableitung auszusprechen. Die Ableitungen einiger Funktionen mögen sich zwar sehr leicht aus ihren algebraischen Eigenschaften herleiten, es gibt aber auch eine Fülle von Funktionen, bei denen die Berechnung der Ableitung in einem Gewirr mathematischer Formeln endet. Schlimmer noch, es gibt Funktionen, die in einem oder mehreren Punkten gar keine Ableitung besitzen. Es ist unmöglich, für diese Funktionen in solchen Punkten die Steigung einer Tangente an die Kurve anzugeben.

Die Abbildung oben zeigt ein einfaches Beispiel. Der Graph beschreibt im Punkt (2,1) einen scharfen Knick. Da die Kurve ihre Richtung hier abrupt ändert, gibt es keine Möglichkeit, in diesem Punkt eine eindeutige Tangente anzulegen. Und wenn man keine Tangente einzeichnen kann, kann man natürlich auch deren Steigung nicht bestimmen. Der Wert der Steigung aber wäre durch die Ableitung gegeben. Diese Funktion hat also, wie übrigens alle Funktionen mit Ecken in ihren Graphen, in diesem Punkt keine Ableitung.

Das Beispiel zeigt, daß man im Zusammenhang mit Ableitungen auf subtile und komplizierte Probleme gefaßt sein muß. Meistens betreffen sie den Begriff des Grenzwerts oder Limes, mit dessen Problematik sich Mathematiker schon seit der Antike in der einen oder anderen Form herumgeschlagen haben. Die theoretische Fassung des Begriffes des Grenzwertes, auf dessen Definition die Ableitung ja beruht, ist keineswegs trivial. Deshalb werden wir also nicht weiter in die logischen Fundamente dieser Begriffsbildung eindringen. Das hat übrigens auch Leibniz nicht getan. Er war zufrieden damit, den eher praktischen Nutzen seiner „Neuen Methode zur Bestimmung von Maxima und Minima wie von Tangenten" auszuloten, ohne sich zu viele Gedanken um deren theoretische Untermauerung zu machen.

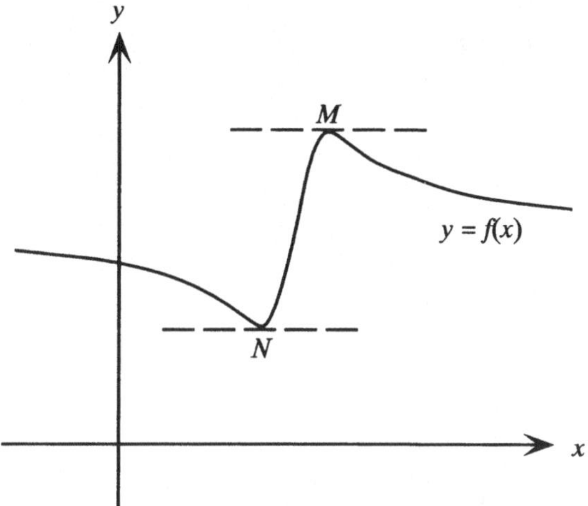

Wir haben einige Zeit auf die Tangentenproblematik verwendet, werden dieses Kapitel jedoch mit einem Beispiel zur Anwendung der Differentialrechnung bei der Suche nach Maxima und Minima beschließen.

Schließlich kann es sowohl für den reinen Mathematiker als auch für den Anwender von großer Bedeutung sein zu wissen, wie groß oder wie klein die Werte einer Funktion werden können, wie groß also Maximum und Minimum der Funktion sind. Unter welchen Bedingungen können wir den Gewinn maximieren oder den Benzinverbrauch minimieren? Fragen über Extremwerte sind oft der Kernpunkt von Entscheidungen, die täglich um uns herum gefällt werden. Daß gerade die Differentialrechnung Methoden liefert, diese Fragen zu lösen, mag einen Eindruck von ihrer Leistungsfähigkeit geben.

Um uns einen Einblick zu verschaffen, wie dabei vorzugehen ist, betrachten wir die obige Abbildung mit dem Graphen einer generischen, das heißt allgemeinen, nicht speziellen Funktion $y = f(x)$. Ganz offensichtlich ist die Funktion nichtlinear, denn die Kurve fällt, steigt an und fällt wieder, wenn man x von links nach rechts verfolgt. Zwei Punkte aber verdienen spezielle Aufmerksamkeit: M, wo die Kurve ein Maximum, und N, wo sie ein Minimum annimmt. Es wäre nun interessant, die Koordinaten von M und N zu bestimmen.

Wie kann man dies tun? Der Schlüssel zur Berechnung von Maxima und Minima liegt in der Steigung der Tangente: Auf der Spitze einer Erhebung oder in der Senke eines Tals verläuft die Tangente *horizontal* und hat damit Steigung null wie jede horizontale Gerade, was wir schon früher bemerkt hatten. Die Suche nach einem Extremwert führt also automatisch auf solche Punkte, in denen die Tangente die Steigung null hat, wo also die Ableitung gleich null ist. Algebraisch ausgedrückt bedeutet dies, daß wir die Gleichung $f'(x) = 0$ zu lösen haben – und schon sollten wir die Extremwerte finden.

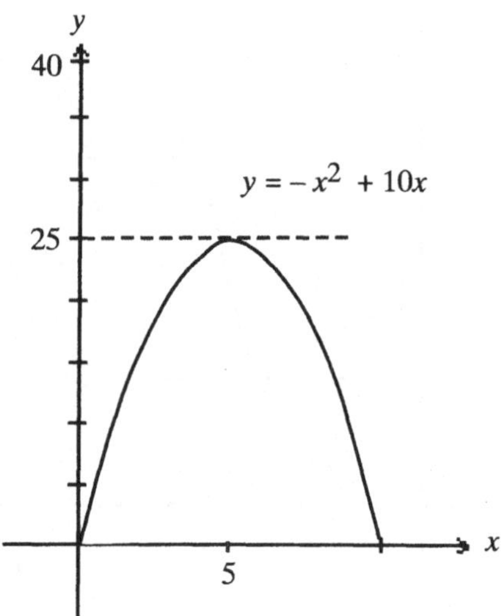

Zur Verdeutlichung wollen wir eine Behauptung des italienischen Mathematikers Gerolamo Cardano (1501–1576), dem wir in anderem Kontext noch einmal in Kapitel Z begegnen werden, betrachten. Im Zusammenhang mit einem algebraischen Problem hatte Cardano behauptet, daß es keine zwei reellen Zahlen gäbe, deren Summe 10 und deren Produkt 40 betrage. Mit Hilfe der Differentialrechnung läßt sich diese Behauptung sehr leicht beweisen.

Bezeichnen wir die eine der beiden reellen Zahlen mit x und die andere mit z. Mit der Gleichung $x + z = 10$ setzen wir deren Summe gleich 10, was wiederum für z bedeutet: $z = 10 - x$. Nun bestimmen wir einfach, wie groß das Produkt xz überhaupt werden kann. Aus den vorherigen Gleichungen folgt $xz = x(10 - x)$, und so wenden wir die Erkenntnisse der Differentialrechnung auf die Produktfunktion:

$$f(x) = xz = x(10 - x) = -x^2 + 10x$$

an, um deren Maximum zu bestimmen.

Wir haben schon gezeigt, daß die allgemeine quadratische Funktion $f(x) = ax^2 + bx + c$ die Ableitung $f'(x) = 2ax + b$ hat. Hier ist $a = -1, b = 10$ und $c = 0$, also ist die Ableitung von $f(x) = -x^2 + 10x$ gegeben durch die Formel $f'(x) = -2x + 10$. Um den maximal möglichen Produktwert von xz zu finden, müssen wir nur die Werte für x ermitteln, für die die Kurve eine horizontale Tangente hat. Wir setzen daher $f'(x) = 0$ und lösen die sich ergebende Gleichung nach x auf:

$$0 = \text{Tangentensteigung} = f'(x) = -2x + 10 \quad \Rightarrow \quad 2x = 10 \quad \Rightarrow \quad x = 5.$$

Der Graph der Produktfunktion $f(x) = -x^2 + 10x$ in der Abbildung oben geht durchaus konform mit diesem Wert, hat doch die Parabel ihr Maximum offenbar bei $x = 5$. Für das Produkt von x und z gilt in diesem Punkt: $f(x) = xz = 5(10 - 5) = 25$, und das ist der größte Wert, den das Produkt xz annehmen kann. Mit anderen Worten, das Produkt zweier reeller Zahlen, deren Summe 10 beträgt, ist *höchstens* 25. Cardano hatte also recht, als er sagte, daß das Produkt zweier solcher Zahlen niemals 40 betragen kann.

Wenn die Beispiele in diesem Kapitel auch einen gewissen Vorgeschmack auf die Differentialrechnung gegeben haben mögen, so haben sie dennoch nur wenig mehr als die Oberfläche dieser Disziplin berührt. Die Differentialrechnung findet in der Bearbeitung erstaunlich vieler Problemstellungen Anwendung. So sollte es keine Überraschung sein, daß wir der Materie in späteren Kapiteln wiederbegegnen werden. Aber nun verlassen wir erst einmal das Gebiet, dessen ungeheure mathematische Bedeutung die leicht unterkühlte Beschreibung gerechtfertigt hat, die Leibniz vor drei Jahrhunderten gab: „Ein bemerkenswerter Typ von Kalkül."

Euler

In den ersten Kapiteln haben wir die Bekanntschaft einiger der großen Mathematiker gemacht: Euklid, die Bernoullis und Archimedes. Jetzt wollen wir einem der größten Mathematiker der Geschichte sogar ein eigenes Kapitel widmen – Leonhard Euler. Seine außerordentliche Produktivität ließ ihn ein mathematisches Werk schaffen, dessen Umfang allein schon unglaublich erscheint. Was ihm aber ganz besonders die Wertschätzung der folgenden Mathematikergenerationen einbrachte, war nicht sosehr der Umfang als vielmehr die inhaltliche Vielfalt, die Eleganz und die tiefen Einsichten, die seine Arbeiten vermitteln.

Ein kurzes Kapitel kann natürlich dem Vermächtnis Eulers keineswegs gerecht werden. Während ein Mathematiker unserer Tage schon mit einem Dutzend oder sogar weniger Publikationen von vielleicht noch nicht einmal durchschnittlicher Qualität einen respektablen Ruf erwerben kann, hat Euler annähernd 900 Abhandlungen, Bücher und Artikel geschrieben. Als er sein Werk vollendet hatte, übertraf es sowohl an Quantität als auch an Qualität das anderer Mathematiker. Auch wenn diese ein Vielfaches ihrer Lebenszeit hätten investieren können – keine ihrer Leistungen könnte an sein Werk heranreichen. Euler hatte, so schätzt man, im Durchschnitt 800 Seiten neuer mathematischer Ergebnisse pro Jahr publiziert, und das über einen Zeitraum von sechzig Jahren.[1] In der gesamten Geschichte hat es keinen Mathematiker gegeben, der so schnell denken konnte. Ja, die meisten Leute können nicht einmal so schnell *schreiben*. Fraglos besaß Euler eine geistige Beweglichkeit und Schnelligkeit, eine Genialität, an die nur eine Handvoll Mathematiker von der Antike bis zur Gegenwart heranreichen. Wie Michelangelo oder Einstein war er ein unangefochtener Meister seines Gebietes.

Im Jahre 1911 wurde eine wissenschaftliche Ausgabe der gesammelten Werke Eulers unter dem Titel *Opera Omnia* begonnen. Es handelte sich dabei um eines der ehrgeizigsten Projekte dieser Art. Bis heute füllen etwa siebzig Bände das *Regal*, genau zählt sie schon keiner mehr, und weitere werden sporadisch noch bis ins einundzwanzigste Jahrhundert hinein erscheinen. Ein Band hat im Durchschnitt 500 großformatige Seiten und wiegt zwei Kilogramm, so daß es die *Opera Omnia* bisher auf 150 Kilogramm gebracht haben. Kein anderer Mathematiker bringt so viel auf die Waage.[2]

Euler war also produktiv. Seine Interessensgebiete waren aber auch weit gestreut. Perfekt in den damals schon wohl etablierten Gebieten wie der Zahlentheorie, der Differentialrechnung, der Algebra und der Geometrie hat Euler, nicht selten so nebenbei, neue Zweige der Mathematik begründet, beispielsweise die Graphentheorie, die Variationsrechnung und die kombinatorische Topologie. Den Erkenntnisprozeß um die Berechtigung der komplexen Zahlen hat er genauso wesentlich beeinflußt wie den Weg zur Definition des Begriffes „Funktion", der heute einen großen Teil der Mathematik vereinheitlicht.

Aber auch in der angewandten Mathematik hat Euler Herausragendes geleistet. Mit der entwickelten, leistungsfähigen mathematischen Maschinerie ging er Probleme in der Mechanik, Optik, Elektrizitätslehre und Akustik an und erklärte damit ein ganzes Spektrum natürlicher Vorgänge von der Bewegung des Mondes über die Wärmeleitung bis hin zur Struktur der Musik. Gerade in bezug auf seine Arbeiten zur Musik hat man auch gesagt, die Eulersche Abhandlung enthalte „zu viel Geometrie für einen Musiker und zu viel Musik für einen Mathematiker".[3] Mehr als die Hälfte der Bände der *Opera Omnia* handelt von Anwendungen der Mathematik.

Es muß immer wieder betont werden, daß Euler auch in der Form seiner Darlegungen äußerst geschickt vorging, weswegen seine Schreibweise und Terminologie bald die Standards setzte. So wundert es nicht, daß seine mathematischen Schriften bereits modern „aussehen", denn seine Nachfolger haben seinen Stil übernommen. Der am meisten geschätzte unter allen seinen Texten ist die *Introductio in analysin infinitorum* aus dem Jahre 1748. Dieses Buch, so schreibt der Mathematikhistoriker Carl Boyer,

> *ist wahrscheinlich das einflußreichste Lehrbuch der Neuzeit. In diesem Werk wurde das Konzept des Funktionsbegriffes in die Grundlagen der Mathematik eingeführt. Die Definition der Logarithmen als Exponenten und die Definitionen der trigonometrischen Funktionen als Verhältnisse wurden aus dem Werk übernommen. Es brachte die Unterscheidung zwischen algebraischen und transzendenten Funktionen und die zwischen elementaren und höheren Funktionen auf den Punkt. Hier wurden die Polarkoordinaten entwickelt und die parametrische Beschreibung von Kurven. Viele der heute üblichen Notationen wurden mit diesem Werk eingeführt. Mit einem Wort, die* Introductio *ist für die elementare Analysis das, was die* Elemente des Euklid *für die Geometrie sind.*[4]

Kein Geringerer als Gauß erinnerte sich bei der Beschreibung seiner ersten Begegnung mit den Werken Eulers, „von einem frischen Eifer überkommen" und „in meinem Entschluß, die Grenzen dieses weiten Gebietes der Wissenschaft voranzutreiben", bestärkt worden zu sein.[5]

Deckblatt zu Eulers *Introductio ad Analysin Infinitorum*
(Nachdruck mit freundlicher Genehmigung der Lehigh University Library.)

Das umseitig abgebildete Portrait Eulers sollte man sich ruhig einprägen. Sollte jemals ein Mount Rushmore der Mathematiker aus dem Stein gehauen werden, so müßte Eulers Kopf eine herausragende Stelle einnehmen.

Euler wurde 1707 in Basel in der Schweiz geboren. Schon als Heranwachsender studierte er bei Johann Bernoulli zu einer Zeit, als jener den Ruf genoß,

Leonhard Euler
(Nachdruck mit freundlicher Genehmigung der Lehigh University Library.)

einer der größten Mathematiker der Welt zu sein. Dies war zweifelsohne von
Vorteil für Euler, selbst wenn es schwer für ihn war, sich gegen Bernoullis
bärbeißige Persönlichkeit zu behaupten. In diesem Zusammenhang stelle man
sich den mürrischen Johann vor, der nach einer Unterredung mit dem jungen
Euler das ewige Klagelied des Lehrers grummelt: „Die Studenten sind auch
nicht mehr das, was sie einmal waren."

Johann Bernoulli jedoch hatte keinerlei Grund zur Klage, hatten doch nur
wenige Professoren je einen derartigen Studenten. Euler erhielt seinen Abschluß mit 15 Jahren. Vier Jahre später erregte er zum ersten Mal interna-
tionales Aufsehen, als er einen Preis der Pariser Akademie der Wissenschaften
gewann. Die Aufgabe, die die Akademie stellte, bestand darin, die optimalen

Positionen für die Masten eines Segelschiffes zu bestimmen, und die Lösung Eulers wurde einer Würdigung wert erachtet. Es wird seitdem übrigens immer besonders darauf hingewiesen, daß es der Schweizer Euler war, der den Preis gewann, trotz des nicht gerade weltbewegenden Rufs der Schweiz als Seefahrernation. Die Leistung hierbei war auch eher mathematischer als nautischer Natur.

Kaum 20 Jahre alt, begab sich Euler 1727 nach Rußland, um einen Lehrstuhl an der gerade gegründeten Akademie zu St. Petersburg anzunehmen. Dort blieb er bis 1741, als ihm ein Ruf von Friedrich dem Großen an die Berliner Akademie verlockender erschien. Ein Vierteljahrhundert arbeitete Euler an der Akademie in Deutschland, wo ihm so angesehene Persönlichkeiten wie d'Alembert, Maupertius und Voltaire begegneten. 1766 schließlich kehrte er nach St. Petersburg zurück. Euler starb 1783 im Alter von 76 Jahren als immer noch aktiver Wissenschaftler.

Der berühmte Mathematiker war in jeder Hinsicht ein bescheidener und anspruchsloser Charakter, der das Familienleben hoch schätzte und leicht neue Freunde gewann. Er verlor seinen Frohsinn auch während des schmerzlichen Prozesses nicht, der 1735 mit dem allmählichen Verlust seiner Sehfähigkeit begann und 1771 zur fast vollständigen Erblindung führte. Bemerkenswerterweise lähmte diese Behinderung weder seinen Geist noch beeinflußte sie seine Forschungen. Er machte einfach weiter, obwohl er nun einem Schreibgehilfen die Formeln und Gleichungen diktieren mußte, die er nur noch vor seinem geistigen Auge sehen konnte. Die Liste seiner mathematischen Entdeckungen beweist, daß die Erblindung keinen hemmenden Einfluß auf seine Produktivität hatte. Bis heute gibt uns sein Triumph im Angesicht des Unglücks ein eindrückliches Beispiel für die Fähigkeit des Willens, Berge zu versetzen.

Es ist geradezu absurd, die mathematischen Leistungen Eulers auf ein paar Seiten aufzählen zu wollen. Wir werden statt dessen seine Beiträge zu einigen wenigen mathematischen Teildisziplinen beschreiben und überlassen es dem Leser, sich ein Gefühl für die tatsächliche Reichweite der Leistungen Eulers durch weitere Lektüre zu verschaffen.

In Kapitel A haben wir mit der Betrachtung der höheren Arithmetik begonnen, also erwähnen wir hier als erstes einen von Eulers Beiträgen zur Zahlentheorie. Hierbei handelt es sich um einen Zweig der Mathematik, zu dem sich Euler nicht von Anfang an hingezogen fühlte, aber nachdem er einmal begonnen hatte, sich mit dieser Theorie zu beschäftigen, konnte er sich nicht mehr von ihr lösen. Etwa 1 700 Seiten, vier Bände seiner *Opera Omnia*, umfassen Eulers zahlentheoretische Arbeiten.

Eine seiner Entdeckungen betrifft die befreundeten Zahlen, ein Problemkreis, der weit in die Antike zurückreicht. Die Griechen nannten zwei Zahlen *befreundet*, wenn jede die Summe der eigentlichen Teiler der anderen ist. Die Zahlen 220 und 284 sind ein solches Paar. Denn die Teiler von 220 sind 1, 2, 4, 5, 10, 11, 20, 22, 44, 55, 110 und natürlich 220. Wir lassen 220 weg, denn 220 ist kein eigentlicher Teiler von 220, und berechnen die Summe der *eigentlichen* Teiler zu:

$$1 + 2 + 4 + 5 + 10 + 11 + 20 + 22 + 44 + 55 + 110 = 284.$$

Andererseits erhalten wir bei Addition der eigentlichen Teiler von 284:

$$1 + 2 + 4 + 71 + 142 = 220.$$

Die Zahlen 220 und 284 sind also befreundet.

Viele Jahrhunderte lang blieb das auch das einzige bekannte Paar. Das nächste Beispiel fand erst im dreizehnten Jahrhundert der arabische Mathematiker Ibn al-Banna in dem schon wesentlich komplexeren Paar 17 296 und 18 416.[6] 1636 entdeckte der französische Mathematiker Pierre de Fermat, über den im folgenden Kapitel berichtet wird, die Zahlen al-Bannas wieder und schien damit sehr zufrieden zu sein. Aber schon 1638 prahlte sein großer Rivale René Descartes (1596–1650), mit dem er nicht gerade befreundet war, das noch viel gewaltigere Paar 9 363 584 und 9 437 056 gefunden zu haben. Im heute gepflegten Umgangston würde man die Botschaft von Descartes an Fermat vielleicht so formulieren: „Nimm und friß!"

Danach gab es keine weiteren Fortschritte, bis sich im achtzehnten Jahrhundert Euler der Sache annahm. Wir betonen noch einmal ganz besonders, daß zu diesem Zeitpunkt nur drei Paare befreundeter Zahlen bekannt waren: das der Griechen, das von al-Banna und das von Descartes. Euler holte einmal tief Luft, machte sich ans Werk und produzierte knapp sechzig neue Paare. Nimm und friß, Descartes!

Natürlich lag dies daran, daß Euler eine bis dahin unentdeckt gebliebene Gesetzmäßigkeit fand, mit deren Hilfe er befreundete Zahlen bündelweise erzeugen konnte. Leonhard Euler gelang es, bei der Behandlung eines uralten Problems etwas zu entdecken, was den genialsten Gehirnen früherer Generationen entgangen war.

Ähnliches gelang ihm auch in der Elementargeometrie, einem Gebiet, das so genau erforscht war, daß weitere Überraschungen eigentlich nicht zu erwarten

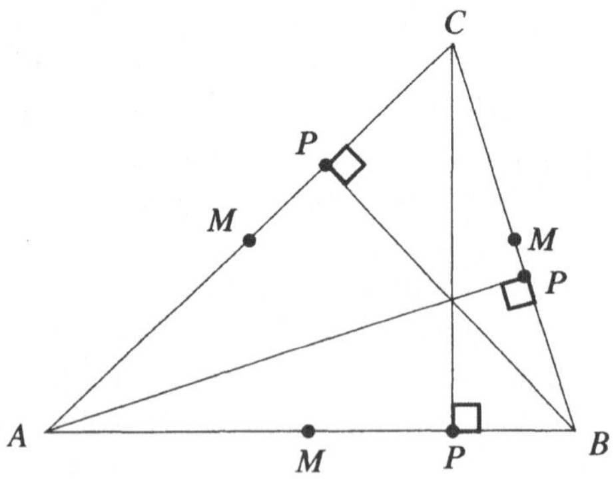

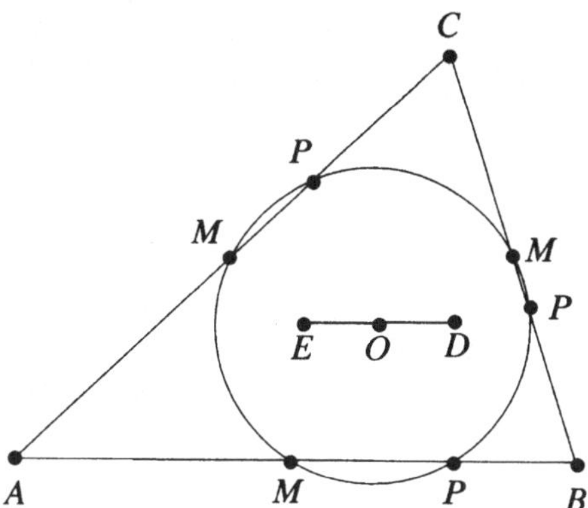

waren. Euler aber fand etwas Neues. Insgesamt vier Bände seiner *Opera Omnia* mit weiteren 1600 Seiten sind der Geometrie gewidmet.

Wenden wir uns also Euler, dem Geometer, zu. Wir betrachten ein beliebiges Dreieck ABC, wie es in der Abbildung auf Seite 74 dargestellt ist. Wir halbieren jede Seite. Zusätzlich zeichnen wir noch die drei Höhen ein, das sind die Senkrechten zu jeweils einer Seite durch den gegenüberliegenden Eckpunkt. In der Abbildung sind die Seitenmittelpunkte jeweils mit M bezeichnet und die Fußpunkte der Höhen mit P. Was ist denn aber nun, um alles in der Welt, an diesen sechs offensichtlich beziehungslosen Punkten so bemerkenswert?

Euler bewies die bemerkenswerte Tatsache, daß diese sechs Punkte auf einem Kreis liegen![7] Den Mittelpunkt dieses Kreises kann man, wie in der Abbildung oben angedeutet, bestimmen. Dazu sei D der Punkt, in dem sich die drei Höhen des Dreiecks schneiden, das sogenannte *Orthozentrum*. Ferner sei E der Schnittpunkt der drei Mittelsenkrechten, also der *Umkreismittelpunkt*. Zieht man die Strecke von D nach E und halbiert diese in O, so ist O der Mittelpunkt des Kreises, auf dem alle sechs oben erwähnten Punkte liegen.[8] Dieses seltsam anmutende Theorem, das Euklid, Archimedes, Ptolemäus und allen anderen seit Tausenden von Jahren entgangen war, zeigt, daß sich Euler auch auf geometrischem Gebiet mit den Besten messen konnte.

Wie steht es mit der Differentialrechnung? Hatte Euler auch hier etwas beizutragen? Die Antwort kann nur „ja" lauten. Für Anfänger schrieb er Lehrbücher sowohl über Differential- als auch Integralrechnung, die fast 2 200 Seiten der Bände 10 bis 13 seiner *Opera Omnia* einnehmen. Seine Darstellungen dienten Generationen von Mathematikern als Lehrmaterial und haben das Gebiet bis in unsere Zeit nachhaltig beeinflußt. Die heutigen Studenten, die sich über Gewicht und Kosten für ihr Drei-Kilo-Analysis-Lehrbuch beschweren, sollten dankbar sein, daß sie die Materie nicht anhand von Eulers vierbändigem Werk lernen müssen, das schon einen kleineren Koffer füllt.

Einer der ersten Triumphe Eulers auf diesem Gebiet betrifft die Summation einer bestimmten unendlichen Reihe. Noch aus dem vorhergehenden Jahrhundert stammte das Problem der Summation der reziproken Quadratzahlen, also die Berechnung der Summe

$$1 + \frac{1}{4} + \frac{1}{9} + \frac{1}{16} + \frac{1}{25} + \frac{1}{36} + \frac{1}{49} + \ldots + \frac{1}{k^2} + \ldots$$

über alle ganzen Zahlen.

Seit einiger Zeit war den Mathematikern bekannt, daß diese Reihe konvergiert, das heißt, daß die Summe eine endliche Zahl ist. Aber welche Zahl? Selbst Leibniz, der Begründer der Differentialrechnung, hatte keinen Anhaltspunkt, genausowenig wie die Bernoulli-Brüder. Sowohl Jakob als auch Johann Bernoulli arbeiteten an diesem Problem, wohl nicht nur wegen der interessanten Fragestellung, sondern auch wegen des Rechts, mit einer gefundenen Lösung maßlos prahlen zu können. Man stelle sich nur die Demütigungen vor, die Jakob Johann – oder umgekehrt – hätte zufügen können, hätte er ein so berühmtes und schwieriges Problem gelöst.

Es gab jedoch keinen Fortschritt, bis Leonhard Euler im Jahre 1734 einen Blick auf die Reihe warf. Zunächst war auch er verwirrt. Er suchte Zuflucht in einer aufwendigen Rechnung und zeigte, daß die Summe etwa 1,6449 betrug, aber mit der Zahl konnte auch er nichts anfangen. Euler mag schon darauf gefaßt gewesen sein, die Niederlage einzugestehen und die illustre Gesellschaft von Leibniz und den Bernoullis zu teilen, als er, so seine eigenen Worte, „reichlich unerwartet eine elegante Formel fand, ... die auf der Quadratur des Kreises beruht".[9]

Damit meinte er, daß in seiner Lösung, die sowohl Elemente aus der Trigonometrie als auch aus der Differentialrechnung aufweist, die Kreiskonstante π eine wesentliche Rolle spielt. Mit einer Kühnheit, die ganz seiner Brillanz entspricht, bewies Euler:

$$1 + \frac{1}{4} + \frac{1}{9} + \frac{1}{16} + \frac{1}{25} + \frac{1}{36} + \frac{1}{49} + \ldots = \pi^2/6.$$

Zwar müssen wir für detailliertere Angaben zum Beweis dieser Lösung den Leser auf die Bemerkungen zu diesem Kapitel verweisen, aber es sei hier angedeutet, daß der Wert $\pi^2/6$ für jedermann vollkommen überraschend kam.[10] Euler hatte ein Problem gelöst, an dem alle seine Vorgänger kläglich gescheitert waren, und damit die europäische Mathematikergemeinde darauf aufmerksam gemacht, daß ein neuer Star geboren war.

Es gäbe noch vieles, was wir über Eulers mathematische Leistungen sagen könnten. Wir wollen jedoch dieses Kapitel damit beschließen, einen einzelnen Satz aus dem Jahre 1740 eingehender zu erläutern. Dieses Beispiel, eigentlich nur ein Krümel vom mathematischen Tisch Eulers, illustriert aber in repräsentativer Weise die Kraft, die in seinen Arbeiten verborgen ist.

Auf das fragliche Problem wurde Euler durch einen Brief des französischen Mathematikers Philippe Naudé hingewiesen. Im Herbst des Jahres 1740 fragte Naudé nach der Anzahl der Möglichkeiten, in der eine gegebene positive ganze Zahl als Summe verschiedener positiver ganzer Zahlen geschrieben werden könne. Die Frage erregte Eulers Interesse. Nach wenigen Tagen schon antwortete er, mit der Bitte um Entschuldigung für die Verzögerung, die durch „schlechte Sehfähigkeit, unter der ich seit einigen Wochen leide", verursacht worden war.[11]

Bevor wir uns dem Beweis Eulers zuwenden, sollten wir einen kurzen Blick auf die Zerlegung einer ganzen Zahl als Summe positiver ganzer Zahlen werfen. Betrachten wir zum Beispiel $n = 6$. Es gibt vier Arten, wie 6 als Summe *verschiedener* ganzer Zahlen geschrieben werden kann:

$$6, \quad 5+1, \quad 4+2, \quad 3+2+1.$$

Wir betrachten dabei die „Summe", die nur aus der Zahl 6 besteht, ausdrücklich als zulässig. Dagegen ist die Zerlegung $6 = 3 + 3$ offenbar verboten, da die Summanden nicht verschieden sind. Sonst unterliegt die Anzahl der Summanden keiner weiteren Beschränkung: Es können eine, zwei, drei oder mehr Zahlen sein, vorausgesetzt, sie sind alle verschieden und summieren sich zu 6. Bezeichnen wir mit $D(n)$ die Anzahl der Möglichkeiten, die Zahl n als Summe verschiedener natürlicher Zahlen zu schreiben, so haben wir also gezeigt, daß $D(6) = 4$ ist.

Betrachten wir nun die Anzahl der Möglichkeiten, 6 als Summe *ungerader* natürlicher Zahlen darzustellen, wobei wir diesmal jedoch nicht mehr voraussetzen, daß die Summanden verschieden sind. Durch systematisches Experimentieren findet man leicht die folgenden Darstellungen:

$$5 + 1, \quad 3 + 3, \quad 3 + 1 + 1 + 1, \quad 1 + 1 + 1 + 1 + 1 + 1.$$

Hier sind Wiederholungen von Summanden erlaubt, allerdings dürfen nur ungerade Zahlen vorkommen. Bezeichnen wir nun mit $O(n)$ die Anzahl der Möglichkeiten, die Zahl n als Summe (nicht notwendig verschiedener) ungerader natürlicher Zahlen zu schreiben, so haben wir also gesehen, daß $O(6) = 4$ ist.

Ist es nun purer Zufall, daß es genauso viele Möglichkeiten gibt, 6 als Summe verschiedener natürlicher Zahlen wie als Summe ungerader natürlicher Zahlen zu schreiben? Es ist naheliegend, den Versuch mit einer anderen Zahl zu wiederholen. Ein solches Vorgehen ist bei Mathematikern durchaus üblich, wenn sie, wie es auch die Chemiker handhaben, durch Experimente mit Spezialfällen erst einmal einen Einblick in ein Problem gewinnen wollen, bevor sie allgemeine Gesetze formulieren und beweisen. Anders als Chemiker brauchen Mathematiker allerdings nicht zu befürchten, bei ihren Experimenten in die Luft zu fliegen.

Sehen wir uns also einmal $n = 13$ an. Es gibt achtzehn verschiedene Möglichkeiten, wie sich 13 als Summe verschiedener natürlicher Zahlen schreiben läßt:

13	$8 + 4 + 1$
$12 + 1$	$8 + 3 + 2$
$11 + 2$	$7 + 5 + 1$
$10 + 3$	$7 + 4 + 1$
$9 + 4$	$7 + 3 + 2 + 1$
$8 + 5$	$6 + 5 + 2$
$7 + 6$	$6 + 4 + 3$
$10 + 2 + 1$	$6 + 4 + 2 + 1$
$9 + 3 + 1$	$5 + 4 + 3 + 1$

Mit unserer Notation gilt also $D(13) = 18$. Die folgende Tabelle zeigt die Möglichkeiten, 13 als Summe ungerader Zahlen auszudrücken:

13	$5 + 5 + 1 + 1 + 1$
$11 + 1 + 1$	$5 + 3 + 3 + 1 + 1$
$9 + 3 + 1$	$5 + 3 + 1 + 1 + 1 + 1 + 1$
$9 + 1 + 1 + 1 + 1$	$5 + 1 + 1 + 1 + 1 + 1 + 1 + 1 + 1$
$7 + 5 + 1$	$3 + 3 + 3 + 3 + 1$
$7 + 3 + 3$	$3 + 3 + 3 + 1 + 1 + 1 + 1$
$7 + 3 + 1 + 1 + 1$	$3 + 3 + 1 + 1 + 1 + 1 + 1 + 1 + 1$
$7 + 1 + 1 + 1 + 1 + 1 + 1$	$3 + 1 + 1 + 1 + 1 + 1 + 1 + 1 + 1 + 1 + 1$
$5 + 5 + 3$	$1 + 1 + 1 + 1 + 1 + 1 + 1 + 1 + 1 + 1 + 1 + 1 + 1$

Wir zählen nach, und tatsächlich gilt $O(13) = 18$. Wir scheinen auf dem richtigen Weg zu sein.

Man kann sich leicht vorstellen, daß Euler bei seinem Rechentalent weitere Beispiele untersucht hat. Jeder Versuch führte zu dem gleichen erstaunlichen Resultat: Die betrachtete Zahl konnte auf genauso viele Weisen in verschiedene natürliche Zahlen zerlegt werden wie in ungerade Zahlen.

Euler bemerkte dieses Phänomen, und er leistete noch viel mehr: In einem Geniestreich *bewies* er die Gleichheit von $D(n)$ und $O(n)$ für alle positiven ganzen Zahlen. Seine Beweismethode, die eine kleine Prise Algebra und ein großes Quantum Genialität enthält, läßt sich in drei einfache Schritte aufgliedern. Wir schauen Euler über die Schulter und beginnen mit

Schritt 1: Wir führen ein unendliches Produkt ein:

$$P(x) = (1 + x)(1 + x^2)(1 + x^3)(1 + x^4)(1 + x^5)(1 + x^6)\ldots$$

Die Terme setzen sich nach dem angedeuteten Muster fort. Euler, nicht zimperlich, multiplizierte aus und faßte jeweils gleiche Potenzen von x zusammen. Der konstante Term des sich ergebenden Ausdrucks ist offensichtlich 1 und entsteht, wenn die unendlich vielen Einsen miteinander multipliziert werden. Es gibt weiter nur eine Möglichkeit, einen Term der Form x zu erhalten, nämlich das x im ersten Faktor nur mit Einsen aus den folgenden Faktoren zu multiplizieren. Gleichermaßen entsteht auch nur einmal x^2. Aber es gibt zwei Möglichkeiten, x^3 zu bilden, indem x^3 aus dem dritten Faktor nur mit Einsen multipliziert wird oder x aus dem ersten und x^2 aus dem zweiten Faktor miteinander und sonst nur mit Einsen multipliziert werden. Wir notieren dies als $(x^3 + x^{2+1})$, nicht nur, um anzudeuten, daß es sich um zwei Terme x^3 handelt, sondern auch, um zu verdeutlichen, wie sie entstanden sind. Mit dieser Übereinkunft schreiben sich die entstehenden beiden x^4-Terme als $(x^4 + x^{3+1})$, die drei x^5-Terme als $(x^5 + x^{4+1} + x^{3+2})$, die vier x^6-Terme als $(x^6 + x^{5+1} + x^{4+2} + x^{3+2+1})$ und so weiter.

Das kann man nun fortführen, bis man schwarz wird. Wichtig ist aber das offensichtliche Muster: Es gibt genau so viele Terme der Form x^n in der Entwicklung von $P(x)$, wie es Möglichkeiten gibt, n als Summe verschiedener positiver ganzer Zahlen zu schreiben. In diesem Zusammenhang sei noch einmal darauf hingewiesen, daß die Exponenten der vier x^6-Terme gerade die vier Zerlegungen von 6 in verschiedene Zahlen sind, die wir zu Anfang gefunden haben. Die Verschiedenheit der Zahlen ist dadurch garantiert, daß alle Faktoren im Ausdruck von $P(x)$ *verschiedene* Potenzen von x enthalten.

Daher ist der Koeffizient von x^n in der Potenzreihenentwicklung von $P(x)$ gerade $D(n)$, die Anzahl der Zerlegungen von n in verschiedene Summanden. Mit anderen Worten, es gilt:

$$P(x) = 1 + D(1)x + D(2)x^2 + D(3)x^3 + D(4)x^4 + D(5)x^5 + \ldots + D(n)x^n) + \ldots$$

Schritt 2: Wir vergessen erst einmal $P(x)$ und beschäftigen uns mit dem unendlichen Ausdruck

$$Q(x) = \left(\frac{1}{1-x}\right)\left(\frac{1}{1-x^3}\right)\left(\frac{1}{1-x^5}\right)\left(\frac{1}{1-x^7}\right)\ldots,$$

wobei die Nenner nacheinander alle ungeraden Potenzen von x in aufsteigender Reihenfolge enthalten. Euler mußte zuerst jeden dieser Brüche in einen äquivalenten Ausdruck umformen, der keine Brüche enthielt.

Wie macht man das? Nun, wir lassen einmal die subtilere Problematik unendlicher Reihen außer Betracht und schreiben einfach

$$1 = 1 - a + a - a^2 + a^2 - a^3 + a^3 - a^4 + a^4 - \ldots,$$

was sicherlich sinnvoll ist, denn auf der rechten Seite kürzen sich außer dem ersten die zwei jeweils aufeinanderfolgenden Terme weg. Paart man die Terme auf der rechten Seite anders und zieht gemeinsame Faktoren heraus, so folgt:

$$
\begin{aligned}
1 &= (1-a) + (a-a^2) + (a^2-a^3) + (a^3-a^4) + (a^4-a^5) + \ldots \\
&= (1-a) + a(1-a) + a^2(1-a) + a^3(1-a) + a^4(1-a) + \ldots
\end{aligned}
$$

Man dividiert nun beide Seiten durch $1 - a$ und erhält:

$$\frac{1}{1-a} = \frac{1-a}{1-a} + \frac{a(1-a)}{1-a} + \frac{a^2(1-a)}{1-a} + \frac{a^3(1-a)}{1-a} + \frac{a^4(1-a)}{1-a} + \dots$$
$$= 1 + a + a^2 + a^3 + a^4 + \dots,$$

da sich $(1 - a)$ aus den Termen rechts herauskürzt. Also gilt:

$$\frac{1}{1-a} = 1 + a + a^2 + a^3 + a^4 + \dots \qquad (*)$$

Wir setzen jetzt x für a ein und erhalten:

$$\frac{1}{1-x} = 1 + x + x^2 + x^3 + x^4 + \dots,$$

was man auch in der Form

$$\frac{1}{1-x} = 1 + x^1 + x^{1+1} + x^{1+1+1} + x^{1+1+1+1} + \dots$$

schreiben kann. Als nächstes setzen wir x^3 für a in $(*)$ ein:

$$\frac{1}{1-x^3} = 1 + (x^3) + (x^3)^2 + (x^3)^3 + (x^3)^4 + \dots$$
$$= 1 + x^3 + x^{3+3} + x^{3+3+3} + x^{3+3+3+3} + \dots$$

Ganz ähnlich ergibt die Substitution von x^5 in $(*)$ die Reihe:

$$\frac{1}{1-x^5} = 1 + (x^5) + (x^5)^2 + (x^5)^3 + (x^5)^4 + \dots$$
$$= 1 + x^5 + x^{5+5} + x^{5+5+5} + x^{5+5+5+5} + \dots$$

und so weiter.

Diese Ausdrücke setzte Euler in $Q(x)$ ein und erreichte die folgende Transformation:

$$Q(x) = \left(\frac{1}{1-x}\right)\left(\frac{1}{1-x^3}\right)\left(\frac{1}{1-x^5}\right)\left(\frac{1}{1-x^7}\right)\dots$$
$$= (1 + x^1 + x^{1+1} + x^{1+1+1} + x^{1+1+1+1} + \dots) \cdot$$
$$(1 + x^3 + x^{3+3} + x^{3+3+3} + \dots)(1 + x^5 + x^{5+5} + x^{5+5+5} + \dots)\dots$$

Diesen Ausdruck multiplizierte er nun aus. Wieder ist der konstante Term 1, gefolgt von einem einzigen x^1 und ebenfalls einem einzigen $x^{1+1} = x^2$. Der kubische Term tritt zweimal auf: x^3 und x^{1+1+1}. Der Ausdruck x^4 bildet sich, wenn x^3 aus der zweiten Klammer mit x^1 aus der ersten und mit den Einsen aus allen anderen Klammern multipliziert wird sowie ein weiteres Mal bei

Multiplikation der $x^{1+1+1+1}$ aus der ersten Klammer mit den weiteren Einsen. Ganz analog entsteht x^5 dreimal: x^5, x^{3+1+1} und $x^{1+1+1+1+1}$. Der Term x^6 kommt viermal vor, nämlich als x^{5+1}, x^{3+3}, $x^{3+1+1+1}$ und $x^{1+1+1+1+1+1}$.

So geht es nun immer weiter. Es sollte aber klar sein, daß die Anzahl der x^n-Terme in der Entwicklung von $Q(x)$ genau der Anzahl der Möglichkeiten entspricht, n als Summe von *ungeraden* Zahlen darzustellen. Denn in $Q(x)$ treten nur ungerade Potenzen als Exponenten auf. Eine heuristische Verifikation dieser Tatsache kann man darin sehen, daß die Exponenten, die den Term x^6 entstehen lassen, gerade die sind, die wir bei der Zerlegung der Zahl 6 in ungerade Summanden schon vorher gefunden hatten. Wenn wir $Q(x)$ also als unendliche Reihe ausdrücken, ist der Koeffizient vor x^n das oben definierte $O(n)$. Es gilt also:

$$Q(x) = 1 + O(1)x + O(2)x^2 + O(3)x^3 + O(4)x^4 + O(5)x^5 + \ldots + O(n)x^n) + \ldots$$

Schritt 3: Nachdem wir in den Schritten 1 und 2 die Reihen $P(x)$ und $Q(x)$ eingeführt und umgeschrieben haben, wollen wir jetzt die vielleicht überraschende Tatsache beweisen, daß es sich bei $P(x)$ und $Q(x)$ um ein und dasselbe handelt. Dazu nehmen wir den ursprünglichen Ausdruck für $Q(x)$ her und multiplizieren Zähler und Nenner mit dem Produkt der Terme der Form $(1-x^2)$, $(1-x^4)$ und aller weiterer derartiger Klammern, die gerade Potenzen von x enthalten:

$$\begin{aligned} Q(x) &= \left(\frac{1}{1-x}\right)\left(\frac{1}{1-x^3}\right)\left(\frac{1}{1-x^5}\right)\left(\frac{1}{1-x^7}\right)\ldots \\ &= \frac{(1-x^2)(1-x^4)(1-x^6)(1-x^8)\ldots}{(1-x)(1-x^2)(1-x^3)(1-x^4)(1-x^5)(1-x^6)(1-x^7)\ldots} \cdot \end{aligned}$$

Der Term $(1-x^2)$ kann als Produkt von $(1-x)$ und $(1+x)$ geschrieben werden. Analog gilt $(1-x^4) = (1-x^2)(1+x^2)$, $(1-x^6) = (1-x^3)(1+x^3)$ und so weiter. Setzt man dies in den Zähler ein, so erhält man:

$$Q(x) = \frac{(1-x)(1+x)(1-x^2)(1+x^2)(1-x^3)(1+x^3)(1-x^4)(1+x^4)\ldots}{(1-x)(1-x^2)(1-x^3)(1-x^4)(1-x^5)(1-x^6)(1-x^7)\ldots}$$

und sieht, daß sich jeder Faktor des Nenners gegen seinen Partner im Zähler wegkürzt. Es bleibt also:

$$Q(x) = (1+x)(1+x^2)(1+x^3)(1+x^4)\ldots,$$

und das ist, wie durch Zauberei, genau die Formel für $P(x)$, mit der wir begonnen hatten. Kurz gesagt, $Q(x)$ und $P(x)$ sind identisch.

Nun wollen wir Eulers Gedankengang auch bis zum Ende verfolgen. Da wir vorhin gezeigt hatten, daß

$$P(x) = 1 + D(1)x + D(2)x^2 + D(3)x^3 + D(4)x^4 + D(5)x^5 + \ldots + D(n)x^n) + \ldots$$

und daß

$$Q(x) = 1 + O(1)x + O(2)x^2 + O(3)x^3 + O(4)x^4 + O(5)x^5 + \ldots + O(n)x^n) + \ldots$$

ist, und da nach Schritt 3 $P(x)$ und $Q(x)$ gleich sind, folgt, daß die Koeffizienten vor gleichen x^n-Termen jeweils gleich sein müssen. Also ist $D(1) = O(1)$, $D(2) = O(2)$, und allgemein gilt für jede natürliche Zahl $D(n) = O(n)$. Mit anderen Worten: Es gibt genau so viele Möglichkeiten, n als Summe *verschiedener* natürlicher Zahlen zu schreiben, wie es Möglichkeiten gibt, n als Summe (nicht notwendig verschiedener) *ungerader* natürlicher Zahlen auszudrücken. Zu diesem Schluß ist Euler gekommen, und damit war sein Beweis vollständig.

Diese Argumentationskette, die einen raffinierten und keineswegs offensichtlichen Zusammenhang im Problemkreis der additiven Zerlegung ganzer Zahlen beweist, ist ein kleines Meisterstück. Sie verdeutlicht auch in ganz typischer Weise Eulers mathematisches Vorgehen:

1. Er war unheimlich geschickt im Umgang mit symbolischen Ausdrücken, was in diesem Beweis ganz klar zum Vorschein kommt und ihm den Ruf des größten Manipulators symbolischer Ausdrücke aller Zeiten eingebracht hat.

2. Eulers Talent im Jonglieren mit algebraischen Ausdrücken ging Hand in Hand mit seinem Glauben daran, daß solche Kunststückchen zu richtigen Schlußfolgerungen führen würden. Andere Mathematiker haben in der Folgezeit gezeigt, daß skrupelloses Umformen symbolischer Ausdrücke zu erheblichen Schwierigkeiten führen kann, insbesondere dann, wenn unendliche Prozesse in den Ausdrücken vorkommen. Aber Euler schien zu glauben, daß die Symbole uns zur Wahrheit geleiten, wenn wir ihnen folgen.

3. Zu Eulers erfolgreichsten mathematischen Strategien gehörte es, denselben Ausdruck auf zwei verschiedene Weisen aufzuschreiben, die beiden unterschiedlichen Darstellunge gleichzusetzen und daraus wichtige Schlüsse zu ziehen. Dies war auch entscheidend für den obigen Beweis, wo $P(x)$ und $Q(x)$ dasselbe auf unterscheidliche Weise darstellten. Die Fähigkeit, ein und dasselbe Objekt aus zwei völlig verschiedenen Blickwinkeln ansehen zu können, charakterisiert viele der tiefgründigsten und schönsten Schlüsse Eulers.

4. Schließlich bleibt, wenn man von den algebraischen Manipulationen und der technischen Raffinesse absieht, immer noch ein geradezu erstaunlicher Grad genialer Eingebung. Denkt man an den obigen Beweis, so stellt sich die Frage, welche Einsichten Euler dazu verleiteten, auf der Suche nach Informationen über die additive Zerlegung ganzer Zahlen bestimmte algebraische Ausdrücke umzuformen? Welche Erkenntnisse führten ihn auf die Reihen $P(x)$ und $Q(x)$? Und welche Einsichten brachten ihn darauf, daß diese gleich sind? Selbst nachdem man den Beweis verstanden hat, wird man zögern, ihn als offensichtlich zu bezeichnen – trotz des Vorteils des nachvollziehenden Lesers. Es bedurfte eben eines bemerkenswerten Intellekts, sich den Weg durch die zuvor unmarkierte Landschaft zu bahnen.

Noch ein letztes Wort über Leonhard Euler. Er war ein Mathematiker allerersten Ranges und ist der Allgemeinheit doch fast gänzlich unbekannt. Dieselben Leute, die noch nie den Namen Euler gehört haben, hätten keine Mühe, Pierre-Auguste Renoir als Maler, Johannes Brahms als Komponisten oder Günter Grass als Dichter zu identifizieren. Die Anonymität Eulers ist nicht nur ungerecht, sie ist auch beschämend. Insbesondere, da die Stellung Eulers der von Rembrandt unter den Malern, der von Bach unter den Komponisten oder gar der von Goethe unter den Dichtern entspräche.

Der geneigte Leser ist hiermit aufgerufen, den Ruhm eines der genialsten Mathematiker aller Zeiten zu mehren und dazu beizutragen, den Namen des Schweizers Leonhard Euler endlich bekannt zu machen.

Fermat

Die Biographie von Pierre de Fermat (1601–1665) ist schnell erzählt. Seine Lebenszeit fällt in die ersten zwei Drittel des siebzehnten Jahrhunderts, war aber, um es beim Namen zu nennen, recht langweilig. Er hatte nie eine Stelle an einer Universität oder einer königlichen Akademie. Als Jurist ausgebildet, war er Beamter geworden. Fermat veröffentlichte zu Lebzeiten nahezu nichts, statt dessen vertraute er seine Ideen Korrespondenzen und unveröffentlichten Manuskripten an. Da er nicht als professioneller Mathematiker tätig war, hat man ihn den „König der Amateure" genannt. Sollte man darunter aber einen „nur mäßig talentierten Freund der Mathematik" verstehen, so wäre das die falsche Interpretation des Spitznamens.

„Mathematischer Amateur" – dieser Begriff hat einen seltsamen Klang. Müßte man die Leute in die Kategorien professioneller oder Amateur-Mathematiker einordnen, dann fiele nahezu jeder in der Geschichte in die letztere Kategorie. Mit dieser Einordnung verbunden ist die Klassifikation der Rechenfehler im Scheckbuch als „Amateur-Mathematik". Das trifft auch auf Yogi-Bärs Aussage zu: „Erfolg ist zu 90% harte Arbeit, die anderen 20% sind reines Glück." Woher der wohl so etwas weiß?

Solche Feststellungen sind Lichtjahre entfernt von den mathematischen Aussagen des „Amateurs" Fermat. Auch wenn er der breiten Öffentlichkeit weniger bekannt ist als seine beiden großen französischen Zeitgenossen René Descartes und Blaise Pascal, so haben ihn die Mathematiker doch mehr ins Herz geschlossen als jene. Dieses Kapitel soll hauptsächlich erklären, warum das so ist.

Pierre Fermat wurde zu Beginn des siebzehnten Jahrhunderts in Beaumont de Lomagne in Südfrankreich geboren. Sein Vater war ein wohlhabender Kaufmann und Stadtrat, so daß der junge Fermat seine Jugend in angenehmer Umgebung verbringen konnte. Nach einer ausgezeichneten Erziehung, die ganz auf das Studium der klassischen Sprachen und Literatur ausgerichtet war, besuchte er die Universität, wo er sich dem Studium der Rechte zuwandte.

Die dabei erworbenen Kenntnisse führten ihn zur Profession des Beamten im
Stadtparlament von Toulouse. Dieser Posten bescherte ihm nicht nur finanzielle Sicherheit, sondern auch das Recht, vor seinem Nachnamen das „de"
einzusetzen, was ihn als Mitglied des niederen französischen Adels auswies.

Als Mitglied der Gesellschaft heiratete Fermat und zog, zusammen mit
seiner Frau, fünf Kinder groß. Er hatte einflußreiche Positionen in der katho-
lischen Kirche, deren devotes Mitglied er war. Soweit wir wissen, verbrachte
er sein ganzes Leben im Umkreis von hundertfünfzig Kilometern von seinem
Geburtsort.[1] Er war ein Franzose, der Paris nie zu Gesicht bekommen hat,
was allein schon ausgereicht hätte, seine Ausnahmestellung zu begründen.

Fermat führte ein zurückgezogenes und ruhiges Leben – wahrscheinlich so
ruhig, daß er nicht genug zu tun hatte. Man hat es schon auf die Anspruchslo-
sigkeit seiner Arbeit zurückgeführt, daß er genug Zeit hatte, lateinische Lyrik
und gelehrte Kritiken griechischer Texte zu schreiben. So erinnert Fermat
mit der Verbindung von Freizeit und unbefriedigter Intelligenz an den jungen Albert Einstein, der etwa zweieinhalb Jahrhunderte später als Schweizer
Patentanwalt in seiner anspruchslosen Anstellung die Gelegenheit fand, die
Relativitätstheorie zu entwickeln.

Fermats eigentliche Leidenschaft – noch vor der klassischen Dichtkunst,
den Kirchengeschäften oder sogar den Rechten – war die Mathematik, zu der
er tiefgründige und weitreichende Beiträge lieferte. Er spielte eine herausragende Rolle bei der Entwicklung einiger Gebiete, die in diesem Buch bereits
angesprochen wurden: Zahlentheorie, Wahrscheinlichkeitstheorie und Differentialrechnung. Wie bereits erwähnt, scheute er sich vor der Veröffentlichung
seiner mathematischen Entdeckungen, vielleicht aus Gründen, die aus seiner
Bemerkung sprechen „Ich habe so geringes Geschick im Aufschreiben meiner
Beweise, daß ich zufrieden damit war, die Wahrheit gefunden zu haben und
die Methoden zu kennen, diese nachzuweisen, wenn ich dazu die Gelegenheit
habe."[2]

Zu unserem Glück teilte er seine Ideen wenigstens anderen Gelehrten in
ganz Europa in Briefen mit. Hierbei entpuppte sich der Jurist aus Toulouse als
nimmermüder Korrespondent, und so enthalten seine Briefe die wichtigen Informationen über seine mathematischen Leistungen. Die Liste der Empfänger
seiner Briefe – Descartes, Pascal, Christiaan Huygens, John Wallis und Marin
Mersenne – liest sich wie ein „Who is Who" der Wissenschaft in der ersten
Hälfte des siebzehnten Jahrhunderts. Von ihnen erfuhr Fermat, was in Paris,
Amsterdam oder Oxford gerade vor sich ging. Ihnen übermittelte er seine
bemerkenswerten Entdeckungen.

Zum Eindrucksvollsten gehört dabei die Formulierung einer mathematischen Disziplin, die wir heute analytische Geometrie nennen. Diese beschrieb
er 1636 in einer Abhandlung mit dem Titel *Ad locus planos et solidos isago-
ge*. Ebenso eindrucksvoll sind seine Beiträge zur Begründung der elementaren Wahrscheinlichkeitstheorie, die in einer Serie von Briefen aus dem Jahr

Pierre de Fermat
(Nachdruck mit freundlicher Genehmigung der Lafayette College Library.)

1654 festgehalten sind. Hier ist der Name Fermats sehr eng mit dem seines Korrespondenten, Blaise Pascal (1623–1662), verbunden. In ihrer extensiven Korrespondenz diskutierten sie ihre Ideen, brachten Kritik daran vor – und beförderten ganz nebenbei die bis dahin übersehene Disziplin der Wahrscheinlichkeitstheorie ins Rampenlicht der Mathematik. Viele ihrer Ideen sollten den Weg in die *Ars conjectandi* des Jakob Bernoulli finden.

Was die analytische Geometrie betrifft, so ist Fermats Name auch hier mit dem eines anderen Mathematikers verknüpft, René Descartes, der unabhängig von Fermat ein eigenes System der analytischen Geometrie entwarf. Beide verfolgten den enorm fruchtbaren Weg, zwei große Strömungen in der mathematischen Gedankenwelt zu vereinen, die geometrische und die algebraische. In Kapitel XY werden wir näher darauf eingehen.

Unglücklicherweise, und das ist charakteristisch für ihn, veröffentlichte Fermat seine Abhandlungen nicht, während Descartes der Welt seine Entdeckungen, die großen Einfluß ausüben sollten, in der *Géométrie* von 1637 vorstellte. Da sein Werk als erstes gedruckt wurde, erntete Descartes die Lorbeeren, und sein Name ist bis in alle Ewigkeit mit den *kartesischen Koordinaten* verbunden. Hätte unser französischer Magistratsbeamter etwas weniger Zurückhaltung gezeigt, würden die Mathematiker heute vielleicht von den fermatschen Koordinaten sprechen.

Descartes gewann diese Schlacht, aber nicht den Krieg. Ja, er hatte viel weniger Interesse an der Mathematik als Fermat, dessen Bedeutung als Mitbegründer der analytischen Geometrie oft übersehen wird, da er so viele andere wichtige Beiträge geliefert hat. Ein solcher Beitrag betrifft die Bestimmung von Maxima und Minima spezieller Kurven, hier übertraf Fermat Descartes bei weitem.

Dieses Problem sollte uns bekannt vorkommen, war es doch ein zentraler Punkt bei der Diskussion der Differentialrechnung in Kapitel D, wo wir Leibniz und Newton das Verdienst zuerkannten, die zur Bestimmung von Extremwerten notwendige Vorgehensweise ausformuliert zu haben. Dabei haben wir aber versäumt zu erwähnen, daß Fermat schon Jahrzehnte eher sehr ähnliche Methoden abgeleitet hatte. Man findet sie in der *Methodus ad Disquirendam maximum et minimam*, einem weiteren brillanten, aber, typisch für ihn, unveröffentlichten Werk.

Wegen der Behandlung von Maxima, Minima und Tangenten kam es zwischen Fermat und Descartes Ende der 1630er Jahre zum Streit. Letzterer hatte seine eigene Technik zur Bearbeitung der Tangentenproblematik entwickelt und versicherte, daß „dies nicht nur das nützlichste und allgemeinste Problem in der Geometrie ist, das ich kenne, sondern sogar das wichtigste, das ich jemals hätte kennenlernen wollen".[3] Dennoch erwies sich Descartes' Zugang als äußerst umständlich, selbst bei den einfachsten Beispielen. Was Fermat ohne besonderen Aufwand bewältigte, das zwang Descartes dazu, Seite um Seite mit zermürbenden algebraischen Rechnungen zu füllen.

Eine Zeitlang war der Umgang mit dem Problem von Rivalität beherrscht, und Descartes proklamierte allgemein die Überlegenheit seiner Methode. Es wurde jedoch bald offenbar, auch für *ihn*, daß Fermat den erfolgreicheren Weg eingeschlagen hatte. Die Anerkennung dieser Niederlage – eine seltene Erfahrung für René Descartes – hinterließ einen bitteren Nachgeschmack in der Beziehung zwischen den beiden größten Mathematikern der damaligen Zeit.

Wegen des Erfolges, mit dem Fermat einfachere Minimax-Probleme löste, nannte ihn Pierre-Simon Laplace (1749–1827) den „wahren Erfinder der Differentialrechnung".[4] Diese Einschätzung der Leistung eines Franzosen durch einen anderen ist jedoch eine Überbewertung, zu der sich Laplace offenbar in einem unkontrollierten Moment nationalistischer Begeisterung hatte hinreißen lassen. Ohne den Wert von Fermats Einsichten schmälern zu wollen, kann man eine Reihe von Gründen angeben, warum er eine derart große Ehrung nicht verdient hat.

Zum einen hatte Fermat seine Methode nur auf eine beschränkte Klasse von Kurven angewandt: solche der Form $f(x) = x^n$, die manchmal „Fermatsche Parabeln" genannt werden, und solche der Form $f(x) = 1/x^n$, die auch „Fermatsche Hyperbeln" heißen. Die wahren Begründer der Differentialrechnung konnten weitaus kompliziertere Funktionen behandeln, wobei sie, mit Leibniz' Worten, „weder durch gebrochene noch irrationale Ausdrücke behindert wurden".

Was aber noch schwerer wiegt, ist die Tatsache, daß Fermat den eigentlich zentralen Zusammenhang, den Fundamentalsatz der Differential- und Integralrechnung, nicht erkannt hatte. Dieser Satz, den wir in Kapitel L betrachten werden, ist von so grundlegender Bedeutung, daß durch die Nichtentdeckung allein schon jeder Anspruch auf die Priorität bei der Entdeckung der Differentialrechnung verwirkt ist. Sowohl Leibniz als auch Newton hatten dagegen den Fundamentalsatz sehr klar erkannt.

Aus diesen Gründen tendieren moderne Mathematikhistoriker eher dazu, Pierre de Fermat nicht als den Begründer der Analysis zu bezeichnen. Aber fast alle geben zu, daß er sehr nahe dran war.

Fermat kommen also Verdienste um wesentliche Beiträge zur analytischen Geometrie, der Differentialrechnung und der Wahrscheinlichkeitstheorie zu, die man als bemerkenswert für einen „Amateur" bezeichnen kann. Dies alles ist aber eigentlich nur Vorgeplänkel. Denn mehr noch als durch diese Leistungen hat Fermat seinen Ruf durch seine wunderschönen Untersuchungen in der Theorie der Zahlen begründet.

Wie in Kapitel A bemerkt, wurde dieses Gebiet schon von Euklid und anderen Mathematikern der Antike erforscht, aber es ist keineswegs übertrieben, wenn man sagt, daß die moderne Zahlentheorie mit Fermat beginnt. Sein Interesse an ihr entzündete sich beim Studium der griechischen Klassiker, insbesondere bei der Lektüre der *Arithmetica* des Diophant aus dem Jahre 250 v. Chr., deren Übersetzung von 1621 die Aufmerksamkeit von Fermat erregt hatte. Peinlich genau studierte er das Werk und kritzelte manchen Kommentar an den Seitenrand seines abgegriffenen Exemplars.

Für Fermat war dies das faszinierendste Gebiet der Mathematik. Er war auf du und du mit den ganzen Zahlen, und sie hatten ihn ganz in ihren Bann geschlagen. Er hatte ein geradezu unheimliches Geschick, ihre Eigenheiten zu erkennen, gerade so, wie man alte Freunde erkennt. Nur für die Außenwelt war Pierre de Fermat ein angesehener Jurist in Toulouse, im Inneren und in Wahrheit aber war er ein Zahlentheoretiker par excellence!

Hier können wir nur einige wenige seiner Entdeckungen ansprechen. Selbst Mathematiker haben hier ihre Probleme, denn er hat fast keine Beweise hinterlassen. Eine marginale Notiz hier, eine unvollständige Andeutung da – das ist so ziemlich alles, was wir haben. Später haben andere Wissenschaftler, darunter auch Euler, versucht, seine Gedankengänge und Schlußfolgerungen zu rekonstruieren. Und wie sagte der Mathematiker André Weil im zwanzigsten Jahrhundert: „Wenn Fermat behauptet, er habe einen Beweis für eine Behauptung, dann muß eine solche Behauptung ernst genommen werden."[5]

Eine der amüsantesten Behauptungen betrifft die Darstellung von Primzahlen durch eine Summe von zwei Quadratzahlen. Um das Wesentliche der Entdeckung besser verdeutlichen zu können, müssen wir etwas weiter ausholen.

Zunächst einmal ist klar, daß eine ganze Zahl n, wenn sie durch 4 geteilt wird, den Rest 0, 1, 2 oder 3 läßt. Schließlich müssen Reste immer kleiner als der Divisor sein. Mathematiker drücken dies so aus, daß jede ganze Zahl in eine von vier Klassen fällt:

$n = 4k$ (die Zahl ist ein Vielfaches von 4);

$n = 4k + 1$ (die Zahl ist um 1 größer als ein Vielfaches von 4);

$n = 4k + 2$ (die Zahl ist um 2 größer als ein Vielfaches von 4);

$n = 4k + 3$ (die Zahl ist um 3 größer als ein Vielfaches von 4).

Zahlen der Formen $4k$ und $4k + 2$ sind offenbar gerade und daher, mit Ausnahme des trivialen Falles 2, auch nicht prim. Jede ungerade Zahl, also auch jede ungerade Primzahl, *muß* daher von der Form $4k + 1$ oder $4k + 3$ sein.

Es ist eigentlich überflüssig zu sagen, daß es reichlich Beispiele von beiden Typen gibt. In der ersten Kategorie findet man die Primzahlen $5 = 4 \cdot 1 + 1$, $13 = 4 \cdot 3 + 1$ und $37 = 4 \cdot 9 + 1$, in der zweiten Kategorie $7 = 4 \cdot 1 + 3$, $19 = 4 \cdot 4 + 3$ und $43 = 4 \cdot 10 + 3$. Alle ungeraden Primzahlen fallen in eine der beiden Klassen.

Bis auf den kleinen Unterschied in der Definition scheinen die beiden Typen von ungeraden Primzahlen äquivalent zu sein. Weit gefehlt, sie unterscheiden sich in einem wesentlichen und überraschenden Punkt, und dieser Unterschied bildet den Kernpunkt der Fermatschen Beobachtung.

Im Jahre 1640 teilte Fermat Pater Mersenne in einem Brief zu Weihnachten mit, daß er die folgende Beobachtung gemacht hatte: „Eine Primzahl, die ein Vielfaches von vier um eins übertrifft, ist nur einmal die Hypotenuse eines rechtwinkligen Dreiecks."[6] Dies ist eine reichlich kuriose Weise, geometrisch auszudrücken, daß die Primzahlen der ersten Kategorie – die der Form $4k + 1$ – in eine *Summe* zweier Quadratzahlen zerlegt werden können und daß diese Zerlegung nur auf eine Weise möglich ist. Auf der anderen Seite hatte er auch bemerkt, daß sich Primzahlen der Form $4k + 3$ überhaupt nicht als Summe zweier Quadratzahlen schreiben lassen. Im Lichte dieser Erkenntnis erscheinen die beiden Klassen ungerader Primzahlen doch reichlich verschieden. Die eine besteht nur aus Primzahlen vom „Quadratsummentyp", die andere enthält keine einzige solche Zahl.

Einige Beispiele sollen das Phänomen illustrieren. Die Primzahl $13 = 4 \cdot 3 + 1$ läßt sich als $13 = 4 + 9 = 2^2 + 3^2$ zerlegen. $37 = 4 \cdot 9 + 1$ kann man als $37 = 1 + 36 = 1^2 + 6^2$ schreiben, und das schon etwas kompliziertere Beispiel der Primzahl $193 = 4 \cdot 48 + 1$ führt zur Summe $193 = 49 + 144 = 7^2 + 12^2$. Im Gegensatz dazu lassen sich für Primzahlen wie $19 = 4 \cdot 4 + 3$ oder $199 = 4 \cdot 49 + 3$ derartige Zerlegungen in eine Summe zweier Quadratzahlen nicht finden.

Die letztere Tatsache läßt sich sogar sehr leicht beweisen. Wir müssen dazu nur genau untersuchen, wie sich gerade und ungerade Zahlen verhalten, wenn man sie quadriert.

Satz: Eine ungerade Zahl der Form $n = 4k + 3$ läßt sich nicht als Summe $a^2 + b^2$ zweier Quadratzahlen schreiben.

Beweis: Wir betrachten drei mögliche Fälle.

Fall 1: Wenn sowohl a als auch b gerade sind, so auch a^2 und b^2. Damit ist auch $a^2 + b^2$ als Summe zweier gerader Zahlen wieder gerade und kann daher nicht einer *ungeraden* Zahl $n = 4k + 3$ gleich sein.

Fall 2: Wenn sowohl a als auch b ungerade sind, so auch a^2 und b^2. Damit ist aber $a^2 + b^2$ als Summe zweier ungerader Zahlen selbst gerade und kann wieder nicht einer *ungeraden* Zahl $n = 4k + 3$ gleich sein.

Fall 3: Es bleibt noch der Fall, daß das Quadrat einer geraden Zahl und das einer ungeraden Zahl addiert werden. Wir nehmen an, die gerade Zahl sei mit a bezeichnet. Also ist a ein Vielfaches von 2 und kann in der Form $a = 2m$ für eine ganze Zahl m geschrieben werden. Da nach unserer Bezeichnung b ungerade ist, können wir b in der Form $b = 2r + 1$ darstellen, wobei r wieder eine natürliche Zahl ist. Wenn wir die Quadrate der beiden Zahlen, einer geraden und einer ungeraden, addieren, erhalten wir:

$$\begin{aligned} a^2 + b^2 &= (2m)^2 + (2r + 1)^2 \\ &= 4m^2 + (4r^2 + 4r + 1) \\ &= 4(m^2 + r^2 + r) + 1. \end{aligned}$$

Also ist $a^2 + b^2$ um eins größer als $4(m^2 + r^2 + r)$, ein Vielfaches von 4. Damit ist zwar $a^2 + b^2$ eine ungerade Zahl, kann aber nicht gleich $n = 4k + 3$ sein, das um *drei* größer als ein Vielfaches von vier ist.

Man kann das bisherige Ergebnis so zusammenfassen: Wenn a und b beide gerade oder ungerade sind, ist der Ausdruck $a^2 + b^2$ gerade. Ist a gerade und b ungerade (oder umgekehrt), so ist $a^2 + b^2$ um 1 größer als ein Vielfaches von 4. In keinem Falle ist also $a^2 + b^2$ um 3 größer als ein Vielfaches von 4. Folglich lassen sich Zahlen der Form $4k + 3$ nicht als Summe zweier Quadrate

darstellen – und damit erst recht nicht Primzahlen dieser Form. Das aber war
zu beweisen.

Soviel zu der einen Hälfte der Fermatschen Behauptung. Der Beweis des anderen Teils, daß sich nämlich Primzahlen der Form $4k + 1$ auf genau eine Art
als Summe zweier Quadrate schreiben *lassen*, ist bei weitem zu schwierig, um
ihn hier vorzuführen. Wie gewöhnlich hinterließ Fermat bloß eine vage um-
rissene und nur mühevoll zu vervollständigende Andeutung seiner Schlüsse.
Euler war es, der etwas mehr als ein Jahrhundert später den ersten Beweis
veröffentlichte.[7]

Diese Dichotomie unter den Primzahlen, die das Kernstück des Satzes bildet, ist intuitiv kaum faßbar, regt aber zu weiteren Gedankenspielen an. Um
die Nützlichkeit des Satzes zu erkennen, wollen wir einmal die Frage untersuchen, ob die Zahl $n = 53\,461$ eine Primzahl ist. Schon in Kapitel A hatten wir
schließlich erfahren, daß Gauß das Problem, die Primalität einer Zahl zu bestimmen, als „eines der wichtigsten und nützlichsten der Arithmetik" bezeichnet hatte. Bereits ein erster Versuch überzeugt, daß die kleinen Kandidaten
für Primfaktoren – Zahlen wie 2, 3, 5, 7, 11 oder 13 – nicht brauchbar sind,
und so nimmt der Eifer, Primteiler zu suchen, schnell ab.

Allerdings ergeben sich drei aufschlußreiche Aussagen:

a) $n = 53\,461 = 4 \cdot 13\,365 + 1$, hat also die Form $4k + 1$.

b) $n = 53\,461 = 100 + 53\,361 = 10^2 + 231^2$, kann also als Summe zweier
   Quadrate dargestellt werden.

c) $n = 53\,461 = 11\,025 + 42\,436 = 105^2 + 206^2$, kann also auf eine zweite
   Art als Summe zweier Quadrate dargestellt werden.

Daraus läßt sich leicht schließen, daß n zusammengesetzt ist. Sonst wäre
n ja eine Primzahl der Form $4k + 1$, die *zwei verschiedene* Darstellungen als
Summe zweier Quadrate zuläßt, nämlich die beiden in (b) und (c). Dies ist
aber nach dem gerade zitierten Satz von Fermat ausgeschlossen. Daher kann
n nicht prim sein.

Zwei Umstände in dieser Schlußkette könnten den Leser beunruhigen. Zunächst einmal muß man sich natürlich fragen lassen, wie man überhaupt zu
den Zerlegungen (b) und (c) kommt. Schließlich scheint es genauso kompliziert
zu sein, eine derartige Zerlegung zu finden, wie das ursprüngliche Problem zu
lösen, die Zahl n zu faktorisieren. Eine solche Frage wirkt allerdings wie eine
unterschwellige Beschuldigung, das Beispiel sei künstlich zusammengebastelt
gewesen. Darauf können wir nur antworten: Es war tatsächlich künstlich
zusammengebastelt.

Wichtiger ist aber der zweite mögliche Grund zur Beunruhigung, nämlich
die Bereitwilligkeit, mit der wir $n = 53\,461$ als nicht prim akzeptieren, ohne
einen einzigen Teiler zu kennen. Naiv betrachtet scheint es doch unsere Pflicht

zu sein, explizite Faktoren anzugeben, wenn wir nachweisen wollen, daß eine Zahl zusammengesetzt ist. Die eben angewandte Methode, mit der wir nur nachgewiesen haben, daß 53 461 eine Bedingung verletzt, die Primzahlen erfüllen, beweist die Behauptung nur indirekt. Der Schluß ist aber dennoch vollkommen in Ordnung. Der Gedankengang ist fehlerlos, und er zeigt, daß der Zahlentheoretiker so manches Werkzeug besitzt – das eine oder andere von recht subtiler Natur.

Um auch den Unentwegten noch zufriedenzustellen, werden wir jetzt die Primfaktoren von 53 461 bestimmen. Dabei wenden wir ein weiteres von Fermat entdecktes Verfahren an, sein geniales Faktorisierungsschema.

Nehmen wir ganz allgemein an, wir wollten eine natürliche Zahl n in Faktoren zerlegen. Um n „additiv" zu halbieren, würden wir natürlich den Ausdruck $n/2$ bilden, denn $n/2 + n/2 = n$. Um aber n „multiplikativ" zu halbieren, müssen wir $\sqrt{n}$ betrachten, denn $\sqrt{n} \times \sqrt{n} = n$.

An diesem Punkt beginnt Fermat seine Suche nach Faktoren. Nun ist $\sqrt{n}$ nur sehr selten eine ganze Zahl, wir nehmen also die kleinste Zahl, die größer oder gleich $\sqrt{n}$ ist. Wenn wir zum Beispiel einen Teiler der Zahl $n = 187$ suchen, so ist $\sqrt{n} = \sqrt{187} \approx 13{,}67$, wir nehmen also $m = 14$.

Jetzt betrachten wir die Folge der Zahlen $m^2 - n$, $(m+1)^2 - n$, $(m+2)^2 - n$ und so weiter. Nehmen wir an, eine dieser Zahlen sei eine Quadratzahl, und wir fänden eine Zahl b, so daß $b^2 - n = a^2$ ist.

Diesen Ausdruck kann man umformen zu $n = b^2 - a^2$, worin man eine der binomischen Formeln erkennt. In der Tat besitzt sie die Faktorisierung

$$n = b^2 - a^2 = (b + a)(b - a)$$

und gibt uns somit ein algebraisches Rezept an die Hand, die Zahl n in die beiden Faktoren $b + a$ und $b - a$ zu zerlegen.

Als kleine Übung wollen wir versuchen, 187 mit Hilfe des Fermatschen Schemas zu faktorisieren. Wir fangen mit $m = 14$ an und betrachten $14^2 - 187 = 196 - 187 = 9 = 3^2$. Schon beim ersten Versuch erhalten wir eine Quadratzahl. Mit $b = 14$ und $a = 3$ folgt für unsere Methode:

$$187 = 14^2 - 9 = 14^2 - 3^2 = (14 + 3)(14 - 3) = 11 \times 17,$$

und 187 ist faktorisiert.

Nach dieser Aufwärmübung gehen wir an $n = 53\,461$ heran. Da $\sqrt{n} = \sqrt{53\,461} \approx 231{,}216$ ist, beginnen wir mit $m = 232$ und machen uns auf die Suche nach der erhofften Quadratzahl:

$$232^2 - 53\,461 \;=\; 363, \text{ keine Quadratzahl,}$$
$$233^2 - 53\,461 \;=\; 828, \text{ keine Quadratzahl,}$$
$$234^2 - 53\,461 \;=\; 1295, \text{ knapp vorbei: } 1296 = 36^2,$$
$$235^2 - 53\,461 \;=\; 1764 = 42^2, \text{ das war's!}$$

Also ist $53\,461 = 235^2 - 42^2 = (235+42)(235-42) = 193 \times 277$, und unsere Zahl ist mit Fermats Hilfe in zwei Primzahlen faktorisiert. Die Prozedur war alles in allem recht schmerzlos (sprich: unkompliziert!), besonders, wenn man sie mit den üblichen naiven Suchmethoden vergleicht. Manchmal hilft ein wenig Genialität eben ein großes Stück weiter.

Wir beschließen das Kapitel mit jener zahlentheoretischen Behauptung Fermats, die sich, aus welchen Gründen auch immer, als die berühmteste aus seiner Feder stammende Äußerung herauskristallisiert hat. So bekannt wurde sie trotz – oder vielleicht gerade wegen – ihres hohen Schwierigkeitsgrades. Der informierte Leser wird sofort wissen, was wir meinen: die sogenannte „Fermatsche Vermutung", die in der angelsächsischen Literatur übrigens „Fermats letzter Satz" genannt wird.

Charakteristischerweise beginnt die Geschichte wieder einmal bei einem griechischen Text, der *Arithmetica* des Diophant, wo Fermat bei einem Problem, ebenfalls die Summe von zwei Quadraten betreffend, ins Grübeln geraten war. Solch eine Summe kann in gewissen Fällen selbst ein Quadrat sein. Als Beispiele hierfür fallen einem $3^2 + 4^2 = 5^2$ oder $420^2 + 851^2 = 949^2$ ein, das erste Beispiel zugegebenermaßen etwas eher als das zweite. Kann aber auch, so sinnierte Fermat, die Summe zweier Kubikzahlen selbst wieder eine Kubikzahl sein?

An dieser Stelle schrieb er nun an den Rand seines Exemplars der *Arithmetica*: „Einen Kubus in zwei andere Kuben oder eine vierte Potenz oder allgemein irgendeine Potenz in zwei Potenzen derselben Ordnung zu zerlegen, ist unmöglich."[8] In Symbolen ausgedrückt behauptete Fermat, daß es keine natürlichen Zahlen x, y und z gibt, für die gilt: $x^3 + y^3 = z^3$ oder $x^4 + y^4 = z^4$ oder $x^5 + y^5 = z^5$ und so weiter. Seine Behauptung war, daß für $n \geq 3$ die Gleichung $x^n + y^n = z^n$ keine ganzzahligen Lösungen x, y und z besitzt.

Und als ob er Generationen von Wissenschaftlern zur Verzweiflung treiben wollte, fügte Fermat einen Satz hinzu, der zur wahrscheinlich bekanntesten Aussage der gesamten Mathematik geworden ist: „Ich habe hierfür einen gar wunderbaren Beweis gefunden, aber dieser Rand ist zu schmal, um ihn zu fassen."[9]

Voilà – doch für die Nachwelt blieb es also bei der Vermutung oder für Angelsachsen beim „letzten Satz", was allerdings doppelt mißverständlich ist. Es ist nicht sein „letzter" Satz, weil es die letzte Behauptung in seiner Laufbahn gewesen wäre, sondern weil er als letzter übriggeblieben war, nachdem alle seine anderen Andeutungen enträtselt und bewiesen worden waren. Und ein „Satz" ist es schon gar nicht, denn Fermat hat eben keinen Beweis gegeben.

Man bemerkt sofort, daß es vollkommen ausreichen würde, für einen einzigen Exponenten $n \geq 3$ drei Zahlen x, y, z zu finden, für die $x^n + y^n = z^n$ ist, um die Fermatsche Vermutung zu widerlegen. Natürlich hat nie jemand solche Zahlen gefunden.

Um andererseits die Vermutung zu beweisen, ist es nötig, die Gültigkeit der Behauptung mit der durchgeführten Argumentation für *alle* Exponenten n zu zeigen. Dies hat, gelinde gesagt, Probleme verursacht. Relativ schnell wurden einige Sonderfälle abgehandelt. Fermat selbst kann für sich in Anspruch nehmen, die Nichtexistenz von positiven Zahlen, die die Relation $x^4 + y^4 = z^4$ erfüllen, bewiesen zu haben. Im Verlauf des achtzehnten Jahrhunderts gab Euler einen inhaltlich richtigen Beweis, daß auch der Fall $x^3 + y^3 = z^3$ nicht möglich ist. Dabei bemerkte er, daß sich die Argumentationsweise im kubischen Fall so sehr von der im Fall vierter Potenzen unterschied, daß daraus kein Hinweis darauf abzulesen war, wie man den Beweis des allgemeinen Falles angehen könnte.

Die Jahrzehnte gingen ins Land, und weitere Mathematiker bissen sich an der Frage fest. Sophie Germain (1776–1831) sorgte mit ihren wertvollen Beiträgen, die für eine Beschreibung an dieser Stelle viel zu kompliziert sind, dafür, daß die nachfolgenden Bemühungen in bestimmte Richtungen kanalisiert wurden. 1825 zeigten der jugendliche P. G. Lejeune Dirichlet (1805–1859) und der großväterliche A. M. Legendre, daß die Summe zweier fünfter Potenzen nie eine fünfte Potenz ist. Dirichlet eliminierte 1832 den Fall $x^{14} + y^{14} = z^{14}$ und ein paar Jahre später Gabriel Lamé (1795–1870) den Fall $x^7 + y^7 = z^7$. Im Jahre 1847 entwickelte Ernst Kummer (1810–1893) eine wirkungsvolle Strategie, die Fermatsche Vermutung gleich für eine größere Klasse von Exponenten zu beweisen. Dies schließt natürlich die Möglichkeit nicht aus, daß sie für eine andere, größere Klasse von Exponenten doch *falsch* sein könnte.[10] Es ging eben nur langsam voran.

Das Interesse an diesem Problem schlief auch im zwanzigsten Jahrhundert nicht ein, wozu vielleicht auch ein 1909 für eine richtige Lösung gestifteter Preis im Wert von 100 000 deutschen Mark beitrug. Die Aussicht auf finanziellen Gewinn brachte eine ganze Reihe von habgierigen Möchtegern-Mathematikern hervor. Eine unübersehbare Flut von fehlerhaften Beweisen ergoß sich über die wissenschaftliche Welt. In einem Nachwort zu E. T. Bells *The Last Problem*, das in einer neuen, von Underwood Dudley überarbeiteten und aktualisierten Ausgabe vorliegt, findet sich eine amüsante Anekdote über einen Mathematiker, der auf die hereinbrechende Welle unsinniger Beweisversuche mit einem Formblatt reagierte:[11]

> Sehr geehrter Herr oder Dame:
> Ihr Beweis der Fermatschen Vermutung ist eingegangen. Der erste Fehler ist auf
> Seite ______, Zeile ______.

So rational können Mathematiker sein...

Aufgrund der astronomischen Inflationsraten in Deutschland nach dem Ersten Weltkrieg schmolz der Preis jedoch bald zu einem kläglichen Nichts zusammen, und schließlich gab es sicher leichtere Wege, an 100 000 Mark zu kommen.

Glücklicherweise sind Mathematiker nicht immer nur finanziell motiviert. Ein edleres Motiv jedenfalls hatte Gerd Faltings (geboren 1954). Er bewies 1983, daß für jedes $n \geq 3$ die Fermatsche Gleichung $x^n + y^n = z^n$ höchstens endlich viele verschiedene Lösungen haben kann, wobei man Lösungen, die nur Vielfache anderer Lösungen sind, natürlich nicht zählt. Auf den ersten Blick sieht dieses Ergebnis nicht besonders hilfreich aus. Es schließt nämlich nicht aus, daß die Gleichung für irgendeinen Exponenten 100 000 Lösungen haben kann, und das ist meilenweit entfernt von Fermats Behauptung, es gebe *überhaupt keine*. Dennoch hat Faltings damit einen Deckel auf das Faß der möglichen Lösungsmenge im allgemeinen Fall gesetzt. Für seinen Beweis erhielt er 1986 auf dem Internationalen Mathematikerkongreß in Berkeley, Kalifornien, die Fieldsmedaille, was in der Mathematik der Verleihung des Nobelpreises gleichkommt.

Ein vielversprechender neuer Beweis der Fermatschen Vermutung ist dem Briten Andrew Wiles gelungen. Die Wellen der Aufregung schlugen hoch, in der internationalen Presse landete die Geschichte auf den Titelseiten. Sogar *Time* hat ihr eine ganze Seite gewidmet, und da sind Geschichten über Mathematik so selten wie Reklame für *Newsweek*.[12] Inzwischen ist Wiles' Beweis nach längerer kritischer Überprüfung von der Fachwelt anerkannt und zu einem extraordinären Triumph für seinen Autor geworden, dessen Name im goldenen Buch der Mathematikgeschichte ganz groß geschrieben werden wird. Dieser Beweis, dessen Lücke der ersten Fassung nach Expertenmeinung inzwischen geschlossen ist, ist in zwei Arbeiten in den Annals of Mathematics publiziert (A. Wiles: Modular Elliptic Curves and Fermats Last Theorem, Ann. Math. 141:3 (1995) 443-551. R. Taylor, A. Wiles: Ring-theoretic Properties of Certain Hecke Algebras, Ann. Math. 141:3 (1995) 553-572). Wie man an den Seitenzahlen unschwer erkennen kann, wäre der Rand hier zu schmal, ihn zu fassen. Bleibt er zwei Jahre unangefochten, gilt der Beweis nach den Statuten als erbracht, und der Preis wird vergeben. Diesem Termin fiebern wohl auch die turnusmäßig abgestellten Assistenten des Mathematischen Instituts entgegen, die die Laienpost zu bearbeiten haben.

Übrigens ist es durch eine geschickte Anlagepolitik der Göttinger Akademie der Wissenschaften gelungen, einen Teil des ehemaligen Preisgeldes über Inflation und Währungsreform zu retten, so daß es heute wieder ein Volumen von etwa 70 000 DM hat. Nach dem Stand der Dinge wird es wohl auch in DM und nicht in einer anderen Reformwährung ausgezahlt werden.

Nun, da aus seiner Vermutung wohl ein Beweis geworden ist, können wir unseren anspruchslosen Juristen Pierre de Fermat der Geschichte übergeben. Doch bei den Mathematikern wird er auch weiterhin verehrt werden. In einem Brief an einen Freund gab der alternde Fermat 1659 der folgenden Hoffnung Ausdruck: „Vielleicht wird mir die Nachwelt einmal dankbar sein, daß ich gezeigt habe, daß die Klassiker auch nicht alles wußten."[13]

Ohne einen Moment des Zögerns kann man dies bejahen: Sie war dankbar.

Griechische Geometrie

Die Geometrie, der wir bereits in Kapitel C begegnet sind, war einst der Eckpfeiler der Mathematik. Auf dieses klassische Gebiet mit all seiner Schönheit wollen wir in diesem und den beiden folgenden Kapiteln einen genaueren Blick werfen. Und was könnte sich besser als Ausgangspunkt eignen als die Beschäftigung mit den Mathematikern des antiken Griechenlands, die die Geometrie so perfekt beherrschten?

Die griechische Geometrie gilt als einer der größten Triumphe des menschlichen Intellekts, und das hat sowohl mathematische als auch historische, praktische wie ästhetische Gründe. Das goldene Zeitalter der Geometrie beginnt etwa 600 v. Chr. mit Thales von Milet und reicht über Eratosthenes und Apollonius bis zum unerreichten Archimedes von Syrakus ins zweite Jahrhundert v. Chr. Danach folgte noch eine Art „silbernes Zeitalter" bis zur Zeit des Pappus um 300 n. Chr. Diese Pioniere entwickelten, zusammen mit vielen anderen, aus der praktischen Methode der Landvermessung (*geo*, die Erde, und *metria*, das Maß) die Geometrie, ein umfangreiches Werk von abstrakten Sätzen und Konstruktionen, die durch die unbeugsamen Regeln der Logik verbunden sind. Die griechische Geometrie kann durchaus in eine Reihe mit anderen großen intellektuellen und künstlerischen Bewegungen der westlichen Zivilisation gestellt werden – indirekt ergeben sich sogar Gemeinsamkeiten mit dem elisabethanischen Drama oder dem französischen Impressionismus. Ganz wie die Impressionisten verband die griechischen Geometer eine allgemeine Philosophie und stilistische Ästhetik. Wenngleich unter den griechischen Geometern eine ähnliche Vielfalt herrschte wie unter den französischen Malern, erkennt man doch sofort die tiefverankerten, einheitlichen Merkmale eines griechischen Theorems, genauso wie die eines impressionistischen Gemäldes.

Was aber sind diese Merkmale? Der Historiker Ivor Thomas filtert in seinem umfassenden Buch *Greek Mathematical Works* drei Charakteristika heraus: 1. die eindrucksvolle logische Strenge, mit der die Griechen ihre Sätze bewiesen, 2. die rein geometrische – im Gegensatz etwa zu einer numerischen –

Betrachtungsweise in ihrer Mathematik und 3. ihre geschickte Organisation bei der Darstellung und Ableitung mathematischer Propositionen.[1]

Diesen Merkmalen wollen wir zwei weitere hinzufügen. Zum einen ist da ihre Betrachtung der Geometrie als eine unübertroffene Übung des Geistes, als etwas Ideales, Immaterielles und Ewiges zugleich. Im *Staat* bemerkt Plato:

> *Obwohl Geometer bei ihren Untersuchungen zur Unterstützung reale Figuren zeichnen, denken sie nicht an diese Figuren, sondern an die Dinge, die diese Figuren repräsentieren. So ist das ‚Quadrat an sich‘ oder ‚der Durchmesser an sich‘ der Gegenstand ihrer Argumente, und nicht, was sie gerade zeichnen. Gleichermaßen benutzen sie die Abbilder, die die Objekte, die sie modellieren oder zeichnen, als Schatten oder Spiegelbild im Wasser haben, wiederum als Bilder, im Bestreben, jene absoluten Objekte zu sehen, die einzig der Geist sehen kann.*[2]

Eine solche Sichtweise paßt natürlich perfekt zur Platonischen Idee von einer idealen Existenz jenseits der menschlichen Erfahrung, und sicher waren geometrische Denkweisen bedeutend bei der Entwicklung seiner Philosophie. Die griechischen Denker, auf ihrer Suche nach dem Vollkommenen, Logischen und ultimativ Rationalen, konnten die Geometrie als die Verkörperung dieses Ideals ansehen.

Philosophisch weniger weltbewegend, mathematisch aber von zentraler Bedeutung war der Einsatz von Zirkel und Lineal bei den geometrischen Konstruktionen der Griechen. Einerseits waren dies die gebräuchlichen praktischen Hilfsmittel zur Anfertigung der realen Figuren, die Plato beschreibt. Andererseits symbolisierten diese Werkzeuge in einem abstrakteren Sinne die Gerade und den Kreis als Schlüssel zu geometrischer Existenz. Aus der gleichmäßigen Präzision der idealen geraden Linie und der perfekten Symmetrie des idealen Kreises schufen die Griechen ihre geometrischen Gebilde und weiter ihre geometrischen Sätze. Wenn wir heute die Mathematik auch weit über die durch Gerade und Kreis gesteckten Grenzen hinaus erweitert haben, so spielten diese für die griechische Mathematik durchaus eine überragende Rolle.

Geometrische Fragestellungen wurden schon vor der griechischen Blütezeit untersucht. Die Menschen in Mesopotamien und Ägypten beispielsweise benutzten geometrische Verfahren, um Felder einzuteilen und Pyramiden zu bauen. Wir werden darauf in Kapitel O zurückkommen. Es blieb jedoch den Griechen vorbehalten, die ersten Sätze und Propositionen der Geometrie aufzustellen und mit logischer Strenge zu beweisen.

Der Überlieferung zufolge war Thales der erste griechische Mathematiker, nebenbei bemerkt auch der erste Astronom und Philosoph. Er wuchs an der östlichen Küste der Ägäis auf, wo er den Walen beim Schwimmen zusehen konnte. Nach den später entstandenen Kommentaren des Proclus „war Thales der erste, der nach Ägypten ging und geometrische Lehren nach Griechenland brachte. Er entdeckte viele Propositionen und legte die grundlegenden Prinzipien vieler weiterer Sachverhalte für seine Nachfolger frei."[3]

Der Legende nach bewies Thales als erster, daß die beiden Basiswinkel eines gleichschenkligen Dreiecks kongruent sind und daß der Winkel eines Dreiecks über einem Kreisdurchmesser immer ein rechter ist, was noch heute als der „Satz des Thales" bezeichnet wird. Leider ist die Legende auch das einzige, auf das wir zurückgreifen können, denn Thales' ursprüngliche Beweise sind schon lange verschwunden. In der Antike genoß er hohes Ansehen und wurde als einer der sieben Weisen gezählt. Keinerlei Wahrheitsgehalt kommt jedoch dem Gerücht zu, die anderen sechs seien Anton, Berti, Conny, Det, Edi und Fritzchen gewesen.

Mit Thales nahm die „griechische Geometrie" ihren Anfang. Es würde zahllose Kapitel, wenn nicht Bände füllen, ihre weitere Entwicklung, Erfolge und Fehlschläge zu schildern. Deshalb wollen wir uns hier auf zwei spezielle Aspekte der Geometrie beschränken und beschreiben, wie Euklid geometrische Fragestellungen mit einem nicht arretierbaren Zirkel bearbeitete und wie die epikuräischen Philosophen dazu kamen, ihn für nicht schlauer als einen Esel zu halten. Zwar mag diese Auswahl auf den ersten Blick ein wenig verquer erscheinen, aber sie gibt ein genaues Bild der mathematischen Temperamente jener Zeiten.

Wir beginnen also mit Euklid aus Alexandria, der um das Jahr 300 v. Chr. lebte. Obwohl er eine ganze Reihe von mathematischen Abhandlungen verfaßt hat, ist er vor allem durch seine *Elemente* bekannt, in denen er einen Großteil der bis dahin bekannten griechischen Mathematik systematisch entwickelt hat. Das Werk ist in dreizehn Bücher unterteilt und enthält 465 Propositionen zur ebenen und räumlichen Geometrie und zur Zahlentheorie. Es kann wohl als das großartigste mathematische Lehrbuch aller Zeiten gelten und wird seit seinem Erscheinen im alten Griechenland bis heute verehrt, intensiv studiert und immer wieder neu herausgegeben.

Die eigentliche Bedeutung der *Elemente* liegt in der logisch voranschreitenden Entwicklung von einfachen grundlegenden Voraussetzungen zu hochkomplexen Schlußfolgerungen. Euklid beginnt das erste Buch mit einer Liste von dreiundzwanzig Definitionen, die den Leser mit den exakten Erklärungen seiner Begriffe bekanntmachen. So führt er den Begriff *Punkt* ein als „das, was keine Teile hat" – womit wir eine seiner weniger aufschlußreichen Definitionen erwischt haben. Ein *gleichseitiges Dreieck* ist ein „Dreieck, das drei gleich lange Seiten hat", und ein *gleichschenkliges Dreieck* ist ein „Dreieck, bei dem zwei Seiten gleich lang sind".

Nachdem er seine Begriffe definiert hat, gibt Euklid fünf Postulate an, die als Grundlage seiner Geometrie dienen und aus denen sich alles andere entwickelt. Sie werden ohne Beweis oder eine andere Rechtfertigung aufgeführt; sie müssen so akzeptiert werden, wie sie sind. Glücklicherweise steht dem aber nichts im Wege, denn diese Postulate erschienen den Zeitgenossen Euklids und erscheinen den meisten von uns heute harmlos und eigentlich selbstverständlich. Für unsere Zwecke genügt es, die ersten drei Postulate zu kennen:

1. [Es ist möglich,] von jedem beliebigen Punkt zu jedem beliebigen Punkt eine Gerade zu ziehen.

2. [Es ist möglich,] eine endliche Strecke stetig zu einer Geraden zu erweitern.

3. [Es ist möglich,] einen Kreis mit beliebigem Mittelpunkt und Radius zu zeichnen.

Diese Axiome scheinen völlig selbstverständlich zu sein. Die ersten beiden erlauben die Benutzung eines unmarkierten Lineals bei geometrischen Konstruktionen, denn nach dem ersten Postulat dürfen wir zwei Punkte durch eine gerade Linie verbinden, und nach dem zweiten dürfen wir ein bereits vorhandenes Geradenstück verlängern. Das aber beschreibt genau den Zweck eines Lineals. Das dritte Postulat erklärt, was wir mit einem Zirkel anfangen dürfen, nämlich einen Kreis um einen gegebenen Mittelpunkt mit einem Radius vorgegebener Länge schlagen. In dieser Hinsicht stellen die drei ersten Postulate die Operationen, die man mit diesen beiden geometrischen Werkzeugen ausführen kann, auf eine logische Grundlage.

Nun denkt vielleicht der eine oder andere Leser an den Geometrieunterricht zurück und erinnert sich an eine weitere Operation, die mit dem Zirkel ausgeführt werden kann, nämlich eine bestimmte Länge von einem Ort der Ebene zu einem anderen zu übertragen. Das geht schließlich ganz einfach. Man steckt die betreffende Strecke mit dem Zirkel ab, arretiert den Zirkel, entfernt ihn von der abgesteckten Strecke und bringt ihn zu der gewünschten Position, wo man ihn absetzt und die arretierte Länge abträgt. Diese Operation läßt sich nicht nur einfach bewerkstelligen, sie ist auch bei vielen geometrischen Konstruktionen ungeheuer nützlich.

Euklid aber hat kein Postulat formuliert, das eine derartige Übertragung fester Längen erlauben würde. Wo man eine axiomatische Regelung dieser Prozedur erwarten würde, findet man bei Euklid nichts. Obwohl sein Zirkel sehr wohl in der Lage ist, Kreise zu zeichnen, hat Euklid es nicht zugelassen, den Zirkel zu arretieren und herumzutragen. Er trägt daher den Spitznamen „Klappzirkel" – ein Gerät, dessen Schenkel in dem Moment, in dem man sie vom Papier entfernt, zusammenklappen.

Damit stellt sich eine ernste logische Frage: Hat der hochgeschätzte griechische Geometer etwa vergessen, ein solches Postulat der „Längenübertragung" in sein logisches Gebäude einzubeziehen? Hat Euklid gepfuscht?

Natürlich nicht. Wir werden gleich sehen, daß Euklid Gründe hatte, ein solches Axiom *nicht* einzuführen. Diese Gründe waren nicht nur logisch motiviert, sondern entsprachen in ihrer Natur der griechischen Ästhetik. Es handelt sich also um keine Unterlassung, vielmehr zeugt das fehlende Postulat von der Längenübertragung von Euklids geometrischem Scharfsinn und seiner strukturellen Einsicht.

Nachdem die Postulate aufgestellt sind, führt Euklid ein paar „allgemeine
Begriffe" ein: selbstverständliche Feststellungen weniger geometrischer als vielmehr allgemeiner Natur. So muß man beispielsweise ohne Beweis akzeptieren,

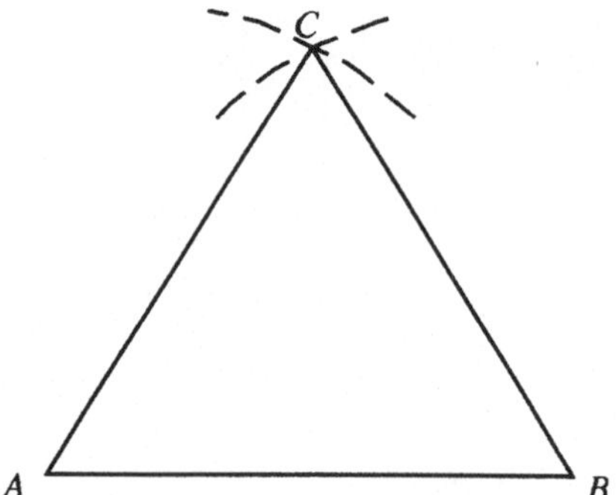

daß „Dinge, die demselben Ding gleich sind, auch untereinander gleich sind".
Ebenso ist klar, daß „bei Addition gleicher Größen zu gleichen Größen auch
die Resultate gleich sind". Auch die Erkenntnis, daß „das Ganze größer ist als
der Teil" gehört zu diesen Behauptungen, über die wohl nur wenige streiten
würden.[4]

Damit waren alle Vorbereitungen getroffen, sich mitten in das weite Feld
der Geometrie zu begeben. Wenn dieses aber mit Hilfe einer winzigen Kollektion von Definitionen, Postulaten und allgemeinen Begriffsbildungen bearbei-
tet werden soll, wo fängt man an? Genau diese Startschwierigkeiten können
den Mathematiker – oder jeden anderen Autor – veranlassen, sich festzufahren.
Eine chinesische Weisheit lehrt, daß auch eine Reise von tausend Kilometern
mit einem einzelnen Schritt beginnt, und so beginnt Euklids Reise durch die
Geometrie mit dem gleichseitigen Dreieck. Die allererste Proposition in den
Elementen beschreibt die Konstruktion einer solchen Figur über einem gegebenen Geradenstück.

Die Argumentationskette hierfür ist sehr einfach. Wir beginnen mit der
gegebenen Strecke AB in der Abbildung oben und konstruieren einen Kreis
mit dem Mittelpunkt A und dem Radius AB, wie es nach Postulat 3 erlaubt ist.
Als nächstes konstruieren wir nach demselben Postulat einen zweiten Kreis mit
dem Mittelpunkt B und dem gleichen Radius AB. C sei der Punkt, in dem sich
die beiden Kreisbögen schneiden (die Existenz eines solchen Schnittpunktes
muß natürlich begründet werden, vergleiche dazu die Anmerkungen)[5]. Nun
ziehen wir die Strecken AC und BC nach Postulat 1 und erhalten so das
Dreieck $\triangle ABC$. In diesem Dreieck haben AB und AC die gleiche Länge, da
sie Radien des ersten Kreises sind. AB und BC haben die gleiche Länge, da
sie Radien des zweiten Kreises sind. Da aber Größen, die einer dritten gleich
sind, auch untereinander gleich sind, sind alle drei Seiten untereinander gleich.
Nach Euklids Definition ist das konstruierte Dreieck gleichseitig, und damit
ist der Beweis vollständig.

Ganz wesentlich ist nun, sich klarzumachen, daß Euklid bei seiner Konstruktion den Zirkel in keinem Moment arretiert und von seinem Einstichpunkt

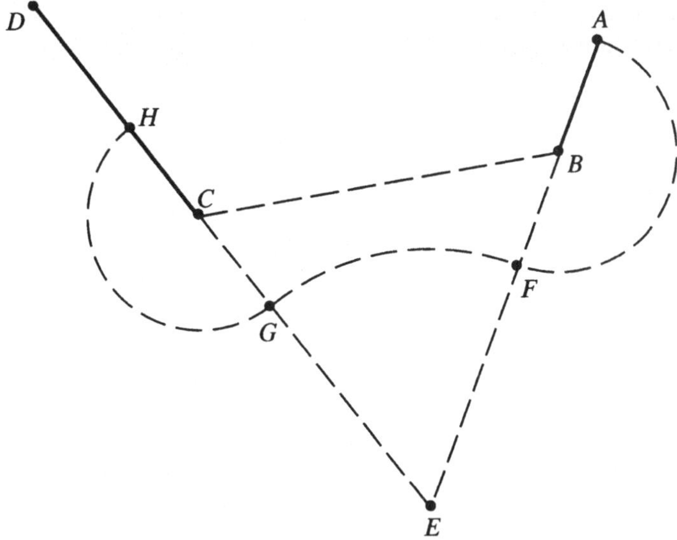

fortbewegt hat. Nach Zeichnung eines jeden der beiden Kreisbögen könnte der Zirkel in seine Einzelteile zerfallen, ohne daß der Beweis im geringsten beeinflußt würde.

In den nächsten beiden Propositionen des ersten Buchs der *Elemente* zeigt Euklid dann, wie man doch eine Länge übertragen kann, *selbst wenn man nur einen Klappzirkel zur Verfügung hat*. Das bedeutet also, daß der Längentransfer aus den aufgeführten Postulaten folgt, weswegen ein eigenes Postulat hierfür unnötiger Ballast gewesen wäre. Euklid hat dies ganz klar erkannt.

Die Beweise, die wir hier zu einer einzigen Argumentation zusammenfassen, waren sehr elegant. Nehmen wir an, wir hätten das Geradenstück AB aus der Abbildung oben und wollten dessen Länge auf dem Geradensegment CD, vom Punkt C ausgehend, abtragen. Dazu wenden wir zunächst Postulat 1 an und zeichnen mit dem Lineal das Geradenstück von B nach C ein. Über der Strecke BC errichten wir ein gleichseitiges Dreieck $\triangle BCE$. Diese Operation können wir nach der vorhin bewiesenen Proposition durchführen.

Jetzt dreht sich das Karussell der Kreise. Um den Punkt B schlagen wir einen Kreis mit dem Radius AB und bezeichnen den Punkt, in dem er die Strecke BE schneidet, mit F. Während wir den Zirkel vom Punkt B entfernen und bei E einstechen, klappen wir ihn zusammen. Um E schlagen wir nun einen Kreis mit dem Radius EF und erhalten G als Schnittpunkt mit der Strecke CE. Wieder wird der Zirkel zusammengeklappt. Um den Mittelpunkt C zeichnen wir schließlich einen dritten Kreis mit dem Radius CG, dessen Schnittpunkt mit dem Geradenstück CD mit H bezeichnet werde. Alle diese Konstruktionsschritte beruhen auf Euklids drittem Postulat, und keiner erfordert einen arretierten Zirkel.

Jetzt können wir anhand einer Kette von Gleichungen die Richtigkeit unserer Konstruktion nachweisen. Dabei bezeichnen wir die *Länge* der Strecke XY mit $\overline{XY}$:

$$
\begin{aligned}
\overline{AB} &= \overline{BF} && (\overline{AB} \text{ und } \overline{BF} \text{ sind Radien des gleichen Kreises}),\\
&= \overline{BE} - \overline{EF}\\
&= \overline{BE} - \overline{EG} && (\overline{EF} \text{ und } \overline{EG} \text{ sind Radien des gleichen Kreises}),\\
&= \overline{CE} - \overline{EG} && (\text{die drei Seiten von } \triangle BCE \text{ sind gleich lang}),\\
&= \overline{CG}\\
&= \overline{CH} && (\overline{CG} \text{ und } \overline{CH} \text{ sind Radien des gleichen Kreises}).
\end{aligned}
$$

Damit ist die Gleichung $\overline{AB} = \overline{CH}$ nachgewiesen und die gegebene Länge AB auf das Geradenstück CD, wie gewünscht, übertragen. Bei der Konstruktion wurde an keiner Stelle ein arretierter Zirkel umgesetzt.

Aus diesem Beweis kann man also die einigermaßen überraschende Schlußfolgerung ziehen, daß sich Konstruktionen, für die man auf den ersten Blick einen arretierten Zirkel benötigt, auch mit einem Klappzirkel durchführen lassen. Während Euklid im folgenden seine Geometrie entwickelt, kann er mit einem Klappzirkel genauso wie mit einem arretierbaren Zirkel Längen von einem Ort zu einem anderen übertragen. Die Rechtfertigung liefert das eben bewiesene Theorem. Die Methode, die er in diesem frühen Stadium so einfach bereitgestellt hat, kann er im weiteren an jeder Stelle frei benutzen.

Hier entringt sich dem einen oder anderen Leser vielleicht ein leichtes Gähnen, weil er denkt, dies sei viel Lärm um nichts. Schließlich kann man in jedem Schreibwarengeschäft billig einen Zirkel erstehen, der sich festschrauben läßt, und außerdem hätte es wohl kaum geschadet, wenn Euklid ein eigenes Postulat für die Längenübertragung vorgesehen hätte.

Die Verfechter dieser Position haben allerdings noch nicht so recht den Geist griechischer Geometrie erfaßt. Erstens hat die reale Existenz arretierbarer Zirkel keine Bedeutung für die Entwicklung idealer Konzepte. Zweitens gab es damals noch keine Schreibwarengeschäfte. Drittens aber, und das ist der wesentliche Punkt, würde Euklid niemals den Wunsch verspürt haben, ein *überflüssiges* Postulat in seine Liste aufzunehmen. Warum soll man eine Annahme treffen, die sich bereits aus anderen Annahmen ableiten läßt? Die Gesamtheit seiner Postulate verlöre mit einem Schlag ihre Reinheit, ihre Schlankheit und ihre Perfektion. Sie würde zwar kein mathematisches, aber ein ästhetisches Prinzip verletzen. Daß gerade ästhetische Überlegungen bei den griechischen Mathematikern eine zentrale Stellung einnahmen, ist überall erkennbar. Der obige Beweis nach Euklid vermittelt einen kleinen Eindruck davon, was Ivor Thomas mit den Worten beschrieb:

[Ein] Aspekt, der einen modernen Mathematiker auf alle Fälle beeindrucken wird, ist die Perfektion der Form im Werk der griechischen Geometer. Diese formale Perfektion, die eine andere Spielart desselben Geistes ist,

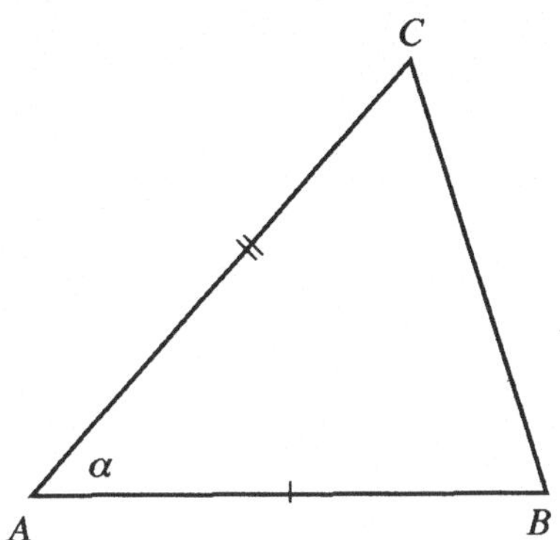
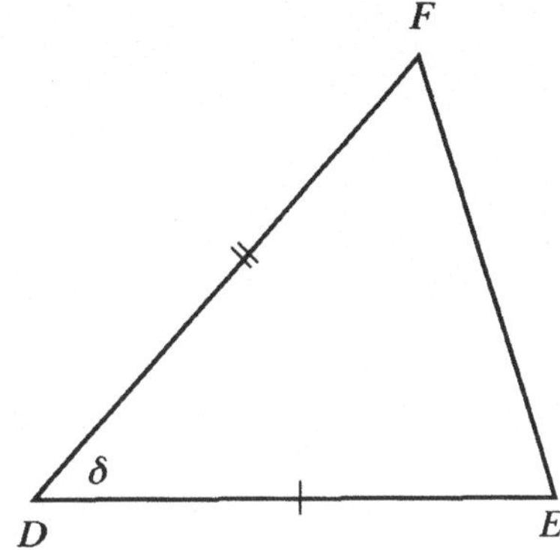

der uns das Parthenon und die Dramen des Sophokles bescherte, findet sich gleichermaßen in den Beweisen der einzelnen Propositionen wie in der gesamten Ordnung dieser verschiedenen Propositionen zu einzelnen Büchern. Ihren Höhepunkt erreicht sie vielleicht in den Elementen *des Euklid.*[6]

Wir dringen nun tiefer in das erste Buch vor und suchen nach weiteren Hinweisen für Euklids Genius. Nachdem er sich der mangelnden Arretierbarkeit seines Zirkels durch die Propositionen 2 und 3 entledigt hat, beweist Euklid als vierte Proposition die sogenannte Seiten-Winkel-Seiten-Kongruenz, auch kurz SWS-Kongruenz genannt. Wenn bei zwei Dreiecken $\triangle ABC$ und $\triangle DEF$, wie sie in der obigen Abbildung gezeigt sind, zwei Seitenlängen $\overline{AB} = \overline{DE}$ und $\overline{AC} = \overline{DF}$ und die eingeschlossenen Winkel $\alpha = \delta$ übereinstimmen, dann sind die beiden Dreiecke kongruent. Dies soll bedeuten, daß sie in Form und Größe exakt übereinstimmen. Mit anderen Worten: Wenn man $\triangle DEF$ ausschneidet und auf $\triangle ABC$ legt, so überdecken sich die beiden Dreiecke vollkommen, Seite für Seite, Winkel für Winkel, Punkt für Punkt.

Bei Euklid geriet die Kongruenz von Dreiecken zu *dem* Schlüsselbegriff beim Beweis geometrischer Propositionen. Später bewies er noch weitere Kongruenzen bei Übereinstimmungen nach den Mustern Seite-Seite-Seite (SSS) in Proposition 8, Winkel-Seite-Winkel (WSW) und Winkel-Winkel-Seite (WWS) in Proposition 26.

Gegenstand der Proposition 5 in Buch I ist der Beweis, daß die Basiswinkel eines gleichseitigen Dreiecks gleich sind. Dieser Satz war schon Thales zugeschrieben worden, aber der Beweis, der sich in den *Elementen* findet, geht wohl auf Euklid selbst zurück.[7] Wenn wir ihn hier auch nicht im Detail wiedergeben, so wollen wir doch auf die Zeichnung (wiedergegeben auf Seite 106) hinweisen, die ihn im Original illustriert. Die abgebildete Konfiguration erinnert an eine Brücke, jedenfalls wenn man genügend Phantasie hat, und kann verständlich machen, warum Proposition 5 den Beinamen *pons asinorum*, also Eselsbrücke, erhalten hat. Der Legende nach geht dieser Beweis über den Verstand der

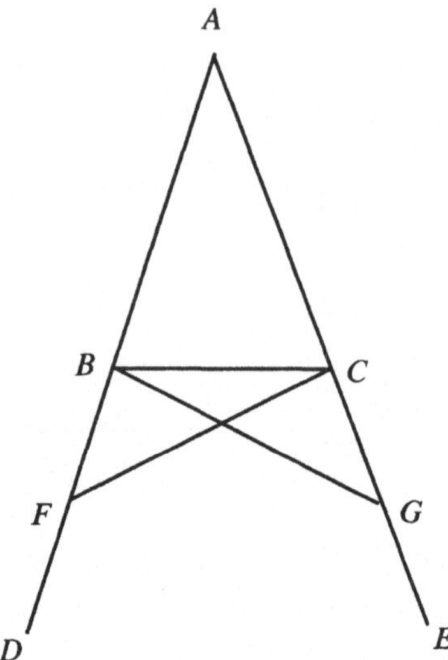

Minderbemittelten – der Esel –, die daher diese logische Brücke ins gelobte Land der *Elemente* nicht überqueren können.

Die schwächeren Studenten bezeichnet man oft als Esel, doch dieses Schicksal teilte selbst Euklid in der Meinung der Epikuräer. Schuld daran ist sein Beweis der Propostion 20. Um das zu verstehen, müssen wir noch einige vorhergehende Theoreme seines ersten Buches näher betrachten.

Nachdem er die Eselsbrücke überschritten hat, zeigt Euklid, wie man mit Zirkel und Lineal Winkel halbiert und Lote konstruiert. Schon bald danach kommt er zu einer kritischen Stelle in Buch I, dem sogenannten Außenwinkelsatz in Form der Proposition 16. Danach ist ein beliebiger Außenwinkel bei einem Dreieck immer größer als jeder einzelne der beiden gegenüberliegenden Innenwinkel. Dies ist zum besseren Verständnis noch einmal in der Abbildung auf Seite 107 oben an dem Dreieck $\triangle ABC$ illustriert. Setzt man beispielsweise die Seite BC rechts geradlinig nach D fort, so ist der entstehende Winkel $\angle ACD$ größer als α und größer als β.

Der Außenwinkelsatz stellt die erste geometrische Ungleichung in den *Elementen* dar. Während Euklid zuvor immer gezeigt hatte, daß gewisse Seiten oder Winkel gleich waren, wie zum Beispiel in der *pons asinorum*, so zeigt er hier, daß gewisse Winkel ungleich sind. Und dieses Theorem spielt in der weiteren Entwicklung von Buch I eine bedeutende Rolle.

Damit kämen wir zu noch einer Ungleichung, der Proposition 19, die in der Abbildung auf Seite 107 unten illustriert ist. Euklid formulierte sie etwa so: „In jedem Dreieck liegt der größere Winkel der größeren Seite gegenüber." In moderner Schreibweise liest sich das dann so:

Proposition 19: Wenn in $\triangle ABC$ gilt: $\beta > \alpha$, so ist $\overline{AC} > \overline{BC}$ (d.h. $b > a$).

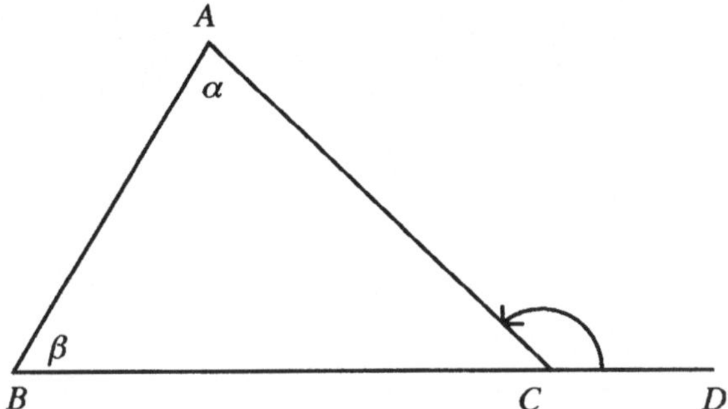

Beweis: Wir nehmen an, daß $\beta > \alpha$ ist. Es ist nun unsere Aufgabe zu zeigen, daß die dem Winkel $\angle ABC = \beta$ gegenüberliegende Seite AC länger ist als die dem Winkel $\angle BAC = \alpha$ gegenüberliegende Seite BC.

Euklid untersucht hierbei die drei möglichen Fälle $b = a, b < a$ und $b > a$ getrennt. Dabei verfolgt er die Strategie zu zeigen, daß die ersten beiden Fälle gar nicht auftreten können, woraus man schließen muß, daß nur der dritte Fall eintreten kann, wie es das Theorem fordert. Diese Beweistechnik läßt sich als zweifache *reductio ad absurdum* bezeichnen und ist eine Variante des Beweises durch Widerspruch. Diese Art leistungsstarker, logischer Gedankenführung wurde nirgendwo geschickter angewandt als in der griechischen Mathematik. Bei Euklid geschieht dies im weiteren folgendermaßen:

Fall 1: Annahme $b = a$.

Im Dreieck in der Abbildung unten gilt dann $\overline{BC} = a = b = \overline{AC}$. Damit ist $\triangle ABC$ gleichschenklig, und nach der *pons asinorum* müssen daher die Basiswinkel gleich sein. Also ist $\angle BAC = \angle ABC$, beziehungsweise $\alpha = \beta$. Dies widerspricht aber der ursprünglichen Annahme $\beta > \alpha$, und daher kann Fall 1 nicht auftreten.

Fall 2: Annahme $b < a$.

Dies entspricht der Situation, wie sie in der Abbildung auf Seite 108 dargestellt ist. Nach unserer Annahme ist AC kürzer als BC. Wenn wir daher

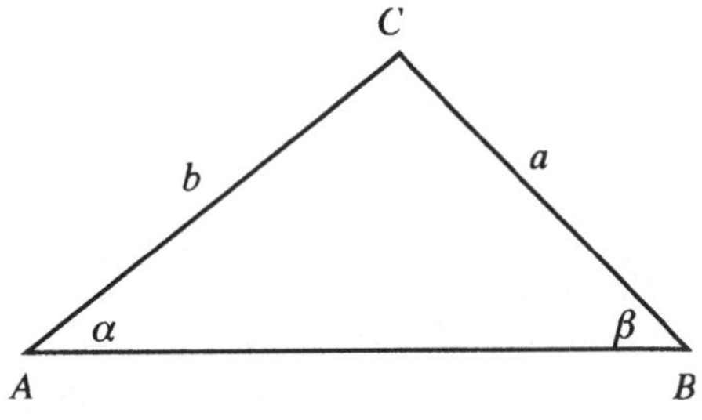

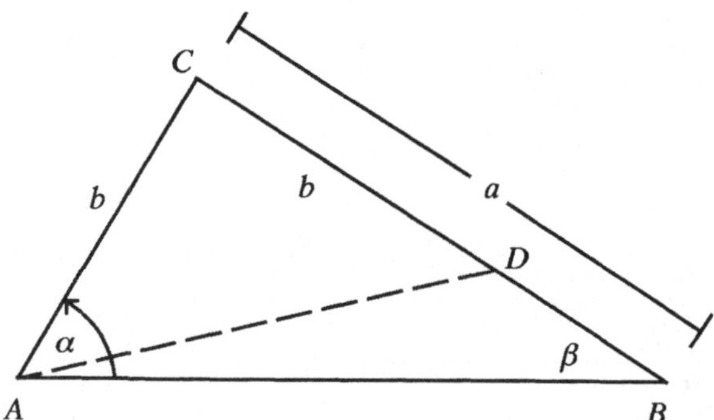

die Strecke CD der Länge b abtragen, so liegt der Punkt D innerhalb der längeren Strecke BC. Nun zeichnen wir die Strecke AD ein und erhalten das Dreieck $\triangle ABD$. Dieses Dreieck hat zwei Seiten der Länge b und ist daher gleichschenklig mit kongruenten Basiswinkeln $\angle DAC = \angle ADC$. Wendet man nun den Außenwinkelsatz auf das schmale Dreieck $\triangle ABD$ an, so folgt:

$$
\begin{aligned}
\beta &= \text{Innen}\angle ABD \\
&< \text{Außen}\angle ADC && \text{(nach dem Außenwinkelsatz),} \\
&= \angle DAC && \text{(da } \triangle DAC \text{ gleichschenklig ist),} \\
&< \angle BAC && \text{(da das Ganze größer ist als sein Teil),} \\
&= \alpha.
\end{aligned}
$$

Mit anderen Worten: $\beta < \alpha$, was im Widerspruch steht zur ursprünglichen Voraussetzung des Satzes, nämlich $\beta > \alpha$. Fall 2 scheidet also wegen dieses Widerspruches ebenfalls aus. Es bleibt nur noch

Fall 3: Annahme $b > a$.

Da dies die letzte verbleibende Möglichkeit ist, muß sie notgedrungen wahr sein, und die Proposition ist bewiesen.

Damit sind wir nun endlich bei der Proposition angelangt, die den epikuräischen Philosophen so viel Pein bereitet hat. Beim ersten Hinsehen scheint sie recht harmlos zu sein:

Proposition 20: In jedem Dreieck sind die Längen je zweier Seiten zusammengenommen größer als die der verbleibenden Seite.

Woran entzündete sich die Kontroverse? Was gab Anlaß zum Spott? Wir zitieren Proclus mit seinem Kommentar:

Die Epikuräer machten sich gewöhnlich lustig über dieses Theorem, denn es war ihrer Meinung nach selbst für einen Esel offenkundig und bedurfte keinerlei Beweises. Für die offensichtlichen Wahrheiten einen Beweis zu

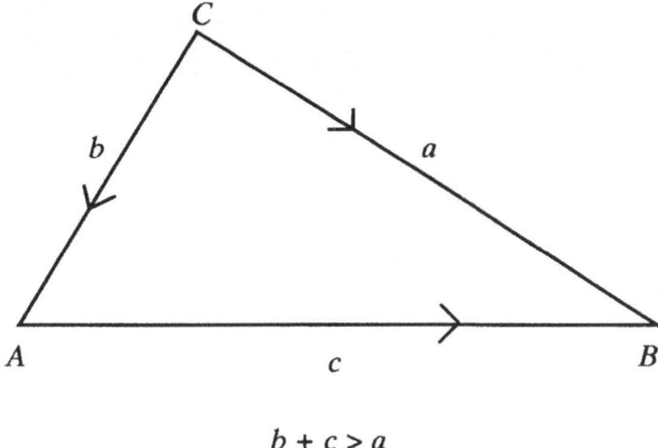

$$b + c > a$$

*fordern ist, wie sie sagen, ebenso ein Nachweis für die Ignoranz eines Men-
schen, wie das Merkwürdige ohne Frage zu glauben. [...] Daß das angegebene Theorem selbst einem Esel bekannt ist, leiten sie aus der Beobachtung
ab, daß ein Esel auf der Suche nach Futter, das an einem Eckpunkt des
Dreiecks ausgelegt ist, auf der direkten Seite dorthingeht und nicht entlang
der anderen beiden.*[8]

Kurz gesagt, auch das dümmste Tier weiß, daß es den geraden Weg von C
nach B in der obigen Abbildung gehen sollte und nicht den längeren Umweg
über den Punkt A. Warum also, so fragten die Epikuräer, scherte sich Euklid darum, etwas so eklatant Offensichtliches zu beweisen? Proclus weiß die
Antwort:

*Man muß hier entgegnen, daß das Theorem, auch wenn es der sinnlichen
Wahrnehmung evident ist, wissenschaftlich betrachtet keineswegs so klar
ist. Dies findet man bei vielen Dingen, zum Beispiel bei der Beobachtung,
daß Feuer wärmt. Dies ist von der Wahrnehmung her klar, aber es ist
Aufgabe der Wissenschaft, herauszufinden, wie es wärmt.*[9]

Im Geiste Euklids müssen wir mit den uns zur Verfügung stehenden logischen Mitteln das beweisen, was der Esel instinktiv weiß. Sogar die anscheinend offensichtliche Proposition schreit nach einem Beweis, und den erbringt
Euklid nur zu gerne. Aufbauend auf seine vorherigen Resultate schließt er wie
folgt:

Proposition 20: Im $\triangle ABC$ ist $\overline{AC} + \overline{AB} > \overline{BC}$ (das heißt $b + c > a$).

Beweis: Man verlängert die Seite BA bis zum Punkt D, wie dies in der
Abbildung auf Seite 110 angedeutet ist, wobei $\overline{AD} = \overline{AC} = b$ sein soll. Dann
ist $\overline{BD} = b + c$. Dabei entsteht das Dreieck $\triangle DAC$, welches zwei Seiten der
Länge b hat und daher gleichschenklig ist. In dem großen Dreieck $\triangle BDC$ gilt
aber:

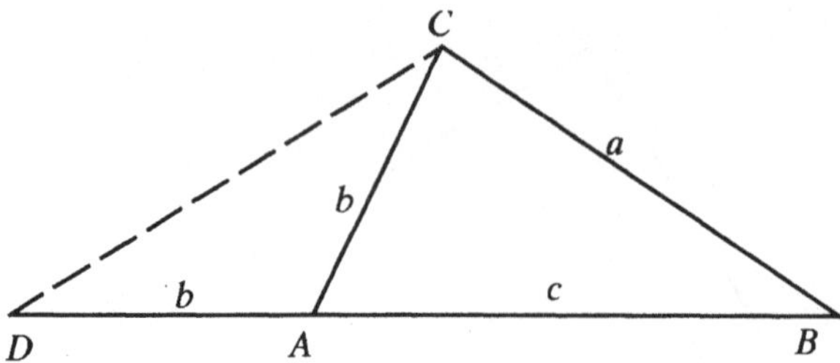

$$\angle BCD \;\;>\;\; \angle ACD \qquad \text{(da das Ganze größer ist als sein Teil),}$$
$$=\;\; \angle BDC \qquad \text{(als Basiswinkel des gleichschenkligen } \triangle DAC\text{).}$$

Also ist der Winkel $\angle BCD$ größer als $\angle BDC$. Euklid hatte aber vorher bewiesen, daß die größere Seite dem größeren Winkel gegenüberliegt, und so folgt $\overline{BD} > \overline{BC}$, was gleichbedeutend ist mit $b + c > a$, und das war zu zeigen.

Dieser kurze Beweis mit seiner ausgetüftelten Abfolge von Ungleichungen hat durchaus seine eigene Eleganz.

In Sir Arthur Conan Doyles *Das scharlachrote Band* beschreibt Dr. Watson die deduktiven Fähigkeiten von Sherlock Holmes mit den Worten: „Seine Schlußfolgerungen waren so unfehlbar wie die vielen Propositionen des Euklid."[10] Und Watson stand nicht allein mit seiner hohen Meinung von dem griechischen Geometer. Schon vor Jahrhunderten sagte der arabische Gelehrte al-Qifti über Euklid: „Ja sogar in der späteren Zeit gab es keinen, der nicht in seinen Fußstapfen gewandelt ist."[11] Und der unvergleichliche Albert Einstein äußerte anerkennend: „Wenn Euklid es nicht geschafft hat, Ihren jugendlichen Enthusiasmus zu wecken, dann sind Sie nicht zum Wissenschaftler geboren."[12]

Was wir uns bis jetzt angesehen haben, ist natürlich nur die Spitze eines Eisberges. Es ist ein winziges Beispiel dessen, was der Historiker Morris Kline als der Griechen „große Übung in Logik" bezeichnet.[13] Wir müssen sie an dieser Stelle verlassen. Andererseits kann in gewissem Sinne kein Mathematiker das Vermächtnis der klassischen Geometer hinter sich lassen. Sie haben die auf strengen Beweisen beruhende Mathematik begründet, ihre logischen Werkzeuge gefeilt und sie auf einen Weg gebracht, den sie in ihrem weiteren Verlauf nie mehr verlassen hat. Wir wollen das Kapitel mit den Worten eines britischen Mathematikers aus unserem Jahrhundert, G. H. Hardy, beschließen:

> *Die Griechen ... sprachen eine Sprache, die moderne Mathematiker verstehen können. Wie Littlewood es mir gegenüber einmal ausdrückte, sind sie nicht ‚schlaue Schulkinder' oder ‚Kandidaten für ein Stipendium', sondern die ‚führenden Wissenschaftler eines anderen Instituts'.*[14]

Es kann keine Einwände geben, wenn Hardy sagt: „Griechische Mathematik, das ist das Wahre."

Hypotenuse

Dieses Kapitel hat nur ein einziges Ziel: einen Beweis des Satzes von Pythagoras zu geben, dieses tiefgründigen Resultates über rechtwinklige Dreiecke, das es den Mathematikern nun schon seit Jahrhunderten erlaubt, in Beweisen Klippen und Ecken geschickt zu umschiffen. Der Satz gehört sicherlich zu den größten Errungenschaften in der Mathematik. Wenn wir als Maß für Größe die Anzahl *verschiedener* Beweise definieren, deren sich ein Theorem rühmen kann, so gewinnt das Meisterwerk aus der Hand des Pythagoras mühelos, denn es gibt wahrlich Hunderte von ihnen. Der Professor Elisha Scott Loomis sammelte und veröffentlichte Anfang des zwanzigsten Jahrhunderts 367 davon in einer Art Kochbuch mit dem Titel *The Pythagorean Proposition*.[1] Zugegeben, einige dieser Beweise, die Loomis als algebraisch, geometrisch, dynamisch oder quaternionisch klassifiziert, sind nur leicht geänderte Varianten von anderen, und *in toto* wirken sie eher abstumpfend als erhellend. Aber ihre Existenz macht eines jedenfalls klar: Der Satz des Pythagoras hat die Mathematiker immer beschäftigt, von der Antike bis heute.

Wir haben hier weder den Platz noch die Intention, Hunderte von Beweisen ein und desselben Sachverhaltes zu diskutieren, aber die Bedeutung des Satzes von Pythagoras rechtfertigt es doch, einige von ihnen näher zu betrachten. Wir wollen uns drei näher ansehen: einen aus einer antiken chinesischen Abhandlung, einen zweiten, den der englische Mathematiker John Wallis im siebzehnten Jahrhundert favorisierte, und einen dritten, den der amerikanische Politiker und spätere US-Präsident James A. Garfield 1876 entdeckte. Diese Auswahl soll illustrieren, mit welch mathematischer Beweglichkeit dasselbe Problem immer wieder unter den verschiedensten Blickwinkeln angegangen wurde.

Zunächst einmal müssen wir den Satz formulieren. In moderner Form besagt er, daß bei einem rechtwinkligen Dreieck $\triangle ABC$ wie in der Abbildung auf Seite 112 oben die Gleichung $c^2 = a^2 + b^2$ gilt, wobei a, b und c die Längen der drei Seiten sind. In unserem Dreieck heißen die Seiten AC und BC *Katheten*. Die Seite AB gegenüber dem rechten Winkel wird *Hypotenuse* genannt.

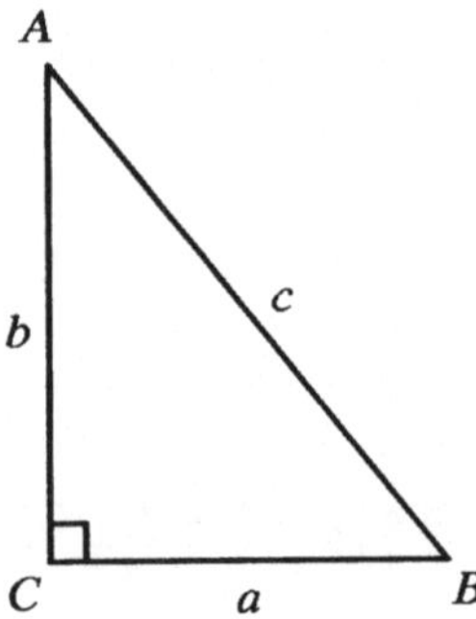

Wie bereits bemerkt, ist dies die *moderne* Version des Satzes. Diejenigen, die mit der griechischen Mathematik nicht so vertraut sind, mögen vielleicht überrascht sein, daß man ihn in antiken Zeiten ganz anders ausdrückte. Die Griechen hatten keine algebraische Symbolik zur Verfügung, keine Formeln oder Exponenten. Die Gleichung $c^2 = a^2 + b^2$ wäre ihnen spanisch vorgekommen.

Nein, für die Griechen war der Satz des Pythagoras eine Aussage über *Flächen von Quadraten* – reale, zweidimensionale, viereckige Quadrate. Aus-

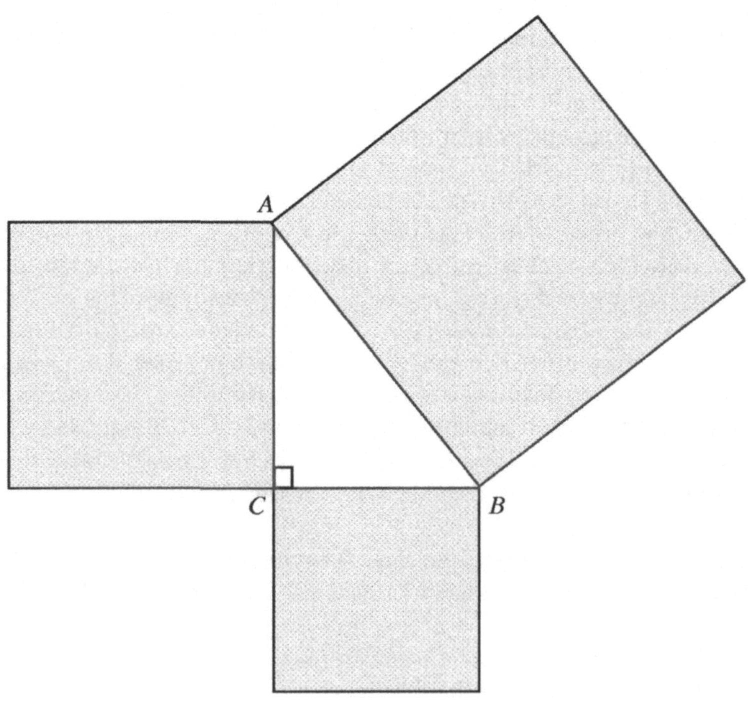

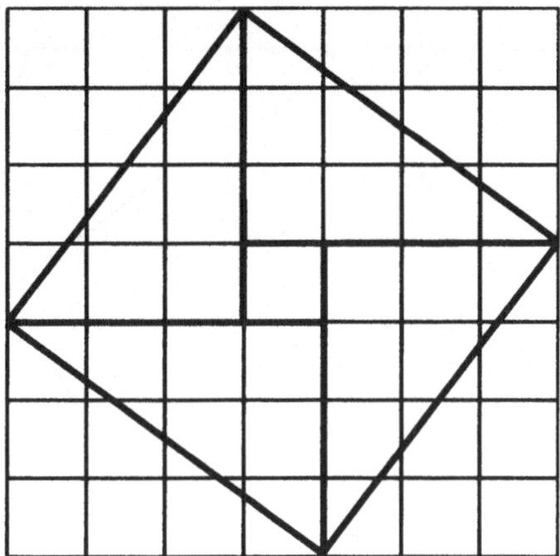

gehend von dem rechtwinkligen Dreieck $\triangle ABC$, konstruierten sie Quadrate über der Hypotenuse und den Katheten, wie es in der Abbildung auf Seite 112 unten dargestellt ist. Der Satz des Pythagoras besagt dann, daß die Fläche des Quadrats über der Hypotenuse gleich der Summe der Flächen der Quadrate über den Katheten ist. Es handelt sich also um eine recht bemerkenswerte und auch unerwartete Zerlegung der Fläche eines Quadrates in die zweier kleinerer Quadrate.

Ob man ihn nun algebraisch oder geometrisch betrachtet, der Satz selbst ist von höchster mathematischer Bedeutung. Aber wie beweist man ihn? Wir beginnen mit einem Beweis, der oft der chinesische genannt wird.

Der „Chinesische Beweis"

Hierbei handelt es sich um eine sehr natürliche Methode, das Problem anzugehen. Tatsächlich glauben viele, daß auch Pythagoras selbst im sechsten Jahrhundert vor unserer Zeit auf diese Weise das Resultat hergeleitet hat. Natürlich gibt es auch jene, die bezweifeln, daß es Pythagoras auf diese Weise getan hat, sowie andere, die bezweifeln, daß es Pythagoras überhaupt getan hat, und wieder andere, die bezweifeln, daß es Pythagoras überhaupt gegeben hat. Das sind eben die Probleme, wenn man es mit halbmythischen Gestalten aus der Antike zu tun hat.

Wenn auch nichts vom Werk des Pythagoras erhalten ist, so haben wenigstens die Chinesen eine handfeste Überlieferung ihrer Gedankengänge hinterlassen. Sie erscheint im *Chou pei suan ching*, einem Text, der irgendwann aus dem Jahrtausend vor unserer Zeitenwende datiert. Es ist sicher, daß die Chinesen den Satz für rechtwinklige Dreiecke mit Seiten der Längen 3, 4 und 5 kannten. Sie hatten nämlich ein Diagramm, das sie *hsuan-thu* nannten und das ein Quadrat zeigte, das schiefwinklig in einem umschließenden Quadrat lag, wie es die Abbildung oben zeigt.[2]

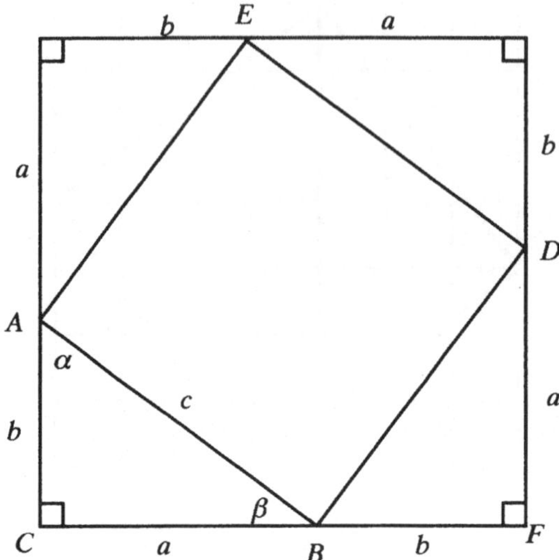

Allerdings wurde dieses Diagramm nicht durch einen axiomatischen Beweis ergänzt, wie ihn Euklid gegeben hätte. Ebenso findet sich kein allgemeines Argument, das sich auf die pythagoräische Gleichung für *alle* rechtwinkligen Dreiecke beziehen würde. Eigentlich haben wir überhaupt keinen Beweis zu diesem Diagramm. Aber die Idee, die im *hsuan-thu*-Diagramm symbolisiert ist, läßt sich sehr leicht zu einem allgemeinen Beweis des Pythagoräischen Satzes auswalzen.

Dazu bedarf es nur weniger Vorkenntnisse. Eine ist die Kongruenz vom Typ Seite-Winkel-Seite, oder SWS, die wir aus Kapitel G kennen. Die andere besteht in dem wohlbekannten Satz, daß die Summe der drei Winkel eines Dreiecks zwei rechten Winkeln entspricht, oder, in moderner Terminologie, 180° beträgt. Daraus folgt trivialerweise, daß sich die beiden spitzen Winkel eines *rechtwinkligen* Dreiecks zu 90° summieren.

Mit diesen bescheidenen Voraussetzungen können wir beginnen. Betrachten wir ein Dreieck $\triangle ABC$, wie es in der Abbildung oben gezeigt ist, und ergänzen es, in Nachahmung des chinesischen Diagramms, indem wir ein Quadrat der Kantenlänge $a + b$ konstruieren. Bei dem ursprünglichen chinesischen rechtwinkligen 3-4-5-Dreieck wäre die Quadratseite $3 + 4 = 7$ Einheiten lang, wie man an der Blockeinteilung in der dortigen Abbildung leicht ablesen kann. Nun zeichnet man noch die Strecken BD, DE und EA ein, wodurch die gekippte, vierseitige Figur innerhalb des großen Quadrates entsteht. Damit hat man eine verallgemeinerte Version des *hsuan-thu* erzeugt.

Das große Quadrat besitzt natürlich rechte Winkel in jeder Ecke. Die angrenzenden Dreiecke haben Schenkel der Längen a und b an diesen rechten Winkeln und sind daher nach dem SWS-Kongruenzsatz kongruent. Sie sind also in jeder Hinsicht identisch. Insbesondere sind ihre Hypotenusen gleich, also $\overline{BD} = \overline{DE} = \overline{EA} = \overline{AB} = c$, und ihre Winkel betragen jeweils α beziehungsweise β.

Wir beweisen nun, daß es sich bei dem Viereck $BDEA$ um ein Quadrat handelt. Wir haben bereits bemerkt, daß jede der vier Seiten die Länge c hat, so daß wir nur noch die Winkel bestimmen müssen. Betrachten wir einmal den Winkel $\angle ABD$. Da CF eine Gerade ist, folgt nach der vorangestellten Bemerkung über die Summe der spitzen Winkel in einem rechtwinkligen Dreieck:

$$180° = \angle CBA + \angle ABD + \angle DBF = \beta + \angle ABD + \alpha = 90° + \angle ABD.$$

Also gilt:

$$\angle ABD = 180° - 90° = 90°,$$

und damit hat die Ecke der inneren Figur bei B einen rechten Winkel. Dasselbe Argument läßt sich auf die anderen drei Ecken übertragen. Das Viereck $BDEA$ mit vier gleichen Seiten und vier rechten Winkeln ist als Quadrat entlarvt. Wie bei einem Quadrat üblich, ergibt sich dann die Fläche als Quadrat der Seitenlänge zu c^2.

Jetzt läßt sich die gewünschte Formel leicht ableiten. Das große äußere Quadrat mit der Seitenlänge $a + b$ hat eine Fläche von $(a + b)^2 = a^2 + 2ab + b^2$. Dieses äußere Quadrat ist aber in fünf kleinere Flächen aufgeteilt – die vier kongruenten rechtwinkligen Dreiecke und das schiefgestellte innere Quadrat. Daher gilt für seine Fläche auch die Formel:

$$4 \times \text{Fläche} \left(\triangle ABC \right) + \text{Fläche} \left(\square BDEA \right) = 4 \left(\frac{1}{2} ab \right) + c^2 = 2ab + c^2.$$

Setzt man die beiden Ausdrücke für die Fläche gleich, so ergibt sich:

$$a^2 + 2ab + b^2 = 2ab + c^2.$$

Nach Subtraktion von $2ab$ auf jeder Seite folgt das gewünschte Resultat:

$$a^2 + b^2 = c^2.$$

Der chinesische Gedankengang beleuchtet wieder einmal ein Glanzstück mathematischer Einsicht, dem wir schon in dem Kapitel über Euler begegnet sind, nämlich die argumentative Kraft, die in der gleichzeitigen Darstellung ein und desselben Sachverhaltes auf zwei verschiedene Weisen liegt. Hier wurde dies für die Fläche des großen Quadrats gezeigt. Solch ein Ansatz kann zu Einsichten führen, die man aus einem einzigen Blickwinkel nicht erhält. Ganz sicher werden diejenigen, die den chinesischen Beweis erst verarbeiten müssen, nicht so bald nach neuer Kenntnis lechzen.

Ein Ähnlichkeitsbeweis

Der folgende Beweis des Pythagoräischen Lehrsatzes, der dem englischen Mathematiker John Wallis (1616–1703) zugeschrieben wird, aber sicherlich wesentlich älter ist, gilt als einer der kürzesten und leichtesten. Oberflächlich betrachtet ist diese Bewertung sicher zutreffend, braucht es doch nur wenige Zeilen, die vollständige Argumentationskette aufzuschreiben. Der Beweis beruht jedoch auf dem Konzept der Ähnlichkeit von Dreiecken, dessen rigorose Entwicklung selbst einige Detailarbeit verlangt. Euklid wartete mit der Einführung des Ähnlichkeitsbegriffes bis zu seinem sechsten Buch der *Elemente*. Er hätte also vorher einen Beweis nach dem Muster von Wallis gar nicht erbringen können. Immerhin bewies er den Satz von Pythagoras schon sehr früh, nämlich am Ende von Buch I. In diesem Sinne ist *Euklids* Beweis kürzer – näher an den Axiomen – als der von Wallis. Das wahre Maß für die Länge eines Beweises darf nicht nur die Anzahl der Zeilen für die Argumentation selbst sein, sondern muß auch die Zahl der Zeilen für die mathematischen Begriffe, die bereitgestellt werden müssen, miteinbeziehen.

Bemerkenswert ist außerdem, daß dieser Ansatz, anders als im vorherigen Beweis, den Begriff der Fläche nicht benutzt. Es werden keine Quadrate zerlegt oder wieder zusammengesetzt. Statt dessen ergibt sich die Formel $a^2 + b^2 = c^2$ auf algebraischem Wege aus Resultaten über Längen und nicht auf geometrischem Wege über Flächen.

Nichtsdestoweniger hat dieser Ähnlichkeitsbeweis seine Güte. Zunächst müssen wir uns ins Gedächtnis rufen, daß zwei Dreiecke *ähnlich* sind, wenn die drei Winkel des einen Dreiecks den entsprechenden drei Winkeln des anderen kongruent sind. Weniger technisch ausgedrückt: Ähnliche Dreiecke haben die gleiche Form, aber nicht notwendigerweise die gleiche Größe. Das eine Dreieck kann also wie eine vergrößerte Version des anderen aussehen. Ähnlichkeit ist demzufolge eine schwächere Bedingung als Kongruenz, da die letztere *sowohl* gleiche Form *als auch* gleiche Größe erfordert. In der Abbildung unten sind die Dreiecke $\triangle ABC$ und $\triangle DEF$ ähnlich, während $\triangle ABC$ und $\triangle GHI$ kongruent sind.

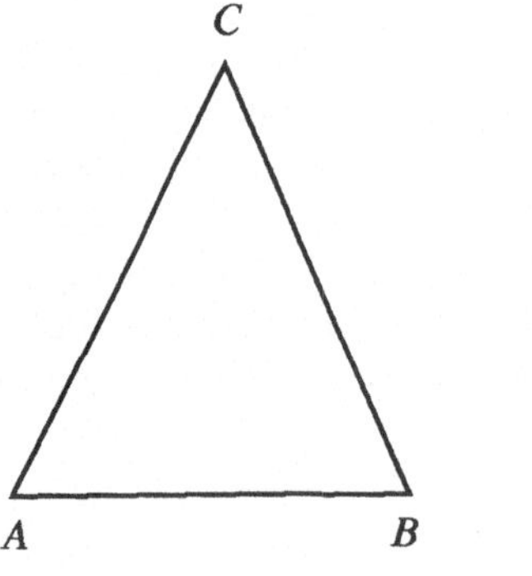

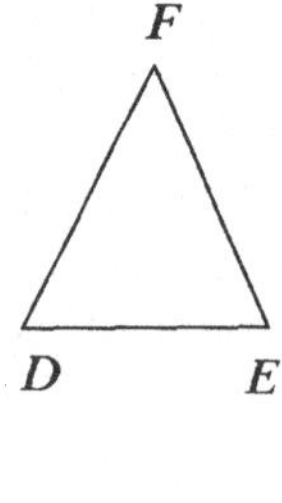

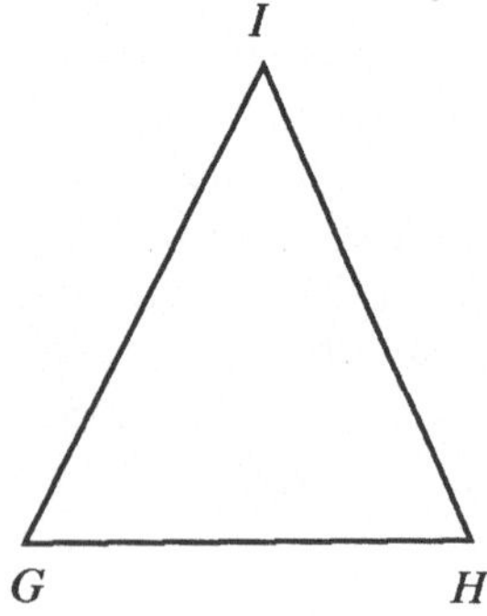

Die wesentliche Eigenschaft ähnlicher Dreiecke ist, daß ihre entsprechenden Seiten einander proportional sind. Wenn beispielsweise in der Abbildung auf Seite 116 die Länge der Seite AB zwei Drittel der Länge der Seite AC beträgt, so hat die Seite DE ebenfalls zwei Drittel der Länge von Seite DF. Diese Proportionalität der Seitenlängen ist gerade die Eigenschaft, die in der Beschreibung „gleiche Form" zum Ausdruck gebracht werden soll.

Wir beginnen nun mit dem eigentlichen Ähnlichkeitsbeweis für den Satz des Pythagoras. Wie vorhin sei $\triangle ABC$ ein rechtwinkliges Dreieck mit den Katheten a und b und der Hypotenuse c. Die spitzen Winkel sind dann wieder α und β mit $\alpha + \beta = 90°$. Von C aus fällen wir das Lot CD auf AB, wie in der Abbildung unten dargestellt. Ferner sei $x = \overline{AD}$.

Wir betrachten nun die Winkel im Dreieck $\triangle ADC$. Ein Winkel ist α, und ein anderer ist ein rechter. Der verbleibende Winkel $\angle ACD$ ist daher $180° - \alpha - 90° = 90° - \alpha = \beta$, da $\alpha + \beta = 90°$ waren. Da also das Dreieck $\triangle ADC$ die Winkel α und β und einen rechten Winkel besitzt, ist es dem ursprünglichen Dreieck $\triangle ABC$ ähnlich. Dasselbe gilt auch für $\triangle DCB$, denn $\angle DCB = \angle ACB - \angle ACD = 90° - \beta = \alpha$. Das Lot CD hat folglich das rechtwinklige Dreieck $\triangle ABC$ in zwei kleinere Dreiecke $\triangle ADC$ und $\triangle DCB$ zerlegt, die beide dem ursprünglichen ähnlich sind.

Jetzt kommt die Seitenproportionalität ähnlicher Dreiecke ins Spiel. Setzt man nämlich die Verhältnisse der Hypotenusen zu den jeweils längeren Katheten in den Dreiecken $\triangle ADC$ und $\triangle ABC$ gleich, so folgt:

$$\overline{AC}/\overline{AD} = \overline{AB}/\overline{AC} \quad \text{oder} \quad \frac{b}{x} = \frac{c}{b}.$$

Dies bedeutet aber $b^2 = cx$.

Nun nutzen wir noch die Ähnlichkeit der Dreiecke $\triangle CDB$ und $\triangle ABC$ aus. Da offenbar $\overline{DB} = \overline{AB} - \overline{AD} = c - x$ ist, folgt aus der Gleichheit der Verhältnisse der Hypotenusen zu den kürzeren Katheten:

$$\overline{CB}/\overline{DB} = \overline{AB}/\overline{CB} \quad \text{oder} \quad \frac{a}{c - x} = \frac{c}{a}.$$

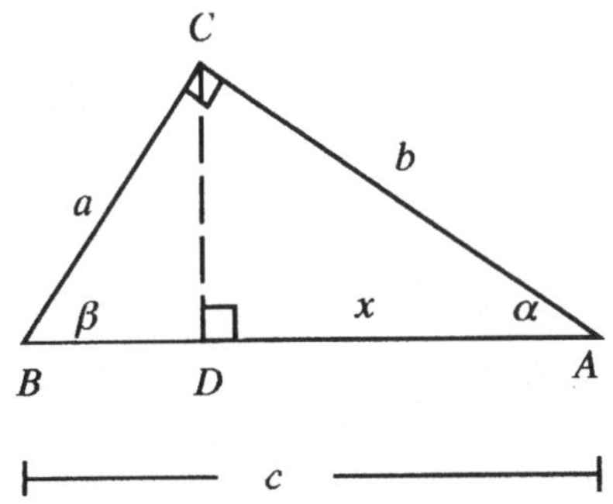

Dies führt zu der Beziehung $a^2 = c(c - x) = c^2 - cx$.

Nun addiert man die bisherigen Resultate und erhält:

$$a^2 + b^2 = (c^2 - cx) + cx = c^2.$$

Wieder ist der Lehrsatz des Pythagoras bewiesen, kurz und schmerzlos.

Garfields Trapezakt (1876)

US-Präsidenten sind, welche Fähigkeiten auch immer sie auf anderen Gebieten entwickeln mögen, eigentlich eher selten für ihre mathematischen Begabungen bekannt. Niemals bisher ist ein professioneller Mathematiker ins Weiße Haus gewählt worden, schlimmer noch, die Präsidenten der jüngeren Zeit scheinen selbst Grundrechenarten wie die Addition nicht zu beherrschen, oder wie könnten sie sonst die astronomischen Haushaltsdefizite übersehen?

In der Geschichte gab es jedoch immerhin einige führende Vertreter des Staates, die mathematisches Talent hatten. Einer von ihnen war George Washington, der als ausgezeichneter Landvermesser die Mathematik hoch schätzte, was in den folgenden Worten zum Ausdruck kommt:

Die Untersuchung mathematischer Wahrheiten führt den Geist zu methodischem und folgerichtigem Denken und ist eine Tätigkeit, würdig vor allem der rationalen Geschöpfe. [...] Von den tiefen Gründen mathematischer und philosophischer Deduktion werden wir unweigerlich zu edleren Überlegungen und subtilen Gedankenspielen geführt.[3]

Solche Aussagen Washingtons sind geeignet, ihn zum ersten im Krieg, zum ersten im Frieden und zum ersten im Herzen der Mathematiker zu machen.

Auch Abraham Lincoln war ein starker Anwalt der Mathematik. Als Abe in seiner Jugend die Gesetze studierte, erkannte er sehr bald die Notwendigkeit, seine Geschicklichkeit in rationaler Argumentation zu schärfen und zu verstehen, was es bedeutet, einen Sachverhalt durch eine gesunde logische Begründung zu belegen. Später erinnerte er sich in einer autobiographischen Schilderung:

Ich sagte zu mir: ‚Lincoln, Du wirst nie ein guter Rechtsanwalt, wenn Du nicht lernst, was es heißt, etwas zu beweisen‘, und ich verließ Springfield, ging nach Hause zu meinem Vater und blieb so lange dort, bis ich jede einzelne Proposition aus den sechs Büchern des Euklid aus dem Stegreif wiedergeben konnte. Da nun wußte ich endlich, was ein Beweis bedeutet, und ich kehrte zurück zu meinen Studien der Rechte.[4]

Wenn Lincoln die Wahrheit sagt – und wer wollte den ehrlichen Abe Lügen strafen – und er wirklich die 173 Propositionen der Bücher I–VI der *Elemente* bewältigte, so war dies wahrlich eine beachtliche Leistung.

Wir dürfen auch Ulysses S. Grant nicht vergessen, der während seiner Zeit als Kadett an der US-Militärakademie in West Point durch derart vielversprechende mathematische Leistungen glänzte, daß er von einer universitären Laufbahn träumte. Später erinnerte er sich an seine jugendlichen Berufsziele: „Damals hatte ich den Plan, den Kursus hinter mich zu bringen, einige Jahre meine Existenz als Assistant-Professor an der Akademie zu sichern und dann eine feste Professorenstelle an einem renommierten College zu ergattern."[5] Aber, so beobachtete Grant, „immer haben die Umstände meinen Kurs anders gelenkt als geplant". Schließlich ist Grant im Weißen Haus gelandet und nicht im Elfenbeinturm der Wissenschaft.

Ungeachtet solcher Leistungen war keiner dieser Präsidenten ein wirklicher Mathematiker. Und so geht konkurrenzlos der mathematische Sonderpreis für US-Regierungsmitglieder an James A. Garfield aus Ohio, der im Jahre 1876 einen originären Beweis des Satzes von Pythagoras veröffentlichte.

Garfield wurde 1831 in der Nähe von Cleveland geboren und mußte seine Kindheit zwischen der Schule und den schlechtbezahlten Jobs aufteilen, mit denen er seine verwitwete Mutter unterstützte. Der kleine James war immer ein guter Schüler und besuchte die Western Reserve Academy und das Hiram College in Ohio, bevor er ans Williams College in Massachusetts wechselte, wo er 1856 seinen Abschluß erhielt. Mit dem frischerworbenen Titel kehrte Garfield ans Hiram College zurück, wo er Mathematik lehrte. Ein ruhiges Akademikerleben schien sich anzubahnen.

Aber ruhig waren die Zeiten damals nicht in den Vereinigten Staaten. Die Nation stand vor dem Ausbruch des Bürgerkrieges. Mitten aus den hitzigen Debatten über Sezession und Sklaverei heraus wurde James Garfield 1859 in den Senat von Ohio gewählt. Radikal in seiner politischen Meinung und feurig in seinem Patriotismus, kehrte er 1861, als der Krieg ausbrach, dem akademischen Leben den Rücken und schloß sich den Unionstruppen an. Interessanterweise entpuppte sich der Mathematiklehrer als ausgezeichneter Soldat. Garfield kletterte schnell die Karriereleiter hoch, bis er schließlich zum Verantwortlichen des Stabes von Unionsgeneral John Rosecrans ernannt wurde.

1863 wechselte Garfield von der US-Armee zum Repräsentantenhaus, wo er die nächsten siebzehn Jahre als Radikaler Republikaner damit verbrachte, für eine Reform, wenn nicht Bestrafung, des Südens zu plädieren. Just in diese Zeit fällt die Entdeckung seines Beweises für den Satz des Pythagoras, angeregt durch „einige mathematische Spielereien und Diskussionen mit anderen Kongreßabgeordneten".[6] Garfield publizierte ihn im *New England Journal of Education*, einer Zeitschrift, die der „Erziehung, Wissenschaft und Literatur" gewidmet war.

1880 wurde James A. Garfield von den Republikanern als Präsidentschaftskandidat aufgestellt. Bei der Wahl im Herbst desselben Jahres besiegte er knapp den Demokraten Winfield Scott Hancock, einen anderen Helden des Bürgerkrieges. Bei seiner Amtseinführung im März 1881 versprach unser

James A. Garfield
(Nachdruck mit freundlicher Genehmigung der Muhlenberg College Library.)

Präsidenten-Mathematiker, die Bildungschancen aller Amerikaner zu verbessern, denn: „Es ist das hohe Privileg und die heilige Pflicht derer, die derzeit leben, ihre Nachfolger auszubilden und mit Verstand und Tugend für das auf sie zukommende Erbe vorzubereiten." [7]

Aber ein Versprechen war alles, was von der Präsidentschaft Garfields blieb, denn bereits am 2. Juli 1881, nach nur vier Monaten Amtszeit, wurde er von einem verärgerten Stellungssuchenden beim Besteigen eines Zuges in Washington angeschossen. Obwohl sein Leben mit den Mitteln der heutigen Medizin wohl hätte gerettet werden können, erwies sich damals die Wunde als tödlich für ihn. Garfield rang noch bis Mitte September mit dem Tode, bis dieser ihn schließlich überwältigte.

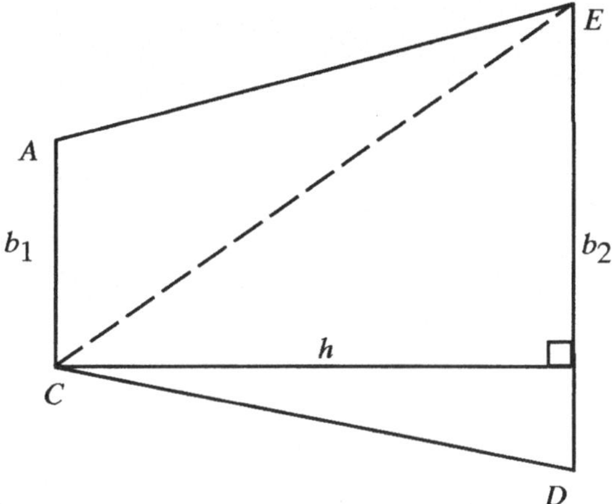

In ihrer Trauer benannte die Nation Städte, Straßen, Schulen und Kinder nach ihrem gefallenen Führer. Ein eindrucksvolles Grabmal wurde in Cleveland gebaut, und Tausende von Besuchern zollten Garfield ihren Respekt. Politisch blieben die größten Träume seines Lebens unerfüllt. Aber in der Mathematik hat er seine Handschrift hinterlassen.

Um Garfields Beweis verstehen zu können, müssen zwei Erläuterungen vorausgeschickt werden. Erstens ist die wohlbekannte Winkel-Seiten-Winkel- oder WSW-Kongruenz zu erwähnen, nach der zwei Dreiecke dann kongruent sind, wenn zwei Winkel und die eingeschlossene Seite des einen gleich zwei Winkeln und der eingeschlossenen Seite des anderen sind. Zweitens wollen wir eine Formel für die Fläche eines Trapezes betrachten. Ein *Trapez* ist ein Viereck, bei dem zwei gegenüberliegende Seiten parallel sind. Die Bestimmung seiner Fläche ist nicht besonders schwierig, wenn man das Trapez durch eine Diagonale in ein Paar von Dreiecken zerlegt, die beide dieselbe Höhe haben.

In der Abbildung oben ist eine solche Situation dargestellt. Das Trapez $ACDE$ mit den (vertikalen) parallelen Seiten AC der Länge b_1 und DE der Länge b_2 hat die Höhe h, die sich als Abstand der Parallelen ergibt. Die Diagonale CE teilt die Figur in zwei Dreiecke. Für die Fläche erhält man daher:

$$\begin{aligned}
\text{Fläche (Trapez } ACDE) \;&=\; \text{Fläche} \, (\triangle ACE) + \text{Fläche} \, (\triangle CED) \\
&=\; \frac{1}{2}b_1 h + \frac{1}{2}b_2 h = \frac{1}{2}h(b_1 + b_2).
\end{aligned}$$

Die Fläche eines Trapezes ist also die Hälfte des Produktes seiner Höhe mit der Summe der Längen seiner Basisseiten.

Wir wenden uns nun endgültig dem Beweis von Garfield zu. Seine ursprünglichen Bezeichnungen wurden allerdings in unserer Abbildung auf Seite 122 geändert. Gehen wir wieder von einem rechtwinkligen Dreieck $\triangle ABC$ mit

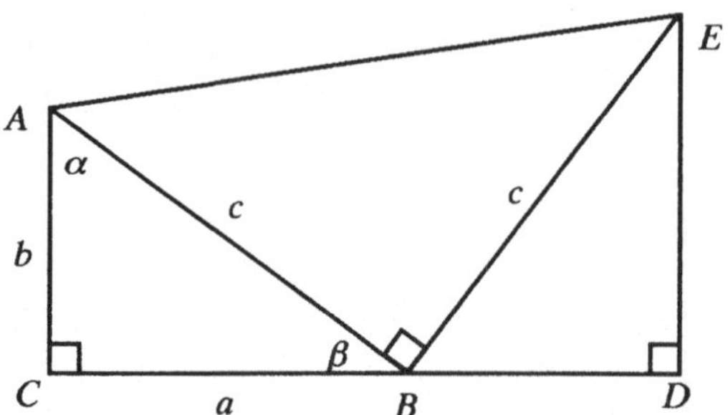

den Katheten a und b und der Hypotenuse c aus. Der rechte Winkel liegt an der Ecke C. Senkrecht zu AB zeichnen wir von B aus die Gerade BE mit der Länge $\overline{BE} = c$ und fällen anschließend von E das Lot auf die Grundlinie CB, die in D geschnitten wird. Schließlich zeichnen wir noch die Gerade AE ein.

Nun müssen wir uns diese Konstruktion genauer ansehen, wie es auch Garfield tut. Zunächst einmal ist klar, daß

$$\angle DBE + 180° - \angle ABE - \angle CBA = 180° - 90° - \beta = 90° - \beta = \alpha,$$

da $\alpha + \beta = 90°$ war. Da $\angle DBE = \alpha$ und der Winkel $\angle BDE$ ein rechter Winkel ist, gilt $\angle BED = \beta$. Also ist $\triangle BED$ kongruent zu $\triangle ABC$ nach der WSW-Kongruenz, denn die beiden gleichen Seiten sind BE beziehungsweise AB. Aus dieser Kongruenz folgt wiederum, daß die entsprechenden Seiten gleich sind: $\overline{BD} = \overline{AC} = b$ und $\overline{DE} = \overline{BC} = a$.

Das Viereck $ACDE$ ist zudem ein Trapez, da seine gegenüberliegenden Seiten AC und DE als Senkrechte zu CD parallel zueinander sind. Daher kann man die Fläche des Trapezes $ACDE$ – und hier wird Garfields eigentliche Idee sichtbar – auf zwei Weisen bestimmen. Nach der erwähnten Formel für die Trapezfläche erhält man:

$$\text{Fläche (Trapez } ACDE) = \frac{1}{2}h(b_1 + b_2) = \frac{1}{2}(b + a)(b + a),$$

denn die parallelen Basisseiten haben die Längen $b_1 = \overline{AC} = b$ und $b_2 = \overline{DE} = a$, während für den Abstand der parallelen Seiten gilt: $h = \overline{CD} = \overline{BD} + \overline{BC} = b + a$.

Andererseits ist die Fläche des Trapezes $ACDE$ aber auch die Summe der Flächen der drei rechtwinkligen Dreiecke, aus denen es zusammengesetzt ist:

$$\begin{aligned} \text{Fläche}(ACDE) &= \text{Fläche}(\triangle ACB) + \text{Fläche}(\triangle ABE) + \text{Fläche}(\triangle BDE) \\ &= \frac{1}{2}ab + \frac{1}{2}c^2 + \frac{1}{2}ab = ab + \frac{1}{2}c^2. \end{aligned}$$

Setzt man die beiden erhaltenen Ausdrücke für die Fläche des Trapezes gleich, so ergibt eine algebraische Umformung:

$$\frac{1}{2}(b + a)(b + a) = ab + \frac{1}{2}c^2 \quad \Rightarrow \quad \frac{1}{2}(b^2 + 2ab + a^2) = ab + \frac{1}{2}c^2.$$

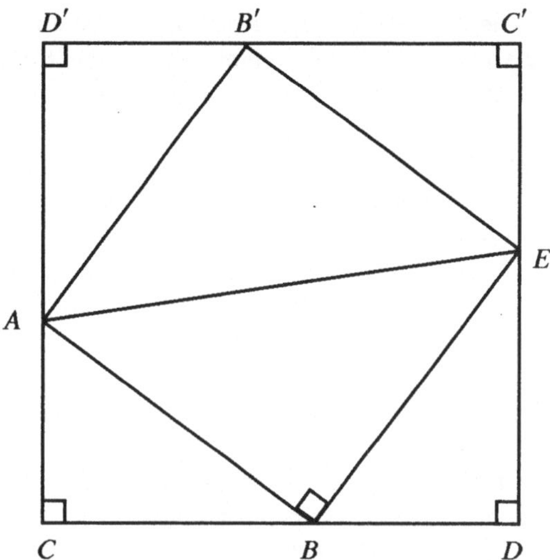

Durch Multiplikation beider Seiten mit 2 folgt $b^2 + 2ab + a^2 = 2ab + c^2$, und nach Subtraktion von $2ab$ auf beiden Seiten folgt die ersehnte Gleichung

$$a^2 + b^2 = c^2.$$

Garfield hat hier einen sehr geschickten Beweis für den Satz von Pythagoras gefunden. Einmal mehr erkennt man, wie vorteilhaft es ist, wenn man einen mathematischen Gegenstand, wie die Fläche des Trapezes, unter zwei verschiedenen Gesichtspunkten betrachtet. Wie bemerkte doch der Autor eines Artikels im *New England Journal* so treffend: „Wir denken, es handelt sich hier um etwas, auf das sich die Mitglieder der beiden Häuser ohne Ansehen der Parteizugehörigkeit verständigen können." [8]

Dennoch vermittelt das Diagramm von Garfield einen seltsam bekannten Eindruck. Der Leser mag bemerken, daß man bei Ergänzung der Garfieldschen Figur durch eine zweite, um 180° gedrehte und an der Kante AE angeheftete Version plötzlich das *hsuan-thu* aus dem Chinesischen Beweis wiederfindet (siehe obige Abbildung). Garfield ist also eigentlich nur auf eine Variante des uralten chinesischen Beweises gekommen.

Nun haben wir drei Beweise des Satzes von Pythagoras vorgestellt und damit hoffentlich auch den hartnäckigsten Zweifler überzeugt. Man kann hier natürlich die Notwendigkeit in Frage stellen, dasselbe Resultat auf verschiedene Arten zu beweisen. Sind diese zusätzlichen Beweise nicht redundant?

In einem gewissen praktischen Sinne sind sie es natürlich. Es gibt keine *logische* Notwendigkeit, dasselbe Theorem mehr als einmal zu beweisen. Aber es gibt eine ästhetische Motivation, das interessierende Objekt immer wieder neu zu untersuchen. Nur weil jemand irgendwann einmal ein Liebeslied geschrieben hat, sollte dies andere Komponisten nicht davon abhalten, das gleiche zu tun, mit einer anderen Melodie, einem anderen Text oder einem anderen Rhythmus. Genauso haben diese unterschiedlichen Beweise des Pythagoräischen Lehrsatzes verschiedene mathematische Melodien und Rhythmen und sind nicht weniger schön, nur weil sie von einem uralten Thema handeln.

Es ist in diesem Zusammenhang vielleicht angebracht, ein paar Worte über die Umkehrung des Satzes von Pythagoras zu verlieren. Die *Umkehrung* ist dabei ein genau definierter Begriff aus der Logik. Wenn wir bei einer Aussage der Form „Wenn A gilt, dann gilt B" die Voraussetzung und die Folgerung vertauschen, so erhalten wir eine andere, damit verwandte Aussage, nämlich „Wenn B gilt, dann gilt A". Letztere wird die *Umkehrung* der ursprünglichen Aussage genannt. Die Voraussetzung der ursprünglichen Aussage ist die Folgerung in der Umkehrung geworden und umgekehrt.

Es gibt Fälle von Propositionen, die selbst richtig sind und deren Umkehrung ebenfalls richtig ist, wovon man sich sehr leicht überzeugen kann. So sind sowohl die Aussage „Wenn ein Dreieck drei gleich lange Seiten hat, dann hat es auch drei gleich große Winkel" wie auch ihre Umkehrung „Wenn ein Dreieck drei gleich große Winkel hat, dann hat es auch drei gleich lange Seiten" beides gültige geometrische Theoreme.

Andererseits kann eine Aussage richtig sein, ihre Umkehrung aber falsch. Die Proposition „Wenn Rex ein Hund ist, dann ist Rex ein Säugetier" ist richtig, wie jeder Zoologe bestätigen wird. Die Umkehrung aber, „Wenn Rex ein Säugetier ist, dann ist Rex ein Hund", ist unwahr, was mein Onkel Rex zur Not jedem ohne Umschweife klarmachen würde.

Die *Umkehrung des Satzes von Pythagoras* lautet:

Wenn im Dreieck ΔABC gilt: $c^2 = a^2 + b^2$, so ist ΔABC rechtwinklig.

Diese Umkehrung ist in der Tat richtig, wie Euklid in der letzten Proposition des ersten Buches seiner *Elemente* zeigt. Der Beweis, den er gibt, ist wieder einmal (vergleiche das vorhergehende Kapitel) ein Beispiel für die Denkweise griechischer Geometrie. In dieser letzten Proposition wird abgeleitet, daß ein Dreieck *dann und nur dann* rechtwinklig ist, wenn das Hypotenusenquadrat gleich der Summe der Kathetenquadrate ist. Damit sind die rechtwinkligen Dreiecke vollständig charakterisiert, und kein Geometer kann mehr verlangen.

Unsere Diskussion des Satzes von Pythagoras ist am Ende angelangt, wenngleich der nach mehr hungernde Leser durchaus darauf hingewiesen werden sollte, daß in Loomis' Buch weitere 364 Beweise warten. Aber selbst eine Flut verschiedenster Beweise kann die Bedeutung dieses großartigen Resultates nicht schmälern. Denn ungeachtet dessen, wie oft er bewiesen wird, der Satz von Pythagoras wird seine Schönheit, seine Frische und seine wundervolle Ästhetik immer behalten.

Isoperimetrisches Problem

Der klassischen Mythologie zufolge überquerte die Prinzessin Dido auf der Flucht vor ihrem blutrünstigen Bruder Pygmalion, dem König von Tyros, mit einer Handvoll treuer Gefolgsleute das Mittelmeer und landete schließlich an der Küste von Nordafrika. In Vergils *Aeneis* lesen wir:

> *Hier erwarben sie Grund; sie nannten ihn Byrsa,*
> *was soviel bedeutet wie Ochsenhaut; und sie kauften nur so viel,*
> *wie eine Ochsenhaut umfassen kann.*[1]

Der Prinzessin Dido Landnahme für eine neue große Stadt beschränkte sich also auf die Fläche, die sie mit einer Ochsenhaut einschließen konnte.

Nun war Dido aber schlau und schnitt die Haut in eine große Zahl langer, dünner Streifen. Noch mehr Schlauheit bewies sie, als sie die Streifen in Form eines großen Halbkreises auslegte, dessen Durchmesser die Küste bildete. Auf diese Fläche wurde die Stadt Karthago gebaut.

Auf diesen Mythos gehen gleichwohl die Anfänge zweier ganz realer Ereignisse zurück. Das eine ist die Gründung Karthagos, jenes Stadtstaates, der eine ungeheure Machtstellung in der mediterranen Welt errang und sich mit dem mächtigen Rom in den drei Punischen Kriegen zwischen 264 und 146 v. Chr. anlegte. Militärhistorikern dürfte aus der Geschichte Karthagos vor allem das denkwürdige Bild eines schier unglaublichen Flankenangriffs auf das römische Reich gewärtig sein, in dessen Verlauf Hannibal mit seinen Elefanten die Alpen überquerte. Ruinen an der heutigen tunesischen Küste sind das einzige, was von Karthago übrig ist, ein trauriges Zeugnis von der Art des Umganges der Römer mit ihren besiegten Feinden.

Doch in der Geschichte der Dido hat auch ein berühmtes mathematisches Problem seinen mythischen Ursprung. Wie müßte ein Umfang fester Länge – das Band aus Ochsenhautstreifen – an der Küste ausgelegt werden, damit er eine möglichst große Fläche einschließt? Prinzessin Dido dachte, ein Halbkreis sei die Lösung, und hinterließ uns damit das Problem der Dido, wie es heute noch manchmal bezeichnet wird.

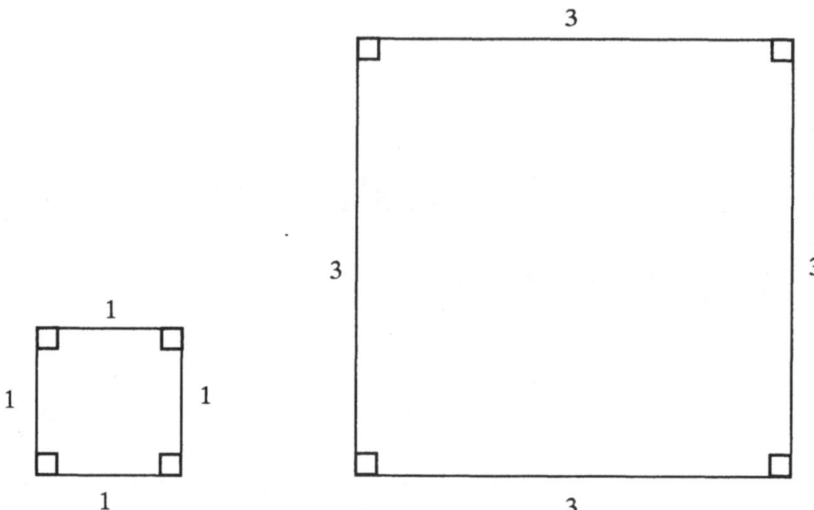

Freilich fühlen sich Mathematiker schon unwohl, wenn sie handfeste Ergebnisse auf mythologische Ursprünge gründen sollen, aber sie hassen geradezu Probleme, zu deren Lösung es einer Ochsenhaut bedarf. Daher hat es sich eingebürgert, heutzutage vom isoperimetrischen Problem (*iso* gleich, *perimeter* Umfang) zu sprechen und es mathematisch so zu formulieren:

Man bestimme unter allen geschlossenen Kurven gleicher Länge diejenige, die den größten Flächeninhalt einschließt.

Eine wahrhaft große Herausforderung. Das Problem war schon für die Griechen eine harte Nuß und kam 2000 Jahre später wieder als Test für das frisch entstandene Gebiet der Differentialrechnung ans Tageslicht.

Verschieden große Flächen mit ein und demselben Umfang einzuschließen, könnte paradox erscheinen. So bemerkte Proclus, der schon in Kapitel G Euklid gegen die Verächtlichmachung durch die Epikuräer verteidigt hatte, daß viele seiner Zeitgenossen sehr schlecht über diese Problematik informiert waren. Sie dachten, so Proclus, je größer der Umfang einer Figur, desto größer müßte auch die Fläche darin sein. Dies ist natürlich *hin und wieder* auch der Fall, wie zum Beispiel bei den Quadraten in der Abbildung oben: Das linke hat Umfang 4 und Fläche 1, das rechte einen größeren Umfang (12) und auch eine größere Fläche (9).

Aber solch eine Beziehung besteht nicht zwangsläufig, wie Proclus bemerkte. Das Parallelogramm links in der Abbildung auf Seite 127 oben entsteht durch Aneinanderfügen zweier rechtwinkliger Dreiecke mit Seitenlängen 3-4-5, von denen jedes die Fläche $1/2 \cdot bh = 1/2 \cdot (4 \cdot 3) = 6$ hat. Der Umfang des Parallelogramms ist 18, seine Fläche $6 + 6 = 12$. Das 4×4-Quadrat rechts dagegen hat den kleineren Umfang von 16, aber die größere Fläche von 16.

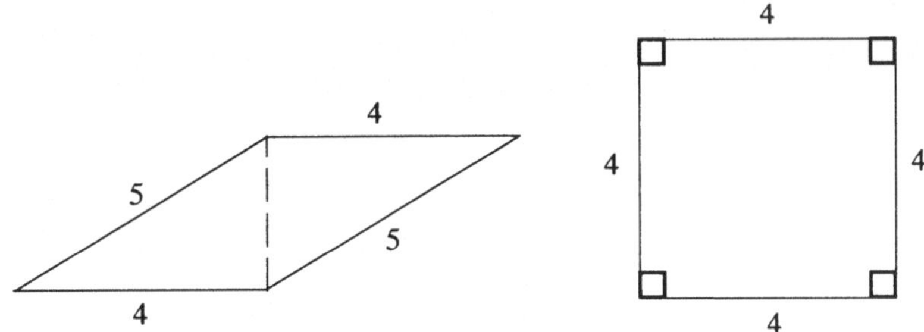

Wir dürfen also niemals Flächen nach dem Augenschein der Umfänge vergleichen, eine Warnung, die Proclus uns mit auf den Weg gibt, wenn er sich über „Geographen, die die Größe einer Stadt nach der Länge ihrer Stadtmauer beurteilen", lustig macht, oder wenn er den Fall skrupelloser Grundstücksspekulanten beschreibt, die Ländereien größeren Umfangs, aber kleinerer Fläche gegen solche kleineren Umfangs, aber größerer Fläche umtauschen und sich damit noch „höchsten Ruhm für ihre Aufrichtigkeit erwarben".[2]

Das Vergrößern des Umfangs einer Figur muß also nicht zu einer Erhöhung des Flächeninhalts führen. Was geschieht aber, wenn wir einen *festen* Umfang zur Verfügung haben? Was kann dann über die eingeschlossene Fläche gesagt werden?

Um hierfür ein konkretes Beispiel zu haben, wollen wir einmal annehmen, wir hätten ein Seil einer bestimmten Länge – sagen wir einmal 600 Meter –, und wir wollten es so auslegen, daß die davon eingeschlossene Fläche maximal ist. Ganz offensichtlich gibt es eine Menge verschiedener Flächen, die von

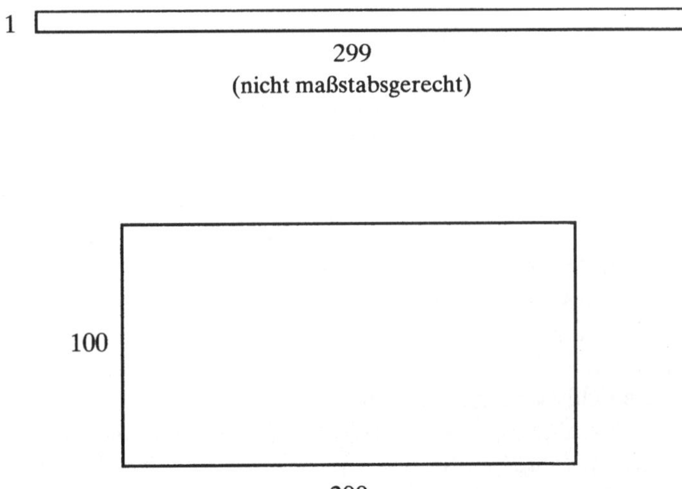

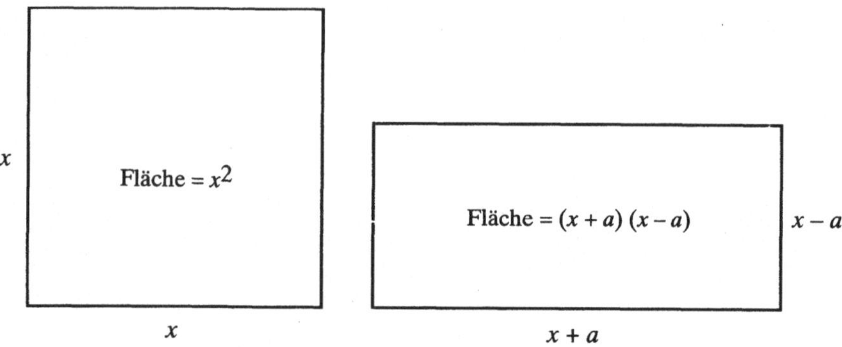

einem solchen Seil begrenzt werden können. Ein langes schmales Rechteck
mit den Abmessungen 1 × 299 hat einen Umfang von 600 Metern bei einem
Flächeninhalt von 299 Quadratmetern. Hingegen hat ein schön fettes Rechteck
der Seitenlängen 100 × 200 denselben Umfang von 600 Metern, aber einen viel
größeren Flächeninhalt von 20 000 Quadratmetern, was in der Abbildung auf
Seite 127 unten (nicht maßstabsgerecht) angedeutet ist.

Unter allen Rechtecken gleichen Umfangs ist es das *Quadrat*, das die größte
Fläche einschließt. Dies läßt sich mit den Methoden der Maximierung aus der
Differentialrechnung (Kapitel D) sehr leicht beweisen, aber wir wollen hier ein
viel elementareres Argument anführen.

Nehmen wir an, wir hätten einen vorgegebenen Umfang, den wir zu einem
Quadrat der Kantenlänge x formen. Die eingeschlossene Fläche, links in der
obigen Abbildung, ist offenbar x^2. Wenn wir nun das Quadrat in ein Rechteck
verwandeln, indem wir die waagrechten Seiten auf die Länge $x + a$ erweitern,
so müssen wir natürlich gleichzeitig die senkrechten Seiten auf die Länge $x - a$
schrumpfen, um den Umfang konstant zu halten. Dann ist aber die Fläche des
Rechtecks

$$F = (x + a)(x - a) = x^2 - a^2$$

und damit garantiert kleiner als x^2. Mit anderen Worten, ein nicht quadratför-
miges Rechteck eines gegebenen Umfangs schließt eine um a^2 kleinere Fläche
ein als ein Quadrat gleichen Umfangs.

Nach derartigen Prinzipien war schon der griechische Mathematiker Zenodorus vorgegangen, als er um 200 v. Chr. einer offenbar rein geometrischen
Beweisführung folgte. Keines seiner Werke hat überlebt, so daß alles, was wir
über ihn wissen, aus den Überlieferungen anderer geschlossen werden muß.
Diese späteren Kommentatoren haben darauf hingewiesen, daß Zenodorus eine
Abhandlung mit dem Titel *Über isoperimetrische Figuren* geschrieben hat, in
der bereits viele Schlüsselergebnisse auftauchten.

So hat Zenodorus gezeigt, daß unter allen Polygonen mit der gleichen Zahl
von Kanten das *regelmäßige* Vieleck, wie es schon in Kapitel C vorgekommen
ist, die größte Fläche umschließt.[3] Das gleichseitige Dreieck hat also einen

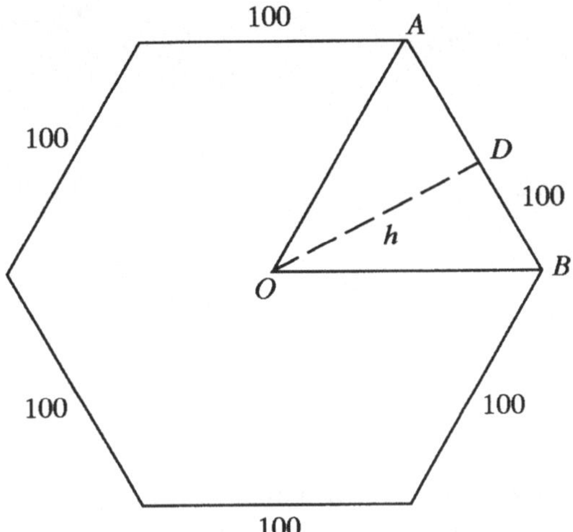

größeren Flächeninhalt als irgendein anderes Dreieck gleichen Umfangs, und das Quadrat ist inhaltsreicher als jedes umfanggleiche Rechteck. Ein Beweis dieses allgemeingültigen Prinzips ist keineswegs einfach.

Aber das isoperimetrische Problem beschränkt sich ja nicht nur auf Dreiecke und Rechtecke. Und tatsächlich, wenn wir unser 600-Meter-Seil in die Form eines regelmäßigen Sechsecks bringen, dessen sechs Kanten jeweils 100 Meter lang sind, dann ist diese Figur noch geräumiger als das Quadrat, wie die Abbildung oben zeigt. Wir wollen dies auch gleich beweisen:

Sei O der Mittelpunkt des regulären Sechsecks mit Kantenlänge 100 und sei h die Länge der Senkrechten auf eine Seite vom Punkt O aus. Die Elementargeometrie lehrt, daß diese Senkrechte die Seite AB halbiert, so daß $\overline{AD} = 50$ ist. Ferner gilt $\overline{OA} = \overline{OB} = \overline{AB} = 100$ Meter. Nach dem Satz des Pythagoras, angewandt auf das rechtwinklige Dreieck $\triangle ODA$, ist $100^2 = 50^2 + h^2$ und daher

$$h = \sqrt{100^2 - 50^2} = \sqrt{7500}$$

in Metern. Also hat das Dreieck $\triangle OAB$ die Fläche

$$\frac{1}{2}bh = \frac{1}{2} \cdot 100 \cdot \sqrt{7500} = 50\sqrt{7500}.$$

Das regelmäßige Sechseck hat die sechsfache Fläche, also $300\sqrt{7500} \approx 25980{,}76$ Quadratmeter, und übersteigt damit die 20 000-Quadratmeter-Fläche des Quadrats gleichen Umfangs von vorhin.

Wenn wir allerdings unser 600-Meter-Seil zu einem regulären Achteck formen, dessen Seitenlänge dann 75 Meter beträgt, so schließt es eine Fläche von 27 159,90 Quadratmetern ein. Und ein regelmäßiges Zwölfeck mit einer Kantenlänge von 50 Metern bringt es sogar auf einen Flächeninhalt von 27 990,38 Quadratmetern, was in der Abbildung auf Seite 130 dargestellt ist.

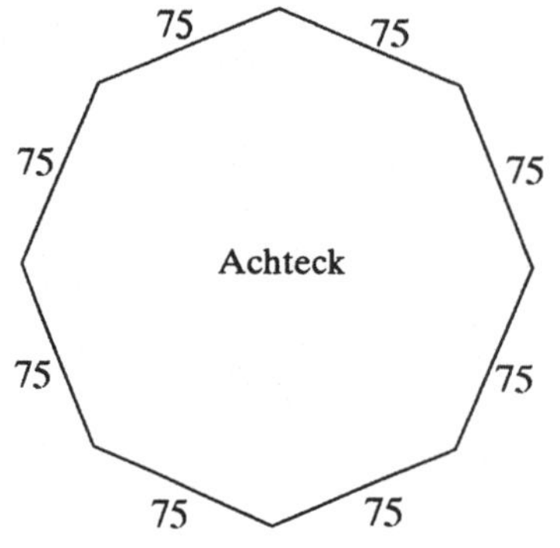

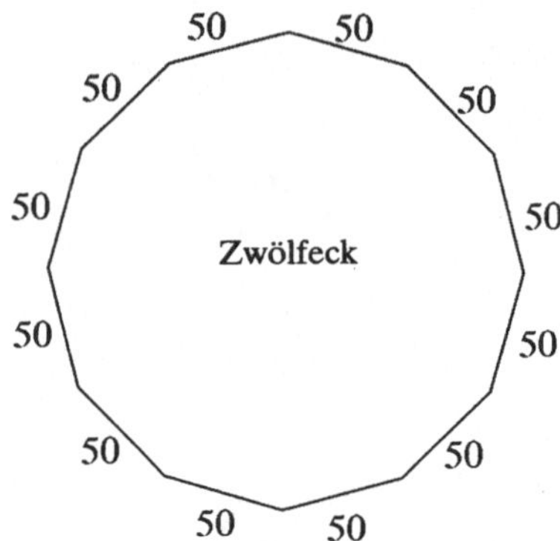

Diese Serie von Beispielen legt es nahe zu vermuten, daß durch Vergrößerung der Eckenzahl regelmäßiger Vielecke bei gleichbleibendem Umfang die umschlossene Fläche ebenfalls zunimmt. Späteren Kommentaren zufolge hat Zenodorus dieses Prinzip so formuliert:

Von allen geradlinigen Figuren mit gleichem Umfang – ich meine gleichseitige und gleichwinklige Figuren – ist das das größte, das die meisten Winkel besitzt.[4]

Dies hat er angeblich auch bewiesen.

An dieser Stelle machen wir einen kleinen Einschub und eine gewaltige Zeitreise um viele Jahrhunderte nach vorn zu Pappus, dem Mathematiker der ausgehenden Antike, dessen Geist um das Jahr 300 n. Chr. die Welt bewegte. Pappus schrieb eine Abhandlung über das Werk des Zenodorus und gab ein Beispiel an, in dem das eben beschriebene isoperimetrische Prinzip angewandt wird. Es mag seltsam erscheinen, daß Pappus es just an der Stelle in seinen Unterricht einbaute, wo er die mathematischen Fähigkeiten der *Bienen* diskutierte, von denen er wohl eine sehr hohe Meinung hatte. Immerhin hat Pappus versichert, daß die Bienen „von sich glauben, es sei ihre höchste Aufgabe, dem kultivierteren Teil der Menschheit einen Anteil vom Ambrosia der Götter zu bringen".[5] Damit implizierte Pappus, daß Bienen den Honig vornehmlich für den menschlichen Konsum produzierten, und schloß dann folgerichtig, daß sie ihn natürlich ohne Platzverschwendung speichern wollten, indem sie ihn in solchermaßen angeordnete Zellen füllten, daß „nichts davon in die Zwischenräume fallen" und verlorengehen könne. Die Zellen in den Bienenwaben mußten also so konstruiert sein, daß erst gar keine Löcher entstanden.

Nimmt man an, daß die Bienenwaben aus *identischen regulären Polygonen* bestehen – und wir können Pappus ja versuchsweise in dem Glauben folgen, die Bienen hätten selbst eine solche Forderung aufgestellt –, so läßt sich die folgende Proposition beweisen.

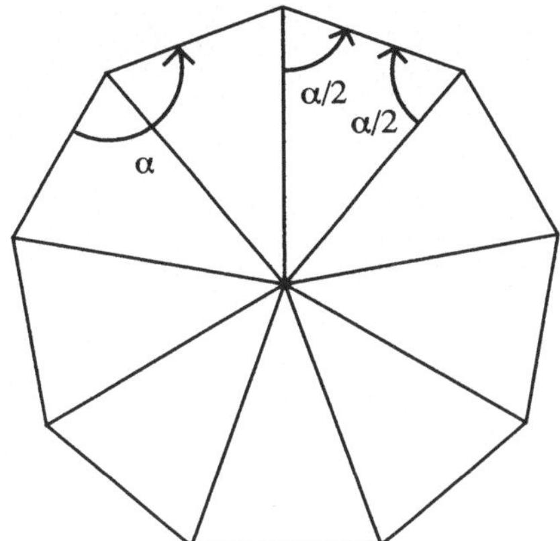

Proposition: Es gibt nur drei Möglichkeiten, identische reguläre Polygone um eine gemeinsame Ecke so anzuordnen, daß kein Zwischenraum entsteht.

Beweis: In einem ersten Beweisschritt bestimmen wir die Größe der Eckenwinkel eines regelmäßigen Vielecks mit 3, 4 oder allgemein mit n Ecken.

Das ist glücklicherweise gar nicht so schwierig. Dazu nehmen wir an, das Polygon habe n Seiten, und jeder Winkel sei von der Größe α. Hierbei ist natürlich $n \geq 3$, denn Vielecke mit zwei oder weniger Ecken gibt es nicht. Vom Mittelpunkt O ziehen wir Geraden zu den Ecken, wodurch das regelmäßige n-Eck in n identische Dreiecke zerlegt wird, wie es die Abbildung oben zeigt. Wir wenden wieder einmal den Trick an, die Winkelsumme aller beteiligten Dreiecke auf zwei Weisen zu berechnen.

Da die Winkelsumme eines Dreiecks 180° beträgt und n Dreiecke in dem Polygon vorhanden sind, ist die Gesamtsumme der Winkel aller Dreiecke einerseits $n \times 180°$. Wir können aber die Winkelsumme dieser n Dreiecke auch anders erhalten. Sie treffen sich alle mit einer Ecke im Mittelpunkt O. Die Summe dieser Eckenwinkel ist gerade der Winkel, der eine vollständige Drehung um diesen Punkt beschreibt, also 360°. Nun haben aber ihre Basiswinkel, derer es $2n$ gibt, jeder die Größe $\alpha/2$. Die Gesamtsumme der Winkel der Dreiecke, die das Polygon ausmachen, ist also andererseits gleich $360° + 2n(\alpha/2) = 360° + n\alpha$. Jetzt setzen wir die beiden erhaltenen Ausdrücke für die Winkelsumme der Dreiecke gleich und lösen nach α auf:

$$\begin{aligned} 360° + n\alpha &= n \times 180° \\ n\alpha &= n \times 180° - 360° \\ \alpha &= \frac{n \times 180° - 360°}{n} = 180° - \frac{360°}{n}. \end{aligned}$$

Nach dieser Formel berechnet sich die Größe der Innenwinkel eines regelmäßigen n-Ecks.

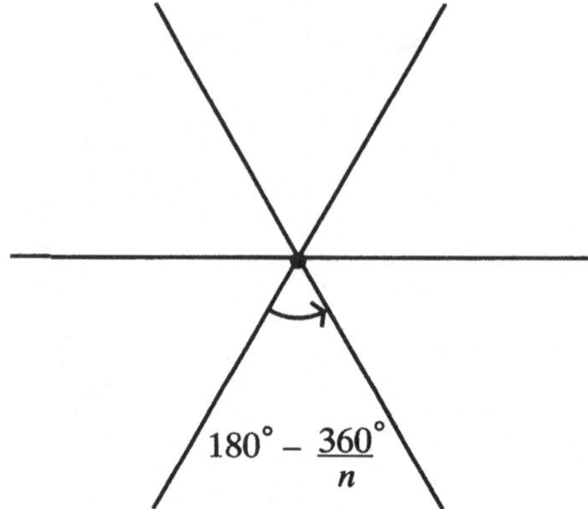

Jetzt wollen wir einmal sehen, was sich in einigen Spezialfällen ergibt. Für $n = 3$ ergibt sich jeder Innenwinkel in einem regelmäßigen, das heißt gleichseitigen Dreieck zu

$$\alpha = 180° - \frac{360°}{3} = 180° - 120° = 60°,$$

was uns natürlich schon lange bekannt ist. Jeder Winkel in einem Quadrat ($n = 4$) hat $180° - 360°/4 = 180° - 90° = 90°$, ist also ein rechter Winkel. Der Innenwinkel eines regelmäßigen Fünfecks ($n = 5$) beträgt $180° - 360°/5 = 180° - 72° = 108°$ und der eines regelmäßigen Sechsecks $180° - 360°/6 = 120°$.

So weit, so gut. Aber die Proposition, die wir beweisen wollen, geht ja darüber hinaus. Wir sollen reguläre Polygone so um eine gemeinsame Ecke anordnen, daß kein Zwischenraum entsteht. Solcherlei Konfigurationen findet man bei Bodenfliesen, die so genau zusammenpassen, daß die verschüttete Milch nicht im Stockwerk darunter von der Decke tropft.

Wir wollen daher einmal bestimmen, *wie viele* regelmäßige n-Ecke in der gemeinsamen Ecke zusammenstoßen können, wenn keine Löcher entstehen sollen. Mit k bezeichnen wir die Anzahl der identischen regulären Polygone, die sich in der Ecke treffen, wie in der Abbildung oben gezeigt ist. Offenbar muß $k \geq 3$ sein, denn zwei oder weniger Polygone können sich nun wirklich nicht lückenlos in einer Ecke zusammenfügen.

Wie bisher bezeichne n die Anzahl der Ecken oder Seiten jedes Polygons. Wir haben gerade festgestellt, daß jeder polygonale Innenwinkel $180° - 360°/n$ beträgt. Da sich k Winkel in der gemeinsamen Ecke treffen, ist die Gesamtsumme der Winkel um die Ecke $k \times (180° - 360°/n)$. Andererseits ist die Summe der Winkel um einen Punkt aber genau $360°$. Damit erhält man die folgende Gleichheit:

$$360° = k \times \left(180° - \frac{360°}{n}\right).$$

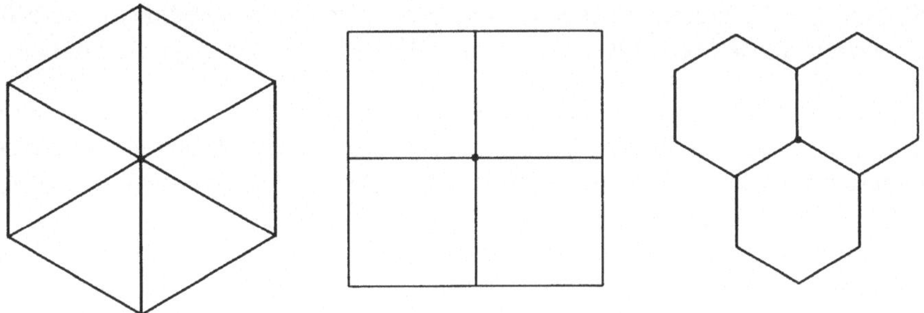

Daraus folgt nach Division beider Seiten durch 360° :

$$1 = k \left(\frac{1}{2} - \frac{1}{n} \right).$$

Schließlich war aber $k \geq 3$, woraus die alles begrenzende Ungleichung

$$1 = k \left(\frac{1}{2} - \frac{1}{n} \right) \geq 3 \left(\frac{1}{2} - \frac{1}{n} \right) = \frac{3}{2} - \frac{3}{n}$$

folgt. Also gilt:

$$\frac{3}{n} \geq \frac{3}{2} - 1 = \frac{1}{2}.$$

Löst man diese Ungleichung nach n auf, so folgt $n \leq 6$.

Diese Ungleichung schränkt die möglichen Arten von Vielecken, die man um eine gemeinsame Ecke anordnen kann, stark ein. Danach darf ein solches n-Eck nämlich höchstens sechs Seiten haben. Wir betrachten nun die möglichen Fälle im einzelnen. Sie sind in der Abbildung oben dargestellt.

a) Wenn $n = 3$ ist, so ist jedes Polygon ein gleichseitiges Dreieck mit Innenwinkel 60°. Man kann $360°/60° = 6$ solche Dreiecke in einer Ecke ohne Lücke zusammensetzen. Es handelt sich also um eine mögliche Konfiguration für Bodenfliesen oder Bienenwaben.

b) Wenn $n = 4$ ist, so ist jedes Polygon ein Quadrat mit rechten Winkeln. Offenbar kann man $360°/90° = 4$ Quadrate um eine Ecke herum zusammenfügen, was erneut die Aufmerksamkeit von Bienen und Pegulanvertretern auf sich ziehen wird.

c) Bei $n = 5$ haben wir bereits festgestellt, daß der Innenwinkel des regelmäßigen Fünfecks 108° beträgt. Aber 108° geht in 360° nicht auf, vielmehr ist $360°/108° = 3\,1/3$. Reguläre Pentagone lassen sich also nicht flächendeckend um einen Punkt drapieren und sind daher in dieser Hinsicht zu verwerfen.

d) Für $n = 6$ erhalten wir regelmäßige Sechsecke mit Innenwinkeln von 120°, wovon wir je $360°/120° = 3$ um eine Ecke herum arrangieren können.

Da $3 \leq n \leq 6$ war, gibt es keine weiteren Möglichkeiten mehr. Wie behauptet, bestehen also die einzig möglichen lückenlosen Anordnungen identischer regelmäßiger Vielecke um einen Mittelpunkt aus sechs gleichseitigen Dreiecken, vier Quadraten oder drei regelmäßigen Sechsecken.

Donnerwetter! Dieser Beweis war doch eine stolze Leistung für die kleinen Bienen des Pappus, und ihre Antennen mögen noch Wochen danach vor Aufregung gezittert haben. Aber auch nach dieser Demonstration mathematischen Scharfsinns stellte sich ihnen noch eine letzte Frage: Welches dieser drei Arrangements ist am besten für ihre Waben geeignet?

Spätestens hier zeigten sie ein tiefgründiges Verständnis für das isoperimetrische Prinzip: Um bei gleicher Menge an verbautem Bienenwachs, also bei gleichem Umfang, eine maximale Honigmenge einlagern zu können, also eine möglichst große Querschnittsfläche zu erhalten, wählten sie dasjenige Vieleck mit den meisten Seiten – das regelmäßige Sechseck! Und jeder Entomologe wird bestätigen, daß Bienen hexagonale Waben herstellen. Pappus schrieb:

Bienen kennen also die ihnen so nützliche Tatsache, daß das Sechseck größer ist als das Quadrat und das Dreieck, so daß sich bei gleichem Materialverbrauch mehr Honig darin speichern läßt.[6]

Nun, damit gestand Pappus den Bienen immerhin mehr mathematische Reife zu, als sie heute in der Reifeprüfung den Schülern abverlangt wird. Für ihn waren Bienen Miniaturgeometer, denen der geometrische Schalk aus jeder Facette ihrer komplexen Augen blitzt.

Das isoperimetrische Prinzip des Zenodorus, das also besagt, daß die Fläche, die durch ein reguläres Polygon eingeschlossen wird, bei festem Wert für den Umfang um so größer wird, je mehr Ecken dieses hat, führt direkt auf ein bemerkenswertes Korollar: Der Kreis als Grenzfigur regulärer Polygone mit immer größer werdender Eckenzahl schließt eine größere Fläche ein als jedes reguläre Polygon gleichen Umfangs. Auch dies soll Zenodorus sauber bewiesen haben.

Diese Schlußfolgerung steht wieder in bester griechischer Tradition. Wir erinnern uns, daß die Griechen bereits vor Euklid die Gerade und den Kreis als die beiden unentbehrlichen geometrischen Figuren verehrten, die sich mit geometrischen Werkzeugen konstruieren lassen. Die Gerade spielt eine herausragende Rolle als kürzeste Verbindung zwischen zwei Punkten. Und nun hatte Zenodorus gezeigt, daß der Kreis der größte Flächeneinschließer ist. Das Gebilde, das der Zirkel des Euklid zeichnet, umfaßt bei gegebenem Umfang die größtmögliche Fläche. Kann es eine bessere Bestätigung für das Ideal dieser Form geben, die die Griechen so bewunderten?

Um diesen Teil des isoperimetrischen Prinzips zu veranschaulichen, kehren wir noch einmal zu unserem 600 Meter langen Seil zurück und legen es in einem

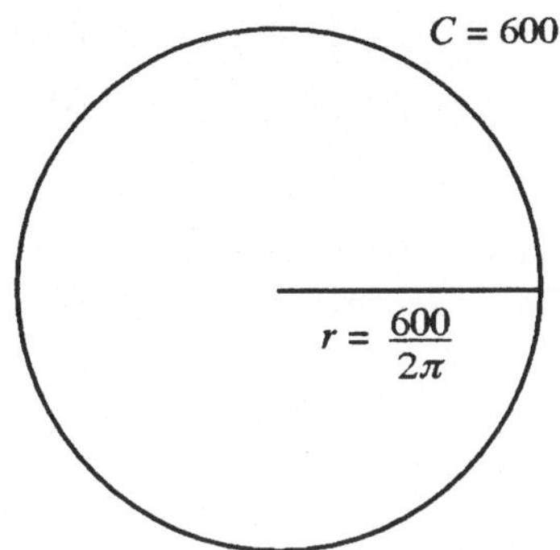

Kreis aus, wie es die Abbildung oben zeigt. Da der Umfang $2\pi r$ beträgt, gilt $600 = 2\pi r$ und damit $r = 600/2\pi$. Nach Kapitel C ist die Kreisfläche durch die Formel $A = \pi r^2$ gegeben. Daher hat unser Kreis die Fläche

$$A\pi \left(\frac{600}{2\pi}\right)^2 = \frac{360\,000}{4\pi} = \frac{90\,000}{\pi} \approx 28\,647{,}89 \text{ Quadratmeter}$$

und ist damit sogar größer als das zuvor betrachtete regelmäßige Zwölfeck. Es gilt also, wie Zenodorus bemerkte: Der Kreis ist größer als jedes reguläre Polygon gleichen Umfangs.

Warum hat Dido nun aber ihre Ochsenhautstreifen in Form eines Halbkreises ausgelegt? Die Antwort liegt darin, daß sie die Linie der Küste als den einen Rand ihres Grundeigentums benutzte, für den sie keine Ochsenhautstreifen opfern mußte. Mit dieser Nebenbedingung ist der Halbkreis tatsächlich die beste Wahl. Wäre Karthago nicht an der Küste, sondern mitten im Inland, vielleicht bei El Djem, gegründet worden, hätte die clevere Prinzessin ihren Grund sicher mit einem Kreis begrenzt.

Aber selbst diese bemerkenswerten Theoreme konnten das isoperimetrische Problem nicht vollständig lösen. Es wäre nämlich durchaus denkbar, den Wert der Grundfläche eines Kreises zu übertreffen, indem nicht reguläre Polygone, wie Zenodorus sie betrachtet hat, sondern Parabeln, Ellipsen oder sonstige irreguläre Kurven, die Zenodorus nicht betrachtet hat, zur Berandung zusammengefügt werden. Wegen der Allgemeinheit dieser möglichen Kurven entzog sich eine endgültige Lösung des Problems den Fähigkeiten griechischer Mathematik. Wie wir schon in Kapitel B bemerkt haben, gerieten gerade die Brüder Johann und Jakob Bernoulli über ein isoperimetrisches Problem in einen ihrer typischen Händel und leisteten dadurch Geburtshilfe bei einem der wirklich tüfteligen Gebiete der Mathematik, der Variationsrechnung.

Aber auch bei dem allgemeiner formulierten isoperimetrischen Problem bleibt die antike Lösung richtig. Von allen geschlossenen Kurven gleicher Länge – Polygone, Ellipsen, Parabeln beispielsweise – schließt der gute alte Kreis die größte Fläche ein – tatsächlich eine erstaunliche Eigenschaft.

Über die Jahrhunderte hat es vielleicht eine Handvoll fruchtbarer Probleme gegeben, die die Mathematiker gleichzeitig angespornt und frustriert haben. Einige, wie die Frage nach primen Mersennezahlen, bleiben offen (vergleiche Kapitel A). Andere, wie die Dreiteilung des Winkels mit Zirkel und Lineal, wurden erst nach jahrhundertelangen Anstrengungen gelöst, wie wir in Kapitel T noch sehen werden. Das isoperimetrische Problem – so einfach zu formulieren und doch so schwer zu lösen – hat einen ähnlichen Stellenwert. Durch die Beiträge verschiedenster fähiger Mathematiker, von der cleveren Prinzessin Dido über Zenodorus und die Bernoullis bis hin zu den genialen Bienen hat es mit Sicherheit seinen Platz unter den mathematischen Klassikern verdient.

Ja oder Nein?

„Beweise sind der Leim, der die Mathematik zusammenhält", sagt der Mathematiker Michael Atiyah – und nicht nur der.[1] So gesehen, scheint der Beweis die Verkörperung der Mathematik schlechthin zu sein. Tatsächlich?

Man kann über diese Behauptung durchaus streiten, schließt die Mathematik in ihr weites Feld doch auch die Abschätzung von Größen, die Konstruktion von Gegenbeispielen, die Untersuchung von Spezialfällen und das routinierte Lösen von Standardproblemen ein. Der Mathematiker arbeitet auch nicht vierundzwanzig Stunden am Tag an den Beweisen seiner Theoreme.

Wenn aber die logische Rechtfertigung theoretischer Propositionen nicht die einzige Beschäftigung in der Mathematik darstellt, so ist sie doch sicherlich das Aushängeschild dieser Disziplin. Nichts unterscheidet sie mehr von den Unternehmungen der anderen Wissenschaften als ihre Verläßlichkeit durch ihre Beweise, die gedanklichen Verknüpfungen und die logischen Ableitungen. Bei seinem Vergleich über Mathematik und Logik hat Bertrand Russell (1872–1970) versichert: „Es ist gänzlich unmöglich geworden, eine Trennungslinie zwischen den beiden zu ziehen, tatsächlich sind die beiden ein und dasselbe."[2]

In diesem Buch wurden bereits einige mathematische Ableitungen vorgestellt. Im ersten Kapitel bewiesen wir die Unendlichkeit der Anzahl der Primzahlen, in Kapitel H gaben wir verschiedene Beweise des Satzes von Pythagoras. Was den mathematischen Gehalt angeht, so waren sie eher simpel. Andere Beweise erfordern mehrere Seiten, mehrere Kapitel oder sogar mehrere Bände. Was in deren Verlauf dem menschlichen Intellekt abverlangt wird, ist nicht nach jedermanns Geschmack. Charles Darwin drückte dies mit beachtlicher Geringschätzung seiner eigenen Fähigkeiten so aus: „Meine Fähigkeit, langen und rein abstrakten Gedankengängen zu folgen, ist sehr beschränkt, deshalb hätte ich niemals erfolgreich Metaphysik oder Mathematik betreiben können."[3] In den eher lakonischen Worten des John Locke klingt das so: „Mathematische Beweise sind wie Diamanten: hart und klar."[4]

362   **PROLEGOMENA TO CARDINAL ARITHMETIC**   [PART II

$*54\cdot42.\quad \vdash :: \alpha \,\epsilon\, 2 . \supset :. \beta \subset \alpha . \exists ! \beta . \beta \neq \alpha . \equiv . \beta \,\epsilon\, \iota``\alpha$

Dem.

$\vdash . *54\cdot4 . \quad \supset \vdash :: \alpha = \iota`x \cup \iota`y . \supset :.$

$\qquad\qquad \beta \subset \alpha . \exists ! \beta . \equiv : \beta = \Lambda . \mathsf{v} . \beta = \iota`x . \mathsf{v} . \beta = \iota`y . \mathsf{v} . \beta = \alpha : \exists ! \beta :$

$[*24\cdot53\cdot56 . *51\cdot161] \qquad \equiv : \beta = \iota`x . \mathsf{v} . \beta = \iota`y . \mathsf{v} . \beta = \alpha \qquad (1)$

$\vdash . *54\cdot25 . \text{Transp} . *52\cdot22 . \supset \vdash : x \neq y . \supset . \iota`x \cup \iota`y \neq \iota`x . \iota`x \cup \iota`y \neq \iota`y :$

$[*13\cdot12] \qquad \supset \vdash : \alpha = \iota`x \cup \iota`y . x \neq y . \supset . \alpha \neq \iota`x . \alpha \neq \iota`y \qquad (2)$

$\vdash . (1) . (2) . \supset \vdash :: \alpha = \iota`x \cup \iota`y . x \neq y . \supset :.$

$\qquad\qquad\qquad \beta \subset \alpha . \exists ! \beta . \beta \neq \alpha . \equiv : \beta = \iota`x . \mathsf{v} . \beta = \iota`y :$

$[*51\cdot235] \qquad\qquad\qquad\qquad \equiv : (\exists z) . z \,\epsilon\, \alpha . \beta = \iota`z :$

$[*37\cdot6] \qquad\qquad\qquad\qquad \equiv : \beta \,\epsilon\, \iota``\alpha \qquad (3)$

$\vdash . (3) . *11\cdot11\cdot35 . *54\cdot101 . \supset \vdash . \text{Prop}$

$*54\cdot43.\quad \vdash :. \alpha, \beta \,\epsilon\, 1 . \supset : \alpha \cap \beta = \Lambda . \equiv . \alpha \cup \beta \,\epsilon\, 2$

    Dem.

$\qquad \vdash . *54\cdot26 . \supset \vdash :. \alpha = \iota`x . \beta = \iota`y . \supset : \alpha \cup \beta \,\epsilon\, 2 . \equiv . x \neq y .$

$\qquad [*51\cdot231] \qquad\qquad\qquad\qquad\qquad \equiv . \iota`x \cap \iota`y = \Lambda .$

$\qquad [*13\cdot12] \qquad\qquad\qquad\qquad\qquad \equiv . \alpha \cap \beta = \Lambda \qquad (1)$

$\qquad \vdash . (1) . *11\cdot11\cdot35 . \supset$

$\qquad\qquad \vdash :. (\exists x, y) . \alpha = \iota`x . \beta = \iota`y . \supset : \alpha \cup \beta \,\epsilon\, 2 . \equiv . \alpha \cap \beta = \Lambda \qquad (2)$

$\qquad \vdash . (2) . *11\cdot54 . *52\cdot1 . \supset \vdash . \text{Prop}$

From this proposition it will follow, when arithmetical addition has been defined, that $1 + 1 = 2$.

Russell und Whitehead beweisen 1+1=2

(Aus: Alfred North Whitehead and Bertrand Russell: *Principia Mathematica*, Vol. 1, 1935. Nachdruck mit freundlicher Genehmigung der Cambridge University Press.)

Was ist nun eigentlich der Beweis eines mathematischen Satzes? Diese Frage ist keineswegs so klar gestellt und eindeutig zu beantworten, wie es den Anschein hat. Hier kommen neben den mathematischen Aspekten auch philosophische und psychologische ins Spiel. Auch Aristoteles spürte dies, als er den Beweis als „eine Angelegenheit nicht des äußerlichen Diskurses, sondern der Meditation innerhalb der Seele" beschrieb.[5]

Ebenso gültig ist Russells Beobachtung, daß der Mathematiker niemals „den gesamten Denkprozeß" zu Papier bringen kann, sondern sich auf „solch eine abstrakte Darstellung des Beweises" beschränken muß, „die ausreicht, einen geeignet vorgebildeten Geist zu überzeugen".[6] Damit wies er darauf hin, daß eine jede mathematische Aussage auf anderen Aussagen und Definitionen beruht, die ihrerseits wieder auf weiteren Aussagen und Definitionen basieren, so daß es schlichtweg unsinnig wäre zu verlangen, jeden Beweis bis zu *jeder* seiner logischen Wurzeln zurückzuverfolgen.

Andererseits schien Russell selbst seinen eigenen Ratschlag zu vergessen, als er zusammen mit Alfred North Whitehead (1861–1947) in den frühen Jahren des zwanzigsten Jahrhunderts das in seiner Weitschweifigkeit schon großartige

Werk *Principia Mathematica* verfaßte. Darin versuchten die beiden Philosophen und Mathematiker, die gesamte Mathematik auf fundamentale logische Prinzipien zurückzuführen, und ließen keine, nicht die kleinste Einzelheit dabei aus. Das Resultat war dementsprechend: In ihrer Sorgfalt gingen sie so weit, daß sie immerhin schon auf Seite 362, in Abschnitt 54.43 eines Kapitels mit dem Titel „Prolegomena to Cardinal Arithmetik", beweisen konnten, daß $1 + 1 = 2$ ist. Einen Originalausschnitt des Werkes zeigt übrigens die Abbildung auf Seite 138. Nun, was lernen wir daraus? Zumindest das eine: In den *Principia* lief die Beweistechnik Amok.

In diesem Kapitel wollen wir versuchen, vernünftig zu bleiben. Für unsere Zwecke soll es ausreichen, unter einem Beweis jede Art von Argument zu verstehen, das nach den Regeln der Logik gezimmert ist und unanfechtbar von der Gültigkeit einer Behauptung überzeugt. Fragen wie „Wen überzeugt sie?" oder „Unanfechtbar nach wessen Standards?" wollen wir auf ein andermal verschieben.

Natürlich könnten wir alternativ auch untersuchen, was ein Beweis denn gerade nicht ist. Eindeutig nicht erlaubt sind zum Beispiel die Berufung auf die Intuition oder den gesunden Menschenverstand oder gar eine Argumentation durch Einschüchterung. Wir sprechen auch nicht von jenen Beweisen „ohne den Schatten eines Zweifels", wie sie als Schuldbeweise in Gerichtsverhandlungen vorkommen. Für Mathematiker sind Beweise nicht nur jenseits des Schattens eines Zweifels, sie sind jenseits *jeden* Zweifels.

Die Diskussion des Beweises in der Mathematik kann in viele Richtungen gehen. Hier wollen wir vier wichtige Maximen in den Vordergrund stellen und eine ganz wesentliche Frage zur Natur des Beweises in der Mathematik aufwerfen, die immer mehr an Bedeutung gewinnt.

Maxime 1: Ein paar Beispiele sind nicht genug.

In den Naturwissenschaften, und erst recht im täglichen Leben, nehmen wir ein Prinzip als gültig an, wenn es sich durch wiederholte Experimente verifizieren läßt. Wenn die Zahl der positiven Versuche groß genug ist, sagen wir, das „Gesetz ist bewiesen".

Für einen Mathematiker aber sind die Ergebnisse in einigen wenigen Beispielfällen, auch wenn sie noch so suggestiv sein mögen, keinesfalls ein Beweis. Zur Verdeutlichung dieses Phänomens wollen wir die folgende Vermutung betrachten:

Vermutung: Wenn man eine positive ganze Zahl in das Polynom $f(n) = n^7 - 28n^6 + 322n^5 - 1960n^4 + 6769n^3 - 13\,132n^2 + 13\,069n - 5040$ einsetzt, ergibt sich stets die eingesetzte Zahl. Formal wird also behauptet, daß für jede natürliche Zahl n gilt $f(n) = n$.

Stimmt das? Ein ganz natürliches Verfahren, unbefangen an diese Frage heranzugehen, könnte darin bestehen, ein paar Zahlen einzusetzen und nachzusehen, was herauskommt. Für $n = 1$ erhält man:

$$f(1) = 1 - 28 + 322 - 1960 + 6769 - 13\,132 + 13\,069 - 5040 = 1,$$

wie behauptet. Wenn wir $n = 2$ einsetzen, so ergibt sich:

$$f(2) = 2^7 - 28 \cdot 2^6 + 322 \cdot 2^5 - 1960 \cdot 2^4 + 6769 \cdot 2^3 - 13\,132 \cdot 2^2 + 13\,069 \cdot 2 - 5040 = 2,$$

was die These wiederum unterstützt. Der Leser mag sich seines Rechners bedienen und nachprüfen, daß in der Tat $f(3) = 3, f(4) = 4, f(5) = 5, f(6) = 6$ und sogar

$$f(7) = 2^7 - 28 \cdot 7^6 + 322 \cdot 7^5 - 1960 \cdot 7^4 + 6769 \cdot 7^3 - 13\,132 \cdot 7^2 + 13\,069 \cdot 7 - 5040 = 7$$

ist. Hinweise auf die Richtigkeit der Behauptung sammeln sich an. Einige, besonders diejenigen, die sich enthusiastisch an der Ausführung geistloser Rechnungen ergötzen, werden die Behauptung als wahr bezeichnen.

Ist sie aber nicht. Setzt man nämlich $n = 8$ ein, so folgt:

$$f(8) = 8^7 - 28 \cdot 8^6 + 322 \cdot 8^5 - 1960 \cdot 8^4 + 6769 \cdot 8^3 - 13\,132 \cdot 8^2 + 13\,069 \cdot 8 - 5040 = 5048,$$

und das ist nun mal nicht gleich 8. Man könnte nun fortfahren und würde feststellen, daß $f(9) = 40\,329, f(10) = 181\,450$ und $f(11) = 604\,811$ ist. Die Behauptung ist nicht nur falsch, sie liegt eigentlich völlig daneben. Die Vermutung, die sich also in den Fällen $n = 1, 2, 3, 4, 5, 6$ und 7 ausgezeichnet bestätigt hat, ist total falsch.

Das fragliche Polynom erhält man, indem man den Ausdruck

$$f(n) = n + [(n - 1)(n - 2)(n - 3)(n - 4)(n - 5)(n - 6)(n - 7)]$$

ausmultipliziert und nach Potenzen von n sortiert. Setzt man nun $n = 1$ ein, so wird der Term $(n - 1)$ zu null und annulliert das gesamte Produkt in der eckigen Klammer. Also ist $f(1) = 1 + 0 = 1$. Für $n = 2$ ist $n - 2 = 0$ und damit $f(2) = 2 + 0 = 2$. Analog ist $f(3) = 3 + 0 = 3$, und so weiter, bis $f(7) = 7 + 0 = 7$. Danach aber wird der Ausdruck in der eckigen Klammer nicht mehr ausgelöscht, und so ist zum Beispiel $f(8) = 8 + 7! = 5048$.

Nun kommt man sehr schnell auf die Idee, das Beispiel zu verallgemeinern. Nehmen wir einmal an, wir hätten das Polynom

$$g(n) = n + [(n - 1)(n - 2)(n - 3) \cdots (n - 1\,000\,000)]$$

eingeführt und die Vermutung geäußert, daß $g(n) = n$ ist für alle natürlichen Zahlen n.

Würden wir den Ausdruck ausmultiplizieren und nach Potenzen von n ordnen, hätten wir die gigantische explizite Darstellung eines Polynoms millionsten Grades. Gingen wir bei der Untersuchung der Vermutung wie vorhin vor, so könnten wir $g(1) = 1, g(2) = 2$, und so weiter, bis $g(1\,000\,000) = 1\,000\,000$ bestätigen.

Wer würde angesichts einer *Million* aufeinanderfolgender bestätigender Beispiele bezweifeln, daß $g(n)$ immer den Wert n liefert? Für alle diejenigen, die über einen gesunden Menschenverstand verfügen, sollten doch eine Million Erfolge in glatter Serie einen Beweis darstellen, der über den geringsten Zweifel erhaben ist. Nun, Mathematiker sind verrückt genug, dennoch zu zweifeln – und sie haben recht: Schon der nächste Versuch, $g(1\,000\,001)$, ergibt den Wert $1\,000\,001 + (1\,000\,000)!$, was astronomisch viel größer ist als der erwartete Wert von $1\,000\,001$.

Dieses kleine Beispiel sollte ein klarer Beleg für die erste Maxime des mathematischen Beweises sein: Eine Behauptung muß für *alle* möglichen Fälle nachgewiesen werden und nicht nur für ein paar Millionen.

Maxime 2: Je einfacher, desto besser.

Mathematiker bewundern Beweise, die genial sind. Mathematiker bewundern aber ganz besonders Beweise, die genial und kurz sind – mit schlanken, sparsam ausgeführten Argumenten, die ohne Umschweife auf den wesentlichen Punkt kommen und die Behauptung unmittelbar treffen. Solche Beweise empfindet man als elegant.

Mathematische Eleganz unterscheidet sich nicht wesentlich von der Eleganz in anderen Gebieten. Sie hat sehr viel gemein mit der künstlerischen Eleganz eines Ölgemäldes von Monet, der mit nur wenigen gewandten Pinselstrichen eine französische Landschaft skizzieren konnte, oder mit einem Haiku-Gedicht, dessen Sinn weit über die Bedeutung der Worte hinausgeht. Eleganz ist letztlich eine Frage der Ästhetik und nicht der Mathematik.

Wie jedes Streben nach Vollkommenheit ist auch das nach Eleganz nicht immer von Erfolg gekrönt. Mathematiker streben nach kurzen und prägnanten Beweisen, müssen sich aber sehr oft mit mühsamen, öden und geisttötenden Ableitungen zufriedengeben. So erfordert beispielsweise ein *einziger* Beweis aus der abstrakten Algebra, der die sogenannten einfachen endlichen Gruppen klassifiziert, mehr als 5000 Seiten – jedenfalls, als zuletzt gezählt wurde. Eleganz sollte man dort nicht suchen.

Den höchsten Grad an Eleganz besitzt für einen Mathematiker der „Beweis ohne Worte", in dem eine genial konzipierte Abbildung einen Beweis symbolisiert, der keiner weiteren Erklärung bedarf. Man kann nur schwerlich mehr mathematische Eleganz erreichen.

Betrachten wir die folgende Behauptung:

Satz: Ist n eine natürliche Zahl, so ist $1 + 2 + 3 + \ldots + n = \frac{1}{2}n(n + 1)$.

Wenn wir also die ersten n positiven ganzen Zahlen aufsummieren, so ist diese Summe immer gleich der Hälfte des Produktes der Zahlen n und $n + 1$. Für

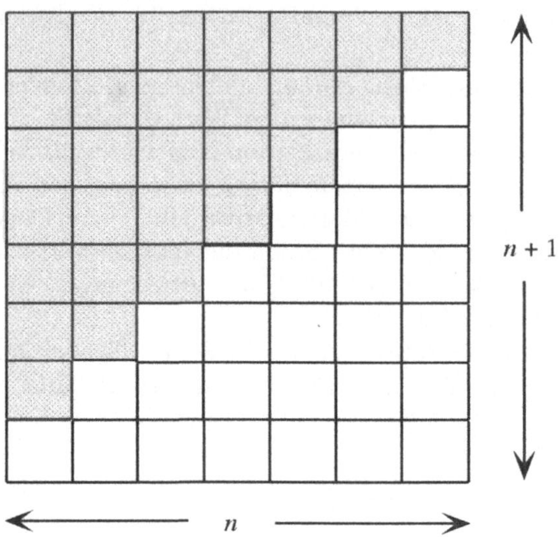

einige spezielle Werte von n läßt sich dies ohne Mühe nachprüfen, zum Beispiel für $n = 6$:

$$1 + 2 + 3 + 4 + 5 + 6 = 21 = \frac{1}{2} \cdot 6 \cdot 7.$$

Aber unsere erste Maxime sollte uns warnen: Zu vorschnell wird häufig vom Spezialfall auf das Allgemeine geschlossen. Statt dessen wollen wir die Behauptung ganz allgemein durch die obige Abbildung beweisen.

Hier gehen wir von einer treppenförmigen Anordnung aus, bestehend aus einem Block plus zwei Blöcken plus drei Blöcken und so weiter. Diese wird kopiert, wie es durch die Schattierung wiedergegeben ist. Beide Treppenblöcke werden zusammengefügt und ergeben somit ein rechteckiges Feld der Dimension $n \times (n+1)$. Da das Rechteck aus zwei identischen Treppenblöcken besteht und sich andererseits die Fläche des Rechtecks als Produkt von Länge und Breite ergibt, also $n \cdot (n+1)$, muß die Fläche eines Treppenblocks die Hälfte der Rechteckfläche betragen. Also ist $1 + 2 + 3 + \ldots + n = \frac{1}{2}n(n+1)$, wie es behauptet wurde.

Der Leser mag nun – zu Recht – einwerfen, daß der „Beweis ohne Worte" von einem ganzen Paragraphen der Erklärung begleitet war. Aber diese verbale Erklärung war eigentlich unnötig – das Bild *ist* mehr wert als tausend Worte. In der Zeitschrift *College Mathematics Journal* existiert sogar eine regelmäßige Sparte mit solchen „Beweisen ohne Worte".

Betrachten wir nun einen weiteren Beweis, dessen Eleganz nicht zu leugnen ist. Nehmen wir einmal an, wir addieren, mit 1 beginnend, aufeinanderfolgende ungerade Zahlen:

$$1 + 3 + 5 + 7 + 9 + 11 + 13 + \ldots$$

Erste Experimente scheinen darauf hinzudeuten, daß sich immer eine Quadratzahl als Summe ergibt, unabhängig davon, wie weit wir die Summation ausführen. So ist zum Beispiel

$$1 + 3 + 5 = 9 = 3^2,$$
$$1 + 3 + 5 + 7 + 9 = 25 = 5^2,$$
$$1 + 3 + 5 + 7 + 9 + 11 + 13 + 15 + 17 + 19 + 21 + 23 + 25 + 27 = 196 = 14^2.$$

Stimmt das immer? Und wenn ja, wie beweist man dies allgemein?

Die folgende Argumentation, zu der ein wenig Algebra nötig ist, beruht auf der Tatsache, daß eine gerade Zahl immer ein Vielfaches von 2 ist und daher die Form $2n$ hat, wobei n eine ganze Zahl ist, während ungerade Zahlen immer um eins niedriger sind als ein Vielfaches von 2 und daher in der Form $2n - 1$ für eine ganze Zahl n dargestellt werden können.

Satz: Die Summe aufeinanderfolgender ungerader Zahlen, beginnend mit 1, ist eine Quadratzahl.

Beweis: Es sei S die Summe aufeinanderfolgender ungerader Zahlen von 1 bis $2n - 1$, also

$$S = 1 + 3 + 5 + 7 + \ldots + (2n - 1).$$

Offenbar kann S berechnet werden, indem von der Summe *aller* ganzen Zahlen von 1 bis $2n$ die Summe der *geraden* ganzen Zahlen von 1 bis $2n$ abgezogen wird. Das heißt:

$$\begin{aligned} S &= [1 + 2 + 3 + 4 + 5 + \ldots + (2n - 1) + 2n] - [2 + 4 + 6 + 8 + \ldots + 2n] \\ &= [1 + 2 + 3 + 4 + 5 + \ldots + (2n - 1) + 2n] - 2[1 + 2 + 3 + 4 + \ldots + n], \end{aligned}$$

wobei aus dem Ausdruck in der zweiten Klammer nur ein Faktor 2 ausgeklammert wurde.

Die erste Klammer enthält die Summe der natürlichen Zahlen von 1 bis $2n$, die zweite die derjenigen von 1 bis n. Nach dem Resultat des vorigen „Beweises ohne Worte" über die Summe solcher Zahlenfolgen können wir die abgeleitete Formel hier zweimal anwenden und erhalten:

$$S = \frac{1}{2}2n(2n + 1) - 2\left[\frac{1}{2}n(n + 1)\right].$$

Daraus folgt weiter:

$$S = n(2n + 1) - n(n + 1) = 2n^2 + n - n^2 - n = n^2.$$

Also ist unabhängig von dem Wert von n die Summe der aufeinanderfolgenden ungeraden Zahlen von 1 bis n gleich der Quadratzahl n^2. Damit ist der Beweis in aller Allgemeinheit erbracht.

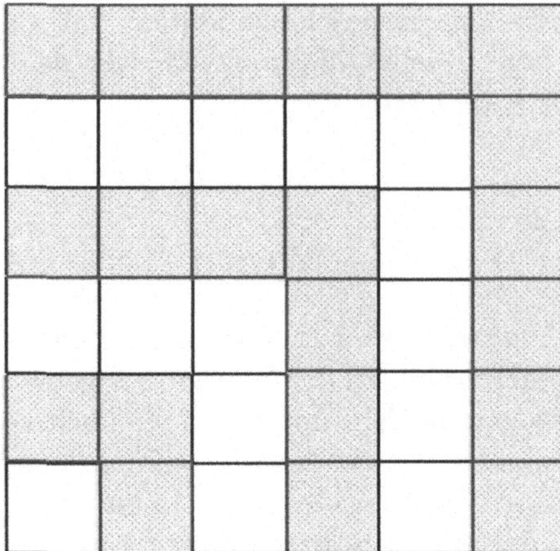

Ein eleganter Beweis. Aber wenn wir schon nach Eleganz suchen, sollten wir die Abbildung oben ansehen. Die enthält nämlich einen anderen, noch kürzeren Beweis – und wiederum ohne Worte. Hier sind die ungeraden Zahlen – ein Block, drei Blöcke, fünf Blöcke und so weiter – in einem ganz speziellen Schema angeordnet. Ein einzelner weißer Block bildet die linke untere Ecke. Er wird von drei schattierten Blöcken umgeben, so daß ein 2×2-Quadrat entsteht. Fünf weiße Blöcke an der rechten und der oberen Seite ergeben insgesamt ein 3×3-Quadrat. Mit den nächsten sieben schattierten Blöcken entsteht ein 4×4-Quadrat und so weiter. Das Diagramm macht auf diese Weise deutlich, daß die Summe aufeinanderfolgender ungerader Zahlen immer zu einem (geometrischen) Quadrat führt. Diesem Beweis wohnt eine gewisse Natürlichkeit inne. Er war den Griechen schon vor 2000 Jahren bekannt und kann heute von jedem Kind mit Bauklötzen nachvollzogen werden.

Winston Churchill hat einmal bemerkt: „Kurze Sprichworte sind die besten, und die alten Sprichworte sind, wenn sie auch noch kurz sind, die allerbesten."[7] Diese elegante Beschreibung läßt sich hier so umformulieren: Alte Beweise sind die besten, und die alten Beweise sind, wenn sie auch noch kurz sind, die allerbesten.

Maxime 3: Gegenbeispiele zählen.

In der Mathematik gibt es ein unanfechtbares Grundgesetz: Um eine allgemeine Gesetzmäßigkeit zu beweisen, bedarf es eines allgemeingültigen Argumentes. Um sie aber zu widerlegen, bedarf es nur eines einzigen Spezialfalles, in dem die Aussage nicht zutrifft. Solch einen Spezialfall nennt man dann ein *Gegenbeispiel*, und ein gutes Gegenbeispiel ist schon sein Geld wert. Nehmen wir zum Beispiel an, wir hätten es mit der folgenden Vermutung zu tun:

Vermutung: Für positive Zahlen a und b gilt $\sqrt{a^2 + b^2} = a + b$.

Im Lauf der Zeit haben Hunderte von Tausenden von Schülern genau diese Formel bei der Lösung ihrer Aufgaben benutzt, wie Generationen von Lehrern bestätigen werden. Sie ist aber absurd, und um das zu zeigen, benötigen wir ein Gegenbeispiel. Ist zum Beispiel $a = 3$ und $b = 4$, dann ist $\sqrt{a^2 + b^2} = \sqrt{3^2 + 4^2} = \sqrt{25} = 5$, wohingegen $a + b = 3 + 4 = 7$ ist. Dieses Gegenbeispiel alleine ist ausreichend, und die Vermutung landet auf dem mathematischen Müllhaufen.

Man kommt also zu der Erkenntnis, daß es einerseits zur Verifikation eines Theorems vielleicht eines fünfzigseitigen Beweises bedarf, andererseits zur Widerlegung aber ein einziges Gegenbeispiel ausreicht. Im großen Kampf um Beweis oder Widerlegung scheinen die Rollen nicht gerecht verteilt zu sein – doch Achtung: Die Suche nach Gegenbeispielen ist keineswegs so einfach, wie es scheinen mag. Folgende Geschichte kann dies belegen.

Vor mehr als zwei Jahrhunderten vermutete Euler, daß man mindestens drei Kubikzahlen addieren müsse, um wieder eine Kubikzahl zu erhalten. Er spekulierte weiter, daß man mindestens vier vierte Potenzen aufsummieren müsse, um wieder eine vierte Potenz zu erhalten, mindestens fünf fünfte Potenzen, um eine fünfte Potenz erhalten zu können, und so weiter.

Als Beispiel hierfür betrachten wir die Summe der Kuben $3^3 + 4^3 + 5^3 = 27 + 64 + 125 = 216$, und das ist gerade 6^3. Hier setzen sich also *drei* Kubikzahlen zu einer Kubikzahl zusammen. Euler behauptete – und bewies sogar – andererseits, daß die Summe von nur *zwei* Kuben niemals eine Kubikzahl ergibt. Der Leser, der Kapitel F studiert hat, wird hierin einen Spezialfall der Fermatschen Vermutung für $n = 3$ erkennen.

Geht man nun einen Grad höher, so kann man tatsächlich vier vierte Potenzen – auch Biquadrate genannt – finden, die sich zu einem Biquadrat aufsummieren. Dieses Beispiel springt allerdings nicht sofort ins Auge:

$$30^4 + 120^4 + 272^4 + 315^4 = 353^4.$$

Euler vermutete, daß *drei* Biquadrate in der Summe niemals ausreichen, aber er lieferte hierfür keinen Beweis. Er behauptete sogar ganz allgemein, daß man mindestens n n-te Potenzen addieren muß, um wieder eine n-te Potenz zu bekommen.

So war der Stand der Dinge 1778, und so war er auch noch annähernd zwei Jahrhunderte später. Diejenigen, die Euler glaubten, konnten seine Vermutung nicht beweisen, und diejenigen, die ihm nicht glaubten, fanden sich nicht in der Lage, ein spezielles Gegenbeispiel zusammenzustricken. Die Frage blieb offen.

Dann aber, im Jahre 1966, entdeckten die Mathematiker Leon Lander und Thomas Parkin die Beziehung:

$$27^5 + 84^5 + 110^5 + 133^5 = 61\,917\,364\,224 = 144^5.$$

Hier ergibt sich eine fünfte Potenz als Summe von nur *vier* fünften Potenzen. Euler war widerlegt. Schließlich traktierte zwei Dekaden später ein leistungs-

starker Rechner hundert Stunden seine elektronischen Schaltkreise und fand
das noch bemerkenswertere Gegenbeispiel:

$$95\,800^4 + 217\,519^4 + 414\,560^4 = 422\,481^4.$$

Dies zeigt, daß bereits drei, und nicht erst Eulers vier, Biquadrate eine vierte
Potenz erzeugen können.[8]

Die bei der Suche nach diesen Gegenbeispielen aufgebrachte Anstrengung
war enorm – auch wenn sie von Computern bewältigt wurde. Man könnte dies
in einem Korollar zu Maxime 3 zusammenfassen: Manchmal ist es schwieriger,
etwas zu widerlegen, als es zu beweisen.

Maxime 4: Man kann auch die Nichtexistenz beweisen.

Beim Friseur oder am Stammtisch hört man oft die alte Binsenweisheit, daß
man nicht beweisen könne, daß es etwas nicht gibt. Diese Aussage kommt
beispielsweise so zustande:

A: „Ich habe am Schwarzen Brett im Supermarkt gelesen, daß ein Wolpertinger im Lotto gewonnen hat."

B: „Wolpertinger gibt's doch gar nicht."

A: „Was sagen Sie?"

B: „Ich sage, Wolpertinger gibt es nicht."

A: „Sind Sie sicher? Können Sie *beweisen*, daß es keine gibt?"

B: „Hmm ... nein. Aber daß es etwas nicht gibt, kann man ja sowieso nie
beweisen."

Da wird ein großes Wort gelassen ausgesprochen. Sagt dieser markige Kern-
satz doch aus, daß wir nie mit letzter Sicherheit die Nichtexistenz von Elfen
oder Elvis nachweisen können.

Mathematiker – sogar die Elvis-Presley-Fans unter ihnen – wissen es zum
Glück besser. So wird, zum Teil mit den großartigsten und tiefgründigsten
mathematischen Argumenten, gezeigt, daß Zahlen mit gewissen Eigenschaften
oder gewisse geometrische Objekte und Konstruktionen einfach nicht existieren
können und es auch nicht tun. Solche Nichtexistenz-Beweise werden mit der
schärfsten aller Waffen geführt: mit der kalten, klaren Logik.

Der Binsenweisheit, daß man Nichtexistenzen nicht beweisen könne, liegt
allerdings eine etwas andere Auffassung von Nichtexistenz zugrunde. Um die
Nichtexistenz des Wolpertingers zu beweisen, müßte man schließlich unter jedem Stein in den Alpen – und hinter jedem Kruzifix – nachsehen, ob dort
wirklich keiner sitzt. Ein wahrhaft aussichtsloses Unterfangen.

Um Nichtexistenz logisch zu manifestieren, verfolgen Mathematiker eine
ganz andere Strategie, die natürlich logisch einwandfrei ist. Man nimmt einfach an, das fragliche Objekt existiere *doch*, und untersucht die sich daraus

ergebenden Konsequenzen. Wenn man zeigen kann, daß die Annahme der Existenz zu einem Widerspruch führt, so kann man nach den Gesetzen der Logik schließen, daß die Existenzannahme falsch war. Der Schluß auf die Nichtexistenz ist abgesichert. Auch die Tatsache, daß wir einen indirekten Weg gegangen sind, tut dem keinen Abbruch.

In Kapitel Q werden wir den berühmtesten Nichtexistenz-Beweis kennenlernen: Es gib keinen Bruch, der der Zahl $\sqrt{2}$ gleich ist. Für unsere gegenwärtigen Zwecke wollen wir uns mit einem einfacheren Beispiel begnügen:

Satz: Es gibt kein Viereck mit Seiten der Längen 2, 3, 4 und 10.

Zur praktischen Lösung dieses Problems könnte man Hölzchen dieser Längen zurechtschneiden und versuchen, sie in Form eines Vierecks auszulegen. Das kann zwar sehr erhellend sein, ist aber in einem logischen Sinne mit der Suche nach dem Wolpertinger unter dem alpinen Gestein vergleichbar. Selbst wenn wir Jahre mit erfolglosen Versuchen zubringen, aus den Hölzchen ein Viereck zu legen, schließt das die Möglichkeit nicht aus, daß sie nicht doch irgend jemand eines schönen Tages in einem Viereck arrangiert.

Wir werden die Nichtexistenz also indirekt nachweisen. Wir nehmen also an – und das ist der geniale strategische Schachzug –, daß es ein Viereck mit den Seitenlängen 2, 3, 4 und 10 *gibt*, und versuchen, einen Widerspruch herbeizuführen.

Das von uns erdachte Viereck ist in der Abbildung unten dargestellt. Dabei gehen wir einmal von der Annahme aus, die Seiten kämen in der Reihenfolge 10, 2, 3, 4 vor. Wir zeichnen die gestrichelte Diagonale ein, wodurch das Viereck in zwei Dreiecke zerlegt wird. Die Länge der Diagonalen wollen wir mit x bezeichnen. Wie bereits in Kapitel G erwähnt, hat Euklid gezeigt, daß jede Seite eines Dreiecks kürzer ist als die Summe der Längen der beiden anderen. Im Dreieck $\triangle ABC$ muß also gelten $10 < 4 + x$. Nach demselben Satz, angewandt auf $\triangle ADC$, gilt $x < 2 + 3$. Aus der Kombination dieser beiden Ungleichungen folgt:

$$10 < 4 + x < 4 + (2 + 3) = 9.$$

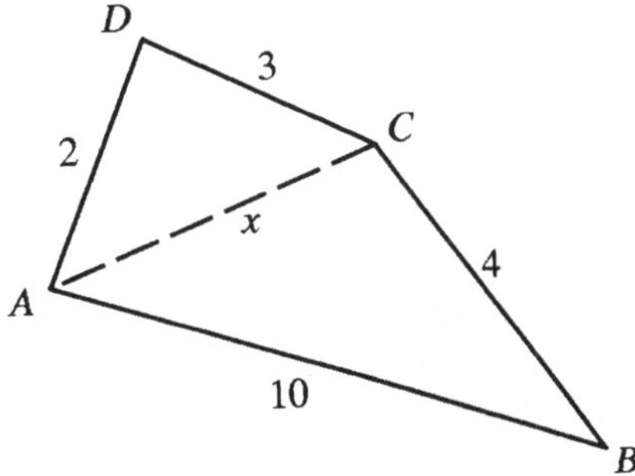

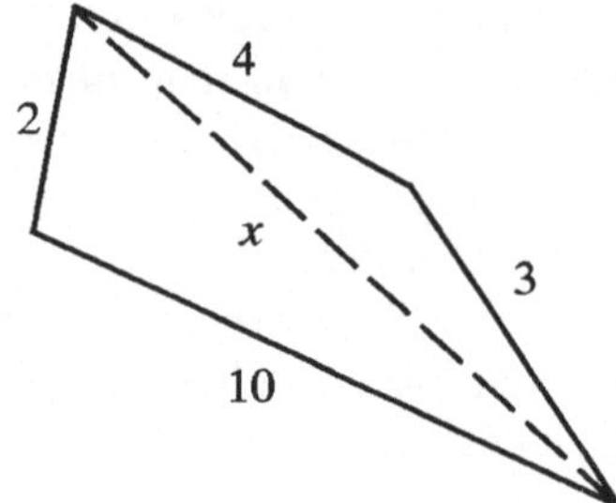

Aber die Ungleichung $10 < 9$ ist absurd. Unsere ursprüngliche Annahme
über die Existenz des beschriebenen Vierecks führte auf diesen Widerspruch,
weswegen wir die Annahme als unrichtig verwerfen müssen.

In der betrachteten Anordnung sind die vier Seiten in der Reihenfolge 10, 2,
3 und 4 im Uhrzeigersinn angeordnet. Es gibt aber noch andere Möglichkeiten,
die vier Seiten zusammenzusetzen – genau genommen sind es zwei weitere
wesentlich verschiedene Anordnungen. Doch auch in diesen Fällen führt eine
analoge Argumentation zu einem Widerspruch. Ein Fall ist in der obigen
Abbildung dargestellt. Dort leitet man den Widerspruch $10 < 2 + x < 2 +$
$(3 + 4) = 9$ ab.

Es gibt daher keinen Grund, weiter zu suchen und die Hölzchen auf andere
Weise anzuordnen. Das fragliche Viereck existiert nicht, und seine Nichtexistenz ist durch logische Schlüsse bewiesen.

Der Beweis durch Widerspruch stellt eine taktische Meisterleistung der Logik dar. Indem man das Gegenteil des zu Beweisenden annimmt, scheint man
zwar das eigentliche Ziel aufs Spiel zu setzen. Aber im letzten Moment wird
die Katastrophe abgewendet. G. H. Hardy (1877–1947) hat den Beweis durch
Widerspruch einmal beschrieben als „die feinste Waffe des Mathematikers. Er
ist eine viel subtilere Attacke als jeder Angriff beim Schach: Ein Schachspieler
mag einen Bauern oder sogar einen Offizier als Opfer anbieten, der Mathematiker aber bietet gleich das ganze Spiel an."[9]

Frage: Muß Mathematik von Menschen gemacht werden?

Seit den 70er und 80er Jahren schiebt sich eine beunruhigende Vision ins Blick-
feld der Mathematiker. Es ist die Vision des Computers, der in Windeseile und
mit praktischer Unfehlbarkeit die Aufgabe des Beweisens von Theoremen an
sich reißt.

Wir haben schon einige Beispiele angegeben, in denen der Computer Gegenbeispiele geliefert hat, mit denen eine Behauptung *widerlegt* wurde. Die
Entdeckung der Identität $95\,800^4 + 217\,519^4 + 414\,560^4 = 422\,481^4$ versetzte
der Vermutung von Euler den Todesstoß, und man kann darüber sinnieren,

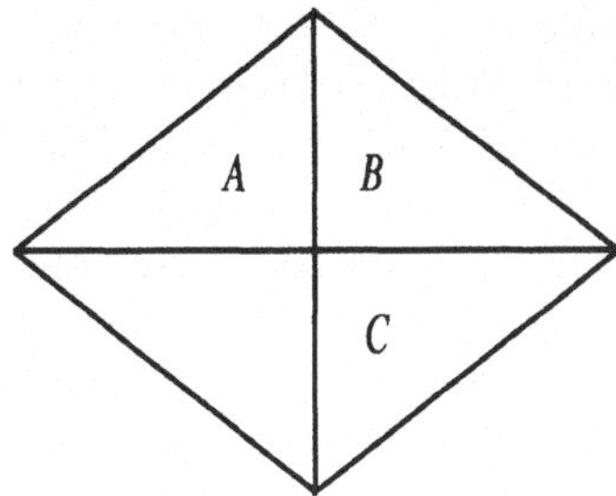

wie lange es wohl gedauert hätte, bis die menschliche – im Gegensatz zur maschinellen – Intelligenz dieses Gegenbeispiel gefunden hätte. Hier handelt es sich also um eine Problemklasse, die hervorragend für den Rechner geeignet ist.

Schon beunruhigender für die Gemeinschaft der Mathematiker sind einige Beispiele aus jüngerer Zeit, in denen Computer zum *Beweis* eines Satzes eingesetzt wurden. Hierbei wird die Aussage gewöhnlich in eine Unmenge von Unterfällen zerlegt, die dann einzeln verifiziert werden, so daß schließlich die Behauptung insgesamt bewiesen ist. Unglücklicherweise treten bei einer solchen Analyse meist Hunderte von Fällen und Millionen von Einzelberechnungen auf, so daß unmöglich alle Schritte von Hand nachgeprüft werden können. Der Beweis kann eigentlich nur von einer anderen Maschine überprüft werden.

Die Frage nach der Gültigkeit von Computerbeweisen brach 1976 besonders vehement über die mathematische Welt herein, als das Vierfarbenproblem gelöst wurde. Dabei handelte es sich um die Behauptung, daß sich jede auf einem ebenen Blatt gezeichnete Landkarte mit vier (oder weniger) Farben so kolorieren läßt, daß Gebiete, die eine gemeinsame Grenzlinie haben, immer zwei verschiedene Farben tragen. In der obigen Abbildung beispielsweise dürfen die Regionen A und B nicht beide rot eingefärbt werden, da ihre gemeinsame Grenze dann verschwinden würde. Dagegen dürfen Gebiete, die sich nur in einem Punkt berühren, wie A und C, die gleiche Farbe haben. Ein Punkt zählt nicht als Grenzlinie.

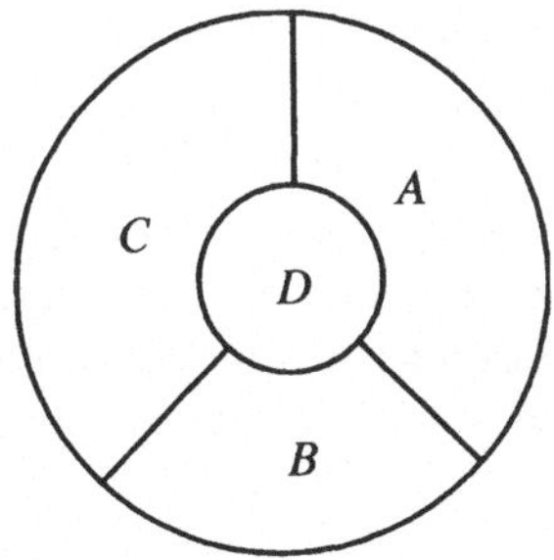

Das Vierfarbenproblem kam 1852 auf und zog in der Folgezeit viel Aufmerksamkeit auf sich. Einige Fragen in seinem Zusammenhang waren schnell geklärt. So wurde gezeigt, daß sich jede ebene Landkarte jedenfalls mit *fünf* Farben färben läßt. Andererseits wurden Karten gefunden, für die *drei* Farben nicht ausreichen. Eine davon ist in der Abbildung auf Seite 149 wiedergegeben. Hier müssen die Regionen A, B und C jeweils verschiedene Farben tragen, da sie paarweise gemeinsame Grenzlinien besitzen. Dann wäre es aber unmöglich, D anzufärben, außer man führt eine vierte Farbe ein.

Fünf Farben sind also ausreichend, drei aber zuwenig. Alles scheint auf vier hinzudeuten. Sind vier Farben tatsächlich ausreichend, *jede* ebene Landkarte zu färben?

Nach der vorangegangenen Diskussion hat nun jeder, der sich mit dieser Frage beschäftigt, zwei Möglichkeiten: Entweder muß er ein spezielles Gegenbeispiel finden, eine Landkarte, die sich nicht mit vier Farben färben läßt, oder er muß einen allgemeingültigen Beweis erbringen, daß jede Landkarte mit vier Farben gefärbt werden kann. Die Konstruktion eines Gegenbeispiels erwies sich als aussichtslos. Jede noch so vertrackt und verschlungen gezeichnete Landkarte konnte schließlich doch in Rot, Gelb, Grün und Blau gefärbt werden. Der Leser im Besitz eines Buntstiftkastens mag sich einmal an einer beliebig hingekritzelten Landkarte versuchen.

Aber ein Beweis erfordert, und darauf haben wir mehrfach hingewiesen, mehr als nur ein paar gescheiterte Gegenbeispiele. Nach einem allgemeinen Beweis wurde verzweifelt gesucht, diese Suche indes war um keinen Deut leichter als die Suche nach dem Gegenbeispiel. Die Situation hatte sich festgefahren.

Schließlich schockten Kenneth Appel und Wolfgang Haken von der Universität von Illinois in Urbana die mathematische Welt mit der Ankündigung, daß der Vierfarbensatz richtig sei. Schockierend war daran aber nicht die Aussage, sondern die angewandte Beweistechnik: Ein Computer hatte die wirklich schwere Arbeit erledigt.

Appel und Haken waren das Problem angegangen, indem sie alle ebenen Landkarten nach gewissen Typen klassifizierten und jeden Typ einzeln analysierten. Leider gab es Aberhunderte von Karten zu untersuchen, und jede gab ein anständiges Arbeitspensum für einen Hochleistungscomputer ab. Am Ende bestätigte der Rechner, daß tatsächlich alle möglichen Klassen von Karten vierfärbbar waren. Das Theorem war bewiesen.

Oder doch nicht? Ohne Übertreibung kann man festhalten, daß sich in der mathematischen Welt ein gewisses Unbehagen breitmachte. War das wirklich ein gültiger Beweis? Das Hauptproblem lag in der Tatsache, daß es einen Menschen aus Fleisch und Blut bei einer 60-Stunden-Woche etwa 100 000 Jahre Arbeit kosten würde, die Rechnungen des Computers nachzuprüfen. Selbst für einen Optimisten, der gesundheitlich auf der Höhe ist, scheint dies etwas zu lange zu sein. Und wer sollte die Überstunden bezahlen?

Was ist, wenn den Programmierern ein Fehler unterlaufen ist? Was ist, wenn ein Spannungsstoß den Rechner veranlaßt hat, einen kritischen Schritt auszulassen? Könnte die Hardware einen winzigen Konstruktionsfehler enthalten, der sich nur in den allerseltensten Fällen bemerkbar macht? Kurzum, trauen wir einem elektronischen Gehirn so weit, daß es uns immer die Wahrheit sagt? Wie sagte der Mathematiker Ron Graham, als er über diese komplizierte Frage nachgrübelte: „Die eigentliche Frage ist doch die: Wenn kein Mensch jemals auch nur hoffen kann, einen bestimmten Beweis zu überprüfen, handelt es sich dann überhaupt um einen Beweis?"[10]

Im Moment gibt es auf diese Frage noch keine endgültige Antwort, obwohl Computerbeweise immer häufiger auftauchen und sich Mathematiker wohl nicht mehr so unbehaglich dabei fühlen. Dennoch kann man wohl sagen, daß die meisten Mathematiker einen Seufzer der Erleichterung ausstoßen würden, wenn es für den Vierfarbensatz einen Zwei-Seiten-Beweis gäbe – kurz, genial und elegant – anstelle des rohen Gewaltaktes einer Maschine. Die Traditionalisten sehnen sich ohnehin nach der guten alten Zeit der Mathematik – ohne Verstärker.

„Ist der Mensch in der Mathematik unabdingbar?" Im Moment ist die Antwort immer noch: „Ja." Schließlich muß es mindestens noch einen geben, der den Computer anstellt. Aber wir gestehen zu, daß diese Meinung vielleicht dadurch beeinflußt ist, daß sie von uns vertreten wird – von Menschen.

Damit wären wir am Ende unserer Diskussion des mathematischen Beweises angelangt. Sicherlich wäre noch vieles zu sagen, zusätzliche Gesichtspunkte könnten angesprochen und weitere Maximen aufgestellt werden. Statt dessen wollen wir mit der vielleicht wichtigsten Bemerkung schließen: Der Beweis in der Mathematik – sei er elegant oder tödlich langweilig, direkt oder indirekt, von Hand oder aus der Maschine – definiert einen Standard, der in keinem anderen Feld menschlicher Aktivitäten erreicht wird.

Königlicher Newton

Am 16. April 1705 schlug die Königin von England, Queen Anne, Isaac Newton in einer feierlichen Zeremonie in Cambridge zum Ritter. Mit diesem Akt ließ die Königin einem der meistgeschätzten Männer die höchste Ehre, die Britannien zu vergeben hatte, angedeihen.

Newton teilt sich mit Gottfried Wilhelm Leibniz die Ehre, die Differentialrechnung begründet zu haben, und es ist schwer, sich eine glanzvollere Auszeichnung in der Mathematik vorzustellen. In diesem Kapitel soll Newtons Leben kurz skizziert und seine heftigen Auseinandersetzungen mit Leibniz beschrieben werden. Ferner wird aus seinem mathematischen Vermächtnis das „Verfahren" vorgestellt, das seinen Namen trägt.

Eine besondere Stellung erhält Newton durch die Tatsache, daß er eine Art Halbgott nicht nur in einer, sondern gleich in zwei wissenschaftlichen Disziplinen geworden ist. Jeder Mathematiker, der die drei oder vier einflußreichsten Fachkollegen der Geschichte nennen soll, wird Newton erwähnen, und auch jeder Physiker wird auf die Frage nach den drei oder vier größten Physikern der Geschichte Newton einschließen.

Natürlich war Newton zu einer Zeit aktiv, zu der es noch keine unüberwindbaren Schranken zwischen den einzelnen Disziplinen gab. Zu seiner Zeit waren Mathematik und Physik im wesentlichen nicht zu unterscheiden. Methoden, Probleme und die ausführenden Personen waren dieselben. Es war eine Zeit, in der Optik, Astronomie und Mechanik als Zweige der Mathematik behandelt wurden. Heute sind Mathematiker und Physiker vielfach so stark spezialisiert, daß sie kaum noch in der Lage sind, miteinander zu kommunizieren. Aus dieser Sicht läßt sich die Situation vor drei Jahrhunderten nur noch schwer nachvollziehen. Die Grenzen zwischen den Fächern waren so sehr verwischt, daß sie praktisch nicht existierten. Unter diesem Gesichtspunkt betrachtet, müßte man Newtons interdisziplinäre Herkunft etwas relativieren.

Aber das würde der Sache nicht gerecht. Solch hohes Ansehen in zwei Disziplinen genießen nur wenige. Ähnliche Anerkennung könnte man Shakespeare, dem Dramatiker und Lyriker, oder Michelangelo, dem Maler und Bildhauer, zukommen lassen. Doch auch deren Doppelbegabung entsprach dem Allroundgenie Newton nicht genau.

Sein Leben begann unter bedenklichen Umständen. Als Frühgeburt hatte man ihm 1642 in Woolsthorpe in England nur geringe Überlebenschancen gegeben. Erschwerend kam hinzu, daß sein Vater einige Monate zuvor gestorben war. Aber Isaac stand noch Schlimmeres bevor. Als er drei Jahre alt war, heiratete seine verwitwete Mutter erneut und zog in das Haus ihres neuen Ehemannes. Der kleine Isaac wurde allein zurückgelassen. Zwar kehrte die Mutter einige Jahre später zu ihm zurück, aber da war der Schaden schon angerichtet. Alle neueren Biographen Newtons geben dieser Trennung von seiner Mutter im Alter zwischen drei und zehn eine Schlüsselstellung bei der Entstehung jener argwöhnischen, neurotischen und gepeinigten Persönlichkeit des erwachsenen Isaac Newton.[1]

Neurotisch hin oder her, der Junge zeigte jedenfalls unbestreitbare Züge eines Genies. Diese Eigenschaft, gepaart mit seinem absoluten Desinteresse am Leben eines Bauern, war ausschlaggebend für seinen weiteren Weg zur Universität. So trat er im Sommer des Jahres 1661 ins Trinity College in Cambridge ein und startete damit eine beispiellose akademische Karriere.

Diese intellektuelle Laufbahn wurde ihm auch ganz wesentlich dadurch ermöglicht, daß die Professoren in Cambridge der Lehre genausowenig Interesse entgegenbrachten wie Newton der Kunst des Ackerbaus. Er konnte daher frei seine eigenen Interessen verfolgen, die sich sehr bald weg von der starken täglichen Dosis an Griechisch und Latein, die der Lehrplan verordnete, hin zu den aufregenden mathematischen und wissenschaftlichen Fortschritten jener Zeit bewegten. Als einsiedlerischer Student verschlang er diese Lektüre, bis er, immer noch vor seinem Examen, bereits eigenständige Forschung betrieb. Diese Arbeit setzte er auch in der Studienpause 1665–1667 fort, als die Universität Cambridge wegen des Ausbruchs der Pest zweimal geschlossen werden mußte. Newton kehrte in dieser Zeit in sein Elternhaus in Woolsthorpe zurück, aber beileibe nicht, um sich zu erholen.

So war es denn auch in Woolsthorpe, wo Newton seine berühmte Begegnung mit dem Apfel hatte. Der Legende nach ruhte er gerade unter einem Baum und wurde fast von der fallenden Frucht getroffen. Da dachte er bei sich, wenn die Erde schon einen Apfel anzieht, zieht sie dann nicht auch entferntere Himmelskörper an? Newton erinnerte sich später: „Und im gleichen Jahr begann ich darüber nachzudenken, daß sich die Gravitationskraft bis zur Mondbahn erstreckt."[2] Mehr kann man als Begründung für eine universelle Gravitation eigentlich nicht erwarten. Moderne Forscher sehen den fallenden Apfel eher als Anekdote, aber die Geschichte hat ihren Charme. Immerhin regte sie Lord Byron an, über Newton zu schreiben:

Er ist der einzige Sterbliche, der sich, seit Adam,
mit einem Fall, oder einem Apfel, auseinandersetzen konnte.[3]

Britische Briefmarke mit Newtons Apfel

Wie es die obige Abbildung einer britischen Briefmarke vermuten läßt, wurde der fallende Apfel in der öffentlichen Meinung Isaac Newton als Symbol für seine außergewöhnlichen Untersuchungen geradezu aufgestempelt.

Als die Pest langsam abflaute, kehrte Newton ans Trinity College zurück. 1669, immer noch sehr jung und völlig unbekannt, übernahm er den Lucasian Chair of Mathematics, einen angesehenen Lehrstuhl für Mathematik in Cambridge. Sein großer öffentlicher Durchbruch kam 1687, als er, angespornt von Edmund Halley, sich endlich bereitfand, etwas wirklich Großartiges zu veröffentlichen – seine *Principia Mathematica*. In diesem Werk stellte er seine Mechanik in klarer, sorgfältiger und mathematisch formulierter Form vor. Er führte die Gesetze der Bewegung und das Prinzip der universellen Gravitation

Isaac Newton
(Nachdruck mit freundlicher Genehmigung des Yerkes Observatory,
University of Chicago.)

ein und leitete alles, von den Gezeitenströmungen bis zu den Planetenbahnen, mathematisch ab. Die *Principia Mathematica* gelten vielen als das großartigste wissenschaftliche Buch, das je geschrieben wurde.

Mit diesem Triumph trat Newton ins wissenschaftliche Rampenlicht. Natürlich hatte die Öffentlichkeit nur eine blasse Vorstellung von den eigentlichen Inhalten, aber Newton wurde, ähnlich wie Einstein im zwanzigsten Jahrhundert, zum lebendigen Symbol für die neue Wissenschaft. Voltaire nannte Newton den „größten Mann, der jemals gelebt hat", und mutmaßte, daß es ein Genie von seiner Größe allenfalls einmal innerhalb von tausend Jahren gäbe.[4]

Nachdem Newton aus der Anonymität herausgetreten war, veränderte sich sein Leben dramatisch. 1689 wurde er Vertreter von Cambridge im englischen Parlament. 1696 wurde er Leiter der Münze und siedelte für den Rest seines Lebens nach London über. 1703 wurde er zum Präsidenten der Royal Society gewählt. Im folgenden Jahr veröffentlichte er sein zweites Meisterwerk, die *Opticks*. Sir Isaac Newton starb im Jahre 1727 als geehrter Wissenschaftler und reicher Regierungsbediensteter und wurde als englischer Nationalheld in der Westminsterabtei neben der Elite der Nation beigesetzt.

Für Mathematiker bleibt seine bedeutendste Entdeckung die der „Fluxionen" aus den 1660er Jahren, die sich aber in der von Leibniz geprägten Form als „Differentialkalkül" durchgesetzt haben. Aus Gründen, die aus heutiger Sicht kaum zu verstehen sind, veröffentlichte Newton seine Entdeckung nicht. Er befand sich im Besitz der vielleicht revolutionärsten Erfindung in der Geschichte der Mathematik – und zog es vor zu schweigen.

Sein seltsames und geheimniskrämerisches Verhalten ist ihm nie gut bekommen. Immer wieder stellte er im Verlauf seiner Karriere fest, daß andere die intellektuellen Wege einschlugen, die er schon Jahre zuvor gegangen war. Verspätet versuchte er dann, seine Prioritätsansprüche öffentlich geltend zu machen, und verärgerte damit regelmäßig die wissenschaftliche Welt. Dabei wäre es für ihn so einfach gewesen, seine Entdeckungen früh bekanntzumachen und damit nicht nur seinen wissenschaftlichen Einfluß auszuüben, sondern auch seinen Ruf zu festigen.

Beim Versuch einer Erklärung, warum er vor der Publikation seiner Werke zurückschreckte, wird man immer wieder auf seine seltsame Persönlichkeit zurückgeführt: sein Mißtrauen anderen gegenüber, seine Furcht vor Kritik, seine „standhafte Weigerung, in derart lästige und unbedeutende Debatten involviert zu werden".[5] Newton faßte seine Ansichten prägnant in der Bemerkung zusammen: „Nichts wünsche ich mehr zu vermeiden als solcherlei Streitereien in Fragen der Philosophie oder irgendwelche andersartigen Streitereien, besonders wenn sie im Drucke erscheinen."[6]

Wir haben also einen Wissenschaftler vor uns, der zwar eifersüchtig auf seine Reputation bedacht war, sich aber sträubte, seine Entdeckungen zu veröffentlichen. Selbst bei Manuskripten, die nur für einen engen Kreis bestimmt waren, wachte Newton peinlichst über die Verteilung. „Sei der Himmel davor, daß eine meiner mathematischen Arbeiten ohne meine ausdrückliche Aufforderung gedruckt werde", schrieb er einem Kollegen, der eines seiner unveröffentlichten Manuskripte besaß.[7]

Selbst für ein Genie der Größe Newtons bleibt ein solches Verhalten nicht ohne Auswirkungen. Im Lauf der Zeit wurde er immer mehr in Prioritätsstreitigkeiten verwickelt und focht häßliche Auseinandersetzungen mit anderen Wissenschaftlern darüber aus, wer was wann getan hatte. Er kreuzte die Klingen mit seinen Landsleuten Robert Hooke und John Flamsteed, aber sein weitaus berühmtester Streit war die Kontroverse mit Leibniz um die Priorität bei der Einführung der Differentialrechnung.

Unter Berücksichtigung der geschichtlichen Erkenntnisse kann man die historischen Fakten folgendermaßen zusammenfassen:

1. Newton hatte seine Methode der Fluxionen in der Mitte der 60er Jahre des siebzehnten Jahrhunderts entwickelt. Er beschrieb sie 1669 in einem Manuskript mit dem Titel *De analysi* und in einer erweiterten Version 1671 in *De methodis fluxionum*. Diese Manuskripte zirkulierten in einem erlesenen Kreis britischer Mathematiker, wurden aber nicht publiziert und daher auch nicht weiter bekannt. Wer sie las, erkannte sofort die geistige Kraft Newtons, den einer der Leser als „sehr jung ..., aber von außerordentlicher Genialität und Fertigkeit" beschrieb.[8]

2. Um 1675, also ein volles Jahrzehnt später, machte Leibniz dieselben Entdeckungen. Während eines Aufenthaltes in London in diplomatischer Mission sah Leibniz 1676 ein Exemplar von Newtons *De analysi*.

3. Etwa zur selben Zeit erhielt Leibniz zwei Briefe von Newton, die später als *epistula prior* und *epistula posterior* bezeichnet wurden und in denen Newton einige seiner Gedanken über unendliche Reihen und – weit weniger ausführlich – über seine Fluxionen erläuterte.

4. 1684 veröffentlichte Leibniz die erste Arbeit zur Differentialrechnung, wie wir bereits am Anfang des Kapitels D bemerkt haben. An keiner Stelle erwähnte er, daß er acht Jahre zuvor Manuskripte von Newton gesehen oder mit ihm korrespondiert hatte. Er hat Newton eigentlich überhaupt nicht erwähnt.

Damit soll nicht gesagt werden, daß Leibniz von Newton abgekupfert hat – wenngleich dies genau die Position ist, die viele englische Mathematiker vertraten. Die Zurückverfolgung der Originalmanuskripte zeigt eindeutig, daß Leibniz, ungeachtet seiner Kontakte zu Newton, die Prinzipien der Differentialrechnung unabhängig entdeckt hat und mit Recht den Ruhm der Entdeckung teilt. Und wegen Newtons chronischer Geheimniskrämerei wurde fraglos Leibniz' Veröffentlichung von 1684 zu der Quelle, aus der die gelehrte Welt von dem neuen wundervollen Gebiet erfuhr.

Ganz offensichtlich hatten beide Parteien Fehler begangen. Newton hätte durchaus seine Forschungsergebnisse innerhalb der zwanzig Jahre, die zwischen seiner Entdeckung und der Veröffentlichung von Leibniz lagen, publizieren können, und der Prioritätsstreit wäre hinfällig. Durch sein Schweigen forderte Newton die Schwierigkeiten heraus. Leibniz andererseits hätte sein Wissen um die Newtonschen Dokumente durchaus zugeben und die Anerkennung großzügiger mit ihm teilen können. Er wußte ohnehin, daß sie auch Newton zukam. Aber auch Leibniz schwieg und ließ die Welt in dem Glauben, er sei der alleinige Entdecker. Diese kleine Unehrlichkeit machte ihm denn auch schwer zu schaffen, als sich die Debatte immer mehr erhitzte.

Schon bald nach dem Erscheinen der Leibnizschen Arbeit 1684 begann Newton, über die Prioritätsfrage zu murren, und das Murren entwickelte sich zu einer kaum verdeckten Wut. Seiner Meinung nach verdienten nur Erstentdecker die Anerkennung, selbst wenn diese jede nur erdenkliche Mühe auf sich nahmen, ihr Werk vor den Blicken der Öffentlichkeit zu verbergen.[9] 1699 wurden die Texte seiner beiden Briefe an Leibniz von 1676 veröffentlicht, und die Briten glaubten nun, endlich etwas gefunden zu haben, was nach geistigem Diebstahl roch und Leibniz überführen könnte.

Danach spitzte sich die Situation zu und geriet endgültig zur Schlammschlacht. Die gegenseitigen Anschuldigungen wurden so zahlreich, daß man sie in einem eigenen Protokoll festhalten müßte. Loyale Untergebene gesellten sich zu den beiden Hauptpersonen und schossen mit verbalen Geschützen über das Ziel hinaus. Aus der heutigen Perspektive erscheint das Ganze reichlich unangemessen. Aber wir sind auch nicht von den Gemütserregungen der damaligen Zeit beeinflußt und so den nationalen Unterschieden unterworfen, wie es Briten und ihre kontinentalen Rivalen zu jener Zeit waren.

Um den damals herrschenden Umgangston zu verdeutlichen, wollen wir eine Verbalattacke beschreiben, die beide Parteien gegeneinander geführt haben. Ein britischer Anhänger Newtons brachte 1708 das folgende Zitat zu Papier, das in den *Philosophical Transactions* der Royal Society veröffentlicht wurde:

Alle diese [Schlußfolgerungen] folgen aus der mittlerweile hochberühmten ‚Arithmetik der Fluxionen‘, die Mr. Newton ganz ohne jeden Zweifel als Erster erfand, wie jedermann, der seine Briefe liest, ... leicht feststellen kann. Dieselbe Arithmetik wurde später jedoch unter einem anderen Namen und in einer anderen Schreibweise in den Acta eruditorum *von Mr. Leibniz veröffentlicht.*[10]

Obwohl ein Rechtsanwalt argumentieren könnte, daß hier niemand explizit des Plagiats beschuldigt wird, so machen doch die Wortwahl „später jedoch ... von Mr. Leibniz veröffentlicht" und „in einer anderen Schreibweise" die Absicht des Autors ziemlich klar. Jedenfalls dachte Leibniz so. Er beschwerte sich lautstark bei der Royal Society über die Billigung derart aggressiver Bemerkungen.

Es war eine Beschwerde, die er noch sehr bereuen sollte. Als Antwort setzte die Royal Society ein Komitee ein, das den Prioritätsstreit untersuchen sollte. Dessen Abschlußbericht wurde 1713 unter dem Titel *Commercium epistolicum* veröffentlicht und unterstützte Newton in allen Punkten. Leibniz, so wurde festgestellt, hatte bis Mitte 1677, bevor er die Briefe Newtons erhalten und dessen Manuskripte gesehen hatte, nicht die leiseste Ahnung von der Differentialrechnung. Damit war die Schlußfolgerung im *Commercium epistolicum* unausweichlich: Leibniz hatte die Ideen des wahren Meisters gestohlen. Diese harsche Verurteilung verliert allerdings etwas an Glaubwürdigkeit, wenn man bedenkt, daß Newton zu dieser Zeit Präsident der Royal Society war und einen Großteil des *Commercium* selbst geschrieben hatte.

Die Beschuldigungen gingen weiter. Bald schon wurde auf dem Kontinent eine Breitseite abgefeuert, die den Leibnizschen Standpunkt vorbehaltlos vertrat:

Als Newton die Ehre der analytischen Entdeckung der Differentialrechnung, die eigentlich einem anderen, nämlich dem Erstentdecker Leibniz, gebührt, für sich in Anspruch nahm, ... ließ er sich zu sehr von Schmeichlern, die den vorangegangenen Lauf der Dinge nicht kannten, und von seiner Gier nach Ruhm beeinflussen. Nachdem er unverdient einen Teil des Ruhmes schon erhalten hatte, gelüstete es ihn nun nach dem ganzen – Zeichen einer geistigen Haltung, die weder fair noch ehrlich ist.[11]

Hier lesen wir, daß es Newton gewesen sein soll, der auf unfaire Weise die Geistesblitze von Leibniz gestohlen hat. Ein derart lächerlicher Vorwurf ist offenbar der Preis, mit dem Newton für seine publizistische Verweigerungshaltung bezahlen mußte. Es sollte nicht überraschen, daß der Autor dieser anonymen Attacke später als Gottfried Wilhelm Leibniz entlarvt wurde.

Im Rückblick stellen die gegenseitigen Denunziationen zweier der größten Mathematiker aller Zeiten ein recht trauriges Kapitel in der Geistesgeschichte Europas dar. Daß sich Personen mit derart genialen Fähigkeiten zu solch kleinkarierten Verleumdungen herablassen, läßt nichts Gutes ahnen: wie erst kämpfen andere mit weniger genialen Fähigkeiten um ihr geistiges Eigentum? Die ganze Affäre ist peinlich für Newton, für Leibniz, für die Mathematik, ja für die gesamte wissenschaftliche Welt.

Bis zu einem gewissen Grad könnte auch Newtons Beschäftigung mit der Alchimie und der Theologie, der er mehrere Jahrzehnte lang nachging, als anrüchig gewertet werden.

Alchimie steht, wie bekannt ist, für das mittelalterliche Streben der Wissenschaftsmagier, gewöhnliche chemische Produkte in Gold zu verwandeln. Newton verschlang die einschlägige Literatur bändeweise und brachte einen gewaltigen Teil seiner Zeit damit zu, gewissenhaft mit selbstgebauten Brennern Chemikalien zu erwärmen und nach dem begehrten Edelmetall Ausschau zu halten. Obwohl er ein noch größeres Geheimnis um seine Alchimie als um seine Fluxionen machte, erreichten seine Aufzeichnungen schließlich einen Umfang von fast einer Million Worte.

Ähnlich umfangreich waren seine theologischen Schriften. Newton war geradezu ein Meister im Untersuchen der Bibeltexte, im Entschlüsseln von Prophezeiungen und im Verbinden scheinbar zusammenhangloser Textpassagen. In seinen Notizen findet sich ein Plan des Fußbodens des Tempels in Jerusalem, den er sich aus verschiedenen Bibelstellen zusammengestrickt hatte. Er veröffentlichte Werke mit Titeln wie *Bemerkungen über die Prophezeiungen des Daniel und die Apokalypse des hl. Johannes* (in zwei Bänden). Offenbar war dies der Gegenstand, dem er fast alle Aufmerksamkeit widmete.

Während Newton mit seinen Werken sowohl Mathematik als auch Physik für alle Zeiten bereichert hat, ist ein theologisches Vermächtnis nicht existent, und, na ja, Alchimisten haben heutzutage den Rang von Schlangenölverkäufern. Man stelle sich vor, welche weiteren wissenschaftlichen Früchte Newton vom Baum der Erkenntnis hätte pflücken können, wenn er dieser nutzlosen Materie weniger Zeit geopfert hätte.

Wir wenden uns nun einem Gegenstand zu, der ganz sicher des Genius eines Newton würdig war. Dieses sogenannte „Newtonverfahren" zur approximativen Nullstellenbestimmung nichtlinearer Gleichungen werden wir allerdings nicht in derselben Form beschreiben, die Newton angegeben hat. Die von ihm um 1660 entwickelte Technik wurde 1690 von Joseph Raphson und 1740 von Thomas Simpson modifiziert und wird heute in einer leicht veränderten Version angewandt. Aber selbst mit diesen Modifikationen geht die wesentliche Idee auf Newton zurück.

Die Fragestellung, die wir betrachten wollen, gehört zu den grundlegendsten in der gesamten Mathematik: Wir wollen eine Gleichung lösen. Viele mathematische Probleme lassen sich letztlich auf eine solche Frage zurückführen. Aber oft sind die algebraischen Methoden eher begrenzt und lassen eine explizite Lösung nicht zu. So gibt es zwar eine exakte Lösungsformel für quadratische Gleichungen, nach der beispielsweise die Lösungen der Gleichung $7x^2 - 24x - 19 = 0$ die Zahlen

$$\frac{12 + \sqrt{277}}{7} \quad \text{und} \quad \frac{12 - \sqrt{277}}{7}$$

sind, aber es gibt keine algebraische Darstellung der exakten Lösungen der Gleichung

$$x^7 - 3x^5 + 2x^2 - 11 = 0.$$

Was soll man also tun, wenn man die Lösung einer solchen Gleichung benötigt? Was macht ein Mathematiker, wenn er sich mit einem unlösbaren Problem konfrontiert sieht?

Die Antwort ist ganz einfach: Er steckt seine Ansprüche zurück. Wenn man keine exakte Lösung berechnen kann, versucht man, eine angenäherte Lösung zu finden. Schließlich ist in praktischen Anwendungen eine Lösung, die auf zehn Dezimalstellen genau ist, allemal ausreichend. Eine Approximationsmethode kann sogar fast so gut wie eine explizite Formel sein, wenn sie nämlich recht einfach ist, ihre feste theoretische Untermauerung erfährt und durch wiederholte Anwendung immer genauere Abschätzungen der exakten Lösung liefert. Gerade diese Eigenschaften aber charakterisieren die Newtonsche Methode.

Bevor wir fortfahren, wollen wir darauf hinweisen, daß die beiden obigen Gleichungen in einer Form angegeben waren, in der auf der rechten Seite die Null steht. Dies ist kein Zufall, denn die zu lösenden Gleichungen müssen immer in dieser Form geschrieben werden, um das Newtonverfahren anwenden zu können. Dies kann geschehen, indem alle Terme auf die linke Seite gebracht

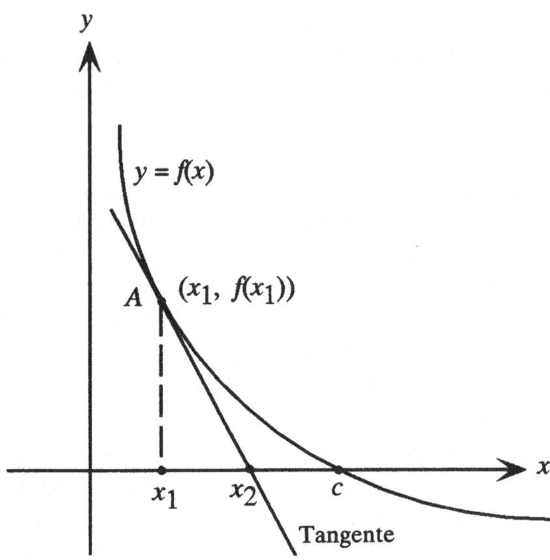

werden. Zum Beispiel formt man die Gleichung $x^2 + 3x = 7x^5 - x^3 + 2$ um in
die äquivalente Form

$$-7x^5 + x^3 + x^2 + 3x - 2 = 0.$$

Damit hat man den gewünschten Ausdruck $f(x) = 0$ hergestellt. Im folgenden
gehen wir immer von Gleichungen dieser Form aus.

Für das weitere Vorgehen benötigen wir ein wenig geometrische Anschau-
ung. Betrachten wir einmal den Graphen der Funktion $y = f(x)$ in der obigen
Abbildung. Die Gleichung $f(x) = 0$ zu lösen ist gleichbedeutend damit, den-
jenigen Wert für x zu bestimmen, in dem der Graph von $f(x)$ die x-Achse
schneidet. Solch ein Punkt heißt ein *x-Achsenschnittpunkt* der Funktion. In
der Abbildung ist c ein solcher Punkt. Wenn wir also c bestimmt haben (wenigstens näherungsweise), so haben wir die Gleichung $f(x) = 0$ gelöst (ebenfalls
wenigstens näherungsweise).

Das Newtonverfahren macht es erforderlich, daß wir mit einer Schätzung
der Lösung beginnen. In der obigen Abbildung ist unsere Schätzung mit x_1
bezeichnet. Eigentlich ist damit gemeint: $x_1 \approx c$, wobei c die tatsächliche
Lösung ist. Nach der Zeichnung ist der Schätzwert x_1 nicht gerade überwältigend genau, denn er liegt um einiges unterhalb von c. Aber das soll uns nicht
beunruhigen. Der geniale Trick im Newtonverfahren besteht gerade darin, daß
mit dieser Methode der Schätzwert bei jeder erneuten Anwendung verbessert
wird.

Wir beginnen also mit x_1 und betrachten den zugehörigen Punkt A mit
den Koordinaten $(x_1, f(x_1))$ auf der Kurve $y = f(x)$. Nun zeichnen wir die
Tangente an die Kurve in A ein. Hier kommt also die Differentialrechnung

ins Spiel. Aus Kapitel D wissen wir, daß die *Steigung* der Tangente durch die Ableitung der Funktion im Punkt $x = x_1$ gegeben ist. In Symbolen ist die Tangentensteigung $f'(x_1)$.

Wir stellen uns vor, wir folgen der Kurve $y = f(x)$ von links oben nach rechts unten. Im Idealfall würden wir auf diese Weise dem geschwungenen Abstieg folgen, bis wir den exakten Wert von c erreichen, also die Lösung der Gleichung. Aber der exakte Wert ist unbekannt, und so verlassen wir im Punkt A die Kurve und steigen entlang der Tangente ab. Der Punkt x_2, in dem die Tangente die x-Achse schneidet, ist zwar nicht genau der Punkt c, stellt aber eine bessere Approximation an c dar als unsere erste Schätzung x_1.

Damit ist der geometrische Inhalt des Newtonverfahrens beschrieben. Wie aber berechnet sich die neue Schätzung algebraisch? Die Antwort findet sich in der Tangentensteigung, die man auf zwei verschiedene Arten beschreiben und die Beschreibungen einander gleichsetzen muß. Einerseits haben wir bereits bemerkt, daß die Tangentensteigung durch die Ableitung $f'(x_1)$ gegeben ist. Andererseits ist die Steigung einer jeden Geraden ganz allgemein durch den Ausdruck

$$\text{Steigung} = \frac{\text{Anstieg}}{\text{Inkrement}} = \frac{y_2 - y_1}{x_2 - x_1}$$

definiert. Aus der Abbildung sind zwei Punkte zu entnehmen, die auf der Tangente liegen: $(x_1, f(x_1))$ und $(x_2, 0)$. Daher ist die Steigung:

$$\frac{0 - f(x_1)}{x_2 - x_1} = \frac{-f(x_1)}{x_2 - x_1}.$$

Setzt man die beiden Ausdrücke für die Steigung gleich, so folgt:

$$f'(x_1) = \text{Steigung der Tangenten} = \frac{-f(x_1)}{x_2 - x_1}.$$

Dieser Ausdruck ist nun in zwei Schritten nach x_2 aufzulösen:

$$x_2 - x_1 = \frac{f(x_1)}{f'(x_1)},$$

und daher folgt:

$$x_2 = x_1 - \frac{f(x_1)}{f'(x_1)}.$$

So weit, so gut. Wir haben also einen algebraischen Ausdruck für x_2 gefunden, mit dem wir unsere Schätzung für c verbessern können. Er enthält 1. den Wert der ersten Schätzung x_1, 2. den Wert der Funktion f in x_1 und 3. den Wert der Ableitung f' in x_1. Natürlich kennen wir immer noch nicht den wahren Wert von c, wir haben aber unsere Approximation verbessert.

Doch was kann man tun, wenn x_2 noch nicht genau genug ist? Nun, dann wenden wir eben die ganze Prozedur erneut an, wobei wir diesmal x_2 als

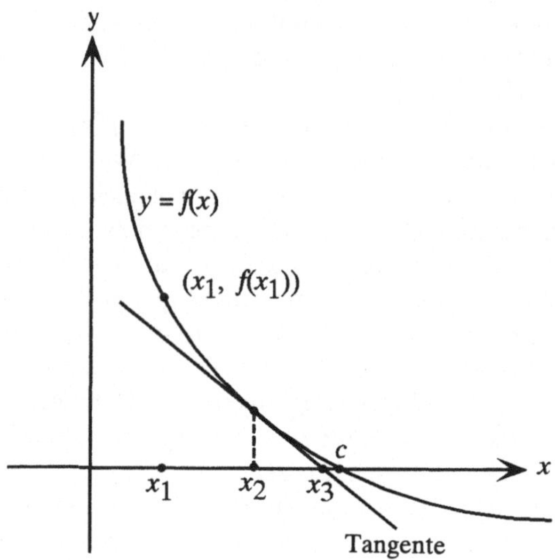

Startwert nehmen. Damit erhalten wir die verbesserte Näherung

$$x_3 = x_2 - \frac{f(x_2)}{f'(x_2)},$$

die in der Abbildung oben dargestellt ist. Dort ist auch ersichtlich, daß sich die neue Näherungslösung x_3 und die wahre Lösung c offenbar nur noch sehr wenig unterscheiden. Wir können den Algorithmus noch einmal anwenden. Ganz allgemein erhält man aus der Näherungslösung x_n des Schrittes n die nächstfolgende Approximation x_{n+1} nach der Formel:

$$x_{n+1} = x_n - \frac{f(x_n)}{f'(x_n)}.$$

In dieser Vorschrift verkörpert sich das Newtonverfahren.

Beispiele gefällig? Zunächst wollen wir einmal den Wert von $\sqrt{2}$ bestimmen. Wie wir in Kapitel Q noch zeigen werden, kann man den Zahlenwert von $\sqrt{2}$ weder mit zehn noch mit zehnmillionen Dezimalstellen exakt angeben. Dennoch benötigt man hin und wieder einen recht exakten Näherungswert.

Heutzutage übernimmt natürlich ein Computer oder Taschenrechner diese Aufgabe. Damit erhebt sich aber die Frage, wie denn der Rechner den Näherungswert für $\sqrt{2}$ findet. Und wie könnte ihn ein gewöhnlicher Sterblicher angeben?

Am besten wendet man das Newtonverfahren an. Dazu stellen wir zunächst fest, daß $\sqrt{2}$ eine Lösung der Gleichung $x^2 = 2$ oder der äquivalenten Gleichung $x^2 - 2 = 0$ ist. Wir müssen sie ja in der Form $f(x) = 0$ schreiben, und hier ist $f(x) = x^2 - 2$. In Kapitel D haben wir gesehen, daß die Ableitung von x^2

gerade $2x$ ist, und die Konstante 2 hat wie jede Konstante Ableitung 0. Also ist $f'(x) = 2x - 0 = 2x$.

Nach dem Newtonverfahren erhält man aus der ersten Näherung x_1 für eine Lösung der Gleichung $x^2 - 2 = 0$ die zweite Näherung nach der Formel:

$$x_2 = x_1 - \frac{f(x_1)}{f'(x_1)} = x_1 - \frac{x_1^2 - 2}{2x_1}.$$

Durch Einführen des Hauptnenners ergibt sich:

$$x_2 = \frac{2x_1^2 - (x_1^2 - 2)}{2x_1} = \frac{x_1^2 + 2}{2x_1}.$$

Das gleiche Argument kann auch auf die Näherung x_n im n-ten Schritt angewendet werden, und die nächste Näherung x_{n+1} lautet:

$$x_{n+1} = \frac{x_n^2 + 2}{2x_n}.$$

Nun bleibt nur noch, eine erste Näherung an $\sqrt{2}$ zu schätzen. Eine recht vernünftige Wahl ist $x_1 = 1$. Wir wenden wiederholt das Newtonverfahren an und erhalten die folgende Tabelle:

$$x_2 = \frac{x_1^2 + 2}{2x_1} = \frac{1 + 2}{2} = \frac{3}{2}$$

$$x_3 = \frac{x_2^2 + 2}{2x_2} = \frac{(9/4) + 2}{3} = \frac{(17/4)}{3} = \frac{17}{12}$$

$$x_4 = \frac{x_3^2 + 2}{2x_3} = \frac{(289/144) + 2}{17/6} = \frac{577/144}{17/6} = \frac{577}{408}$$

$$x_5 = \frac{x_4^2 + 2}{2x_4} = \frac{(332\,929/166\,464) + 2}{577/204} = \frac{665\,857}{470\,832}.$$

In dezimaler Schreibweise handelt es sich dabei um die folgenden Werte:

$$x_1 = 1,000000000\ldots$$
$$x_2 = 1,500000000\ldots$$
$$x_3 = 1,416666666\ldots$$
$$x_4 = 1,414215686\ldots$$
$$x_5 = 1,414213562\ldots$$

Tatsächlich stimmt der Wert $x_5 = 1,414213562\ldots$ mit $\sqrt{2}$ auf neun Stellen genau überein. Mit vier Wiederholungen des Newtonverfahrens ist also eine neunstellige Genauigkeit erreicht. Des weiteren handelt es sich bei einem solchen Iterationsschema, bei dem das Ergebnis des einen Schrittes der Startwert des nächsten Schrittes ist, in der Sprache des Programmierers um eine Schleife. Das Newtonverfahren läßt sich daher auf einem Rechner schnell und effizient ausführen.

Unser zweites Beispiel stammt von Newton selbst. In seiner – natürlich unveröffentlichten! – Abhandlung von 1669, in der er die Methode zum ersten Mal beschrieb, betrachtete er die kubische Gleichung $x^3 - 2x - 5 = 0$. Um eine Nullstelle zu bestimmen, setzen wir $f(x) = x^3 - 2x - 5$. Dann ist $f'(x) = 3x^2 - 2$ gemäß den Differentiationsregeln aus Kapitel D. Nach der Vorschrift des Newtonverfahrens ergibt sich aus einer bereits bestimmten Näherung x_n an die Lösung die nächstfolgende Näherung x_{n+1} :

$$x_{n+1} = x_n - \frac{f(x_n)}{f'(x_n)} = x_n - \frac{x_n^3 - 2x_n - 5}{3x_n^2 - 2} = \frac{2x_n^3 + 5}{3x_n^2 - 2}.$$

Beachtet man noch, daß $f(2) = 2^3 - 2 \cdot 2 - 5 = -1$ ist, was uns nahe genug bei 0 liegt, so scheint $x_1 = 2$ eine annehmbare erste Schätzung. Nach dreimaliger Anwendung der Rekursionsformel erhält man:

$$x_1 \;=\; 2$$

$$x_2 \;=\; \frac{2(2^3) + 5}{3(2^2) - 2x} = \frac{21}{10} = 2{,}1$$

$$x_3 \;=\; \frac{2(2{,}1^3) + 5}{3(2{,}1^2) - 2x} = \frac{23{,}522}{11{,}23} = 2{,}094568121$$

$$x_4 \;=\; \frac{2(2{,}094568121^3) + 5}{3(2{,}094568121^2) - 2x} = \frac{23{,}37864393}{11{,}16164684} = 2{,}094551482.$$

Wir haben also $x = 2{,}094551482$ als Näherungslösung bestimmt. Setzt man diesen Wert in die ursprüngliche kubische Gleichung ein, so ergibt sich $x^3 - 2x - 5 = (2{,}094551482)^3 - 2 \cdot 2{,}094551482 - 5 = 0{,}000000001$, was sehr nahe bei 0 liegt. Das Newtonverfahren steuerte bei nur dreimaliger Anwendung zielstrebig auf die Nullstelle zu.

Newton selbst schien diese Methode sehr zu Recht zu gefallen, denn er schrieb:

Ich weiß nicht, ob diese Methode der Lösung von Gleichungen weithin bekannt ist oder nicht. Im Vergleich zu anderen ist sie aber sicher sehr einfach und den Anwendungen angepaßt ... und läßt sich leicht ins Gedächtnis zurückrufen, wenn man sie braucht.[12]

Bei aller Bewunderung ist doch eine Warnung angebracht. Trotz des Erfolgs in den obigen numerischen Beispielen gibt es auch Fälle, in denen die Anwendung des Newtonverfahrens ein wenig mehr Sorgfalt erfordert. Betrachten wir einmal die kubische Gleichung $x^3 = x^2 + x + 1$. Wie in den anderen Fällen bringen

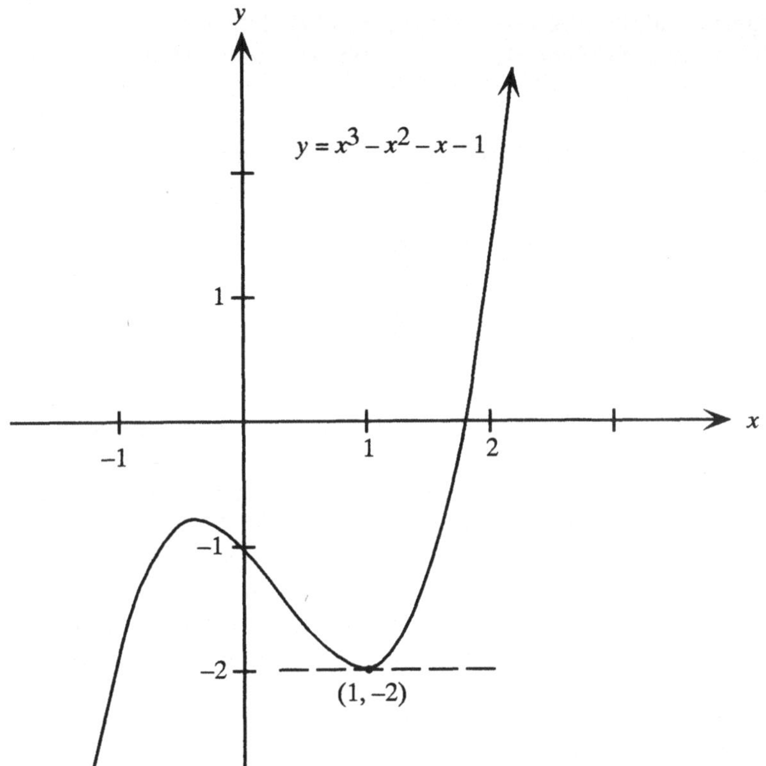

wir alle Terme auf die linke Seite und erhalten $f(x) = x^3 - x^2 - x - 1 = 0$.
Nach den Ableitungsregeln aus Kapitel D gilt: $f'(x) = 3x^2 - 2x - 1$.

Nehmen wir ferner an, wir wählen $x_1 = 1$ als Startwert und setzen ihn in die Formel des Newtonverfahrens ein:

$$x_2 = x_1 - \frac{f(x_1)}{f'(x_1)} = 1 - \frac{f(1)}{f'(1)} = 1 - \frac{-2}{0}.$$

Aber Division durch 0 ist *niemals* erlaubt, nicht in diesem oder in irgendeinem anderen mathematischen Algorithmus. Der Ausdruck $-2/0$ hat keine Bedeutung. Das Newtonverfahren hat versagt.

Wenn wir einmal zur Herleitung der Theorie zurückkehren, sehen wir leicht, was hier schiefgegangen ist. In der Abbildung oben ist der Graph der Funktion $y = f(x) = x^3 - x^2 - x - 1$ dargestellt, und man findet auch den Startwert $x_1 = 1$. Da $f(1) = -2$ ist, betrachten wir den Punkt $(1, -2)$ und zeichnen dort die Tangente an die Kurve ein. Der verbesserte Näherungswert x_2 wäre dann der Punkt, in dem die Tangente die x-Achse schneidet. Die Tangente ist in diesem Fall aber *horizontal* und daher parallel zur x-Achse. Da sich also

die Tangente und die x-Achse in keinem Punkt schneiden, gibt es ganz einfach
den Schnittpunkt x_2 nicht, den das Newtonverfahren so nötig braucht.

Zum Glück läßt sich diese Schwierigkeit leicht beheben. Es gehört zu den
wundersamen Eigenschaften des Newtonverfahrens, daß es eine eigene „Kiste
mit Reparaturwerkzeugen" enthält. Wir brauchen nur einen *anderen* Startwert
zu wählen, beispielsweise $x_1 = 2$, und schon geht's wie beim Brezelbacken:

$$x_2 = 1,857142857\ldots$$
$$x_3 = 1,839544512\ldots$$
$$x_4 = 1,839286812\ldots$$
$$x_5 = 1,839286755\ldots$$

Und $x = 1,839286755$ erfüllt die kubische Gleichung, von der wir ausgegangen
sind, mit ausreichender Genauigkeit.

In unserer Zeit hat sich ein wichtiger und sehr nützlicher Zweig der Mathematik entwickelt, die numerische Analysis, in der Approximationsverfahren
bis ins Detail untersucht werden. In dieses Gebiet gehen sehr subtile und
tiefliegende Resultate ein, aber sein Aushängeschild ist nach wie vor das Newtonverfahren, das zu den größten Ergebnissen der Mathematik gehört und eine
der weitreichendsten Anwendungen der Differentialrechnung darstellt.

Wir wollen mit einem letzten Wort über Isaac Newton und seine bemer-
kenswerte mathematische Laufbahn schließen. Wie bereits erwähnt, war seine
Persönlichkeit nicht ohne Brüche, und einige Gelehrte gehen sogar so weit,
sein neurotisches Verhalten als ein Zeichen von Verrücktheit zu interpretieren.
Aber selbst dann können wir Shakespeare paraphrasieren: „Und sei es auch
Verrücktheit, so hat sie doch (Newtonsche) Methode."

Lanze für Leibniz

Gegenstand des vorhergehenden Kapitels war Isaac Newton, der als einer der größten Mathematiker gilt. Unter seinen zahllosen Leistungen ist seine Begründung der Differentialrechnung von besonderer Bedeutung und steht über allem anderen.

Die Ehre dieser Bedeutung teilt er mit seinem Zeitgenossen Gottfried Wilhelm Leibniz. Eigentlich war es Leibniz, der die heute noch übliche spezielle Art der Schreibweise einführte und dem Gebiet den Namen gab. Leider übersehen dieselben Gelehrten, die Newton *wegen* seiner Begründung der Differentialrechnung in ihrer Liste ganz oben anführen, regelmäßig Leibniz *trotz* seiner Begründung der Differentialrechnung. Irgendwie scheint Leibniz' Leistung verlorengegangen zu sein. Das ist nicht nur unfair, es ist darüber hinaus auch unglücklich, denn Leibniz hat in vieler Hinsicht eine genauso bemerkenswerte Geschichte wie Newton.

Gottfried Wilhelm Leibniz wurde 1646 in Leipzig geboren. Schon als Kind zeigte er mit seinem Leseeifer ein breitgefächertes Interesse. Er schien auch die Fähigkeit zu besitzen, sich jedes Gebiet mit atemberaubender Geschwindigkeit aneignen zu können. Leibniz muß einen außerordentlichen Eindruck hinterlassen haben, als er mit 15 Jahren seine Studien an der Universität aufnahm. Schon nach drei Jahren hatte er zwei Diplome, und kurz darauf erhielt er den Doktorgrad in Jurisprudenz der Universität Altdorf. Dem brillanten und engagierten jungen Mann schien die Welt zu Füßen zu liegen.

In derselben Zeit arbeitete Newton in Cambridge Tag und Nacht an seiner großartigen Fluxionentheorie. Leibniz hingegen, der doch in so vielen Disziplinen hervorragend gebildet war, wußte zu diesem Zeitpunkt noch sehr wenig von der Mathematik. „Als ich im Jahre 1672 in Paris ankam", so erinnerte er sich Jahrzehnte später, „war ich, was die Geometrie betrifft, Autodidakt und hatte in der Tat wenig Kenntnisse auf dem Gebiet, für das ich nie die Geduld fand, die langen Ketten von Beweisen durchzulesen."[1] Selbst Euklid blieb ihm über lange Strecken ein Rätsel, und als er Gelegenheit hatte, einen Blick in Descartes' *Géométrie* zu werfen, fand er sie viel zu schwer.[2] Keiner hätte damals geglaubt, daß er schon innerhalb weniger Jahre aufgrund seiner Entdeckungen einen Ehrenplatz unter den Giganten der Mathematik einnehmen würde.

So war es auch die Jurisprudenz, die Leibniz für den größeren Teil der folgenden Dekade beschäftigte. Er war als Berater beim Kurfürsten von Mainz angestellt und begab sich in dieser Eigenschaft im März des Jahres 1672 in diplomatischer Mission nach Paris. Diese Reise wurde zum Wendepunkt in seinem Leben. Der junge Diplomat war ganz verwirrt von der künstlerischen, literarischen und wissenschaftlichen Atmosphäre, die er dort vorfand. Er verliebte sich in die Stadt und alles, was sie damals unter der Herrschaft des Sonnenkönigs repräsentierte.

Unter den Intellektuellen, die sich in der französischen Metropole aufhielten, übte ein niederländischer Wissenschaftler und Mathematiker, Christiaan Huygens (1629–1695), den nachhaltigsten Einfluß auf Leibniz aus. Huygens, der in dieser entscheidenden Periode in Leibniz' Leben als eine Art Mentor wirkte, wollte sich ein Bild von dem mathematischen Scharfsinn seines jungen Freundes machen und forderte Leibniz heraus, den Wert der unendlichen Reihe

$$1 + \frac{1}{3} + \frac{1}{6} + \frac{1}{10} + \frac{1}{15} + \frac{1}{21} + \frac{1}{28} + \frac{1}{36} + \cdots$$

zu bestimmen. Dabei ist der Nenner des n-ten Summanden die Summe der ersten n natürlichen Zahlen.

Leibniz, der sich mehr auf seine natürliche Intelligenz als auf seine Ausbildung verlassen mußte, experimentierte eine Weile herum und schrieb schließlich die Reihe in der Form:

$$1 + \frac{1}{3} + \frac{1}{6} + \frac{1}{10} + \frac{1}{15} + \frac{1}{21} + \frac{1}{28} + \cdots = 2\left[\frac{1}{2} + \frac{1}{6} + \frac{1}{12} + \frac{1}{20} + \frac{1}{30} + \frac{1}{42} + \frac{1}{56} + \cdots\right].$$

Nun drückte er jeden einzelnen Bruch in der eckigen Klammer als Differenz zweier anderer Brüche aus und erhielt für die Klammer der rechten Seite:

$$\left[\left(1 - \frac{1}{2}\right) + \left(\frac{1}{2} - \frac{1}{3}\right) + \left(\frac{1}{3} - \frac{1}{4}\right) + \left(\frac{1}{4} - \frac{1}{5}\right) + \left(\frac{1}{5} - \frac{1}{6}\right) + \cdots\right] = 1,$$

denn die Terme nach der 1 in der eckigen Klammer heben sich paarweise weg. Damit hatte er also bewiesen:

$$1 + \frac{1}{3} + \frac{1}{6} + \frac{1}{10} + \frac{1}{15} + \frac{1}{21} + \frac{1}{28} + \frac{1}{36} + \cdots = 2 \cdot [1] = 2.$$

Der Mathematik-Anfänger hatte Huygens' Test bestanden. Der Historiker Joseph Hoffmann bemerkte in seinem Kommentar über diese Aufgabe, die eine so ausschlaggebende Rolle in der Laufbahn von Leibniz gespielt hat, daß

„ein anderes, nur wenig schwierigeres (und daher für Leibniz unlösbares) Beispiel zweifellos seinen Enthusiasmus ... für die Mathematik im Keim erstickt hätte".[3] Statt dessen spornte ihn der Erfolg an.

Leibniz ließ es nicht bei diesem einen Beispiel bewenden. Fasziniert von den unendlichen Reihen, betrachtete er viele weitere und stellte später fest, daß die Untersuchung solcher Summen einen wesentlichen Teil seines Wegs zur Entdeckung der Differentialrechnung bestimmte.[4] Leibniz suchte, was später ganz charakteristisch für ihn werden sollte, nach einem vereinheitlichenden Prinzip, das einer großen Klasse ähnlich gelagerter Probleme zugrunde lag. In sehr großem Maße bestand seine Genialität in der Fähigkeit, allgemeine Regeln zu erkennen, die scheinbar nicht miteinander in Beziehung stehende Spezialfälle verbinden. Es bedarf eines durchdringenden Verstandes, derartige Synthesen zu bewerkstelligen, und diesen Verstand besaß Leibniz.

Das zweite Charakteristikum seines Werkes besteht in der Auswahl einer aussagekräftigen Schreibweise. Er war Verfechter eines „Alphabets des Denkens", worunter er eine Liste von Symbolen und Regeln verstand, deren Anwendung nicht nur in der Mathematik, sondern auch im täglichen Leben folgerichtiges Denken garantieren sollte. Obwohl diese grandiose Idee niemals völlig verwirklicht wurde, gilt sie als Vorläufer der modernen symbolischen Logik. Wenn Leibniz auch nicht das gesamte menschliche Denken in eine symbolische Sprache umformulieren konnte, so hat er doch die Schreibweise eingeführt, die in der Differentialrechnung noch heute benutzt wird.

In Paris trieb seine intellektuelle Odyssee ihrem Ziel entgegen. Wie gewohnt verschlang er alle mathematische Lektüre, deren er habhaft werden konnte, worunter zweifellos seine diplomatische Arbeit gelitten haben muß. Schon bald hatte er die Forschungsfront erreicht, und im Frühling 1673 machte er bereits eigene Entdeckungen. „Ich konnte jetzt ohne fremde Hilfe weiterkommen", erinnerte sich Leibniz später, „und ich las [Mathematik], fast wie man romantische Novellen liest."[5]

Einige seiner Entdeckungen aus dieser Zeit gehören ins Kuriositätenkabinett. Beispielsweise löste er ein Problem aus der Rätselecke, bei dem drei Zahlen gesucht waren, deren Summe ein Quadrat ist, und deren Quadrate, ebenfalls aufsummiert, das Quadrat eines Quadrats bilden. Solche mystischen Rätsel waren damals en vogue. Leibniz fand eine Lösung in den Zahlen 64, 152 und 409. Ihre Summe ist ein Quadrat: $64 + 152 + 409 = 625 = 25^2$, und die Summe ihrer Quadrate ist das Quadrat eines Quadrats:

$$64^2 + 152^2 + 409^2 = 194\,481 = 441^2 = (21^2)^2.$$

Wie er diese Zahlen fand, soll uns hier nicht interessieren, aber es sei bemerkt: durch Raten jedenfalls nicht.[6] Leibniz fand auch die recht bizarre Beziehung

$$\sqrt{1 + \sqrt{-3}} + \sqrt{1 - \sqrt{-3}} = 6,$$

Gottfried Wilhelm Leibniz
(Nachdruck mit freundlicher Genehmigung der Lafayette College Library.)

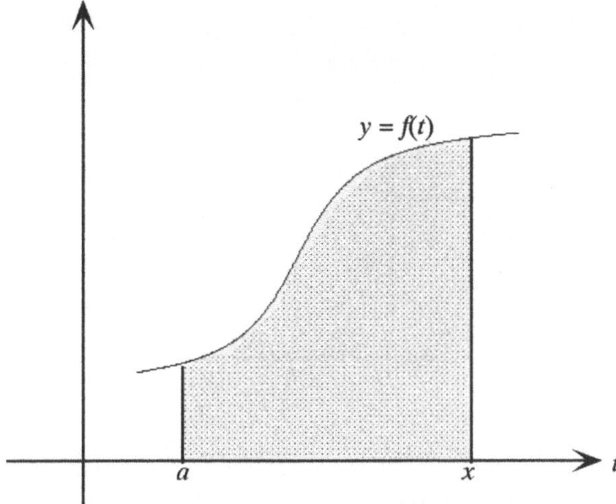

die nicht nur einige der größten Mathematiker verblüffte – ihn selbst eingeschlossen –, sondern auch dazu beitrug, die imaginären Zahlen bekannter zu machen. Wir werden diesen in Kapitel Z begegnen.[7]

Dies alles war lediglich Teil der Ouvertüre zu Leibniz' großartigem mathematischem Hauptprogramm. In seinen Räumlichkeiten in Paris trieb er seine Forschung immer weiter, bis er im Herbst des Jahres 1675 im Besitz der „neuen Methode" war, die wir heute als Differentialrechnung kennen. Diese Zeit war für Leibniz von anregender Heiterkeit und für die Mathematik von immenser Tragweite. Wenn der Besucher heute durch die Straßen von Paris schlendert, denkt er vielleicht an die Kunst, die Musik und die Literatur, die von dieser großartigen Stadt inspiriert ist – und der Geist von Victor Hugo oder Toulouse-Lautrec wird lebendig. Aber die wenigsten sind sich klar darüber, daß in denselben Avenues vor mehr als drei Jahrhunderten die Differentialrechnung das Licht der Welt erblickt hat. Paris hat nicht nur große Kunst hervorgebracht, es hat auch große Mathematik hervorgebracht. Daß sich kaum jemand dieser Tatsache bewußt ist, weist einmal mehr darauf hin, wie sehr Leibniz in Vergessenheit geraten ist.

Seine Mission in Sachen Diplomatie währte von 1672 bis zum Herbst 1676, als er in sein Heimatland Deutschland zurückkehren mußte. Hier veröffentlichte er im Jahre 1684 den ersten Teil seiner Differentialrechnung. Zwei Jahre später folgte eine zweite Arbeit, in der er die Integralrechnung einführte, die als zweite Hälfte der Infinitesimalrechnung gilt. Mit ihr werden wir uns nun beschäftigen.

In der Differentialrechnung untersucht man, wie wir gesehen haben, die Steigung von Kurven. In der Integralrechnung beschäftigt man sich auf der anderen Seite mit den darunterliegenden Flächen. Da es um *Flächen* geht, bezieht sich die Integralrechnung also auf Probleme, die ihre Wurzeln in der Antike haben.

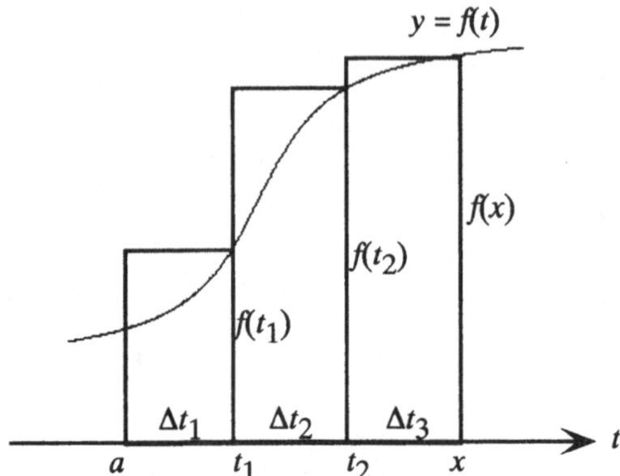

Wir gehen bei unserer Betrachtung von einer allgemeinen Kurve aus, deren Graph oberhalb der horizontalen Achse, der t-Achse, liegt, wie sie beispielhaft in der Abbildung auf Seite 173 dargestellt ist. Ziel der Integralrechnung ist die Bestimmung der schattierten Fläche unterhalb der Kurve $y = f(t)$ zwischen zwei beliebigen Punkten auf der t-Achse, beispielsweise zwischen $t = a$ auf der linken und $t = x$ auf der rechten Seite. Wir werden für unsere Herleitungen die unabhängige Variable immer mit t und nicht, wie in anderen Fällen üblich, mit x bezeichnen. Diese Konvention wird sich noch als nützlich erweisen.

Wir haben schon früher Flächen bestimmt, die von speziellen Figuren wie Kreisen (in Kapitel C) oder Trapezen (in Kapitel H) begrenzt waren. Dabei haben sich aber für die verschiedenen Figuren jeweils unterschiedliche Formeln ergeben. Im Gegensatz dazu wird im Rahmen der Integralrechnung ein allgemeinerer Standpunkt eingenommen. Es wird ein einheitliches Verfahren zur Bestimmung von Flächen, die von beliebigen Funktionen begrenzt werden, gesucht – und dies ist ein viel höher gestecktes Ziel.

Zu Beginn halten wir uns an den bewährten Ratschlag, etwas Unbekanntes möglichst zu etwas Bekanntem in Beziehung zu setzen. Wir nähern daher die unregelmäßig geformte schattierte Fläche durch einfacher zu berechnende Flächen bekannter Figuren an – hier ganz gewöhnliche Rechtecke.

Das Intervall zwischen a und x auf der t-Achse wird also durch die Einführung von zwei Punkten t_1 und t_2 in drei kleinere Segmente oder *Teilintervalle* unterteilt. Dies ist in der obigen Abbildung dargestellt. Für die *Längen* der drei Teilintervalle führen wir folgende Bezeichnungen ein:

$$\Delta t_1 = t_1 - a, \quad \Delta t_2 = t_2 - t_1 \text{ und } \Delta t_3 = x - t_2.$$

Als nächstes konstruieren wir über jedem Teilintervall ein Rechteck, das natürlich nicht beliebig ist, sondern in Relation zu der Kurve $y = f(t)$ stehen muß. Wir wählen als *Höhe* des Rechtecks über dem Teilintervall zwischen a und t_1 den Wert der Funktion an der Stelle t_1. Die Höhe des Rechtecks links außen ist also $f(t_1)$. Die Fläche dieses Rechtecks beträgt folglich: Höhe $\times$

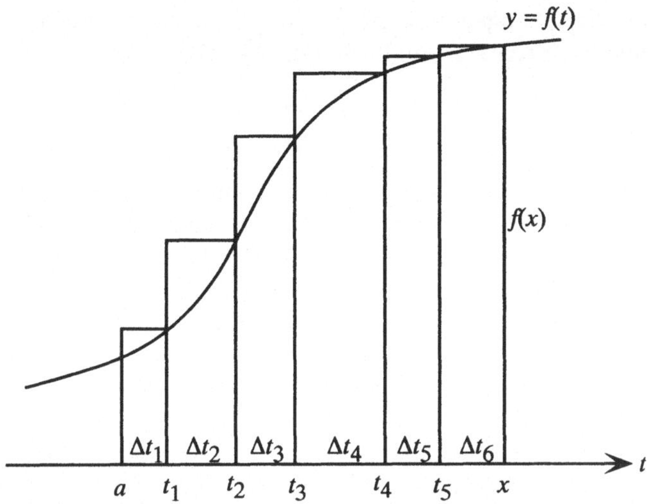

Breite $= f(t_1)\Delta t_1$. Ganz analog bekommt das mittlere Rechteck die Höhe $f(t_2)$ und damit die Fläche $f(t_2)\Delta t_2$. Das rechte Rechteck hat die Höhe $f(x)$ und daher die Fläche $f(x)\Delta t_3$.

Durch diesen Prozeß haben wir die Fläche unter der ursprünglich gegebenen Kurve durch die *Summe* der Flächen der drei Rechtecke angenähert:

$$\text{Fläche unter der Kurve} \approx \text{Summe der Rechteckflächen}$$
$$= f(t_1)\Delta t_1 + f(t_2)\Delta t_2 + f(x)\Delta t_3.$$

Dies stellt natürlich nur eine sehr grobe Approximation an die tatsächliche, in der Abbildung auf Seite 173 schattiert dargestellte Fläche dar. Wie kann das verbessert werden?

Offensichtlich kann man eine bessere Annäherung erreichen, indem man mehr, und vor allem schmalere, Rechtecke einführt. In der Abbildung oben ist das Intervall zwischen a und x nicht in drei, sondern in sechs Stücke unterteilt, die die Längen $\Delta t_1, \Delta t_2, \ldots, \Delta t_6$ haben. Über diesen sechs Teilintervallen sind schmale Rechtecke errichtet. Diesmal gilt dann für die Fläche:

$$\text{Fläche unter der Kurve} \approx \text{Summe der Rechteckflächen}$$
$$= f(t_1)\Delta t_1 + f(t_2)\Delta t_2 + \ldots + f(x)\Delta t_6.$$

Damit haben wir schon eine Verbesserung erreicht, denn die schmaleren Rechtecke nähern die exakte Fläche unter der Kurve genauer an.

Aber warum sollen wir bei sechs aufhören? Stellen wir uns einfach auf einen allgemeineren Standpunkt und teilen das Intervall zwischen a und x in

n Teilintervalle mit Längen $\Delta t_1, \Delta t_2, \ldots, \Delta t_n$. Darüber errichten wir wieder die entsprechenden Rechtecke und erhalten die Approximation:

$$\text{Fläche unter der Kurve} \approx \text{Summe der Rechteckflächen}$$
$$= f(t_1)\Delta t_1 + f(t_2)\Delta t_2 + \ldots + f(x)\Delta t_n.$$

Je größer n wird, desto schmaler werden die Rechtecke und desto besser nähern sie die fragliche Fläche an. Aber selbst tausend schmale Rechteckstreifen werden die Fläche unter der Kurve nicht exakt darstellen. Um die Fläche exakt zu bestimmen, müssen wir uns an den Begriff des Grenzwerts erinnern.

Wir sind Grenzwerten bereits begegnet, und zwar in Kapitel D, wo sie eine entscheidende Rolle bei der Definition der Ableitung spielten. Auch beim Integralbegriff haben sie eine Schlüsselstellung. Statt unseren Prozeß bei tausend oder einer Million Rechtecken zu beenden, lassen wir ihre Zahl ins Unendliche steigen, wenn dabei auch ihre Breite zu null schrumpft. Auf diese Weise bestimmen wir die Fläche unter der Kurve:

$$\text{Fläche unter der Kurve} = \lim[f(t_1)\Delta t_1 + f(t_2)\Delta t_2 + \ldots + f(x)\Delta t_n].$$

Bei diesem Grenzwert sollen die Längen aller Teilintervalle gegen null gehen. Beim Übergang zu dem Limes können wir „$\approx$" durch „$=$" ersetzen und haben es auch nicht mehr mit einer Approximation an die Fläche zu tun. Wenn wir den Grenzwert benutzen, handelt es sich um die *exakte* Fläche.

In Anbetracht seiner eigenen Forderungen an die Schreibweise führte Leibniz ein neues Symbol ein. Er bezeichnete die Fläche unter der Kurve mit einem $\int$-Zeichen, das ein gestrecktes „S" für „Summe" symbolisiert, womit an die Summation der Rechteckflächen erinnert werden soll. Interessanterweise kennen wir das genaue Datum, an dem er sich für diese Schreibweise entschied: Es war der 29. Oktober 1675.[8] Seit jenem Tag wird die Fläche unterhalb der Kurve $y = f(t)$ zwischen den Werten $t = a$ und $t = x$ mit

$$\int_a^x f(t)\,\mathrm{d}t$$

bezeichnet. Dieses *Integral* wurde hier als Grenzwert der Summe der Rechteckflächen definiert. Unter *Integration* versteht man die Verfahren zur Bestimmung von Integralen. Diese Begriffsbildung gehört zweifellos zu den grundlegendsten Konzepten der höheren Mathematik.

An dieser Stelle ist ein Beispiel angebracht. Nehmen wir an, wir wollten die Fläche unter der Geraden $y = f(t) = 2t$ zwischen $t = 0$ und $t = 1$ berechnen. Hierbei handelt es sich, wie man an dem schattierten Gebiet in der Abbildung auf Seite 177 sehen kann, um ein einfaches Dreieck, dessen Fläche wir auch ohne Rückgriff auf die Künste der Integralrechnung kennen. Das Dreieck hat eine Grundlinie der Länge 1 und eine Höhe der Länge 2, so daß sich als Fläche ergibt:

$$\frac{1}{2}bh = \frac{1}{2}2 \cdot 1 = 1.$$

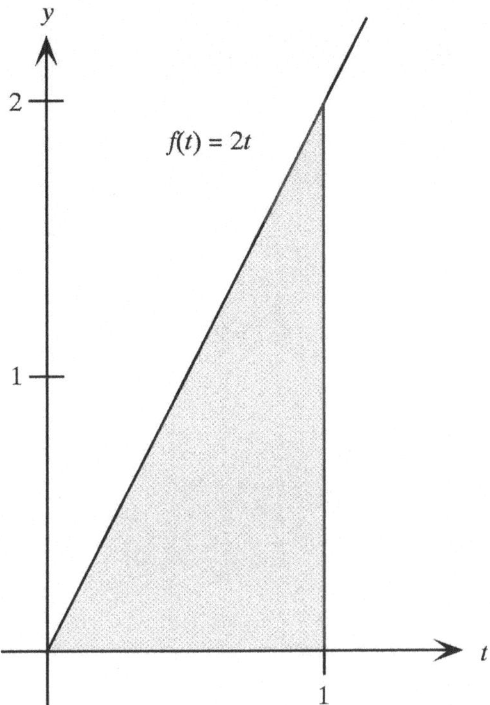

Nun wollen wir aber die Fläche mit Hilfe der Integralmethode bestimmen – und werden hoffentlich denselben Wert erhalten. In der Abbildung auf Seite 178 ist das Intervall von 0 nach 1 in fünf gleich lange Teilintervalle zerlegt, über denen nach unserer Vorschrift die Rechtecke eingezeichnet sind.

Natürlich übersteigt die Summe der fünf Rechteckflächen die Größe der gesuchten Dreiecksfläche, sie stellt aber immerhin eine erste Näherung dar. Jedes Rechteck hat eine Grundseite der Länge 1/5, und die Höhen sind von links nach rechts durch die Werte

$$f\left(\frac{1}{5}\right) = \frac{2}{5}, f\left(\frac{2}{5}\right) = \frac{4}{5}, f\left(\frac{3}{5}\right) = \frac{6}{5}, f\left(\frac{4}{5}\right) = \frac{8}{5} \text{ und } f(1) = 2$$

gegeben. Folglich gilt für die Summe der Rechteckflächen S:

$$\begin{aligned}
S &= \left(\frac{1}{5} \times \frac{2}{5}\right) + \left(\frac{1}{5} \times \frac{4}{5}\right) + \left(\frac{1}{5} \times \frac{6}{5}\right) + \left(\frac{1}{5} \times \frac{8}{5}\right) + \left(\frac{1}{5} \times 2\right) \\
&= \frac{2}{25} + \frac{4}{25} + \frac{6}{25} + \frac{8}{25} + \frac{10}{25} \\
&= \frac{2}{25}(1 + 2 + 3 + 4 + 5) = \frac{2}{25} \cdot 15 = \frac{6}{5} = 1{,}2.
\end{aligned}$$

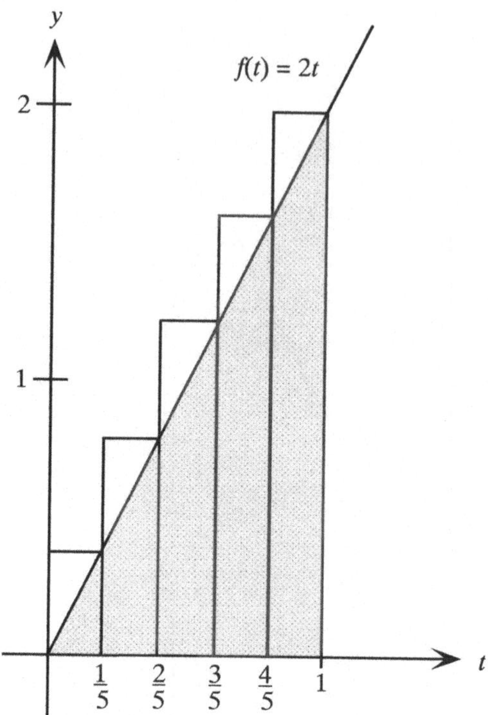

Wie wir erwartet hatten, wird die tatsächliche Dreiecksfläche von 1 durch diesen Wert überschätzt.

Nun stellt man aber fest, daß in der vorletzten Zeile dieser Rechnung die Summe der ersten fünf natürlichen Zahlen auftritt. Wenn wir das Intervall zwischen 0 und 1 statt in fünf Teile in n gleich lange Teilintervalle zerlegen und ganz analog argumentieren wie eben, so finden wir tatsächlich die Formel:

$$S \;=\; \left(\frac{1}{n} \times \frac{2}{n}\right) + \left(\frac{1}{n} \times \frac{4}{n}\right) + \left(\frac{1}{n} \times \frac{6}{n}\right) + \ldots + \left(\frac{1}{n} \times 2\right)$$

$$=\; \frac{2}{n^2}(1 + 2 + 3 + \ldots + n).$$

Hier tritt die Summe der ersten n natürlichen Zahlen auf. Aus dem „Beweis ohne Worte" in Kapitel J kennen wir den Wert dieser Summe:

$$1 + 2 + 3 + \ldots + n = \frac{n(n+1)}{2}.$$

Den setzen wir nun ein und erhalten für die Summe der Rechteckflächen S:

$$\text{Summe der Rechteckflächen} \;=\; \frac{2}{n^2}(1 + 2 + 3 + \ldots + n) = \frac{2}{n^2} \times \frac{n(n+1)}{2}$$

$$= \frac{n^2 + n}{n^2} = \frac{n^2}{n^2} + \frac{n}{n^2} = 1 + \frac{1}{n}.$$

Diese Formel besagt, daß die Summe der Rechteckflächen um $1/n$ größer ist als 1.

Wie gesagt, überdecken n Rechtecke die Fläche nie exakt. Um den exakten Wert der Fläche zu bekommen, müssen wir den Grenzwert bilden, indem wir n gegen unendlich streben lassen:

$$\int_0^1 2t\,\mathrm{d}t = \lim_{n\to\infty} (\text{Summe der Rechteckflächen}) = \lim_{n\to\infty} \left(1 + \frac{1}{n}\right) = 1.$$

Hier geht $1/n$ gegen null, da der Nenner n unbegrenzt wächst.

Damit haben wir den Wert erhalten, den auch die geometrische Formel für die Dreiecksfläche ergeben hatte. Mit Hilfe der Integralrechnung sind wir, wenn auch erst nach einer Achterbahnfahrt, zum Ziel gekommen. Ein wesentlicher Unterschied besteht aber darin, daß die geometrische Formel nur für Dreiecke gilt, während sich die Methoden der Integration auf viel allgemeinere Randlinien anwenden lassen. Mit Methoden der Integralrechnung lassen sich Flächen unter Parabeln, Ellipsen und zahllosen anderen Kurven bestimmen, die weit über den Bereich der Elementargeometrie hinausgehen. Ihre Allgemeingültigkeit macht die Methode so leistungsfähig.

Leider wird mit zunehmender Komplexität der Funktionen der Prozeß der Summation von Rechteckflächen und die Bildung des Grenzwerts äußerst kompliziert. Wenn wir also Flächen sowohl automatisch als auch kurz und schmerzlos bestimmen wollen, ist eine Abkürzung des Verfahrens vonnöten. Und die hat Gottfried Wilhelm Leibniz in den 70er Jahren in Paris auch gefunden.

Die Methode ist unter dem Namen *Hauptsatz der Differential- und Integralrechnung* in die Mathematik eingegangen. Der Name weist schon darauf hin, daß es sich um ein Ergebnis von grundlegender Bedeutung handelt. Der Satz bezieht seine Bedeutung nicht nur aus der Tatsache, daß er die Flächenberechnung wesentlich vereinfacht, sondern vor allem aus der Verbindung der auf den ersten Blick völlig beziehungslosen Begriffe „Ableitung" und „Integral". Der Satz ist daher das Bindeglied zwischen den beiden Zweigen der Infinitesimalrechnung.

Kehren wir zu der allgemeinen Kurve $y = f(t)$ zurück. Wir betrachten das in der Abbildung auf Seite 180 schattiert dargestellte Gebiet unterhalb der Kurve zwischen $t = 0$ und $t = x$. Daß wir als linken Endpunkt gerade 0 gewählt haben, entspricht einer im siebzehnten Jahrhundert üblichen Praxis und vereinfacht die formale Darstellung im folgenden. Die erwähnte Fläche bezeichnen wir mit $F(x)$. In der von Leibniz eingeführten Schreibweise bedeutet dies also:

$$F(x) = \int_0^x f(t)\,\mathrm{d}t.$$

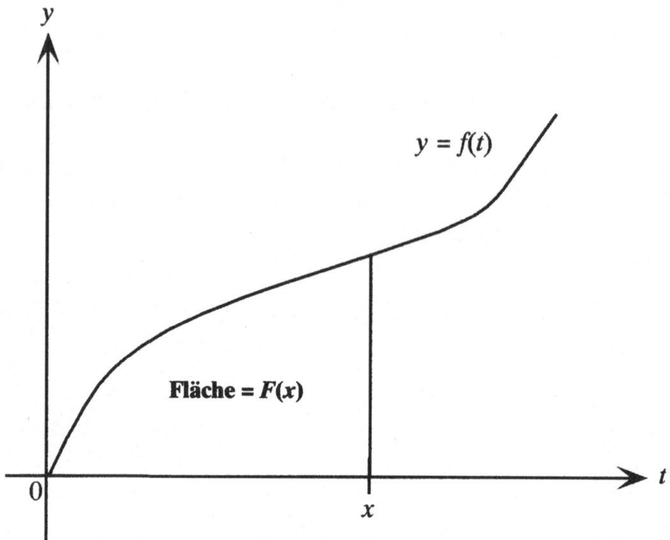

Man beachte, daß F tatsächlich eine Funktion von x ist, denn wenn man x vergrößert, also nach rechts wandern läßt, dann vergrößert sich auch die schattierte Fläche $F(x)$ unter der Kurve zwischen 0 und x. Man kann die Funktion F als eine Art „Flächenakkumulationsfunktion" verstehen, deren Wert davon abhängt, wie weit x nach rechts geschoben ist.

Wir waren auf der Suche nach einer Formel für F. Mit einer solchen Formel ließe sich die Fläche

$$\int_0^x f(t)\,\mathrm{d}t$$

einfach bestimmen, indem man x in F einsetzt. Die Integration wäre also weitgehend automatisiert, *wenn* wir eine geeignete Identität für F wüßten.

Wie läßt sich so etwas finden? Seltsamerweise besteht der Schlüssel zur Lösung dieses Problems in der Untersuchung nicht der Funktion selbst, sondern ihrer *Ableitung*. Wir werden also $F'(x)$ bestimmen und daraus eine Formel für F selbst herleiten. Dieses indirekte Vorgehen sieht auf den ersten Blick hoffnungslos aus, aber das Ergebnis wird den indirekten Ansatz vollauf bestätigen.

An dieser Stelle wird der Leser womöglich einen Blick zurück ins Kapitel D werfen wollen, wo die Ableitung eingeführt wurde. Nach der dortigen Definition ist die Ableitung von F:

$$F'(x) = \lim_{h \to 0} \frac{F(x+h) - F(x)}{h}.$$

Im Sinne dieser Definition betrachten wir also ein kleines h. Nach der Definition von F ist $F(x)$ die Fläche unter der Kurve $y = f(t)$ zwischen den Werten

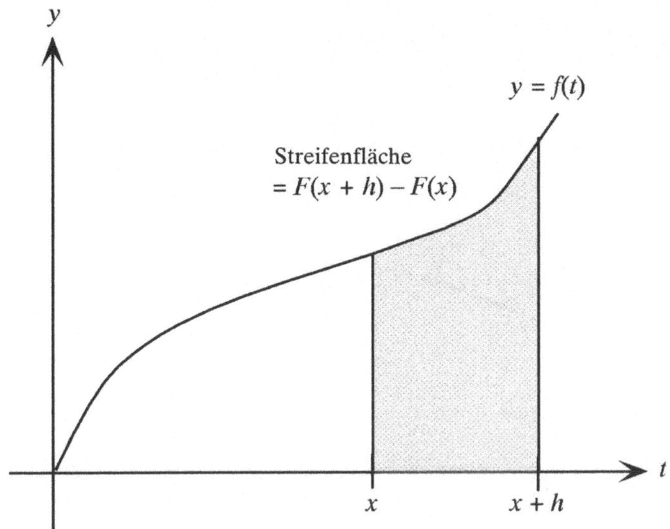

$t = 0$ und $t = x$. Genauso ist $F(x + h)$ die Fläche unter der Kurve zwischen den Werten $t = 0$ und $t = x + h$. Folglich stellt der Zähler im Ausdruck für die Ableitung, $F(x + h) - F(x)$, die Differenz dieser beiden Flächen dar. In der Abbildung oben ist $F(x + h) - F(x)$ also die Fläche des schattierten Streifens.

Weil der obere Rand dieses Streifens von einem Ausschnitt der gekrümmten Kurve $y = f(t)$ begrenzt wird, ist es im allgemeinen nicht möglich, seine genaue Fläche zu ermitteln. Wir sind also wieder einmal gezwungen, die Streifenfläche zu *approximieren*.

Zu diesem Zweck ziehen wir die Verbindungsgerade zwischen den Punkten $(x, (f(x))$ und $(x + h, f(x + h))$, wie sie in der Abbildung auf Seite 182 eingezeichnet ist. Insgesamt entsteht dadurch ein Trapez über dem Intervall $[x, x + h]$. Die beiden parallelen Seiten des Trapezes haben die Längen $f(x)$ beziehungsweise $f(x + h)$. Die Höhe des Trapezes, der Abstand zwischen den parallelen Seiten, beträgt h. Nach der Formel für die Trapezfläche aus Kapitel H gilt daher:

$$\text{Fläche (Trapez)} = \frac{1}{2}h(b_1 + b_2) = \frac{1}{2}h[f(x) + f(x + h)].$$

Mit Hilfe dieser *Trapezfläche* approximieren wir die Fläche des Streifens unter der Kurve in der Abbildung oben. Damit gilt für unsere Flächenakkumulationsfunktion F:

$$
\begin{aligned}
F(x + h) - F(x) &= \text{Fläche des Streifens} \\
&\approx \text{Fläche (Trapez)} = \frac{1}{2}h[f(x) + f(x + h)].
\end{aligned}
$$

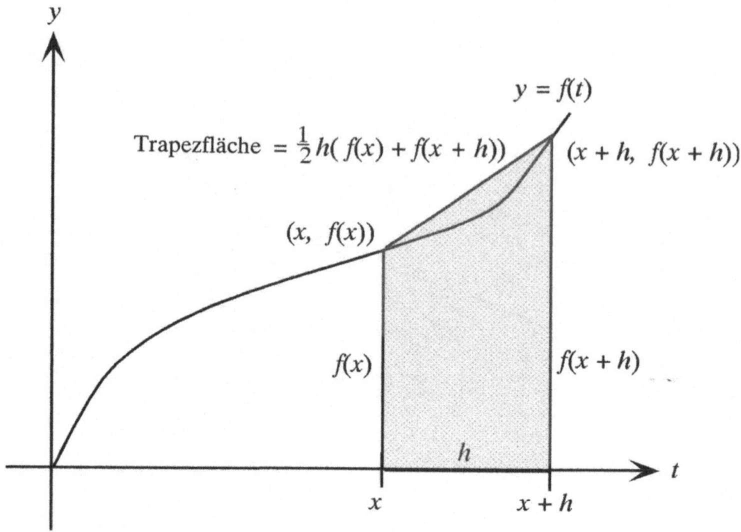

Diese Beziehung formen wir um zu:

$$\frac{F(x+h) - F(x)}{h} \approx \frac{\frac{1}{2}h[f(x) + f(x+h)]}{h} = \frac{f(x) + f(x+h)}{2}. \qquad (*)$$

Um nun endlich die Ableitung $F'(x)$ bestimmen zu können, müssen wir zum Grenzwert dieses Ausdrucks für $h \to 0$ übergehen. Dabei geht die Differenz zwischen der tatsächlichen Fläche des Streifens und ihrer trapezförmigen Approximation gegen null. Wenn sich darüber hinaus die ursprünglich gegebene Funktion f vernünftig verhält – mathematisch läßt sich ein solches Verhalten exakt definieren –, so wird auch der Funktionswert $f(x + h)$ für $h \to 0$ gegen $f(x)$ streben: $f(x+h) \to f(x+0) = f(x)$ für $h \to 0$. Kombiniert man all diese Überlegungen, so erhalten wir die Aussage des Hauptsatzes der Differential- und Integralrechnung:

$$
\begin{aligned}
F'(x) \;&=\; \frac{F(x+h) - F(x)}{h} && \text{nach Definition der Ableitung;} \\[2mm]
&=\; \lim_{h \to 0} \frac{f(x) + f(x+h)}{2} && \text{nach } (*) \text{ oben;} \\[2mm]
&=\; \frac{f(x) + f(x)}{2} && \text{, da } f(x+h) \to f(x); \\[2mm]
&=\; \frac{2f(x)}{2} = f(x).
\end{aligned}
$$

Nun sollten wir aber einen Moment innehalten, um uns über die Tragweite dieses Ergebnisses klarzuwerden. Was genau hat denn diese lange Argumentation eigentlich ergeben?

Zunächst einmal erinnern wir uns an unser ursprüngliches Ziel: Wir wollten eine einfach auszuwertende Formel finden für den Ausdruck:

$$F(x) = \int_0^x f(t)\,\mathrm{d}t.$$

Was wir statt einer Beschreibung für F aber gefunden haben, ist eine bemerkenswerte Identität für die Ableitung $F'(x)$. Es hat sich herausgestellt, daß $F'(x)$ gerade die Funktion $f(x)$ ist, die die gesuchte Fläche begrenzt.

Mit anderen Worten: Wir waren interessiert an der Fläche unter der Kurve $y = f(t)$. Durch Integration von f erhielten wir die Funktion F. Wir differenzierten anschließend F, das heißt das Integral, und erhielten dadurch wieder f zurück. Der Hauptsatz der Differential- und Integralrechnung besagt also, daß die Ableitung des Integrals einer Funktion f wieder diese Funktion f ist. So wie die Subtraktion eine Umkehrung der Addition oder die Division eine Umkehrung der Multiplikation ist, ist die Differentiation eine Umkehrung der Integration. Die zwei großen Strömungen der Infinitesimalrechnung sind hier vereint. Differentiation und Integration sind nur zwei Seiten derselben Medaille.

Zum Abschluß wollen wir zwei Beispiele ansehen, um sicherzugehen, daß sich die ganze Mühe auch gelohnt hat. Wir betrachten noch einmal die Dreiecksfläche aus der Abbildung auf Seite 177, zu deren Berechnung wir das Integral

$$\int_0^1 2t\,\mathrm{d}t$$

auszuwerten hatten. Hier ist also $f(t) = 2t$, und wir setzen

$$F(x) = \int_0^x 2t\,\mathrm{d}t.$$

Der Hauptsatz der Differential- und Integralrechnung liefert in diesem Fall die Gleichung $F'(x) = f(x) = 2x$. Mit anderen Worten: F ist eine Funktion, deren Ableitung $2x$ ist. In Kapitel D haben wir eine solche Funktion explizit angegeben: Die Funktion x^2 hat die Ableitung $2x$. Wir setzen also $F(x) = x^2$.

Es sei angemerkt, daß jede Funktion der Form $x^2 + c$, wobei c eine Konstante (mit Ableitung 0) ist, die Ableitung $2x$ besitzt. Wir müssen die Funktion $F(x)$ so bestimmen, daß $F(0) = 0$ gilt. Dies hängt mit unserer Wahl der unteren Integrationsgrenze $x = 0$ zusammen: Die Fläche über dem Intervall von 0 bis x ist schließlich 0, wenn $x = 0$ ist. In diesem Zusammenhang werden Generationen von Gymnasiallehrern bestätigen, daß Schüler beim Integrieren konstant die Konstante vergessen.

Nun läßt sich die gesuchte Fäche in der Abbildung auf Seite 177 leicht bestimmen. In der Formel

$$\int_0^x 2t\,\mathrm{d}t = F(x) = x^2$$

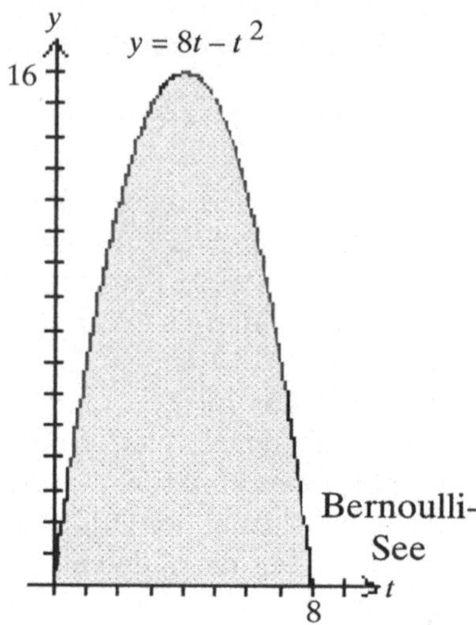

setzen wir $x = 1$ ein und erhalten:

$$\text{Fläche des Dreiecks} = \int_0^1 2t\,dt = F(1) = 1^2 = 1.$$

Dieses Ergebnis haben wir nun zum dritten Mal erhalten. Die Flächenbestimmung durch Integrale ist also konsistent mit den anderen Methoden.

In unserem zweiten Beispiel nehmen wir Bezug auf die Diskussion der Monte-Carlo-Methode in Kapitel B. Dort wurde die Fläche des Sees, der durch die Parabel $y = 8t - t^2$ und die t-Achse begrenzt wird, durch ein wahrscheinlichkeitstheoretisches Verfahren bestimmt.

Mit den gerade diskutierten Methoden können wir aber die Größe des Sees, der in der Abbildung oben noch einmal dargestellt ist, *exakt* berechnen. Selbst jene, die sich vielleicht an die Flächenformeln für Dreiecke oder Trapeze erinnern, werden kaum die Formel für die Fläche eines Parabelsegments parat haben. Hier handelt es sich um eine Aufgabe für die Integralrechnung.

Nach unseren Betrachtungen ist die Fläche des Sees

$$\int_0^8 (8t - t^2)\,dt,$$

wobei wir hier die Variable in der Funktion, die das Ufer des Sees definiert, mit t bezeichnen und nicht wie in Kapitel B mit x. Wir führen wieder die Flächenakkumulationsfunktion F ein:

$$F(x) = \int_0^x (8t - t^2)\,dt.$$

In diesem Problem ist also $f(t) = 8t - t^2$, und nach dem Hauptsatz muß gelten: $F'(x) = f(x) = 8x - x^2$.

Um F zu bestimmen, rufen wir uns die Differentiationsregeln aus Kapitel D ins Gedächtnis und versuchen, sie umgekehrt anzuwenden. Offenbar ist

$$F(x) = 4x^2 - \frac{1}{3}x^3$$

eine Funktion, deren Ableitung $f(x)$ ist. Denn die Ableitung von

$$4x^2 - \frac{1}{3}x^3$$

ergibt sich nach den Regeln der Differentiation zu:

$$4 \cdot 2x - \frac{1}{3} \cdot 3x^2 = 8x - x^2 = f(x).$$

Außerdem ist wieder $F(0) = 0$. Dann gilt nach dem Hauptsatz:

$$\int_0^x (8t - t^2)\, dt = F(x) = 4x^2 - \frac{1}{3}x^3.$$

Die Seefläche erhält man für den Wert $x = 8$:

$$\int_0^8 (8t - t^2)\, dt = F(8) = 4 \cdot 8^2 - \frac{1}{3}8^3 = 256 - \frac{512}{3} = 85{,}3333\ldots$$

Die Monte-Carlo-Methode hatte für die Fläche des Sees einen Näherungswert von 84,301 ergeben. Dieser befindet sich in recht guter Übereinstimmung mit dem ermittelten exakten Wert von 85,333... und kann als Hinweis gelten, daß das „Gesetz der großen Zahlen" und der „Hauptsatz der Differential- und Integralrechnung" auf derselben Linie liegen.

Wir wollen dieses Kapitel jedoch nicht abschließen, ohne den Leser darauf hinzuweisen, daß eine vollständige Theorie der Integration *um ein Vielfaches* komplizierter ist, als wir es hier anklingen ließen. Unser Zugang war naiv und nicht von der nötigen Strenge, die Beispiele waren sorgfältig ausgewählt, und die Entwicklung hatte einige logische Lücken. Darin spiegelt sich in gewisser Weise der frühe, unkritische Umgang mit der Integralrechnung wider. Als sich die Mathematiker in der Folge mit diesem Thema befaßten, entdeckten sie sehr subtile theoretische Probleme. Einige dieser Hindernisse konnten erst in den letzten Jahren des neunzehnten Jahrhunderts ausgeräumt werden.

Ferner wollen wir zum Abschluß eine Lanze für Gottfried Wilhelm Leibniz brechen: Er würde es verdienen, etwas mehr im Scheinwerferlicht zu stehen. Es war der Zufall der Geschichte, daß er zur gleichen Zeit wie Isaac Newton lebte, dessen Genius mit seinem hellen Schein Leibniz im Blick der Öffentlichkeit in den Schatten stellte. Man kann darüber spekulieren, ob Newtons Genius nicht ohnehin jeden in den Schatten stellen würde.

Nichtsdestoweniger schuldet die mathematische Welt Leibniz Anerkennung. Wie Newton hat er die großen Theorien der Differentialrechnung und der Integralrechnung entwickelt und erkannt, daß sie durch den Hauptsatz der Differential- und Integralrechnung miteinander verbunden sind. Anders als Newton hat er aber seine Ideen einer empfangsbereiten Welt mitgeteilt. Dadurch hat Leibniz andere inspiriert, allen voran die Bernoullis. Durch ihre eigene Forschungsarbeit und ihre wechselseitige Korrespondenz formten sie das Sujet so, wie wir es heute kennen. *Unser* Differentialkalkül ist in doppeltem Sinne das von Leibniz.

Nachdem wir die Verdienste der beiden Großmeister dargestellt haben, bleibt für uns die entscheidende Tatsache, daß an einem Wendepunkt in der Geschichte der Mathematik gleich zwei herausragende und in jeder Beziehung ebenbürtige Persönlichkeiten das Fach in eine neue Epoche katapultiert haben: Isaac Newton und Gottfried Wilhelm Leibniz – nur daß der eine noch heute als Genie verehrt wird und der andere als Mathematiker fast vergessen ist.

M athematikers Persönlichkeit

Dieses Kapitel erstickt in Klischees. Doch ungeachtet aller möglicherweise entstehenden Ungerechtigkeiten, ungeachtet auch der ganz realen Gefahr, dafür gerichtlich belangt zu werden, spitzen wir unsere Zunge und diskutieren die landläufig bekannten Ansichten über die Persönlichkeit des Mathematikers, versuchen wir, einen Berufsstand zu charakterisieren.

Die Durchschnittsfrau oder der Durchschnittsmann auf der Straße hält in der Regel die Mathematiker, wenn sie oder er überhaupt an solche denkt, für intelligent, abstraktionsfähig, hyperlogisch, sozial rückständig, geistesabwesend, in sich zurückgezogen, kurzsichtig, kurzum für weltentrückt und langweilig. Trifft eine solche Einschätzung zu? Offenbaren Mathematiker wirklich diese Charakterzüge, oder sind sie Opfer eines weitverbreiteten Vorurteils?

Genau dieser Frage wandte sich schon vor einigen Jahren der Stanford-Professor George Pólya zu, der als Mathematiker hochrespektiert und als Lehrer sehr beliebt war. Gestützt auf seine Lebenserfahrung, identifizierte er zwei Hauptmerkmale des Mathematikers: 1. er ist zerstreut, und 2. er ist exzentrisch.[1] Damit haben wir schon einen guten Ausgangspunkt für unsere Charakterisierung.

Der Vorwurf der Zerstreutheit trifft voll ins Schwarze. Anekdoten über Mathematiker, die konstant ihre Verabredungen vergessen, wichtige Papiere verlegen oder ihre Brille dauernd suchen, gibt es unzählige. Da ist zum Beispiel die immer wieder gern erzählte Geschichte über Witold Hurewicz, der mit dem Auto nach New York City fuhr, dieses dort auf einem Parkplatz abstellte und, nachdem er seine Geschäfte erledigt hatte, den Zug nach Hause nahm. Am nächsten Tag fand er bei sich einen leeren Parkplatz vor und meldete der Polizei den Diebstahl seines Autos.[2]

Pólya erzählt die Anekdote eines jungen Professors, der Anfang des zwanzigsten Jahrhunderts an die Universität zu Göttingen berufen wurde. Der Neuling wollte dem hochgeschätzten Mathematiker David Hilbert in dessen Haus seine Aufwartung machen. In feinsten Zwirn gekleidet, klopfte er bei

Hilbert an die Tür und wurde zur Begrüßung hereingebeten. Der junge Mann nahm seinen Hut ab und dann Platz und begann zu plaudern. Schnell hatte er die Gutwilligkeit seines Gastgebers überanstrengt. Hilberts Aufmerksamkeit wandte sich einem verzwickten mathematischen Problem zu, in das er sich, seinem Gegenüber höflich zulächelnd, vertiefte. Doch nach einigen Minuten kam Hilbert zu dem Schluß, daß es nun genug sei. Er erhob sich, setzte sich den Hut des Besuchers auf, verabschiedete sich höflich und verließ das Haus. Nicht überliefert ist die Reaktion des Besuchers, der nun allein in des Professors Wohnzimmer saß.[3]

Anekdoten über zerstreute Mathematiker gibt es nicht nur aus dem zwanzigsten Jahrhundert. Wir haben schon von Archimedes gehört, daß er nach seiner bahnbrechenden Erkenntnis nackt aus dem Bad sprang und im Zustand höchster Erregung, aber leider auch geringster Bekleidung, durch die Stadt rannte. Man erzählt sich, daß Newton so emsig in seinen Gemächern arbeitete, daß er vergaß, die Mahlzeiten einzunehmen, die man ihm gebracht hatte. Wenn er allerdings *tatsächlich* einmal in den Speisesaal ging, war er „nachlässig gekleidet, trug schiefgelaufene Absätze, heruntergerutschte Strümpfe, kam im Chorhemd und mit zerzausten Haaren".[4]

Peter Gustav Lejeune Dirichlet war einer der ganz großen und total zerstreuten Mathematiker des neunzehnten Jahrhunderts: Ihm, der Nachfolger von Gauß an der mathematischen Fakultät in Göttingen war, wurde nicht nur Zerstreutheit, sondern notorische Geistesabwesenheit nachgesagt. Er soll so abwesend gewesen sein, daß er vergaß, die Schwiegereltern von der Geburt ihres ersten Enkelkindes zu unterrichten. Als der Großvater nach einer ärgerlich langen Verzögerung die Neuigkeit endlich erfahren hatte, bemerkte er, Dirichlet hätte ihm wenigstens schreiben können „$2 + 1 = 3$".[5]

Diese und viele weitere Anekdoten scheinen zu bestätigen, daß Zerstreutheit eine chronische Heimsuchung aller Mathematiker ist. Allerdings ist nicht jeder davon überzeugt, und so wollen wir im Interesse der Fairness auch kurz den gegenteiligen Standpunkt erwähnen, den John F. Bowers von der Universität von Leeds vertritt. In einem provokativen Artikel über die Exzentrizität von Mathematikern greift Bowers die vorherrschende Meinung wütend an und erklärt ganz eindeutig: „Der Gedanke, daß Mathematiker zerstreut seien, ist absolut falsch. Dafür, daß sie es nicht sind, gibt es einen schlüssigen Beweis, den ich allerdings leider nicht vorführen kann, da ich ihn anscheinend verlegt haben muß."[6] Ein im Wortsinn zerstreuter Professor war ferner auch John von Neumann, von dem berichtet wird, daß er eines Tages auf der Fahrt von seinem Wohnort Princeton nach New York anhielt, zu Hause anrief und seine Frau fragte: „Liebling, weißt Du noch, mit wem ich wann und wo verabredet war?"[7]

Daß ernsthafte Mathematiker an Geistesabwesenheit leiden, sollte kaum überraschen. Schließlich schlagen sie sich tagtäglich mit den abstraktesten Begriffen und der nichts verzeihenden Logik sowie den unzugänglichsten Pro-

Peter Gustav Lejeune Dirichlet
(Nachdruck mit freundlicher Genehmigung der Muhlenberg College Library.)

blemen herum. Der durchschnittliche Student ist schon erschöpft, wenn er einem einzigen Problem auch nur eine Stunde opfern soll. Wie kann man sich dann vorstellen, einer Aufgabe Monate oder sogar Jahre zu widmen? Die dazu notwendige Konzentration ist geradezu erschreckend, und Geistesabwesenheit scheint die natürliche Folge zu sein. Es war der zerstreute Newton, der über eine seiner großen Entdeckungen sagte, er habe sie nur gemacht, weil er „fortwährend daran gedacht" habe.[8]

Wenn Leute jahrelang fortwährend über dasselbe nachdenken, über die Verteilung der Primzahlen beispielsweise oder die Dreiteilung des Winkels, dann ist es kein Wunder, wenn sie nicht mehr daran denken, sich das Haar zu kämmen. Die materielle Welt wird ihnen so trivial, so beliebig, so flüchtig im Vergleich mit der zeitlosen Schönheit der Mathematik. Es ist daher nicht überraschend, daß Mathematiker vergessen, ihre Katze hinauszulassen; ja, sie vergessen oft, daß sie überhaupt eine *besitzen*. Der Körper des Mathematikers mag bequem im Lehnstuhl ruhen, aber sein Geist schwebt in anderen Sphären.

Wie wir schon erwähnt haben, hält Pólya Mathematiker auch für exzentrisch. Das scheint nun aber ganz offensichtlich zu sein, denn wer ein Leben lang über Primzahlen oder dreigeteilte Winkel nachdenkt, zeigt schon allein dadurch ein reichliches Maß an Exzentrizität. Nach außen hin benehmen sich Mathematiker genauso normal wie ihr Rechtsanwalt oder ihr Sachbearbeiter bei der Bank. Aber dem geübten Beobachter verraten sie sich doch durch charakteristische Hinweise:

Da wäre einmal ihre Kleidung. Es scheint offensichtlich, daß Mathematiker ihre Kleidung weniger nach der Mode als vielmehr nach der Bequemlichkeit auswählen. Vielleicht ist es die ultimative Absurdität einiger Modekonventionen – Krawatten, zum Beispiel –, die dem kompromißlos logischen Mathematiker so unangenehm ist. Selten nur wird er in einem Seidenanzug oder in grauem Flanell angetroffen. Statt dessen bevorzugt er Baumwoll-T-Shirts mit Aufdrucken wie:

$$\int_0^\infty e^{-x^2}\,\mathrm{d}x = \frac{\sqrt{\pi}}{2}.$$

Für viele sind Sandalen die ideale Fußbekleidung, zu denen sie am liebsten schwarze Socken tragen. Wieder andere glauben durchaus, sie seien festlich gekleidet, wenn sie *neue* Turnschuhe und ihre beste Jeans anziehen.

In diesem Zusammenhang sollten wir übrigens auch das Bild des Mathematikers in der Karikatur ansprechen, wo er oft im weißen Laborkittel vor einer symbolüberladenen Tafel steht. Mathematiker verbringen tatsächlich einen abartig großen Teil ihrer Zeit damit, auf symbolüberladene Tafeln zu starren. Aber *niemals* tragen sie dabei weiße Laborkittel. Derartige Kleidungsstücke wird man genausooft bei Mathematikern wie bei Sumo-Ringern finden. Also Karikaturisten, aufgepaßt!

Keinen Zweifel gibt es daran, daß männliche Mathematiker unverhältnismäßig oft Bärte tragen. Volle Barttracht ist die inoffizielle Uniform dieses Berufsstandes, vielleicht weil Rasieren unlogisch ist – wenn der Mann ein glattes Gesicht haben soll, warum sprießen dann kleine Härchen aus seinem Kinn? Nach vorherrschender Meinung laufen etwa fünfzig Prozent der männlichen Mathematiker zottelig herum. Die einzige Gelegenheit, bei der man unter Umständen mehr Bärte antrifft, ist ein Weihnachtsmännertreffen oder der Schlußvorhang des Musicals *Anatevka*.

Dann wären da noch die Brillen. Die sind nahezu universell verbreitet. Natürlich hat sie der eine oder andere Mathematiker schon einmal verlegt, aber im großen und ganzen sieht man sie gespannt durch ihre Korrekturlinsen blicken, obwohl das Objekt ihres Starrens durchaus eine unsichtbare Gleichung oder ein nie gesehenes Polygon sein kann.

Mathematiker sind aber besonders für ihre ganz spezielle Art von Humor bekannt, die oft als „trocken" beschrieben wird. Manchmal ist er allerdings eher schon „ausgedörrt". Man kann zwei Unterkategorien unterscheiden, die wir hier den „niederen" und den „höheren" mathematischen Humor nennen wollen.

Niederer Humor bezieht sich auf die absichtlich falsche Verwendung mathematischer Terminologie. Über Dutzende von Jahrhunderten haben die Mathematiker ein riesiges Lexikon von Fachausdrücken angesammelt. Einige Ausdrücke, wie *Homotopie* oder *Diffeomorphismus*, bleiben in exklusivem Besitz der Spezialisten. Andere hingegen, wie *Matrix* oder *Parameter*, sind in die Umgangssprache durchgesickert, wo sie tagtäglichem Abusus unterliegen. Es gibt aber auch Beispiele für den Eingang umgangssprachlicher Wörter in das mathematische Vokabular. Wörter wie *Gruppe*, *Ring* oder *Körper* haben eine präzise mathematische Bedeutung erhalten.

Damit ist den Mathematikern Tür und Tor geöffnet, fachliche und umgangssprachliche Bedeutung dieser Wörter nach Herzenslust auszutauschen. Eine Versammlung von Fachkollegen wird dann schon mal eine „endliche Gruppe" genannt, und man lacht wissend. Zwillinge sind nicht identisch, sondern „isomorph". Und wenn sich eine Situation verbessert, hat sie eine „positive Ableitung".

Im Angelsächsischen haben Witze, deren Pointe auf verschiedenen Bedeutungen gleichlautender, aber oft unterschiedlich geschriebener Begriffe beruht, eine lange Tradition. Diese haben natürlich auch die Mathematiker aufgegriffen. Platz eins unter den zum Teil niveaulosen Wortspielen hält die Zahl π wegen ihrer lautlichen Verwandtschaft mit dem Kuchen „pie", ebenfalls ‚pei‘ ausgesprochen, siehe die Karikatur in Kapitel C. Auch vor der Gleichsetzung der Hypotenuse mit dem Flußpferd Hippopotamus wird da nicht zurückgeschreckt.

Glücklicherweise gibt es noch die höhere Form des mathematischen Humors, die über bloße Wortspiele hinausgeht. Dabei geht es häufig um Verzerrungen logischer Zusammenhänge. Man muß manchmal schon einen Moment nachdenken, bevor sich die Pointe aus einer speziellen logischen Inkonsistenz ergibt. Mathematiker, deren Bildung von der Logik beherrscht wird, finden es ganz besonders lustig, wenn die Logik baden geht.

Wir beginnen mit einem Beispiel von Pólya. Als er im Alter auf seine Laufbahn zurückblickte, erinnerte er sich daran, daß er sich sein ganzes Leben lang zur Philosophie hingezogen fühlte, und schrieb: „Was ist ein Philosoph? Die Antwort: Ein Philosoph ist jemand, der alles weiß und sonst nichts."[9] Diese geistreiche Bemerkung besitzt die Art logischer Verwindung, über die sich Mathematiker königlich amüsieren können.

Ganz ähnlich ist ein Kommentar konstruiert, den der Physiker Wolfgang Pauli einmal von sich gab. Pauli besaß Brillanz und Arroganz in ausgeglichenem Verhältnis und kam über einen neuen Kollegen zu dem vernichtenden

Urteil: „Er ist so jung und schon so unbekannt."[10] Ganz im Sinne logischer Verwindung ist auch Stephen Bocks Beschreibung eines wohlbehüteten Mannes und seiner Träume: „Lesen war etwas, was Jay nur aus Büchern kannte; aber er war sehr begierig, es einmal selbst auszuprobieren."[11]

Der subtile Gebrauch – oder Mißbrauch – logischer Regeln spielt auch die wesentliche Rolle in einer Anekdote über den Mathematiker Henry Mann. Als Fahrer, so wird erzählt, brachte er sich und eine Gruppe von Kollegen zu einem Kongreß nach Cincinnati. Mit den Straßen in Cincinnati nicht vertraut, verfuhr er sich immer wieder. Seinen Kollegen wurde es langsam unangenehm, sie sagten aber nichts, bis sie bemerkten, daß er in falscher Richtung in eine Einbahnstraße eingebogen war. Mann aber schlug ihre Warnungen in den Wind. Diese Straße könne gar keine Einbahnstraße sein, entgegnete er, da *ihr* Auto ja in die eine Richtung und eine ganze Anzahl anderer Autos in die andere Richtung fahren würden.[12]

Alle diese Beispiele beruhen darauf, daß unser Verständnis von Logik auf den Kopf gestellt wird. Die folgende Anekdote bezieht ihre Pointe aus der unlogischen englischen Aussprache. Der polnische Mathematiker Mark Kac war in die Vereinigten Staaten emigriert und versuchte nun, die manchmal unerklärbaren Klippen der englischen Sprache zu meistern. Besonders irritierend waren für ihn die Worte, die zwar mit derselben Endung geschrieben, aber unterschiedlich ausgesprochen werden. Die Endung „-ow" wird zum Beispiel in Worten wie *grow* (wachsen) oder *know* (wissen) wie ein langes „ouh" ausgesprochen, in Worten wie *cow* (Kuh) oder *how* (wie) jedoch wie ein „au". In einem Wort wie *bow* kommt schließlich alles zusammen, denn die beiden möglichen Aussprachen haben auch noch verschiedene Bedeutung: Verbeugung („bau") beziehungsweise Schießbogen („bouh").

Wie dem auch sei, Professor Kac mühte sich redlich ab, bis er feststellte, daß das Wort *snowplow* (Schneepflug) doppelt wunderlich war: In *demselben* Wort werden die beiden „ow" unterschiedlich ausgesprochen. Hier legte er nun besondere Sorgfalt an den Tag, sich die unlogische Aussprache zu merken. Leider verwechselte er die Reihenfolge, und so wurde aus „snouhplau" ein „snauplouh".[13]

Zu guter Letzt sei noch eine Geschichte erwähnt, die am Ende ihre ganz besondere, überraschende Wendung nimmt. In einem günstigen Moment bat eine junge Dame den von ihr so bewunderten Mathematiker R. Bing um ein Autogramm. Mit diesem Autogramm in Händen eilte sie zu Paul Halmos, einem ebenso berühmten Mathematiker, und bat ihn, auf demselben Blatt zu unterschreiben. So hatte sie ein Stück Papier ergattert, dessen Wert einem gemeinsamen Autogramm von Gilbert und Sullivan oder Terence Hill und Bud Spencer oder Lady Di und Prinz Charles gleichkommt.

Als sie die Errungenschaft einem Kollegen zeigte, sagte der sofort: „Ich gebe dir 25 Dollar für das Blatt." Ein zufällig daneben stehender Mathematiker bemerkte daraufhin mit trockenem Humor: „OK. Ich gebe dir 50 Dollar, wenn ich meinen Namen unter die beiden anderen setzen darf."

Diese Beispiele sollten den für Mathematiker typischen Humor eigentlich verdeutlicht haben. Man muß schon ein Momentchen nachdenken, und man reagiert auch nicht mit schallendem Gelächter, man *erfreut sich* vielmehr an der Pointe. Der mathematische Humor spricht den Geist an, er kennt keine Zoten, und Slapstickkomik ist ihm fremd. Man kann wohl annehmen, daß nur wenige Mathematiker Mitglieder in Dick-und-Doof-Fanclubs sind.

Was unterscheidet Mathematiker also von anderen Menschen? Es ist ihre Art, sich zu kleiden, ihr Humor, ihre Exzentrizität und ihre Zerstreutheit. All dies erzeugt eine Identität, und diese gemeinschaftliche Identität kann auch als eine Art Schutzmechanismus angesehen werden. Schließlich liegt die Stärke der Mathematiker in der Zahl.

Da gibt es zum Beispiel den weitverbreiteten Glauben, Mathematiker seien dasselbe wie Buchhalter, die ihre Zeit beim Addieren ganzer Zahlenkolonnen verbringen. Die Mathematikerin und Dichterin JoAnne Growney wurde durch die Konfrontation mit dieser Einschätzung zu den folgenden Versen inspiriert:[14]

Mißverständnis

Ah, Sie sind ein Mathematiker,
*   sagen sie mit Bewunderung*
*   oder Verachtung.*

Dann, so sagen sie,
*   könnte ich Sie brauchen,*
*   mein Scheckbuch nachzurechnen.*

Ich denke an Scheckbücher.
*   Hin und wieder*
*   rechne ich meines nach,*
*   wie ich manchmal*
*   die Regale ganz oben abstaube.*

Werden Mathematiker mißverstanden? Ganz sicher. Werden sie verachtet? Ganz ohne Zweifel. Die beiden häufigsten Kommentare, die man beim Vorstellen eines Mathematikers hören muß, sind: „Ich habe Mathematik immer gehaßt" und „Ich habe mich vor der Mathematik immer gefürchtet". Man kann beides natürlich auch kombinieren: „Ich hasse und fürchte die Mathematik."

Warum werden Mathematiker dauernd mit solchen Bemerkungen bombardiert? Warum haben so viele Leute bei mathematischer Betätigung die Vorstellung von einer Augenoperation ohne Betäubung? Wurden sie im zarten Kindesalter von einem Mathematiker gebissen? Wenn man genauer nachfragt, kommt man zwei üblichen Quellen der Mathophobie auf die Spur: Entweder ist ein schrecklicher Mathematiklehrer schuld oder das Gefühl, die eigenen minderen Fähigkeiten hätten unter die mathematische Betätigung einen Schlußstrich gezogen.

Der erste Grund für die negativ geprägte Angst vor der Mathematik ist weitverbreitet, und er ist auch in folgender Hinsicht bemerkenswert: Leute, die ihren Hochzeitstag oder den Namen des Staatspräsidenten vergessen haben, erinnern sich in vollster Klarheit an den Algebralehrer von vor Jahrzehnten und an seine Beleidigungen. Ob der alte Müller oder die junge Meier-Weißbrot tatsächlich so miserabel waren, wie behauptet wird, oder ob die schlimmen Erinnerungen viel tiefere, im dunkeln liegende Ursprünge haben, sei dahingestellt.

Der teuflische Mathematiklehrer wird von Millionen angeführt. Aber noch häufiger ist die Erklärung: „Ich war nie gut in Mathe. Ich kann es einfach nicht." Diese resignierende Feststellung hat wohl jeder Mathematiklehrer Hunderte von Malen gehört. Damit scheint sicher zu sein, daß mathematischer Erfolg genetisch bedingt ist. So wie manche Leute mit blauen Augen geboren werden, so werden andere mit der Fähigkeit geboren, Mathematik zu betreiben. Ist man nicht damit geboren, dann ist man für den mathematischen Papierkorb bestimmt, und nichts kann dieses Schicksal aufhalten.

Es ist nicht einfach, die Betroffenen von diesem Irrtum zu befreien. Viele, die Schwierigkeiten mit der Mathematik haben, geben die Schuld ihren Sternen und suchen sie nicht bei sich selbst. Nur wenige ziehen den umgekehrten Schluß, daß vielleicht ein wenig mehr Mühe helfen könnte.

Mathematiker sind also einem Ansturm seltsamen Benehmens ausgesetzt, den Kollegen anderer Disziplinen kaum kennen. Man kann sich schwerlich vorstellen, daß der folgende Dialog in einer Geschichtsstunde hätte stattfinden können:

Lehrer: „Georg, wer war der Sonnenkönig?"
Georg: „Hmm, . . . , tut mir leid, aber Geschichte fällt mir schwer."

Nicht wenige waren nicht nur schlecht in Mathematik, nein, sie sind auch noch stolz darauf. Das gilt auch für ansonsten hoch gebildete Leute. Wenn ein Mathematiker damit prahlte, nie auch nur eine Zeile eines Gedichtes gelesen zu haben, würde er als Ignorant abgestempelt. Wenn ein Dichter hingegen zugibt, mathematischer Analphabet zu sein, so trägt er diesen „Makel" mit einem gewissen Stolz. Irgendwie ist das ungerecht.

Mit dem fehlenden mathematischen Verständnis geht die Unfähigkeit einher, die wahre Bedeutung mathematischer Ideen zu erkennen. Man stelle sich die folgende Szene vor:

Auf einer Cocktailparty wird intellektuelles Geplauder gepflegt. Beim Flügel erläutert ein Biologe einem verzückt lauschenden Publikum die Freßgewohnheiten des Komodo-Warans, während am Sofa eine hitzige Diskussion über das Bouquet von Saale-Unstrut-Weinen entbrannt ist. Diese Themen sind jedermann verständlich, nicht nur den Herpetologen und den Weinkennern.

Schließlich verebbt die Konversation. Da kommt ein Mathematiker aus der Ecke hervor, nimmt einen Schluck Ginger-ale, fuchtelt mit einem Plastikkugelschreiber herum und notiert:

$$\int_0^\infty e^{-x^2}\,\mathrm{d}x = \frac{\sqrt{\pi}}{2}.$$

Jetzt ist die Unterhaltung ganz dahin. Keine Gläser klingen mehr. Tödliche Stille macht sich breit. Betreten blicken die Leute auf ihre Uhren oder holen ihre Mäntel. Manch einer zeigt Anzeichen echten Schreckens. Die Party ist vorbei.

Um es klar zu sagen, die erwähnte Formel

$$\int_0^\infty e^{-x^2}\,\mathrm{d}x = \frac{\sqrt{\pi}}{2}$$

stimmt nicht nur, sie ist grundlegend für unser Verständnis der wahrscheinlichkeitstheoretischen Normalverteilung. Die Normalverteilung wiederum bildet den Kern der statistischen Beobachtung, und so hängen die medizinische Forschung, die Bevölkerungsumfragen und die Lösung vieler anderer wichtiger Probleme ganz entscheidend von der Gültigkeit dieser Formel ab. Insofern ist sie von zentralerer Bedeutung für unser Alltagsleben als Komodo-Warane oder Tafelweine. Dennoch weiß kaum ein Nichtmathematiker auch nur im entferntesten die Bedeutung zu schätzen, die in diesen Symbolen steckt. Nur andere Mathematiker „bekommen das ganz mit". Als Gruppe müssen sie mit diesem öffentlichen Unverständnis fertig werden, so gut es geht. Es ist schon ein hartes Leben.

Wenn Sie also einer Ansammlung von bebrillten, gedankenverlorenen Individuen begegnen, die alle sehr geflissentlich sprechen, von denen einige schwarze Socken und Sandalen tragen, von denen aber keiner einen Laborkittel anhat, und wenn es sich zufällig um eine endliche Gruppe an einem polygonalen Tisch handelt, die logisch verwundene Wortwitze macht und Dick und Doof kein bißchen komisch findet – dann können Sie sicher sein: Sie sind unter die Mathematiker geraten. Bitte, behandeln Sie sie mit Freundlichkeit.

Aber Sie sollten nicht dem Irrtum verfallen, die Mathematiker als homogene Gruppe anzusehen. Schließlich gibt es drei Arten von Mathematikern: die, die zählen können, und die, die es nicht können.

Natürliche Logarithmen

In diesem Kapitel wenden wir uns der Geschichte einer ganz speziellen Zahl zu
– der Zahl „e" – und der ihres untrennbar verbundenen Partners, des natürlichen Logarithmus. Auf den ersten Blick scheint da allerdings weder etwas speziell noch natürlich zu sein. Unsere Intuition scheint eher zu sagen, daß beide relativ unbedeutend sind. Ziel dieses Kapitels wird es daher sein zu erklären, warum die Intuition hier trügt.

Wir beginnen mit e. Bekanntermaßen ist „e" der fünfte Buchstabe des Alphabets, aber das „e" des Mathematikers ist eine reelle Zahl mit der Dezimalbruchentwicklung $2{,}718281828459045\ldots$. Jeder ist sich klar darüber, daß „e" als der häufigste Buchstabe der deutschen Sprache unverzichtbar ist, aber es mag den Nichtmathematiker überraschen, daß das e der Mathematiker genauso unentbehrlich ist. Warum soll gerade diese seltsame Zahl, die etwas kleiner als 2 3/4 ist, wichtiger sein als, sagen wir $2{,}12379\ldots$ oder $3{,}55419\ldots$ oder jede andere Promenadenmischung?

Bevor wir auf diese Frage eingehen können, müssen wir erst einmal erklären, wie e definiert ist und wie man es berechnet – kurz gesagt, wo e herkommt. Es gibt zwei unterschiedliche, aber logisch äquivalente Wege, e einzuführen, der eine über einen Grenzwert, der andere über eine unendliche Reihe. Wir gehen zunächst auf die Definition mit Hilfe des Limes ein.

Dazu betrachten wir den Ausdruck

$$\left(1+\frac{1}{k}\right)^{k},$$

wobei k eine positive ganze Zahl ist. Für $k=2$ haben wir beispielsweise

$$\left(1+\frac{1}{2}\right)^{2}=1{,}5^{2}=2{,}25.$$

Für $k = 5$ ergibt sich:

$$\left(1 + \frac{1}{5}\right)^5 = 1{,}2^2 = 2{,}48832,$$

und für $k = 10$ gilt:

$$\left(1 + \frac{1}{10}\right)^{10} = 1{,}1^2 = 2{,}59374\ldots$$

und so weiter. Mathematiker treiben immer alles auf die Spitze, und so lassen sie k unbeschränkt wachsen und definieren:

$$e = \lim_{k \to \infty} \left(1 + \frac{1}{k}\right)^k.$$

In Worten: e ist der Grenzwert der k-ten Potenz des Ausdrucks $1 + 1/k$, wenn die Zahl k beliebig groß wird. Mit Hilfe eines Taschenrechners kann man die ersten paar Stellen der Dezimalentwicklung von e bestimmen:

k	$1 + \dfrac{1}{k}$	$\left(1 + \dfrac{1}{k}\right)^k$
10	1,1	2,59374246…
100	1,01	2,70481383…
1 000	1,001	2,71692393…
1 000 000	1,000001	2,71828047…
1 000 000 000	1,000000001	2,71828183…
$\downarrow$		$\downarrow$
∞		$e.$

Anscheinend ist $e \approx 2{,}71828183$.

Wenn man ein wenig mathematische Arbeit investiert, kann man das allgemeinere Resultat zeigen:

Formel A: $\displaystyle \lim_{k \to \infty} \left(1 + \frac{x}{k}\right)^k = e^x.$

Hier wird die Zahl x in der Klammer zum Exponenten von e, wenn wir den Grenzwert für $k \to \infty$ bilden. Wenn wir $x = 1$ in Formel A einsetzen, erhalten wir natürlich wieder die ursprüngliche Relation:

$$\lim_{k \to \infty} \left(1 + \frac{1}{k}\right)^k = e^1 = e.$$

Die zweite Methode der Definition von e benutzt die Summation der Reihe:

$$\begin{aligned} e &= 1 + \frac{1}{1!} + \frac{1}{2!} + \frac{1}{3!} + \frac{1}{4!} + \frac{1}{5!} + \frac{1}{6!} + \cdots \\ &= 1 + \frac{1}{1} + \frac{1}{2} + \frac{1}{6} + \frac{1}{24} + \frac{1}{120} + \frac{1}{720} + \cdots, \end{aligned}$$

wobei die Nenner die Fakultäten der natürlichen Zahlen enthalten, die in Kapitel B eingeführt wurden. Je mehr Terme dieser Reihe addiert werden, desto genauer wird die Annäherung an den numerischen Wert von e.

Nun sehen diese beiden Formeln für e sehr verschieden aus, aber man kann zeigen, daß gilt:

$$\lim_{k \to \infty} \left(1 + \frac{1}{k} \right)^k = 1 + \frac{1}{1!} + \frac{1}{2!} + \frac{1}{3!} + \frac{1}{4!} + \frac{1}{5!} + \frac{1}{6!} + \cdots$$

In diesem Zusammenhang ist es vielleicht ganz instruktiv, die Summe

$$1 + \frac{1}{1!} + \frac{1}{2!} + \frac{1}{3!} + \frac{1}{4!} + \frac{1}{5!} + \frac{1}{6!} + \frac{1}{7!} + \frac{1}{8!} + \frac{1}{9!} + \frac{1}{10!} + \frac{1}{11!}$$

einmal konkret auszuwerten. Man erhält 2,71828183, also genau dieselbe Approximation an e wie in der Beispielrechnung zur Limesdefinition.

Aber auch bei dieser Definition durch eine Reihe erhält man allgemeiner jede Potenz von e, das heißt e^x für beliebiges x, durch die folgende Formel:

Formel B: $\quad 1 + \dfrac{x}{1!} + \dfrac{x^2}{2!} + \dfrac{x^3}{3!} + \dfrac{x^4}{4!} + \dfrac{x^5}{5!} + \dfrac{x^6}{6!} + \ldots = e^x.$

Um zum Beispiel e^2 abzuschätzen, setzt man $x = 2$ in Formel B ein und addiert das erste Dutzend oder auch mehr Terme der Reihe. Nichts anderes leistet im Prinzip jeder Taschenrechner, wenn wir die 2 und dann die Taste e^x drücken, bevor wir das Resultat ablesen können: $e^2 = 7{,}389056099\ldots$

In der Geschichte der Mathematik gibt es eine Person, die aufs engste mit der Zahl e verbunden ist: Leonhard Euler, dem wir bereits in Kapitel E und an anderen Stellen begegnet sind. Euler war es auch, der das Symbol e für diese Konstante auswählte und überhaupt ihre überragende Bedeutung erkannte. In der Abbildung auf Seite 200 ist jene Stelle aus Eulers *Introductio in Analysin Infinitorum* von 1748 wiedergegeben, wo er die Formel einführt, die bei uns Formel B heißt, wo er aber statt e^x die Schreibweise e^z verwendet. Ferner gibt er die Dezimalentwicklung von e auf dreiundzwanzig Stellen genau an – eine erstaunliche Leistung in der Zeit vor dem Computer.[1]

Wir haben zwei Methoden wiedergegeben, wie man diese spezielle Zahl definieren und berechnen kann. Warum schert uns das überhaupt? Warum ist e wichtig, und warum ist es *natürlich*? Wir werden sehen, daß es schier unendlich viele Anwendungen gibt.

---

qui termini, si in fractiones decimales convertantur atque actu addantur, praebebunt hunc valorem pro *a*

$$2{,}71828\,18284\,59045\,23536\,028,$$

cuius ultima adhuc nota veritati est consentanea.

Quodsi iam ex hac basi logarithmi construantur, ii vocari solent logarithmi *naturales* seu *hyperbolici*, quoniam quadratura hyperbolae per istiusmodi logarithmos exprimi potest. Ponamus autem brevitatis gratia pro numero hoc 2,71828 18284 59 etc. constanter litteram

$$e,$$

quae ergo denotabit basin logarithmorum naturalium seu hyperbolicorum[1]), cui respondet valor litterae $k = 1$; sive haec littera *e* quoque exprimet summam huius seriei

$$1 + \frac{1}{1} + \frac{1}{1 \cdot 2} + \frac{1}{1 \cdot 2 \cdot 3} + \frac{1}{1 \cdot 2 \cdot 3 \cdot 4} + \text{etc. in infinitum.}$$

123. Logarithmi ergo hyperbolici hanc habebunt proprietatem, ut numeri $1 + \omega$ logarithmus sit $= \omega$ denotante ω quantitatem infinite parvam, atque cum ex hac proprietate valor $k = 1$ innotescat, omnium numerorum logarithmi hyperbolici exhiberi poterunt. Erit ergo posita *e* pro numero supra invento perpetuo

$$e^z = 1 + \frac{z}{1} + \frac{z^2}{1 \cdot 2} + \frac{z^3}{1 \cdot 2 \cdot 3} + \frac{z^4}{1 \cdot 2 \cdot 3 \cdot 4} + \text{etc.}$$

Die Definition von *e* bei Euler
(Nachdruck mit freundlicher Genehmigung der Lehigh University Library.)

Zuerst wollen wir das Wachstum eines Bankkontos betrachten, ein Thema, zu dem jeder eine gewisse Beziehung hat – und wenn auch nur in seinen Träumen. Wenn wir ein Kapital von P DM bei einem Jahreszins von $r\%$ anlegen, der in k Raten über das Jahr verteilt dem Kapital zugeschlagen wird, so gewährleistet die Zinseszinsformel, daß wir am Ende des Jahres das Gesamtkapital

$$P \cdot \left(1 + \frac{0{,}01 \cdot r}{k}\right)^{k}$$

auf unserem Konto vorfinden. Diese Formel ist das tägliche Brot der Bankangestellten.

Gehen wir von einem Kapital von 5 000 DM aus, das wir auf einem Konto bei 10% Jahreszins anlegen, der einmalig am Ende des Jahres zugeteilt wird. Dies soll bedeuten, daß wir das Kapital am 1. Januar einzahlen und unberührt lassen, bis es am 31. Dezember einen Zuschlag von 10% erhält. In diesem Beispiel ist also $P = 5\,000$, $r = 10$ und $k = 1$, wegen der jährlichen Zuteilung.

Aus der Formel ergibt sich der Kontostand am Ende des Jahres:

$$P \cdot \left(1 + \frac{0{,}01 \cdot r}{k}\right)^{k} = 5\,000 \cdot \left(1 + \frac{0{,}01 \cdot 10}{1}\right)^{1}$$

$$= 5\,000 \cdot (1 + 0{,}10) = 5\,000 \cdot 1{,}10 = 5\,500.$$

So weit, so gut. Aber nehmen wir einmal an, die Bank wählt eine andere Methode der Zinsausschüttung: Statt 10% einmal im Jahr zahlt sie 5% alle sechs Monate aus. Ist diese halbjährliche Zuteilung ein Vorteil für den Anleger?

In der Zinseszinsformel bleibt alles gleich bis auf k, für das wir nun 2 einzusetzen haben. Denn jetzt gibt es zwei Zinsperioden innerhalb eines Jahres. Nach einem Jahr hat sich daher auf dem Konto der Betrag von

$$P \cdot \left(1 + \frac{0{,}01 \cdot r}{k}\right)^{k} = 5\,000 \cdot \left(1 + \frac{0{,}01 \cdot 10}{2}\right)^{2} = 5\,000 \cdot 1{,}05^{2} = 5\,512{,}50$$

DM angesammelt; wir haben also ein besseres Ergebnis als vorher.

Das bringt uns auf einen Gedanken. Wenn die Bank noch häufigere Zinsausschüttungen vornimmt, zum Beispiel vierteljährlich oder monatlich oder gar täglich, vielleicht kommen wir dabei noch besser weg. Um dieser Frage nachzugehen, werden wir den Kontostand bei verschiedenen Zinsmodellen berechnen.

Bei *vierteljährlicher* Zuteilung ist $k = 4$ und der Kontostand am Ende des Jahres:

$$P \cdot \left(1 + \frac{0{,}01 \cdot r}{k}\right)^{k} = 5\,000 \cdot \left(1 + \frac{0{,}01 \cdot 10}{4}\right)^{4} = 5\,000 \cdot 1{,}025^{4} = 5\,519{,}06.$$

Das ist schon besser. Bei *monatlicher* Zuteilung ist $k = 12$, und wir erreichen ein Kapital von

$$P \cdot \left(1 + \frac{0{,}01 \cdot r}{k}\right)^{k} = 5\,000 \cdot \left(1 + \frac{0{,}01 \cdot 10}{12}\right)^{12} = 5\,000 \cdot 1{,}008333^{12} = 5\,523{,}57,$$

also wieder eine Steigerung. Bei *täglicher* Ausschüttung ($k = 365$) erreicht das Kapital schließlich das Volumen von

$$P \cdot \left(1 + \frac{0{,}01 \cdot r}{k}\right)^{k} = 5000 \cdot \left(1 + \frac{0{,}01 \cdot 10}{365}\right)^{365} = 5000 \cdot 1{,}00027397^{365} = 5525{,}78.$$

Der Habsucht kesse Beute, scheinen uns noch höhere Erträge greifbar, wenn wir die Bank dazu bringen, die Zinsen nicht täglich, sondern stündlich, minütlich oder sekündlich zuzuteilen. Oder wir können gleich den optimalen Ausschüttungsmodus wählen: Die Zinsen werden *kontinuierlich* zugeteilt. Dann brauchen wir noch nicht einmal eine Millisekunde zu warten, bis die

nächste Zinszahlung eintrudelt. Wir stellen uns also vor, daß der jährliche
Zinssatz von 10% auf unendlich viele Zinsperioden aufgeteilt wird, jede von
unendlich kurzer Dauer. Gerade wie ein Baum wächst, so wird unser Kapital anwachsen, nicht in kleinen Sprüngen, sondern in einer kontinuierlichen
Aufwärtsbewegung.

Formal bedeutet die kontinuierliche Aufteilung der Zinsen, daß k, die Anzahl der Zinsintervalle, gegen unendlich geht. Nach einem Jahr kontinuierlichen Zinszuschlags ist dann das Kapital auf

$$\lim_{k \to \infty} P \left(1 + \frac{0{,}01 \cdot r}{k} \right)^k = P \left[\lim_{k \to \infty} \left(1 + \frac{0{,}01 \cdot r}{k} \right)^k \right] = P e^{0{,}01 r}$$

angewachsen, wobei hier das Produkt $0{,}01 \cdot r$ die Rolle des x in Formel A spielt.
Hier erscheint nun die Zahl e in all ihrem Glanz.

Wir hatten in unserem Beispiel 5 000 DM angelegt, die bei kontinuierlichen
Zinsen von 10% in einem Jahr anwachsen auf:

$$5\,000 e^{0{,}01 \cdot 10} = 5\,000 e^{0{,}1} = 5\,000 \cdot 1{,}105170918 = 5\,525{,}85.$$

Das ist der maximale Ertrag, den man bei 10% Zinsen erwirtschaften kann.

Es sollte nun nicht überraschen, daß sich die Zahl e nicht nur bei der Bestimmung des Endkapitals eines kontinuierlich wachsenden Kontos bewährt,
sondern auch in anderen Beispielen stetigen Wachstums eine Rolle spielt. So
kann man die Größe von Populationen – seien es Bakterien oder Menschen –
durch Prozesse kontinuierlichen Wachstums beschreiben, wobei die Rate der
neugeborenen Individuen proportional zu der Größe der bereits vorhandenen
Bevölkerung ist. Die Theorie wurde in dieser Form 1798 von dem britischen
Ökonomen Thomas Malthus aufgestellt, um das Bevölkerungswachstum zu
beschreiben. Ein halbes Jahrhundert später sollte sein Werk von einem anderen großen Wissenschaftler zitiert werden, von dem unvergleichlichen Charles
Darwin.[2]

Bei diesem einfachen Populationsmodell wird die Anzahl $P(t)$ der zur Zeit
t vorhandenen Individuen gegeben durch die Gleichung:

$$P(t) = P_0 \cdot e^{rt}.$$

Hierbei ist P_0 die Anfangsgröße der Population zum Zeitpunkt $t = 0$, wenn wir
mit der Beobachtung beginnen, und r ist die Wachstumsrate. Man bemerkt
sogleich die formale Ähnlichkeit mit der Gleichung für das Kapitalwachstum
bei kontinuierlich gezahlten Zinsen.

Wenn wir, um ein Gefühl für den Zeitverlauf zu bekommen, von einer Bakterienpopulation von $P_0 = 500$ Individuen in einer Petrischale ausgehen und
nach einer Stunde 800 Individuen zählen, dann kann man aus diesen Zahlen

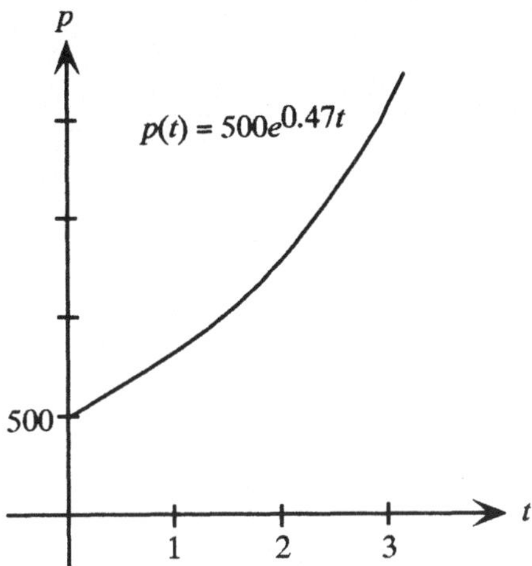

den Modellparameter r bestimmen und erhält das folgende Wachstumsgesetz
für die Populationsgröße $P(t)$ nach t Stunden:

$$P(t) = 500 \cdot e^{0{,}47t}.$$

Der Graph dieser Zeitfunktion ist in der Abbildung oben dargestellt. Für
kleine Werte von t, also $t = 1, 2$ oder 3, ist die Kurve einigermaßen flach.
Wir können das so interpretieren, daß das Wachstum der Bakterienkolonie in
seinem Anfangsstadium recht gemäßigt verläuft. Je weiter wir den Graphen
allerdings nach rechts verfolgen, je mehr Zeit also verstreicht, desto steiler
schießt die Kurve nach oben. Es kommt zu einem Bakterien-Babyboom, die
Keime springen aus der Petrischale, über den Tisch und in den Gang.

Wir wollen das Ganze aber etwas ernsthafter betrachten. Zur Zeit $t = 1$,
nach einer Stunde also, ergibt sich nach dem Wachstumsgesetz eine Populationsgröße von $P(1) = 500 \cdot e^{0{,}47} = 800$, was wir ja schon wußten. Nach $t = 10$
Stunden fortgesetzten Wachstums ist die Population auf $P(10) = 500 \cdot e^{0{,}47 \cdot 10} =$
$500 \cdot e^{4{,}7} \approx 55\,000$ Bakterien angewachsen. Bei einer Bebrütung über einen ganzen Tag hinweg erreicht die Bakterienpopulation die Größe von

$$P(24) = 500 \cdot e^{0{,}47 \cdot 24} = 500 \cdot e^{11{,}28} = 39\,600\,000.$$

Wenn wir den Prozeß in dieser Weise eine ganze Woche unbegrenzt weiterge-
deihen ließen, hätten wir stolze

$$P(168) = 500 \cdot e^{0{,}47 \cdot 168} = 500 \cdot e^{78{,}96} \approx$$

$$10\,000\,000\,000\,000\,000\,000\,000\,000\,000\,000\,000\,000\,000\,000$$

Bakterien zur Verfügung – eine Epidemie. Diese Zahlen und der dazugehörige
steil ansteigende Graph verdeutlichen, was man unter einer „exponentiell wachsenden" Population zu verstehen hat.

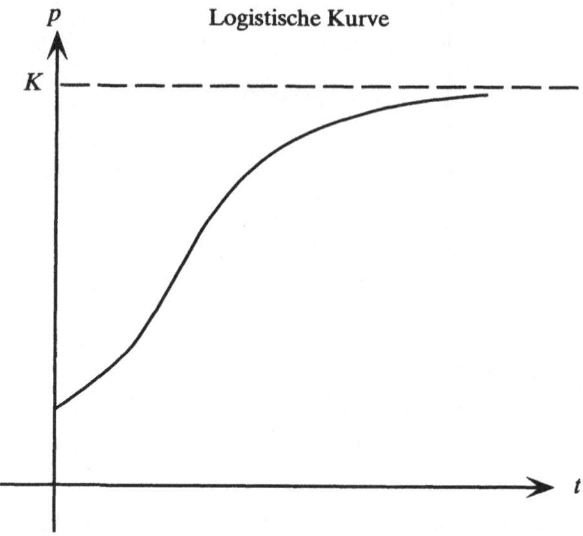

Irgendwo scheint in dieser Überlegung aber ein kleiner Fehler zu sein, denn es *muß* für die Größe einer jeden Population eine obere Grenze geben. Irgendwann geht den Bakterien das Substrat oder das Wasser oder der Platz aus. In diesem Sinne ist unbegrenztes Wachstum also völlig unrealistisch.

Es gibt daher ein verfeinertes Modell, das Beschränkungen innerhalb des Wachstumsprozesses berücksichtigt. Eine von der Grundannahme her sehr einfache Variante ist das *logistische Modell*, das auf der folgenden Gleichung beruht:

$$P(t) = \frac{Ke^{rt}}{e^{rt} + C}.$$

$P(t)$ bezeichnet wieder die Populationsgröße zur Zeit t, während der *Sättigungswert* K aufgrund der beschränkten Ressourcen der Umwelt einem unbegrenzten Wachstum einen Riegel vorschiebt. Eine logistische Wachstumskurve zeigt die Abbildung oben. Für kleine t-Werte gleicht der Graph dem des vorherigen Modells. Darin kommt die Beobachtung zum Ausdruck, daß die frühe Wachstumsphase einer Population exponentiell verläuft. Je mehr Zeit allerdings vergeht, desto mehr nivelliert sich das Wachstum, bis es sich auf der rechten Seite immer mehr der Geraden $P = K$ annähert. In der graphischen Darstellung wird so deutlich, daß die Population ihre Sättigungsgröße anstrebt.

Wir haben bei unserer Diskussion natürlich eine Vielzahl technischer Details zur Herkunft dieser Gleichung außer acht gelassen. Die Biologen haben inzwischen auch viel ausgefeiltere Modelle zur Beschreibung des natürlichen Verhaltens von Populationen ersonnen. Was passiert zum Beispiel, wenn das Bakterienwachstum durch ein Antibiotikum zusätzlich gehemmt wird? Für uns soll hier die Erkenntnis genügen, daß Formeln zur Beschreibung von Po-

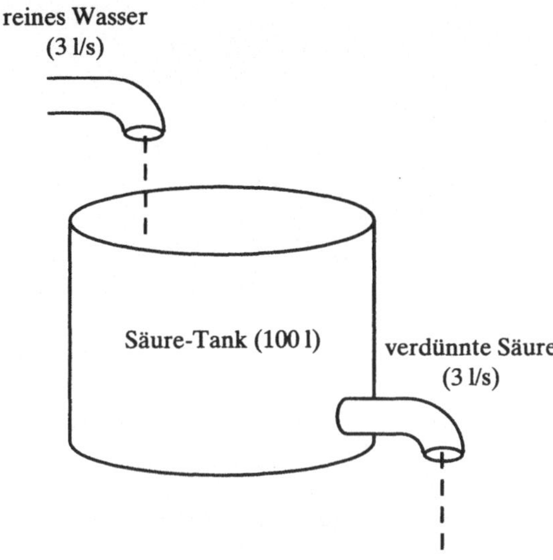

pulationsgrößen von der Zahl e abhängen. Sie entsteht also ganz natürlich aus der Beschreibung natürlicher Prozesse.

Aber auch viele weitere Prozesse in unserem täglichen Leben führen ganz unerwartet auf diese Zahl. Betrachten wir folgendes Beispiel: Ein Hersteller von Schwefelsäure hat seinen 100-Liter-Tank bis zum Rand mit einer 25%igen Schwefelsäurelösung gefüllt (die anderen 75% sind Wasser). Der Hersteller will nun seinen Tank ausspülen, indem er oben einen Strahl reinen Wassers von 3 l/s einleitet und, um ein Überlaufen zu verhindern, unten die verdünnte Lösung mit der gleichen Geschwindigkeit von 3 l/s auslaufen läßt. Der Prozeß ist in der obigen Abbildung symbolisch dargestellt.

Es ist klar, daß im Verlauf des Prozesses der Inhalt des Tanks kontinuierlich verdünnt wird. Es ist aber auch klar, daß eine exakte Beschreibung der Dynamik nicht ganz einfach sein wird. Das zufließende Wasser ersetzt schließlich nicht nur die Säure, sondern eine gewisse Menge des bereits eingeflossenen reinen Wassers wird als Bestandteil der verdünnten Lösung unten wieder ausfließen. Andererseits wird ein Teil der Säure in der Lösung zurückbleiben. Damit ergibt sich die Frage für den Mathematiker, wie man den prozentualen Anteil an Säure im Tank t Sekunden nach Beginn des Spülprozesses beschreiben kann.

Bei genauer Analyse des Problems mit Hilfe der Differential- und Integralrechnung kann unter idealen Mischungsvoraussetzungen folgende Gleichung für den Zeitverlauf des Säureanteils $P(t)$ im Tank zur Zeit t gelten:

$$P(t) = \frac{25}{e^{0{,}03 \cdot t}}\,\%.$$

Wieder einmal ist e aufgetaucht.

Wir wollen einmal sehen, wie sich der Säureanteil im Lauf der Zeit ändert. Zu Beginn enthält der Tank 25% Säure. Nach $t = 5$ Sekunden Zufluß von Wasser und Abfluß der Lösung ist der Tankinhalt auf

$$P(5) = \frac{25}{e^{0{,}03 \cdot 5}}\,\% = \frac{25}{e^{0{,}15}}\,\% = 21{,}52\%$$

Säureanteil verdünnt. Nach einer Minute verringert er sich auf:

$$P(60) = \frac{25}{e^{0{,}03 \cdot 60}}\,\% = \frac{25}{e^{1{,}8}}\,\% = 4{,}13\%.$$

Wenn der Hersteller insgesamt eine Viertelstunde spült, das sind $t = 15 \cdot 60 = 900$ Sekunden, enthält die Lösung noch eine Spur von

$$P(900) = \frac{25}{e^{0{,}03 \cdot 900}}\,\% = \frac{25}{e^{27}}\,\% = 0{,}000000000047\%$$

an Säure. Für alle landläufigen Anwendungen ist der Tank also nach 15 Minuten als gereinigt zu betrachten.

Wieder in einem ganz anderen Zusammenhang tritt e auf, wenn wir noch einmal zu den Arbeiten von Jakob Bernoulli aus Kapitel B zurückkehren. Dort wurde die Wahrscheinlichkeit, genau 247mal das Ergebnis „Kopf" bei 500 Münzwürfen zu erhalten, durch die monströse Formel

$$\frac{500!}{247! \cdot 253!} \left(\frac{1}{2}\right)^{247} \left(\frac{1}{2}\right)^{253}$$

wiedergegeben. Damit kann man die gesuchte Wahrscheinlichkeit jedoch nicht direkt berechnen. Im Rahmen der mathematischen Statistik läßt sich aber beweisen, daß der Ausdruck

$$\frac{1}{2\sqrt{250\pi}} \left[\frac{1}{e^{0{,}025}} + \frac{1}{e^{0{,}049}} \right]$$

eine sehr gute Approximation ergibt. Aus anscheinend unerklärlichen Gründen spielt e hier wieder einmal eine Schlüsselrolle, wie übrigens auch π, was genauso unwahrscheinlich erscheint. Den numerischen Wert dieses Ausdrucks berechnet man zu 0,0344. Es existiert also eine Chance von 3,44 Prozent, bei 500 Münzwürfen 247mal das Ergebnis „Kopf" zu bekommen. Das Beispiel verdeutlicht eine Art Binsenweisheit aus der Wahrscheinlichkeitstheorie: Wenn eine Formel in der Statistik wichtig ist, dann enthält sie wahrscheinlich ein e.

Die Zahl e ist also von großer Bedeutung in der Mathematik, sowohl in der Theorie als auch bei praktischen Anwendungen. Sie tritt beim Faßreinigen und beim Münzwurf auf, wenn wir Zinszahlungen erhalten oder Bakterien wachsen sehen. Wie die Personen in einem Dickens-Roman kommt e immer dann ins Spiel, wenn man es am wenigsten erwartet. Während der Leser eines Dickens-Romans das Auftreten und Wiedererscheinen der Personen aber nur dann verstehen kann, wenn er akzeptiert, daß der völlig unwahrscheinliche Zufall der Normalfall ist, erfordern das Auftauchen und Wiederkehren der Zahl e – wenn auch nur geringes – mathematisches Verständnis.

Bis hierher ist das aber nur die eine Hälfte der Geschichte. Zwar ist die Berechnung irgendwelcher Potenzen von e sehr bedeutsam, aber der umgekehrte Prozeß ist nicht weniger wichtig. Wenn man zum Beispiel $x = 2$ in Formel B einsetzt, erhält man, wie bereits erwähnt, $e^2 = 7{,}389056099$. Man könnte aber auch umgekehrt gezwungen sein, aus der Relation $e^x = 7{,}389056099$ die Unbekannte x zu bestimmen. Hier kennen wir natürlich die Antwort: $x = 2$.

Wie würden wir aber x bestimmen, wenn $e^x = 5$ wäre? Wir könnten verschiedene Werte für x testen, indem wir die Funktion e^x auf unserem Taschenrechner bemühen und die Schätzungen schrittweise zu verbessern versuchen. Das scheint allerdings recht umständlich.

Die Rettung liegt in einer anderen Funktion, die sozusagen die Funktion e^x wieder rückgängig macht. Diese Funktion ist der *natürliche Logarithmus*, der in den meisten Mathematikbüchern und auf den meisten Taschenrechnern mit „ln x" bezeichnet wird. Es handelt sich um eine der wichtigsten Funktionen in der Mathematik.

Für die folgenden Beispiele benötigen wir eigentlich nur die Eigenschaft als Umkehrfunktion der e-Funktion, die durch die Gleichung

$$\ln(e^x) = x$$

gegeben wird. Hier wird in Symbolen notiert, was wir bereits oben bemerkt haben: Der Logarithmus macht die Exponentiation rückgängig. Wenn man mit einer Zahl x startet, daraus e^x berechnet und den Wert von e^x in die natürliche Logarithmusfunktion einsetzt, ergibt sich wieder x. Für $x = 2$ ist $e^2 = 7{,}389056099$ und $\ln(7{,}389056099) = \ln(e^2) = 2$. Das bestätigt auch der Taschenrechner. Um x aus der Gleichung $e^x = 5$ zu bestimmen, logarithmieren wir beide Seiten und erhalten:

$$\ln(e^x) = \ln 5.$$

Die Formel oben besagt, daß $\ln(e^x) = x$ ist, und da $\ln 5 = 1{,}609437912$ ist, folgt:

$$x = 1{,}609437912.$$

Zusammengefaßt: Neben dem Problem, für eine Zahl x den Wert von e^x zu berechnen, tritt häufig auch die Aufgabe auf, aus einem gegebenen Wert für e^x den Wert für x zu bestimmen. In solchen Fällen bewährt sich die Logarithmusfunktion. Wir werden dem natürlichen Logarithmus noch in den

Kapiteln P und U begegnen, aber schon jetzt wollen wir die Nützlichkeit von $\ln x$ mit einem einfachen Beispiel aus der dunklen Welt der Kriminellen und Verbrecher, der Lumpen und Logarithmen beleuchten:

Zu mitternächtlicher Stunde wurde die Polizei zum schaurigen Platz der ruchlosen Tat gerufen. Eddie das Wiesel war trotz seiner ausgedehnten Unterweltkontakte selbst das Opfer einer feigen Tat geworden. Bei ihrer Ankunft notierten die Beamten eine Lufttemperatur von milden 20°C. Eddie das Wiesel war zu diesem Zeitpunkt gerade mal noch 30° warm. Um 2:00 Uhr morgens wurden die ersten Verdächtigen verhört und ihre Fingerabdrücke abgenommen, und Eddie das Wiesel war noch 24° warm.

Nach einem anonymen Hinweis hatte die Polizei dann Clare Voyant verhaftet, Eddies leicht überspannte Freundin. Clare hatte den Abend in Louie's Bar verbracht, ein bißchen zuviel getrunken und Morddrohungen gegen Eddie ausgestoßen. Gegen 23:15 Uhr stürmte sie in übelster Laune aus der Bar. Der Fall schien sonnenklar.

Aber Clare kannte ihre Logarithmen. Und sie kannte Newtons Abkühlungsgesetz, ein Eckstein der Theorie der Wärmeleitung. Dieses Gesetz besagt, daß die Geschwindigkeit, mit der sich ein Körper abkühlt, proportional ist zur Differenz zwischen der Temperatur des Körpers und der Umgebungstemperatur. Umgangssprachlich ausgedrückt: Ein Körper, der wesentlich wärmer als die Luft ist, kühlt sich schnell ab. Wenn ein Körper dagegen nur wenig wärmer als seine Umgebung ist, so ist die Abkühlungsgeschwindigkeit gering, und er kühlt sich langsamer ab.

Das Newtonsche Gesetz gilt für jeden Körper, der sich abkühlt, sei es eine heiße Kartoffel aus dem Backofen oder der leblose Körper von Eddie dem Wiesel auf dem Pflaster. Eine *lebende* Person dagegen kühlt nicht aus, denn der Stoffwechsel sorgt dafür, daß die Körpertemperatur bei etwa 37°C konstant gehalten wird. Eine tote Person produziert keine Eigenwärme mehr und kühlt daher, wie eine Kartoffel, nach dem Newtonschen Gesetz allmählich aus.

Aufgrund dieses Gesetzes und der Daten des Polizeiberichts bestimmte Clare die folgende Gleichung für die Temperatur T des Körpers t Stunden nach Mitternacht:

$$T = 20° + \frac{10°}{e^{0{,}4581 \cdot t}}.$$

Und hier kommt wieder die Zahl e ins Spiel. Man braucht noch nicht einmal einen Taschenrechner, um Eddies Körpertemperatur um Mitternacht, also für $t = 0$, zu bestimmen:

$$T = 20° + \frac{10°}{e^{0{,}4581 \cdot 0}} = 20° + \frac{10°}{1} = 20° + 10° = 30°,$$

genau wie die Polizei bei ihrer Ankunft festgestellt hatte. Für die Temperatur um 2:00 Uhr morgens, für $t = 2$, ergibt die Formel:

$$T = 20° + \frac{10°}{e^{0{,}4581 \cdot 2}} = 20° + \frac{10°}{2{,}500} = 20° + 4{,}000° = 24°,$$

was wiederum mit der Beobachtung der Polizei übereinstimmt. Die Formel stimmt also für die beiden Zeitpunkte, für die wir die tatsächlichen Daten kennen.

Was Clare jedoch viel mehr bewegte, war die Frage, *wann* Eddie das Wiesel sein trauriges Schicksal ereilt hatte. Sie mußte also mit Hilfe ihrer Formel den Abkühlungsprozeß in gewisser Weise umkehren und den Zeitpunkt t berechnen, zu dem Eddie zuletzt seine üblichen 37°C warm war. Das mußte nämlich sein Todeszeitpunkt sein. Von diesem Moment an kühlte der verblaßte Eddie nur noch seine Füße – und was sonst noch daranhing.

Wir setzen also die normale Körpertemperatur von 37°C in die Abkühlungsformel ein:

$$37° = 20° + \frac{10°}{e^{0{,}4581 \cdot t}}.$$

Daraus erhält man unmittelbar die Gleichung $17° \cdot e^{0{,}4581 \cdot t} = 10°$ und schließlich:

$$e^{0{,}4581 \cdot t} = \frac{10°}{17°} = 0{,}5882.$$

Wir wollten t bestimmen. Clare mußte also beide Seiten logarithmieren:

$$\ln(e^{0{,}4581 \cdot t}) = \ln(0{,}5882).$$

Nun ist $\ln(0{,}5882) = -0{,}5306$, und nach der Formel für den Logarithmus ist $\ln(e^{0{,}4581 \cdot t}) = 0{,}4581 \cdot t$. Folglich gilt:

$$0{,}4581 \cdot t = \ln(e^{0{,}4581 \cdot t}) = \ln(0{,}5882) = -0{,}5306.$$

Daher war zur Zeit $t = -0{,}5306/0{,}4581 = -1{,}158$ Stunden Eddie noch 37°C warm, aber der Abkühlungsprozeß setzte gerade ein.

In der Formel wird die Zeit t in Stunden *nach* Mitternacht gemessen, und so müssen wir den errechneten negativen Wert folgendermaßen interpretieren: Eddies Körper hatte 1,158 Stunden *vor* Mitternacht die Temperatur von 37°C. Eddie das Wiesel begann etwa 69,5 Minuten vor Mitternacht abzukühlen und starb daher etwa um 22:50 Uhr. Zu dieser Zeit saß aber Clare bekanntermaßen in Louie's Bar. Sie hatte ein felsenfestes Alibi!

Bei der Verhandlung führte der Verteidiger diese Beweise an, berief sich eloquent auf die „Gesetze der Natur und ihrer Logarithmen" und erwirkte mühelos einen Freispruch bei den mathematisch gebildeten Geschworenen. Und so kann ein Logarithmus auch mal der Gerechtigkeit dienen.

Gerichtsmediziner sind natürlich wohlvertraut mit dem Logarithmus, so wie Genetiker, Geologen und alle anderen Berufsgruppen, die sich mit dynamischen Vorgängen in unserer Welt beschäftigen. Logarithmen sind überall gegenwärtig. Der Leser als Geschworener wird angesichts der aufgeführten Beweise weder die Zahl e noch ihren ständigen Begleiter, den natürlichen Logarithmus, der mangelnden Bedeutsamkeit schuldig sprechen können.

Orient und Okzident

Die Spuren von den ersten Anfängen der Mathematik sind längst vom Winde verweht. Unwiederbringlich verloren ist nicht nur die Kenntnis dessen, wer das erste Wort sprach oder das erste Lied sang, sondern auch das Wissen um den Entdecker der ersten mathematischen Erkenntnis.

Wir wissen aber mit Sicherheit, daß die Wurzeln der Arithmetik und der Geometrie sehr weit zurückreichen. In einer Zeit, lange bevor es schriftliche Aufzeichnungen gab, ja bevor es überhaupt eine Schrift gab, hatte der Mensch einen Begriff von „Vielfachheit" oder „Zahl" entwickelt. Dies wird durch archäologische Funde belegt. Über zehntausend Jahre alt ist ein Knochen aus Afrika, dessen eingeritzte Zählstriche ihn wohl als Kerbholz ausweisen.[1] Was auch immer unsere Vorfahren in jener prähistorischen Zeit zählten, die Kerbstriche im Knochen dienten ihnen als dauerhafte Aufzeichnung ihres Zählergebnisses – vielleicht ein eher banaler Anfang, aber so wurde die Mathematik geboren.

Natürlich sind solche Anfänge nicht nur auf einen Ort beschränkt, genausowenig wie es für die mündliche Überlieferung, die Musik oder die Kunst einen bestimmten Entstehungsort gibt. Mathematische Begriffsbildungen in historischen Aufzeichnungen werden aus vielen verschiedenen Gebieten der Welt gemeldet. Daß derselbe Sachverhalt mehrfach entdeckt wird, ist ein Phänomen, dem wir schon bei der Diskussion des Satzes von Pythagoras in Kapitel H begegnet sind. Dies weist nicht nur auf den universellen Charakter der Mathematik hin, sondern auch auf den universellen Drang des Menschen, Dinge mathematisch zu betrachten.

In diesem Kapitel wollen wir einen Blick auf einige der ganz frühen mathematischen Meilensteine werfen. In einem nicht systematischen Überblick beschränken wir uns auf die Zeit vor 1300 und auf Beispiele aus vier Kulturen, die Grundsteine der menschlichen Zivilisation gelegt haben – Ägypten, Mesopotamien, China und Indien.

Die ägyptische Mathematik läßt sich mindestens viertausend Jahre zurückverfolgen, bevor sie im Nebel der Vorgeschichte verschwindet. Wissenschaftler haben Papyrusrollen aus der Zeit vor 1500 v. Chr. entziffert, von denen einige unbestreitbar mathematischen Inhalts sind. Die berühmteste ist vielleicht der Ahmes-Papyrus von etwa 1650 v. Chr., der nach seinem Verfasser benannt ist. Das sechs Meter lange Dokument wurde 1858 in Ägypten verkauft und befindet sich heute im Britischen Museum. Der Schreiber Ahmes erklärt den Inhalt so: „Einsicht in alles, was existiert, und Wissen über alle verborgenen Geheimnisse".[2] Wenn der Papyrus auch diesem hohen Anspruch nicht genügen kann, so hat er der Nachwelt doch einen faszinierenden Einblick in die ägyptische Arithmetik und Geometrie hinterlassen.

Der Ahmes-Papyrus beschreibt Dutzende von Problemen und ihre Lösungen. Heute würden wir die meisten wohl als Denksportaufgaben bezeichnen, insbesondere, da sie deren typischen Charakter und dieselbe künstliche Konstruiertheit aufweisen. Das vierundsechzigste Problem des Ahmes-Papyrus lautet beispielsweise:[3]

Man verteile 10 Hekaten Weizen unter 10 Männer, so daß die gemeinsame Differenz 1/8 Hekate Weizen beträgt.

Wer diese kryptische Aufforderung einigermaßen entschlüsselt hat, wird auch das algebraische Geschick besitzen, die Unbekannte x für die Quantität Weizen einzuführen, die der erste Mann bekommt. Der nächste erhält dann also $x + 1/8$, der dritte Mann $x + 2/8$ und so weiter. Der zehnte schließlich bekommt $x + 9/8$ Hekaten. Insgesamt sind 10 Hekaten zu vergeben, woraus sich die Bedingung ergibt:

$$x + \left(x + \frac{1}{8}\right) + \left(x + \frac{2}{8}\right) + \left(x + \frac{3}{8}\right) + \left(x + \frac{4}{8}\right) + \left(x + \frac{5}{8}\right) + \left(x + \frac{6}{8}\right)$$

$$+ \left(x + \frac{7}{8}\right) + \left(x + \frac{8}{8}\right) + \left(x + \frac{9}{8}\right) = 10.$$

Durch Zusammenfassen vereinfacht sich die Gleichung zu $10x + 45/8 = 10$. Folglich erhält man für x:

$$x = \frac{1}{10} \cdot \left(10 - \frac{45}{8}\right) = \frac{7}{16}.$$

Dies ist auch der Anteil des ersten Mannes. Der zweite bekommt

$$\frac{7}{16} + \frac{1}{8} = \frac{9}{16},$$

der dritte

$$\frac{9}{16} + \frac{1}{8} = \frac{11}{16},$$

und so weiter.

Natürlich konnten die Ägypter ihre Lösung nicht auf diesem algebraischen Wege erhalten, denn es mußten noch Tausende von Jahren ins Land gehen, bis die moderne Algebra zur Verfügung stehen sollte. Ahmes gab immerhin die richtige Lösung an: Der erste Mann sollte

$$\frac{1}{4} + \frac{1}{8} + \frac{1}{16}$$

Hekaten Weizen erhalten.

Besonderes Augenmerk verdient hierbei die Darstellung der Lösung als Summe von *Stammbrüchen*, die alle den Zähler 1 besitzen und von den Ägyptern fast ausschließlich benutzt wurden. Ahmes mußte also seine Lösung als Summe von drei Stammbrüchen angeben, in Ermangelung der äquivalenten Darstellung 7/16. Aus moderner Sicht scheint dies seltsam und reichlich umständlich.

Andererseits fügte sich diese Art der Darstellung nahtlos in das ägyptische Hieroglyphenschema ein. Um einen reziproken Wert darzustellen, stellten die Ägypter über die entsprechende ganze Zahl ein Symbol, das wie eine liegende Zigarre aussieht. Es stehen also $\overline{2}$ für 1/2 und $\overline{7}$ für 1/7. Die Lösungszahl der Hekaten in dem Rätsel läßt sich in diesem System als $\overline{4} + \overline{8} + \overline{16}$ schreiben. Die Schreibweise wird dadurch zwar einfach, aber man muß die Darstellung als Summe von Stammbrüchen berechnen. Die Ägypter mußten jeden Bruch aus Stammbrüchen zusammensetzen. Die einzige Ausnahme bildete die Zahl 2/3, die ihr eigenes Symbol hatte.

Ahmes stellte auch eine ausführliche Liste von Stammbruchzerlegungen zur Verfügung. Die Ägypter mußten offenbar solche Listen benutzen, ähnlich wie bei uns Tafeln von Logarithmen oder trigonometrischen Funktionen Usus waren, bevor der Taschenrechner aufkam. Die Ägypter kamen mit der Stammbruchdarstellung mehr schlecht als recht zurecht. Aus heutiger Sicht erscheint sie nicht nur unnötig kompliziert, sie hat mit Sicherheit auch die mathematische Entwicklung in Ägypten entscheidend gehemmt.

Dennoch waren ägyptische Beiträge zur Mathematik nicht auf arithmetisch-algebraische Probleme der geschilderten Art beschränkt. Der Ahmes-Papyrus enthält auch eine Auswahl geometrischer Aufgaben, von denen das Problem Nummer 50 vielleicht das interessanteste ist:[4]

Ein kreisförmiges Feld hat einen Durchmesser von 9 khet. Wie groß ist seine Fläche?

Der Schreiber gibt als Lösung an, man müsse ein Neuntel des Durchmessers abziehen und das Resultat quadrieren. Für das gegebene Beispiel beträgt der Durchmesser $D = 9$, und die Kreisfläche ist daher:

$$\left[D - \frac{1}{9} D \right]^2 = \left[9 - \frac{1}{9} \cdot 9 \right]^2 = 8^2 = 64.$$

Interessant für uns ist eigentlich nur, daß man aus dieser „Lösung" den ägyptischen Näherungswert für π ableiten kann. In moderner Schreibweise ergibt sich

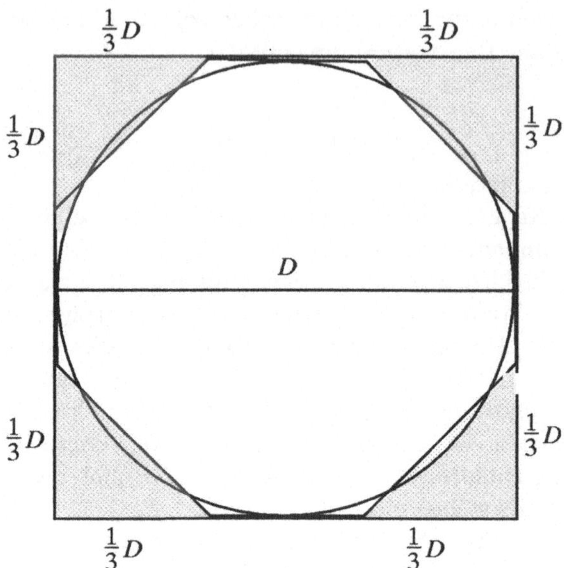

nach dem Rezept von Ahmes für einen Kreis mit Durchmesser D die Fläche:

$$\left[D - \frac{1}{9}D\right]^2 = \left[\frac{8}{9}D\right]^2 = \frac{64}{81}D^2.$$

Andererseits ist die tatsächliche Fläche:

$$\pi r^2 = \pi \left(D - \frac{1}{2}D\right)^2 = \frac{\pi}{4}D^2.$$

Die ägyptische Näherung für π erhält man durch Gleichsetzen:

$$\frac{64}{81}D^2 = \frac{\pi}{4}D^2,$$

woraus unmittelbar folgt:

$$\pi = \frac{4 \cdot 64}{81} = \frac{256}{81} = \left(\frac{16}{9}\right)^2 = \left(\frac{4}{3}\right)^4 \approx 3{,}1605.$$

Bedenkt man das Alter dieser ägyptischen Approximation, so weist sie doch eine erstaunliche Genauigkeit auf. Wie sind die Ägypter auf diesen Wert gekommen?

Man kann es zwar nicht mit Sicherheit sagen, aber möglicherweise wurde die Kreisfläche durch die Fläche eines entsprechenden Achtecks ersetzt, wie es in der Abbildung auf Seite 214 angedeutet ist. Legt man um den Kreis mit Durchmesser D ein Quadrat und schneidet an den vier Ecken gleichseitige Dreiecke mit der Länge $(1/3)D$ der gleich langen Seiten ab, so bleibt ein Achteck übrig, dessen Fläche die des Kreises approximiert. Jedes dieser abgeschnittenen Dreiecke hat die Fläche:

$$\frac{1}{2}\,(\text{Basis} \times \text{Höhe}) = \frac{1}{2}\left(\frac{D}{3}\right) \cdot \left(\frac{D}{3}\right) = \frac{1}{18}D^2.$$

Daraus folgt für die Kreisfläche:

$$
\begin{aligned}
\text{Fläche (Kreis)} \;\approx\;& \text{Fläche (Achteck)}\\
=\;& \text{Fläche (Quadrat)} - 4 \cdot \text{Fläche (Dreieck)}\\
=\;& D^2 - 4 \cdot \frac{1}{18}D^2 = D^2 - \frac{2}{9}D^2 = \frac{7}{9}D^2 = \frac{63}{81}D^2.
\end{aligned}
$$

Dieser Wert liegt recht nahe bei dem Wert $(64/81)D^2$, den Ahmes angibt. Vielleicht kann das als Hinweis dafür gelten, daß die Ägypter ihre Flächenformel aus einer Achteck-Approximation abgeleitet haben.

Natürlich wird diese Erklärung von manchem abgelehnt.[5] Aber schließlich war es eben die Approximation des Kreises durch Vielecke, die Archimedes eineinhalb Jahrtausende später zu seiner wesentlich schärferen Abschätzung von $\pi = 3{,}14$ führte. Wie wir in Kapitel C gesehen haben, hatte die verbesserte Genauigkeit der Approximation des Kreises ihre Ursache in der Verwendung eines regelmäßigen 96ecks, die der groben Achtecknäherung überlegen war. So ist es durchaus möglich, daß Archimedes seinen ägyptischen Vorgängern Dank für die Inspiration schuldet.

Das Niltal war eine Quelle früher mathematischer Entwicklungen, und das gleiche gilt für das Zweistromland zwischen Euphrat und Tigris. Die politische Geschichte Mesopotamiens war wesentlich wechselvoller als die Ägyptens, da die Region Schauplatz von ständigen Eroberungen durch die verschiedensten Völker war. Dadurch wird auch die Zuordnung unsicher, aber die mathematischen Errungenschaften, die wir nun betrachten wollen, werden gewöhnlich den Sumerern zugeschrieben.

Das „Goldene Zeitalter" der babylonischen Wissenschaft begann unter der Herrschaft des Hammurabi (um 1750 v. Chr.), also etwa zur Zeit des Ahmes in Ägypten. Es kann als Glück für die späteren Gelehrten bezeichnet werden, daß die Babylonier auf Tontafeln und nicht auf Papyrus schrieben. Papyrus zerfällt nämlich mit der Zeit, während die Tontafeln nach dem Beschreiben gebrannt wurden und daher weniger anfällig waren. So sind wir im Besitz vieler Tausend zum Teil vollständig oder auch nur in Scherben erhaltener Tontafeln. Das folgende Beispiel gehört dazu.

Für die ägyptische Mathematik ist die Bruchdarstellung durch Stammbrüche charakteristisch, und für die sumerische Mathematik ist es das Zahlsystem zur Basis 60. Die Mathematikhistoriker sind voller Bewunderung darüber, daß die Babylonier ein solches Zahlsystem eingeführt haben. In diesem System werden zwei Symbole verwandt: Ein T-ähnliches steht für die 1, und ein anderes, ähnlich dem <-Zeichen, steht für 10.

Die Darstellung kleiner Zahlen war wenig spektakulär: Die 2 wurde als TT dargestellt, 12 war <TT, 42 war

$$\begin{smallmatrix} < & < \\ < & < \end{smallmatrix}\text{TT}$$

und so weiter. Wenn eine Zahl jedoch größer oder gleich 60 war, hatten die verwandten Symbole verschiedene Bedeutungen. Je nach seiner Position konnte T nicht nur 1 Einheit, sondern auch 60 repräsentieren. An wieder einer anderen Position konnte es auch $60^2 = 3\,600$ bedeuten. Zum Beispiel erscheint die 82 als T<<TT, was für 60 plus zweimal 10 plus zweimal 1 steht. Die Bedeutung des Symbols T hängt also von seiner Stellung innerhalb des Zahlzeichens ab.

Diese Erfindung rationalisierte nicht nur die Zahldarstellung, sondern hielt auch die Anzahl der Grundzeichen – der Ziffern – klein. Das römische Zahlsystem war im Gegensatz dazu kein Stellenwertsystem und verlangte nach einem ganzen Schwall von Symbolen, nämlich I, V, X, L, C, D und M. Wären die Zahlen in die Millionen, Billionen oder Trillionen gegangen, hätten mehr und mehr Buchstaben mit Ziffernwerten belegt werden müssen, bis sich schließlich das Alphabet erschöpft hätte. Nun kannten die Römer aber keine Rentenversicherung und mußten daher Zahlen solcher Größenordnungen auch nicht darstellen.

Für das babylonische Zahlsystem spricht auch, daß man Brüche mühelos darstellen kann. In einer alten Inschrift wird die Zahl erwähnt, deren Quadrat 2 ist und für die wir $\sqrt{2}$ schreiben würden:

$$\text{T}<<\begin{smallmatrix}\text{TT}\\\text{TT}\end{smallmatrix}<\begin{smallmatrix}<&<\\<&<\end{smallmatrix}\text{T}<.$$

Wir können die einzelnen Zifferngruppen auflösen: 1-24-51-10. Die Sumerer kannten noch kein dem Dezimalkomma entsprechendes Symbol, so daß man die ganzzahligen und gebrochenen Anteile dieses Ausdrucks auf andere Weise bestimmen muß. Da $\sqrt{2}$ etwas größer als 1 ist, ist die erste Zahl der sumerischen Zifferndarstellung der ganzzahlige Anteil und der Rest der gebrochene.

Wie rechnet sich der Bruch um? In unserem Dezimalsystem bestimmt die Ziffer rechts vom Komma die Anzahl der Zehntel, die nächste Ziffer die der Hundertstel, die nächste die der Tausendstel und so weiter. Ganz analog interpretieren wir die „Ziffer", die der 1 folgt, als die Anzahl der Sechzigstel, das nächste Symbol als die Anzahl der 3 600stel und das letzte Symbol als Anzahl der 216 00stel, da $60^3 = 216\,000$ ist. Die sumerische Zahl 1-24-51-10 bedeutet also:

$$1 + \frac{24}{60} + \frac{51}{3\,600} + \frac{10}{216\,000} = 1 + 0{,}4 + 0{,}014167 + 0{,}000046 = 1{,}1414213.$$

Aus Kapitel K kennen wir die neunstellige Approximation 1,414213562 an $\sqrt{2}$, so daß die babylonische Näherung recht eindrucksvoll erscheint. Die Sumerer beherrschten offenbar die Arithmetik zur Basis 60 perfekt.

Aus heutiger Sicht fehlt dem babylonischen System jedoch etwas ganz Entscheidendes: Ein Symbol für die Zahl 0. Daraus konnten sich Uneindeutigkeiten ergeben: Beispielsweise konnte $<$ T bedeuten $10+1 = 11$ oder $10 \times 60+1 = 601$ oder $10 \times 3\,600 + 1 = 36\,001$ oder auch $10 \times 3\,600 + 1 \times 60 = 36\,060$ und so weiter. Wie bei dem Näherungsbruch für $\sqrt{2}$ kann in vielen Fällen die Vieldeutigkeit aufgrund des Zusammenhangs ausgeräumt werden, aber die Einführung der Null als Platzhalter wäre notwendig gewesen, um eindeutige Darstellungen zu schaffen.

Interessanterweise haben die Sumerer diesen Schritt niemals vollzogen. In der Periode der Seleukiden, Mitte des ersten Jahrtausends vor Christus, wurde eine *interne* Platzhalternotation eingeführt, die es gestattete, zum Beispiel zwischen 11 und 601 zu unterscheiden. Nullen am Ende eines Zahlzeichens wurden jedoch nach wie vor nicht geschrieben, so daß weiterhin 601 von 36\,060 nicht zu unterscheiden war. Die echte Null erschien erst Jahrhunderte später bei den Indern und unabhängig davon bei den Mayas in Mittelamerika. Als sie kam, revolutionierte sie erneut die Zahldarstellung.

Aber es bleibt noch eine andere Frage: *Warum* wählten die Babylonier gerade 60 als Basis ihres Zahlsystems? Anthropologische und archäologische Studien zur kulturellen Entwicklung der Menschheit haben ergeben, daß die Zahlen 2, 5, 10 und etwas weniger häufig auch 20 die üblichen Basen von Stellenwertsystemen sind. Sie entsprechen gewissen Merkmalen der menschlichen Anatomie: der Zahl der Arme, der Finger an einer Hand, der Finger an beiden Händen oder der Zahl der Finger und Zehen zusammen. Anders ausgedrückt, die Menschen hatten handfeste Bezüge für den Fall, daß ihre Arithmetik einmal ins Schleudern geriet.

Aber warum ausgerechnet 60? Man kann die Frage zwar nicht mit allerletzter Sicherheit beantworten, doch ein Hinweis könnte in der Tatsache liegen, daß ein Jahr fast genau $6 \times 60 = 360$ Tage zählt. Keiner, der die Ursprünge der Mathematik untersucht, wird umhinkönnen, den Einfluß der Astronomie zu erkennen, und keine astronomische Größe ist so bedeutsam wie die Länge des Jahres. Vielleicht stand das Jahr mit seinen etwa 360 Tagen Pate bei der Wahl der Zahl 60 zur Basis des babylonischen Zahlsystems. Wie dem auch sei, es ist uns bis heute geblieben: in den 60 Sekunden der Minute, den 60 Minuten der Stunde und den 360 Grad des vollen Kreises.

Die babylonische Mathematik hat mindestens dieselbe grundlegende Bedeutung für die späteren Entwicklungen im östlichen Mittelmeerraum wie die ägyptische. Aber dies war nicht die einzige Region, in der schon vor Tausenden von Jahren die Mathematik blühte. Am anderen Ende Asiens nämlich hatten die Chinesen ihre eigene eindrucksvolle mathematische Tradition begründet.

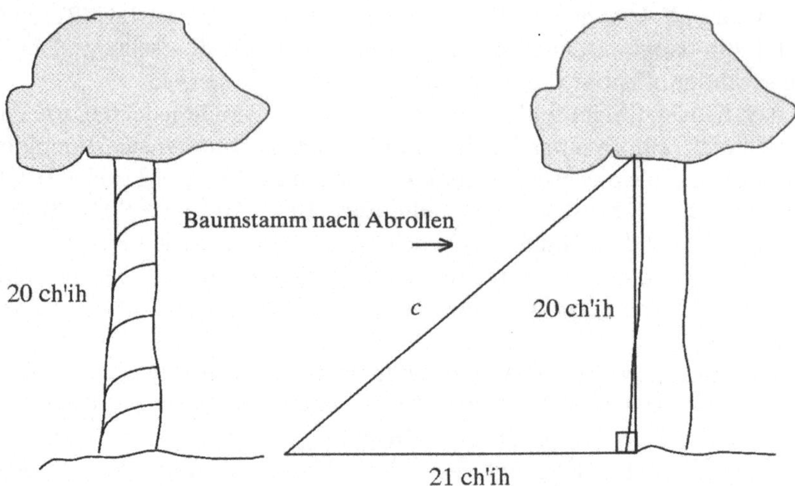

Ein Beispiel chinesischer Mathematik ist uns in Kapitel H in Form des Beweises für den Satz von Pythagoras aus dem *Chou Pei Suan Ching* begegnet. Die Chinesen verstanden den Satz sehr wohl in seiner vollen Allgemeinheit, wie man aus einer ganzen Sammlung von Problemen erkennen kann, zu deren Lösung der Satz von Pythagoras herangezogen wird. So auch in dem folgenden Problem aus dem *Chiu chang suan-shu*, einer mindestens zweitausend Jahre alten mathematischen Abhandlung, die manchmal als das chinesische Pendant zu Euklids *Elementen* bezeichnet wird. Die fünfte Aufgabe im letzten der neun Kapitel des *Chiu chang* lautet:[6]

> *Ein Baum der Höhe 20 ch'ih hat einen Umfang von 3 ch'ih. Um den Baumstamm windet sich eine Weinranke siebenmal, bevor sie die Spitze erreicht. Wie lang ist die Ranke?*

Der Wein windet sich in einer Schraube um den zylindrischen Stamm, wie es die obige Abbildung zeigt. Das Problem ist die Berechnung der Länge der Ranke. Man kann sich nun vorstellen, der Fußpunkt der Ranke sei am Boden befestigt und der Baumstamm werde nach rechts in sieben Umdrehungen abgerollt. Während der Stamm nun rollt, wickelt sich der Wein ab, und wir erhalten die Situation, die auf der rechten Seite der Abbildung dargestellt ist: Die Ranke ist vom Boden bis zur Spitze straff gespannt.

Durch diese Prozedur ist ein rechtwinkliges Dreieck entstanden, dessen Höhe die Höhe des Baumes, also 20 ch'ih, beträgt und dessen Grundseite die Entfernung ist, die der Punkt am Fuß des Baumstamms beim Abrollen zurücklegt. Bei jeder Umdrehung bewegt sich der Punkt um einen Umfang weiter, also 3 ch'ih, so daß sich für die Basis des Dreiecks die Länge $7 \cdot 3 = 21$ ch'ih ergibt. In diesem rechtwinkligen Dreieck mit den Katheten a und b der Längen 20 und 21 repräsentiert die Weinranke die Hypotenuse c. Deren Länge

4	9	2
3	5	7
8	1	6

folgt aus dem Satz des Pythagoras: $c^2 = a^2 + b^2 = 20^2 + 21^2 = 400 + 441 = 841$, und daher gilt: $c = \sqrt{841} = 29$ ch'ih. Diese Lösung geben die chinesischen Meister im *Chiu chang* vor 2000 Jahren an. Vielleicht wäre es zu ernüchternd, darüber zu spekulieren, wie sich wohl die heutige Bevölkerung unter diesem Weinproblem wände.

Im Grenzgebiet zwischen Geometrie und Arithmetik hatten die Chinesen etwas besonders Faszinierendes entdeckt: *magische Quadrate*. Bei diesen quadratischen Anordnungen ganzer Zahlen müssen alle Zeilen, alle Spalten und die beiden Diagonalen jeweils die gleiche Summe aufweisen. Wie bei allen Errungenschaften aus der Frühzeit der Mathematik ist es auch hier schwer, einen präzisen Entstehungszeitpunkt anzugeben. Einer Legende zufolge soll der Kaiser Yu schon vor etwa 5000 Jahren ein magisches Quadrat auf dem Panzer einer mystischen Schildkröte gefunden und kopiert haben. Wenn man auch mathematische Ergebnisse lieber auf logisches Denken und weniger auf mystische Reptilien zurückführt, so kann doch kein Zweifel darüber bestehen, daß die Chinesen die wahren Meister solch bemerkenswerter Zahlenarrangements waren.

In der Abbildung oben sehen wir ein Quadrat der Größe 3×3, das genau die natürlichen Zahlen von 1 bis $3^2 = 9$ enthält. Jede Zeile, jede Spalte und die beiden Diagonalen ergeben jeweils die Summe 15. Dieses magische 3×3-Quadrat, das *Lho shu*, hatte für die Chinesen eine ganz besondere Bedeutung wegen seiner Harmonie und Ausgewogenheit, dem Yin und Yang, das diese mathematische Konfiguration in eine fast spirituelle Dimension erhob.

Es ist gar nicht so schwer, dieses Quadrat herzuleiten. Wie steht es aber mit Verallgemeinerungen, beispielsweise mit Quadraten der Größen 4×4 oder 5×5? Deren Konstruktion ist schon etwas komplizierter und erfordert eine feinere Theorie, mit der sich nicht nur die Chinesen, sondern in der Folge auch die Araber und später sogar Benjamin Franklin beschäftigten. Letzterer bastelte magische Quadrate, wenn ihn eine politische Debatte langweilte.

Wenn wir ein magisches $m \times m$-Quadrat konstruieren wollen, müssen wir zuerst die gemeinsame Summe der Zeilen, Spalten und Diagonalen bestimmen. Da im ganzen Quadrat die Zahlen von 1 bis m^2 verteilt werden sollen, ist die

1	23	16	4	21
15	14	7	18	11
24	17	13	9	2
20	8	19	12	6
5	3	10	22	25

Summe *aller* Zahlen in dem Quadrat $1+2+3+\ldots+m^2$. Aus Kapitel J kennen wir die Summe der ersten n ganzen Zahlen:

$$\frac{n(n+1)}{2}.$$

Wie immer die m^2 Zahlen im magischen $m \times m$-Quadrat auch angeordnet werden, die Summe aller Einträge ist:

$$1+2+3+\ldots+m^2 = \frac{m^2(m^2+1)}{2}.$$

Diese Summe erhält man auch, wenn man die m Summen der einzelnen Zeilen des Quadrats addiert. Alle Zeilensummen sind aber gleich, so daß jede einzelne $1/m$-tel der Gesamtsumme beträgt. Daher ist die Zeilensumme, die Spaltensumme und die Diagonalensumme eines magischen $m \times m$-Quadrats:

$$\frac{1}{m} \cdot \frac{m^2(m^2+1)}{2} = \frac{m(m^2+1)}{2}.$$

Bei einem magischen 5×5-Quadrat beträgt die Summe einer jeden Zeile, Spalte und Diagonalen folglich:

$$\frac{5(5^2+1)}{2} = 65.$$

Die Hauptarbeit bleibt aber, die magische Anordnung zu finden. Nach unserer kleinen Berechnung wissen wir immerhin, welche Zeilen- und Spaltensumme wir einhalten müssen. Den Chinesen gelang es sehr wohl, dieses Problem zu lösen, wie wir aus dem magischen 5×5-Quadrat aus der obigen Abbildung wissen, das Yang Hui aus dem dreizehnten Jahrhundert zugeschrieben wird.

Wie gefordert, summieren sich auch in diesem Beispiel alle Zeilen, alle Spalten und die beiden Diagonalen zu 65. Aber man entdeckt weitere auffallende Muster. Beispielsweise handelt es sich bei dem 3×3-Quadrat um die 13 im Zentrum, das in der Abbildung auf Seite 221 oben noch einmal gesondert dargestellt ist, um ein modifiziertes magisches Quadrat: Es benutzt die Zahlen

14	7	18
17	13	9
8	19	12

7, 8, 9, 12, 13, 14 und 17, 18, 19. Alle seine Zeilen und Spalten und die Diagonalen haben die Summe 39. Dieses Beispiel und weitere, die solcherlei „Ordnung in der Ordnung" zeigen, üben ihre besondere Anziehungskraft auf jene aus, die höhere Symmetrien in Zahlenarrangements suchen.

Wir verlassen nun die Chinesen und wenden uns einer anderen Kultur zu, deren Beiträge zur Mathematik ebenfalls von höchster Bedeutung waren: der der Hindus in Indien. Die Anfänge der indischen Mathematik gehen wohl in die Zeit der ägyptischen Papyri und der babylonischen Tontafeln zurück. Eine faszinierende und weitgehend ungeklärte Frage ist, in welchem Ausmaß diese Kulturen Kontakt untereinander hatten. Es gibt Anhaltspunkte dafür, daß zwischen den Indern und den Chinesen mathematischer Gedankenaustausch bestanden haben könnte, aber man ist sich noch uneins über dessen Größenordnung und Richtung.

Dessenungeachtet ist klar, daß die Hindus im alten Indien hervorragende Mathematiker waren. Zu ihren herausragenden Leistungen gehört die Entwicklung der Trigonometrie. Viele ihrer Ergebnisse gingen in die spätere arabische Kultur ein und kamen im fünfzehnten Jahrhundert nach Europa. Die heutige Welt hat den großen indischen Trigonometern einiges zu verdanken.

Die Inder lösten auch kompliziertere Probleme algebraischer Natur, allerdings noch nicht mit symbolischen Methoden. Eines dieser Beispiele geht auf Bhaskara zurück, auch Bhaskaracharya oder „Bhaskara, der Lehrer" genannt, der um 1150 lebte. Es besteht in der Aufgabe, zwei ganze Zahlen zu finden, so daß das 61fache des Quadrats der einen um 1 kleiner ist als das Quadrat der anderen. Es sind also, in heutiger Schreibweise, ganze Zahlen x und y gesucht, für die gilt: $61x^2 = y^2 - 1$. Das Problem wurde von Bhaskara gelöst. Im siebzehnten Jahrhundert tauchte es erneut in Europa auf und gab den Mathematikern eine harte Nuß zu knacken, was wenig überrascht, wenn man die Lösung von Bhaskara kennt: $x = 226\,153\,980$ und $y = 1\,766\,319\,049$.[7]

Aus dem alten Indien sind ferner auch einige interessante Ergebnisse aus der Geometrie überliefert. Das vielleicht berühmteste ist die Formel von Brahmagupta für die Fläche eines Sehnenvierecks. Ein *Sehnenviereck* ist ein Viereck, dessen Eckpunkte auf einem Kreis liegen, wie es in der Abbildung auf Seite 222 angedeutet ist. Der Astronom und Mathematiker Brahmagupta stellte im

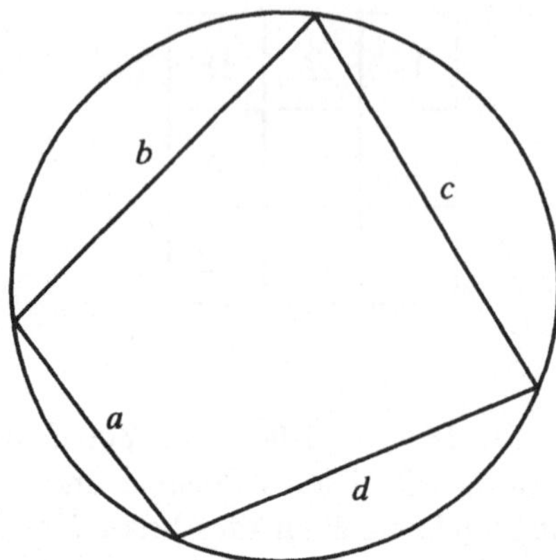

siebzehnten Jahrhundert fest, daß die *Fläche* eines solchen Vierecks mit den Seiten a, b, c und d durch die Formel

$$\sqrt{(s-a)(s-b)(s-c)(s-d)}$$

gegeben wird, wobei

$$s = \frac{1}{2}(a + b + c + d)$$

der halbe Umfang des Vierecks ist.

Wir wollen diese Formel anwenden: In der Abbildung unten ist ein Rechteck mit je zwei gleich langen Seitenpaaren der Längen a und b dargestellt, dessen Umkreismittelpunkt im Schnittpunkt O der Diagonalen liegt. Ein Rechteck ist immer ein Sehnenviereck, und wir wenden die Formel von Brahmagupta an. Hier ist

$$s = \frac{1}{2}(a + b + c + d) = \frac{1}{2}(2a + 2b) = a + b,$$

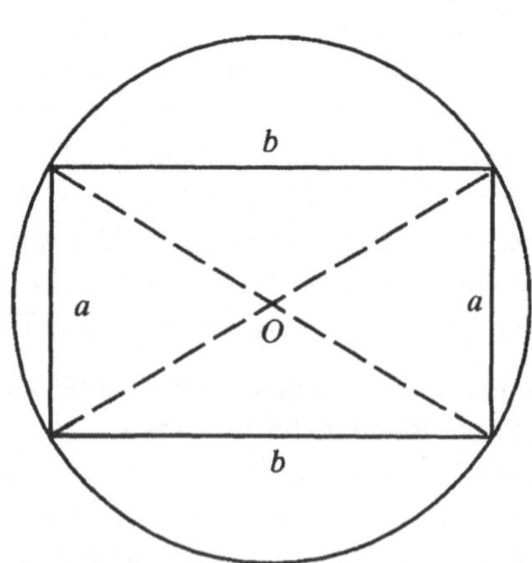

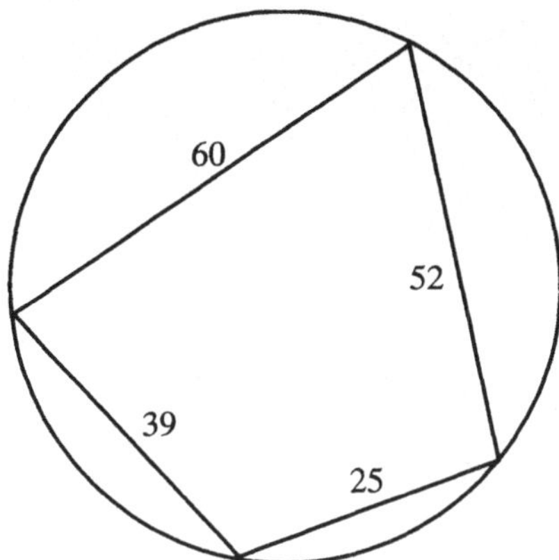

so daß $s - a = (a + b) - a = b$ und $s - b = (a + b) - b = a$ ergibt. Damit resultiert für die Rechteckfläche:

$$\sqrt{(s-a)(s-b)(s-a)(s-b)} = \sqrt{b \cdot a \cdot b \cdot a} = \sqrt{a^2 b^2} = ab.$$

Natürlich braucht man die viel allgemeinere Formel von Brahmagupta nicht, um zu erkennen, daß sich die Fläche eines Rechtecks als Produkt der beiden Seitenlängen ergibt. Das hieße, mit Kanonen auf Spatzen zu schießen.

Aber das nächste Beispiel, das aus einem antiken indischen Text stammt, ist schon weniger einfach.[8] Hierin wird die Fläche eines Sehnenvierecks mit Seitenlängen $a = 39, b = 60, c = 52$ und $d = 25$ gesucht, das in der obigen Abbildung zu sehen ist. Ohne die Formel von Brahmagupta gerät man hier in erhebliche Schwierigkeiten. Mit dieser Formel ist die Lösung jedoch kein Problem. Der halbe Umfang ist

$$s = \frac{1}{2}(39 + 60 + 52 + 25) = 88$$

und die Fläche daher $\sqrt{(88 - 39)(88 - 60)(88 - 52)(88 - 25)} = 1\,764$.

Die Formel von Brahmagupta hat eine interessante Folgerung. Wenn wir, wie in der Abbildung auf Seite 224 angedeutet, die Ecke D entlang des Kreises in die Ecke C verschieben, wird das Viereck $\square ABCD$ in das Dreieck $\triangle ABC$ transformiert. Dabei geht die Länge $\overline{CD}$ gegen 0, und das Dreieck, als degeneriertes Viereck aufgefaßt, hat die Fläche

$$\sqrt{(s-a)(s-b)(s-c)(s-d)} = \sqrt{s(s-a)(s-b)(s-c)}.$$

Hierbei ist s der halbe Umfang des Dreiecks $\triangle ABC$. Der eine oder andere Leser wird hierin die Heronsche Dreiecksformel erkennen. Sie ist nach jenem griechischen Mathematiker benannt, der um 75 n. Chr. einen sehr geschickten Beweis dafür angab. In diesem Sinne stellt die Formel von Brahmagupta

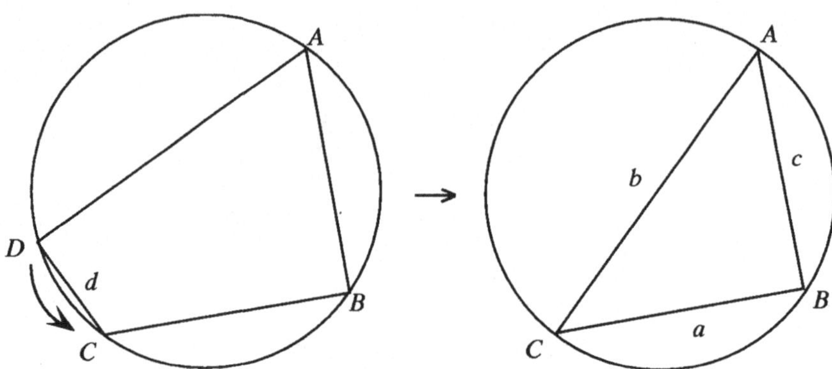

eine Verallgemeinerung der Heronschen Dreiecksformel auf Sehnenvierecke dar.
Eine echte Miniatur der Geometrie.

Wir kamen bereits kurz auf eine der größten Leistungen der indischen Mathematik zu sprechen, die Einführung der Null in das Dezimalsystem. Die Ursprünge dieser Entwicklung sind schwer zu datieren, aber sie könnten zurückgehen bis in die Mitte des ersten Jahrtausends nach Christus. Dokumente und Inschriften aus dieser Zeit enthalten bereits Symbole für die Null, die fast genauso aussehen wie die heutige Null. Ihre Einführung erwies sich als äußerst hilfreich, nicht nur in theoretischer Hinsicht, sondern auch für das rein praktische Rechnen. Die Inder waren im Umgang mit ihrem Zahlsystem – mit der Null – derart geschickt, daß ihre Techniken sehr schnell von den Arabern übernommen wurden, mit denen sie Kontakt hatten. Bereits Ende des ersten Jahrtausends schrieben arabische Gelehrte Bücher über die wunderbare „indische Arithmetik".

Durch die Araber wurden diese Errungenschaften schließlich auch nach Westen und also nach Europa getragen. Einen wesentlichen Schritt in diesem Prozeß bildete 1202 die Veröffentlichung des Buches *Liber abaci* von Leonardo von Pisa, der heute besser unter dem Namen Fibonacci bekannt ist. Er verbrachte einen Großteil seiner Jugend in Nordafrika, wo er die arabische Sprache erlernte und die islamische Mathematik studierte. Auf diese Weise wurde er mit dem heute als „indisch-arabisch" bezeichneten Zahlsystem bekannt. Fibonaccis Buch brachte diese Ideen in die italienischen Zentren der Bildung, von wo sie ihre Verbreitung über den ganzen europäischen Kontinent antraten.

Die Geschichte der Null ist charakteristisch für viele Entwicklungen in der Geschichte nicht nur der Mathematik. Eine Idee wird geboren, dann wird sie verfeinert und über Entfernungen und Zeiten hinweg verbreitet; sie wird schließlich ein Teil der multinationalen mathematischen Kultur: Die Mathematik ist eine Wissenschaft, an deren Entwicklung die ganze Welt beteiligt ist.

Jedenfalls sollte es so sein. Allerdings ist die Frage nach den Ursprüngen der Mathematik in letzter Zeit zu einem brisanten Streitpunkt in der Debatte um die Rolle der westlichen Zivilisation geworden. Hier gibt es zwei Extrempositionen. Die eine, der Eurozentrismus, beharrt auf dem Standpunkt, die wahre Mathematik sei in Griechenland entstanden, wo sie den Köpfen der brillanten und genialen Denker entsprang. Diese traditionelle Schule spricht anderen Lagern kaum einen Anteil an mathematischer Leistung oder mathematischem Einfluß zu.

Im Gegensatz dazu behaupten die Multikulturalisten, daß die Mathematik ihre Ursprünge vielen Völkern auf dem Globus in gleichem Maße verdanke. Hier wird eine Vielzahl von Entdeckungen nichteuropäischen Kulturen zugeschrieben und die Behauptung aufgestellt, die Eurozentristen hätten versucht, die Geschichte zu verzerren, um ihre nationalen, religiösen oder rassischen Interessen in den Vordergrund zu stellen.

Unnötig zu sagen, daß sich derartige Debatten sehr schnell aufheizen, sogar in der sonst eher gelassenen Atmosphäre mathematischer Umgebung. Wie bei den meisten Diskussionen wird die Meinung durch die Extremisten polarisiert, während die Wahrheit wohl irgendwo dazwischen liegt.

Auch diejenigen, die durch die Exzesse und kolossalen Irrtümer der europäischen Zivilisationsgeschichte verschreckt sind, können die großartigen Leistungen der europäischen Mathematik nicht ignorieren. Man kann nicht leugnen, daß durch die Verdienste der Griechen – die der Mathematik die Verläßlichkeit des logischen Beweises brachten, der heute ihr wesentlichstes Charakteristikum ist – das Fach mit einem Grad an Intellektualität und Abstraktion versehen wurde, den es in den vorhergehenden Kulturen nicht aufzuweisen hatte. Die Historiker haben auch in ähnlich weit zurückliegenden mathematischen Überlieferungen nichts gefunden, was den Euklidschen *Elementen* oder dem Archimedischen *Über Kugel und Zylinder* vergleichbar wäre. Die griechische Mathematik war etwas Neues und Bemerkenswertes. Die Entdeckungen eines Newton, Leibniz oder Euler in der Folgezeit bauten auf diesen Fundamenten auf.

Es muß jedoch auch klar erkannt werden, daß die griechische Mathematik nicht aus einem Vakuum entstand. Andere Kulturen, sowohl vor als auch nach den Griechen, haben ihren Beitrag zur Mathematik geleistet. Diese Tatsache wurde nur zu oft von den Gelehrten übersehen, die so tun, als ob Anerkennung für einen anderen bedeutet, daß man die eigene verliert. Die Mathematikhistoriker, die sich darin einig sind, daß die eurozentrische Interpretation der Mathematikgeschichte kurzsichtig ist, können ihre Behauptung mit einer eindrucksvollen Liste von Beweisen belegen.

So schrieb der griechische Historiker Herodot im fünften Jahrhundert vor Christus, daß das Interesse der Ägypter an Flächenmessungen dafür verantwortlich war, daß „auf diesem Wege die Geometrie entdeckt und zu den Griechen gebracht wurde". [9] Mit Sicherheit gab es den Kontakt zwischen Ägypten in Nordafrika und Griechenland in Südeuropa, und der Gedankenfluß war anfangs nordwärts gerichtet. Ohne in irgendeiner Weise die originär griechischen Leistungen schmälern zu wollen, muß man die aus Ägypten stammenden Anregungen auf das griechische Denken anerkennen.

Der babylonische Beitrag zur Arithmetik und ihr Zahlsystem, die chinesischen Entdeckungen in der Zahlentheorie, die indische Trigonometrie und die später entwickelte arabische Algebra, sie alle sind in die Pfeiler des Gebäudes der modernen Mathematik eingegangen. Sie zu entfernen, könnte dem Ganzen schweren Schaden zufügen.

Wie so viele andere Fragen über die ferne Vergangenheit bleibt auch die Suche nach den Ursprüngen der Mathematik ohne abschließende Antwort. Verfeinerte Untersuchungen, genauere Übersetzungen, das Glück einer oder auch zweier archäologischer Entdeckungen mögen uns einen klareren Einblick in die Anfänge geben. Doch allzu vieles an den heutigen rhetorischen Fragen, wer was zuerst entdeckt hat, erinnert stark an eine andere Episode aus der Mathematikgeschichte: an den Prioritätenstreit in der Infinitesimalrechnung, der in Kapitel K beschrieben ist. Genau wie jene unglückselige Kontroverse kann die gegenwärtige Debatte sehr schnell etwas Wesentliches über die Ursprünge mathematischer Ideen aus den Augen verlieren: Auf diesem Gebiet ist genügend Ruhm für die großen Leistungen aller Menschen zu verteilen.

Primzahlsatz

Wir kehren noch einmal zu den Geistern zurück, die wir in Kapitel A riefen, den Primzahlen, und wollen weitere Eigenschaften von ihnen studieren. Sie dienen, wie wir wissen, als eindeutig bestimmte Bausteine für das System der natürlichen Zahlen und haben deshalb im Lauf der Jahrhunderte beträchtliche Aufmerksamkeit auf sich gezogen – und verdient.

Viele Fragen betreffen Primzahlen, aber eine der interessantesten ist die nach ihrer Verteilung innerhalb der ganzen Zahlen. Sind sie unter ihren nicht-primen Verwandten rein statistisch verteilt, oder gibt es eine Regel, ein erkennbares Muster, nach dem die Primzahlen auftreten? Die Antwort auf den letzten Teil der Frage lautet: „In gewisser Weise." Dies mag ausweichend und unbefriedigend klingen, aber wir hoffen darstellen zu können, daß es sich eigentlich um eine sehr zuversichtliche Antwort handelt. Sie umschreibt nämlich eines der spektakulärsten Ergebnisse der gesamten Mathematik – den Primzahlsatz.

Wer sich für die Verteilung der Primzahlen interessiert, sollte sich erst einmal eine Liste anlegen. Hier sind zunächst die 25 Primzahlen unter 100 aufgeführt:

$$2, 3, 5, 7, 11, 13, 17, 19, 23, 29, 31, 37, 41,$$

$$43, 47, 53, 59, 61, 67, 71, 73, 79, 83, 89, 97.$$

Wenn es hier eine Gesetzmäßigkeit gibt, dann ist sie schwerlich zu erkennen. Die Primzahlen, die der 2 folgen, sind natürlich alle ungerade, aber das hilft auch nicht weiter. Dafür fallen einige Lücken in der Liste der Primzahlen auf: Zwischen 24 und 28 oder zwischen 90 und 96 gibt es keine einzige. Die letztgenannte Serie besteht aus sieben aufeinanderfolgenden zusammengesetzten Zahlen. Manche Primzahlen dagegen liegen nur um zwei auseinander, 5 und 7 oder 59 und 61 beispielsweise. Solche Primzahlfolgen der Form p und $p + 2$ werden *Primzahlzwillinge* genannt.

Um unser Anschauungsmaterial zu erweitern, stellen wir nun noch die Primzahlen, die zwischen 101 und 200 liegen, zusammen:

$$101,\ 103,\ 107,\ 109,\ 113,\ 127,\ 131,\ 137,\ 139,\ 149,\ 151,$$

$$157,\ 163,\ 167,\ 173,\ 179,\ 181,\ 191,\ 193,\ 197,\ 199.$$

Diesmal finden wir 21 Primzahlen. Wieder klaffen Lücken wie die zwischen 182 und 190, die neun aufeinanderfolgende zusammengesetzte Zahlen enthält. Dafür gibt es auch mehrere Primzahlzwillinge.

Bei der Untersuchung der Primzahlverteilung scheinen Primzahllücken, durch die aufeinanderfolgende Primzahlen weit getrennt werden, und Primzahlzwillinge, bei denen Primzahlen extrem kurz aufeinanderfolgen, eine wichtige Rolle zu spielen. Gibt es sehr große Lücken? Gibt es unendlich viele Primzahlzwillinge, oder geht der Vorrat irgendwann aus? Die erste Frage läßt sich sehr leicht beantworten, die zweite dagegen gehört nach wie vor zu den ungelösten Geheimnissen der Zahlentheorie.

Beginnen wir mit der leichten Frage. Nehmen wir an, wir sollten eine Folge von fünf aufeinanderfolgenden zusammengesetzten Zahlen erzeugen. Betrachten wir einmal die Zahlen

$$6! + 2 = 722,\quad 6! + 3 = 723,\quad 6! + 4 = 724,\quad 6! + 5 = 725,\quad 6! + 6 = 726,$$

wobei wir die Fakultätenschreibweise aus Kapitel B benutzt haben. Man sieht sofort, daß keine dieser Zahlen prim ist, aber es ist wesentlich lehrreicher, sich zu fragen, *warum* dies so ist. Die erste Zahl ist $6! + 2 = 6 \cdot 5 \cdot 4 \cdot 3 \cdot 2 \cdot 1 + 2$. Da 2 als Faktor in $6!$ und in 2 selbst auftritt, teilt 2 auch die Summe $6! + 2$. Damit ist $6! + 2$ keine Primzahl. Analoges gilt für $6! + 3 = 6 \cdot 5 \cdot 4 \cdot 3 \cdot 2 \cdot 1 + 3$, dessen beide Summanden den Faktor 3 enthalten, also auch die Summe selbst. Genauso ist 4 Teiler von $6!$ und 4, also auch Teiler der Summe. 5 ist Teiler von $6! + 5$ und 6 Teiler von $6! + 6$. Jede dieser Zahlen hat einen nichttrivialen Teiler, und wir haben fünf aufeinanderfolgende Zahlen vor uns, wovon keine eine Primzahl ist.

Man könnte mit Recht einwerfen, daß wir uns die Suche unnötig schwergemacht haben. Schließlich kennen wir schon fünf aufeinanderfolgende zusammengesetzte Zahlen aus unserer Liste: 24, 25, 26, 27 und 28. Warum soll man also Fakultäten ins Spiel bringen, die uns in die 700er katapultieren?

Die Antwort ist einfach. Wir suchen ein allgemeines Verfahren. Wenn wir eine Serie von 500 aufeinanderfolgenden Primzahlen angeben sollten, wäre es völlig unrealistisch, Primzahllisten zu durchforsten. Mit der beschriebenen Methode lassen sich jedoch diese 500 Zahlen ganz analog finden.

Wir betrachten also die Zahlen zwischen $501! + 2$ und $501! + 501$. Damit haben wir 500 aufeinanderfolgende ganze Zahlen zur Verfügung, die alle nicht prim sind: 2 ist ein Teiler von $501! + 2$, 3 ein Teiler von $501! + 3$ und so weiter bis 501, das $501! + 501$ teilt. Da sind also unsere 500 aufeinanderfolgenden Nichtprimzahlen.

Beginnt man das Verfahren bei der Zahl $5\,000\,001! + 2$, so erhält man *fünf Millionen* aufeinanderfolgende Zahlen, von denen keine eine Primzahl ist. Auf dieselbe Weise kann man auch fünf Milliarden oder fünf Trillionen aufeinanderfolgende Nichtprimzahlen erzeugen. Aus alledem ergibt sich eine schlagende Konsequenz: Es gibt beliebig große Primzahllücken.

Daraus folgt aber des weiteren, daß wir bei fortgesetztem Zählen von Primzahlen in Hunderterintervallen einen Punkt erreichen, wo wir innerhalb von hundert ganzen Zahlen überhaupt keine Primzahl mehr antreffen. Noch seltsamer mag es erscheinen, daß man bei der Serie von beispielsweise fünf Millionen aufeinanderfolgenden zusammengesetzten Zahlen $50\,000$ aufeinanderfolgende Intervalle der Länge 100 antrifft, von denen kein einziges eine Primzahl enthält. Da könnte man schon den Eindruck gewinnen, nun seien die Primzahlen schließlich doch ausgegangen.

Wer das glauben sollte, sei an den Beweis der unendlichen Zahl der Primzahlen in Kapitel A erinnert. So riesig die Lücken auch sind, so groß, daß ein Leben nicht ausreicht, sie durchzuzählen – es muß irgendwann danach wieder Primzahlen geben, unendlich viele, denn sie sind unerschöpflich.

Was aber kann man zu der anderen erwähnten Frage sagen? Ist der Vorrat an Primzahlzwillingen ebenfalls unerschöpflich? Zahlentheoretiker schlagen sich mit diesem Problem schon seit Jahrhunderten herum. Selbst bei sehr großen Zahlen findet man hie und da Primzahlzwillinge. Die Primzahlen $1\,000\,000\,000\,061$ und $1\,000\,000\,000\,063$ sind ein Beispiel. Bisher gibt es aber keinen Beweis dafür, daß es unendlich viele Primzahlzwillinge gibt. Die Frage bleibt offen.

Während dieses Problem weiterhin viele hervorragende Köpfe narrt, ist die verwandte Frage nach *Primzahltripletts* sehr leicht zu beantworten. Ein Primzahltriplett liegt vor, wenn die Zahlen $p, p+2$ und $p+4$ alle prim sind. Die Zahlen 3, 5 und 7 bilden ein Primzahltriplett. Gibt es davon unendlich viele?

Wir schicken voraus, daß eine Zahl bei Division durch 3 den Rest 0, 1 oder 2 läßt. Wenn also die Zahlen $p, p+2$ und $p+4$ ein Primzahltriplett bilden und wir p durch 3 teilen, so gibt es drei Fälle.

Zunächst kann der entstehende Rest 0 sein. Dann ist p ein Vielfaches von 3, also von der Form $p = 3k$ für eine ganze Zahl k. Wenn $k = 1$ ist, so ist $p = 3$, und wir sind wieder auf das Triplett 3, 5, 7 gestoßen. Für $k \geq 2$ ist aber $p = 3k$ keine Primzahl, denn p hat dann die echten Faktoren 3 und k. Das Triplett 3, 5, 7 ist also in diesem Fall das einzig mögliche.

Der Rest der Division kann aber auch 1 sein, und p ist von der Form $p = 3k + 1$ für ein $k \geq 1$. Der Fall $k = 0$ kann nicht auftreten, denn $p = 3 \cdot 0 + 1 = 1$ ist nicht prim. Nun gilt aber für die mittlere Zahl des Tripletts: $p + 2 = (3k + 1) + 2 = 3k + 3 = 3(k + 1)$, und mit den echten Faktoren 3 und $k + 1 \geq 2$ ist $p + 2$ keine Primzahl. Bei Divisionsrest 1 gibt es also überhaupt kein Primzahltriplett.

Schließlich kann p bei Division durch 3 noch den Rest 2 lassen. So gilt $p = 3k + 2$ für eine ganze Zahl $k \geq 0$. Dann ist aber die dritte Zahl im Bunde $p + 4 = (3k + 2) + 4 = 3k + 6 = 3(k + 2)$ und wieder keine Primzahl. Auch in diesem Fall gibt es kein Triplett.

Fassen wir die Ergebnisse aus diesen drei Fällen zusammen, so bleibt einsam und verlassen das banale Triplett 3, 5, 7. Die Frage „Gibt es unendlich viele Primzahltripletts?" kann mit Fug und Recht mit „Nein" beantwortet werden. Es gibt genau eines. Wenn man das Wort *Triplett* durch *Zwilling* ersetzt, wird, wie bereits erwähnt, aus dieser leichten Gedankenübung ein mathematisches Problem allerersten Ranges. Welchen Unterschied doch manchmal ein kleines Wörtchen macht.

Wir sind inzwischen allerdings von unserer eigentlichen Frage etwas abgekommen: Was kann man über die Verteilung der Primzahlen sagen? Wir können dieses Problem angehen, indem wir Verteilungsdaten sammeln, diese analysieren und nach Hinweisen auf eine Regelmäßigkeit Ausschau halten. Und genauso werden wir vorgehen.

An dieser Stelle ist es üblich, für die Anzahl der Primzahlen, die kleiner oder gleich der ganzen Zahl x sind, das Symbol $\pi(x)$ einzuführen. So ist $\pi(8) = 4$, denn 2, 3, 5 und 7 sind die vier Primzahlen, die kleiner oder gleich 8 sind. Offenbar sind dann auch $\pi(9) = \pi(10) = 4$. Da 2, 3, 5, 7, 11 und 13 die sechs Primzahlen kleiner oder gleich 13 sind, ist zum Beispiel $\pi(13) = 6$.

Um nun zu einer Datensammlung zu kommen, muß man Primzahlen zählen und eine Tabelle für $\pi(x)$ aufstellen. In der folgenden Tabelle sind unter anderem die Werte von $\pi(x)$ für alle Zehnerpotenzen von 10 bis zu zehn Milliarden aufgelistet.

x	$\pi(x)$	$\pi(x)/x$	$r(x) = x/\pi(x)$
10	4	0,40000000	2,50000000
100	25	0,25000000	4,00000000
1 000	168	0,16800000	5,95238095
10 000	1 229	0,12290000	8,13669650
100 000	9 592	0,09592000	10,4253545
1 000 000	78 498	0,07849800	12,7391781
10 000 000	664 579	0,06645790	15,0471201
100 000 000	5 761 455	0,05761455	17,3567267
1 000 000 000	50 847 534	0,05084753	19,6666387
10 000 000 000	455 052 512	0,04550525	21,9754863

Die beiden rechten Spalten der Tabelle bedürfen noch einer Erklärung. In der dritten Spalte sind die Werte von

$$\frac{\pi(x)}{x}$$

angegeben. Das ist der *Anteil* der Primzahlen an allen Zahlen, die kleiner oder gleich x sind. Es gibt zum Beispiel 78 498 Primzahlen, die kleiner oder gleich einer Million sind. In diesem Fall beträgt

$$\frac{\pi(1\,000\,000)}{1\,000\,000} = \frac{78\,498}{1\,000\,000} = 0{,}078498.$$

Das bedeutet, daß 7,85 Prozent der Zahlen unter einer Million prim sind. Der Löwenanteil, nämlich 92,15 Prozent, setzt sich aus zusammengesetzten Zahlen zusammen.

Die Spalte ganz rechts gibt den Kehrwert von

$$\frac{\pi(x)}{x}$$

an, der mit $r(x)$ bezeichnet ist. Für $x = 10$ ergibt sich beispielsweise:

$$r(10) = \frac{10}{\pi(10)} = \frac{10}{4} = 2{,}5.$$

Wir haben diese Spalte deshalb aufgenommen, weil wir die Funktion $r(x)$ später als eine uns bekannte mathematische Funktion identifizieren werden.

Welche Gesetzmäßigkeiten kann man aus der Tabelle ablesen? Offensichtlich nimmt der Anteil an Primzahlen, die unterhalb (bis einschließlich) x liegen, mit zunehmendem x ab. Dies zeigt die dritte Spalte. Primzahlen werden also seltener, je größer die obere Grenze des Bereichs wird. Wenn man einen Moment darüber nachdenkt, scheint dies auch plausibel. Eine Zahl ist nur dann prim, wenn sie es vermeidet, durch alle kleineren Zahlen teilbar zu sein. Kleine Zahlen haben nur wenige Vorgänger, und daher scheint diese Bedingung leichter erfüllbar zu sein. Wenn 7 prim sein will, darf es lediglich durch die Zahlen 2, 3, 4, 5 und 6 nicht teilbar sein. Die Zahl 551 hingegen muß alle Teiler aus der Menge der Zahlen $2, 3, 4, 5, \dots, 549$ und 550 vermeiden. Das scheint verhältnismäßig weniger wahrscheinlich. 551 ist übrigens durch 19 teilbar und also nicht prim. Genauso wie es einfacher ist, ein paar Regentropfen auszuweichen als einem Wolkenbruch, kann eine Zahl möglichen Teilern leichter aus dem Weg gehen, wenn es nur wenige kleinere Zahlen gibt.

Mathematiker geben sich allerdings nicht mit solch harmlosen Beobachtungen zufrieden. Daß die Primzahlen verhältnismäßig seltener werden, je weiter wir kommen, ist für sie eine zu ungenaue Aussage. Sie suchen nach einer Formel, die die Verteilung der Primzahlen wenigstens grob widerspiegelt. Da scheint die Tabelle zunächst wenig hilfreich. Selbst dem aufmerksamsten Interpreten kann vergeben werden, wenn er keine Gesetzmäßigkeit in den Zahlenwerten erkennt.

Sie ist aber vorhanden – sehr subtil, kaum zu erkennen und recht unerwartet. Um das Muster deutlich zu machen, müssen wir wieder einmal auf die Zahl e und den natürlichen Logarithmus zurückgreifen. Es mag phantastisch anmuten, daß e etwas mit den Primzahlen zu tun haben soll, aber wir haben ja

schon in Kapitel N die Erfahrung gemacht, daß e an den unwahrscheinlichsten
Stellen zutage tritt.

Wir erweitern also unsere Tabelle um eine Spalte, in der die Werte von $e^{r(x)}$
eingetragen werden. Wenn beispielsweise $x = 10$ und $r(x) = 10/4 = 2{,}5$ ist,
so steht der Wert $e^{2{,}5} = 12{,}182494$ in der äußersten rechten Spalte. Insgesamt
erhalten wir folgende Tabelle:

x	$r(x) = x/\pi(x)$	$e^{r(x)}$
10	2,50000000	12,182494
100	4,00000000	54,598150
1 000	5,95238095	384,668125
10 000	8,13669650	3 417,609127
100 000	10,4253545	33 703,4168
1 000 000	12,7391781	340 843,2932
10 000 000	15,0471201	3 426 740,583
100 000 000	17,3567267	34 508 861,36
1 000 000 000	19,6666387	347 626 331,2
10 000 000 000	21,9754863	3 498 101 746,0

Die neue rechte Spalte zeigt zwar keine absolut perfekte Gleichmäßigkeit, aber
man spürt eine zugrundeliegende Regel: Von Zeile zu Zeile scheint sich der
Wert der rechten Spalte zu verzehnfachen. Es ist, als ob sich der Wert von
$e^{r(x)}$ bei jeder Verzehnfachung von x selbst etwa verzehnfachte.

Dieses Phänomen kann man algebraisch so fassen:

$$e^{r(10x)} \approx 10 \cdot e^{r(x)} \quad \text{für großes } x.$$

Damit wird zum Ausdruck gebracht, daß bei Erhöhung des x-Wertes auf den
zehnfachen Wert $10x$ der zugehörige Funktionswert $e^{r(10x)}$ etwa das Zehnfache
des zu x gehörigen Funktionswertes $e^{r(x)}$ beträgt.

Vielleicht sieht es zunächst nicht so aus, aber das ist die entscheidende
Beobachtung! Wir wollten $r(x)$ dingfest machen, und jetzt sind wir im Be-
sitz einer wichtigen Formel: $e^{r(10x)} \approx 10 \cdot e^{r(x)}$. Diese Gleichung erfüllt mit
Sicherheit nicht *jede* Funktion. Wenn wir eine Funktion finden, für die diese
Relation gilt, sind wir einen großen Schritt weitergekommen.

Wir erinnern noch einmal an den natürlichen Logarithmus. In Kapitel N
wurde die Gleichung

$$\ln(e^x) = x$$

erwähnt, nach der der Logarithmus die Exponentiation wieder aufhebt. Dieser
Prozeß funktioniert aber auch in der umgekehrten Richtung: Nimmt man von
x den natürlichen Logarithmus und exponenziert das Ergebnis, erhält man
wieder x :

$$e^{\ln(x)} \;=\; x. \tag{$*$}$$

Ein numerisches Beispiel mag dies verdeutlichen: Für $x = 6$ ist $\ln x = \ln 6 = 1{,}791759469$ und $e^{\ln x} = e^{\ln 6} = e^{1{,}791759469} = 6$, und wir sind wieder da, wo wir begonnen haben.

Auf unsere Funktionsgleichung angewandt: Zu $10x$ bilden wir den Logarithmus $\ln(10x)$, exponenzieren zu $e^{\ln(10x)}$, und das ist nach der Formel wieder $10x$. Also gilt $e^{\ln(10x)} = 10x$. Ebenso folgt aber aus $(*) : 10x = 10 \cdot e^{\ln x}$. Durch Gleichsetzen der beiden Ausdrücke folgt:

$$e^{\ln(10x)} = 10 \cdot e^{\ln x}.$$

Nun vergleichen wir noch diese Gleichung mit unserer aus der Tabelle abgeleiteten Relation für $r(x)$:

$$e^{r(10x)} \approx 10 \cdot e^{r(x)} \quad \text{und} \quad e^{\ln(10x)} = 10 \cdot e^{\ln x}.$$

Die Beziehungen sind identisch und führen uns zu der kühnen Hypothese: $r(x)$ ist für große x etwa gleich $\ln(x)$.

Das ist die Kernaussage des Primzahlsatzes, der allerdings gewöhnlich in der reziproken Form ausgesprochen wird: Statt $r(x) = x/\pi(x) \approx \ln x$ betrachtet man $\pi(x)/x$. Dann lautet der Primzahlsatz:

Primzahlsatz: $\dfrac{\pi(x)}{x} \approx \dfrac{1}{\ln x}$ für große x.

In dieser Form erscheint der Satz in all seinem Glanze. Er besagt, daß das Verhältnis der Primzahlen $\pi(x)$ zu allen natürlichen Zahlen kleiner oder gleich x, also $\pi(x)/x$, für großes x etwa gleich dem reziproken Wert von $\ln x$ ist. Daß die relative Verteilung der Primzahlen so direkt mit dem natürlichen Logarithmus verbunden ist, ist schon außergewöhnlich.

Wir haben mit dieser Darstellung natürlich *nichts bewiesen*. Wir werden das auch nicht tun. Wir haben nur ein Gefühl dafür bekommen, wie das Ergebnis lauten könnte. Als eine Art numerischer Überprüfung modifizieren wir die alte Tabelle noch einmal und stellen $\pi(x)/x$ und die Approximation $1/\ln(x)$ einander gegenüber:

x	$\pi(x)/x$	$1/\ln(x)$
10	0,40000000	0,43429448
100	0,25000000	0,21714724
1 000	0,16800000	0,14476483
10 000	0,12290000	0,10857362
100 000	0,09592000	0,08685890
1 000 000	0,07849800	0,07238241
10 000 000	0,06645790	0,06204207
100 000 000	0,05761455	0,05428681
1 000 000 000	0,05084753	0,04825494
10 000 000 000	0,04550525	0,04342945

Die Übereinstimmung ist nicht überwältigend, aber sie scheint sich mit wachsendem x immer mehr zu verbessern. Wie die letzte Zeile zeigt, weicht die relative Häufigkeit der Primzahlen kleiner oder gleich zehn Milliarden von dem entsprechenden Wert von $1/\ln(10\,000\,000\,000)$ nur um 0,002 ab. Die Approximation ist also bis auf zwei Tausendstel genau. Aus irgendwelchen geheimnisvollen Gründen marschieren die Primzahlen im Takt des natürlichen Logarithmus in die Unendlichkeit.

Wenn der Leser nun glaubt, daß kein Sterblicher je eine solche Beziehung hätte allein finden können, so irrt er gewaltig. In den Schriften des 14jährigen Carl Friedrich Gauß findet sich die folgende Zeile:[1]

$$\text{Primzahlen unterhalb } a(=\infty)\frac{a}{\mathrm{l}a}.$$

Was soll das bedeuten? Man kann die Worte „Primzahlen unterhalb a" durch die Funktion $\pi(a)$ ersetzen. Offenbar soll „$\mathrm{l}a$" unser heutiges „$\ln a$" bezeichnen. Und „$(=\infty)$" heißt ganz sicher „für $a \to \infty$" oder „für große Werte von a". Damit übersetzt sich Gauß' kryptischer Satz in

$$\pi(a) \approx \frac{a}{\ln a} \text{ für große Werte von } a.$$

Das ist aber äquivalent zu

$$\frac{\pi(a)}{a} \approx \frac{1}{\ln a} \text{ für große Werte von } a, -$$

und dies wiederum ist genau die Aussage des Primzahlsatzes! Der pubertierende Gauß hatte offenbar die Gesetzmäßigkeit erkannt.

Diese Leistung mag uns wie die Fähigkeit Houdinis erscheinen, aus einem verschlossenen, in Ketten gelegten Tresor unter Wasser zu entkommen – mit einem Wort: magisch. Aber wir sollten nicht vergessen, daß Gauß schon immer von Zahlen fasziniert war, daß er einen astronomisch hohen Intelligenzquotienten hatte und in der Zeit vor MTV lebte.

Gauß hatte also das Gesetz gefunden, er bewies es aber nicht. Das gelang auch in den folgenden hundert Jahren niemandem. Bewiesen wurde der Primzahlsatz schließlich 1896 von Jacques Hadamard (1865–1963) und C. J. de la Vallée Poussin (1866–1962) mit höchst komplizierten Techniken aus der analytischen Zahlentheorie. Hadamard und de la Vallée Poussin teilten sich nicht nur ihre fast identischen Lebensdaten, sie entdeckten auch ihre Beweise gleichzeitig, aber unabhängig voneinander. So teilen sie sich bis in alle Ewigkeit auch den Ruhm für diesen Meilenstein in der mathematischen Landschaft, den man so charakterisieren könnte: Tausende von Sätzen über die Primzahlen sind bewiesen worden – von den Zeiten Euklids bis heute. Viele sind wichtig, manche sind elegant. Aber nur einer wird *der* Primzahlsatz genannt.

Quotienten

In seiner *Géométrie* bemerkte René Descartes 1637: „Die Arithmetik besteht aus nur vier oder fünf Operationen, nämlich der Addition, der Subtraktion, der Multiplikation, der Division und dem Wurzelziehen."[1]

Obwohl Descartes sich sehr um eine genaue Zahlenangabe ziert – „vier oder fünf" –, präzisiert er auf der anderen Seite genau, welche Operationen er in der Arithmetik zuläßt. Nach moderner Auffassung können diese Operationen dazu benutzt werden, eine Hierarchie von Zahlsystemen zu konstruieren, wobei jedes seinen Vorgänger erweitert und gleichzeitig zu größerer algebraischer Flexibilität führt. Die Konstruktion von Zahlsystemen mit Hilfe der arithmetischen Operationen ist sowohl vom logischen als auch vom historischen Gesichtspunkt aus interessant.

Die Odyssee beginnt, wie auch dieses Buch begonnen hat – mit der Menge der natürlichen Zahlen, die man mit $\mathbf{N}$ bezeichnet. Wir wollen zunächst annehmen, wir kennen nur dieses System und auch nur die Addition. Wir können also zwei beliebige natürliche Zahlen wählen und diese addieren. Wenn wir so alle möglichen Paare bilden und deren Summen wieder zu einer Menge zusammenfassen, welche Menge erhalten wir dann?

Offensichtlich erhalten wir wieder $\mathbf{N}$. In der Mathematik nennt man die natürlichen Zahlen *abgeschlossen* unter der Operation der Addition. Dies soll bedeuten, daß man den Bereich der natürlichen Zahlen nie verläßt, wenn man Elemente von $\mathbf{N}$ addiert. Die Menge $\mathbf{N}$ ist also auf die Addition abgestimmt.

Dasselbe gilt auch für die Operation der Multiplikation. Summen und Produkte von natürlichen Zahlen sind wieder natürliche Zahlen. $\mathbf{N}$ ist also nicht nur bezüglich der Addition, sondern auch bezüglich der Multiplikation abgeschlossen. So weit, so gut.

Aber alles gerät aus den Fugen, sobald wir auch die Subtraktion zulassen. Die Differenz zweier natürlicher Zahlen ist keineswegs immer eine natürliche Zahl. So sind zwar 2 und 6 Elemente von $\mathbf{N}$, aber $2 - 6$ ist es nicht. Mit der Subtraktion verlassen wir den Bereich der natürlichen Zahlen.

An dieser Stelle kann man sich für zwei Alternativen entscheiden. Die eine erinnert ein wenig an den Witz, in dem ein Patient mit schmerzverzerrtem Gesicht seinen Arm hebt und sagt: „Doktor, wenn ich das tue, habe ich fürchterliche Schmerzen."

Und der Doktor rät: „Dann tun Sie's eben nicht."

In diesem Sinne könnten wir das Dilemma lösen, indem wir die Subtraktion einfach verbieten. Das wäre aber mehr als lächerlich. Die andere Alternative – und diesen Weg der Abhilfe haben die Mathematiker auch gewählt – besteht in einer Vergrößerung des Zahlbereichs. Das erweiterte System schließt die negativen ganzen Zahlen und die Null ein. Diese Menge der *ganzen Zahlen* wird mit **Z** bezeichnet.

Heute mag es uns seltsam erscheinen, aber viele Mathematiker waren anfangs erbitterte Gegner einer solchen Erweiterung des „Zahlbegriffs". Dies war zum Teil auf den geometrischen Charakter der Mathematik zurückzuführen, der noch von den Griechen stammte. Schließlich konnte man sich negative Längen, Flächen oder Volumen nur sehr schwer vorstellen. Zum anderen gab es aber auch philosophische Einwände gegen die Vorstellung, *Quantitäten* könnten kleiner als Null sein. Ein solcher Mangel ließ Michael Stifel (ca. 1487–1567) negative Zahlen „*numeri absurdi*" nennen, und Gerolamo Cardano benutzte verächtlich den Ausdruck „*numeri ficti*". Der Widerstand dauerte bis ins achtzehnte Jahrhundert an, wie wir der folgenden Passage einer Schrift von Baron Francis Maseres (1731–1824) entnehmen können:[2]

> *Es wäre zu wünschen ... daß die negativen Zahlen niemals in die Algebra Eingang gefunden hätten, oder daß sie wieder daraus entfernt worden wären: Denn wenn dies geschähe, so könnte man sich mit guter Hoffnung vorstellen, daß die Einwände, die viele gelehrte und geistreiche Leute derzeit gegen algebraische Berechnungen vorbringen, sie seien nämlich durch die unverständliche Bezeichnungsweise verschleiert und verworren, dadurch aus der Welt geschafft werden würden.*

Selbst Descartes bezeichnete die negativen Zahlen als „*racines fausses*", als falsche Wurzeln. Vielen Mathematikern kamen sie nicht ganz geheuer vor.

Nichtsdestotrotz kurierten die ganzen Zahlen das durch die Subtraktion hervorgerufene Malheur, denn wenn man zwei ganze Zahlen addiert, subtrahiert oder multipliziert, entsteht wieder eine Zahl aus **Z**. Das neue Zahlsystem ist unter drei der von Descartes genannten Operationen abgeschlossen.

Als nächstes kommt die Division und mit ihr ein neues grundsätzliches Problem. Manchmal geht alles gut, wie bei den ganzen Zahlen 6 und 2 aus **Z**, denn $6 : 2 = 3$ liegt wieder in **Z**. Man kann eben 6 Äpfel auf 2 Leute verteilen: Jeder erhält 3 Äpfel.

Wie verteilt man aber 2 Äpfel auf 6 Leute? Der Kabarettist würde vorschlagen, Apfelmus zu kochen – eine humorvolle Anspielung auf die Tatsache, daß **Z** unter der Division nicht abgeschlossen ist: $2 : 6$ liegt nicht in **Z**. Berühmt ist in diesem Zusammenhang der Ausspruch von Groucho Marx auf die Frage, wie man 2 *Regenschirme* auf 6 Leute verteilt: Machen Sie Regenschirmmus.

Es ist kein einfaches Unterfangen, das Zahlsystem der Division gerecht werden zu lassen. Dazu muß es zur Menge der Brüche erweitert werden, also zur Menge der *rationalen Zahlen*, die mit $\mathbf{Q}$ bezeichnet werden. Rein formal ist $\mathbf{Q}$ die Menge aller Quotienten a/b, wobei a und b ganze Zahlen sind und $b \neq 0$ ist. So sind zum Beispiel $-2/3$, $7/18$ oder $18/7$ rationale Zahlen. Insbesondere ist jede ganze Zahl a in $\mathbf{Q}$ enthalten, denn man kann sie in der gebrochenen Form $a/1$ schreiben.

Einzige Bedingung ist, daß der Nenner eines Bruches niemals Null ist. Ein Ausdruck wie $4/0$ ist bei rationalen Zahlen also nicht erlaubt. Man kann auch leicht einsehen, warum das so ist. Angenommen, $4/0$ *hätte* eine Bedeutung als rationale Zahl. Dann gäbe es also eine Zahl x in $\mathbf{Q}$ mit $x = 4/0$. Nach den Regeln der Multiplikation folgt daraus $4 = 0 \cdot x$. Nun ist aber $0 \cdot x = 0$ für alle x, und es folgt $4 = 0$. Das kann man wirklich nicht akzeptieren. Mathematisch ist damit klar, daß es Quotienten mit einer Null im Nenner nicht geben kann. Die Division durch Null wäre mathematische Blasphemie.

Zwei wichtige Eigenschaften der rationalen Zahlen verdienen besondere Beachtung. Sie sind deshalb so wichtig, weil die natürlichen und die ganzen Zahlen diese Eigenschaften nicht besitzen und weil sie die Vorteile von $\mathbf{Q}$ gegenüber seinen Vorgängern $\mathbf{N}$ und $\mathbf{Z}$ deutlich machen.

Zunächst ist $\mathbf{Q}$ abgeschlosssen unter den vier Grundrechenarten der Addition, Subtraktion, Multiplikation und Division – natürlich mit Ausnahme der verbotenen Division durch Null. Mathematiker bevorzugen solche Zahlsysteme, denn hier können sie nach Herzenslust addieren, subtrahieren, multiplizieren und dividieren, ohne den Zahlbereich zu verlassen.

Der zweite wesentliche Unterschied zu $\mathbf{N}$ und $\mathbf{Z}$ ist die dichte Verteilung. Dies soll besagen, daß zwischen je zwei Brüchen immer ein weiterer liegt. Die ganzen Zahlen besitzen eine solche Eigenschaft nicht, denn in der Lücke zwischen 5 und 6 zum Beispiel liegt keine weitere ganze Zahl. Die ganzen Zahlen sind sozusagen schrittweise angeordnet. Der Vorgänger einer jeden ganzen Zahl ist genau eine Einheit entfernt. Man beschreibt sie daher als verstreut, isoliert oder diskret.

Ganz anders ist die Situation bei den Brüchen. Zwischen 1/2 und 4/7 liegt 15/28, zwischen 14/28 und 4/7 liegt 31/56 und so weiter. Ganz allgemein liegt zwischen zwei Brüchen

$$\frac{a}{b} < \frac{c}{d}$$

immer ihr Mittelwert

$$\frac{\frac{a}{b} + \frac{c}{d}}{2},$$

und zwar genau in der Mitte, wie es die Abbildung auf Seite 238 zeigt.

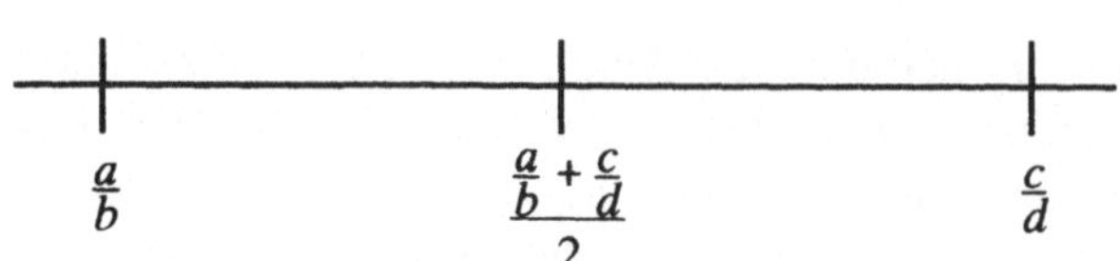

Erweitert man diesen Mittelwert mit dem Hauptnenner bd der beiden Brüche, so beweist die Darstellung:

$$\frac{\frac{a}{b} + \frac{c}{d}}{2} = \frac{\frac{a}{b} + \frac{c}{d}}{2} \cdot \frac{bd}{bd} = \frac{ad + bc}{2bd},$$

daß es sich bei dem Mittelwert zweier Brüche tatsächlich wieder um einen Bruch handelt.

Da man die Mittelwertbildung unendlich oft wiederholen kann, liegen zwischen je zwei rationalen Zahlen sogar *unendlich viele* rationale Zahlen. In diesem Sinne sind die rationalen Zahlen dichter gepackt als die Heringe in der Dose. Ihr Vorrat übersteigt jegliches Begriffsvermögen.

Heißt das nun, daß *alle* Zahlen rational sind? Die Antwort lautet „Nein", obwohl dies keineswegs trivial ist. Eine Möglichkeit, dies einzusehen, besteht in der Untersuchung der Brüche in ihrer Dezimaldarstellung.

Wir alle lernen die Dezimaldarstellung bereits in der Grundschule kennen. Die üblichen Umrechnungen erzeugen eine Kette von Quotienten und Resten, wie wir sie am Beispiel der Dezimaldarstellung von 5/8 einmal näher betrachten wollen:

$$
\begin{array}{rl}
\mathbf{5{,}000} & : 8 = 0{,}625 \\
\underline{48} & \\
\mathbf{20} & \\
\underline{16} & \\
\mathbf{40} & \\
\underline{40} & \\
\mathbf{0} &
\end{array}
$$

Die Reste sind jeweils fett gedruckt: Zunächst 5, dann 2, 4 und schließlich 0. Wenn der Rest 0 auftritt, ist nichts mehr zu tun, und das Ergebnis steht fest: 5/8 = 0,625. Will man die rationalen Zahlen einheitlich als *unendliche* Dezimalzahlen darstellen, so hängt man noch unendlich viele Nullen an: 5/8 = 0,625000...

In diesem Beispiel brach der Divisionsprozeß nach endlich vielen Schritten ab. Dies ist die eine Möglichkeit. Die andere tritt beispielsweise bei der

Berechnung der Dezimalentwicklung von 5/7 auf:

$$
\begin{array}{l}
5{,}0000000 \quad : 7 = 0{,}714285 \\
\underline{49} \\
10 \\
\underline{7} \\
30 \\
\underline{28} \\
20 \\
\underline{14} \\
60 \\
\underline{56} \\
40 \\
\underline{35} \\
50
\end{array}
$$

Der Divisionsprozeß macht nicht die geringsten Anstalten aufzuhören. Wenn man sich aber die Folge der Reste ansieht – 5, 1, 3, 2, 6, 4, 5 –, so entdeckt man eine Wiederholung. An dieser Stelle muß man wieder 50 durch 7 teilen, und derselbe Zyklus von Resten wird erneut durchlaufen. In der Dezimaldarstellung wiederholen sich dieselben Ziffern 714285, bis wieder der Rest 5 bleibt und sich das ganze Spiel wiederholt. Die Dezimalentwicklung von 5/7 ist

$$0{,}714285714285714285714285\ldots$$

Damit erhebt sich die Frage, ob es sich bei der periodischen Wiederholung nur um einen Glücksfall gehandelt hat oder ob ein allgemeines Prinzip dahintersteckt. Daß es sich um das letztere handelt, ist leicht einzusehen. Bei einer Division durch 7 sind die einzig möglichen Reste 0, 1, 2, 3, 4, 5 oder 6. Ist der Rest irgendwann einmal 0, so ist der Divisionsprozeß beendet. Andernfalls *muß* sich nach spätestens sechs Schritten ein bereits vorgekommener Rest wiederholen, denn unter den Resten 1 bis 6 gibt es nur 6 verschiedene. Sobald aber ein Rest erneut vorkommt, wiederholen sich auch die Divisoren von dieser Stelle an.

Der Divisor 7 nimmt bei dieser Überlegung keine Sonderstellung ein. Ganz analog zeigt man, daß sich die Entwicklung bei einer Umrechnung des Bruches 113/757 in eine Dezimalzahl nach spätestens 756 Schritten wiederholen muß – in Wirklichkeit tut sie es sogar sehr viel früher. Allgemein bricht die Division bei Umrechnung eines Bruches a/b entweder ab, oder sie wiederholt sich nach spätestens $b-1$ Schritten.

Daran sieht man, daß die Dezimalentwicklung einer rationalen Zahl immer einen periodischen Block enthält: Im ersten Fall war dies der Block, der nur aus der „0" besteht, im zweiten Beispiel war es die „714285". Rationale Zahlen sind periodisch.

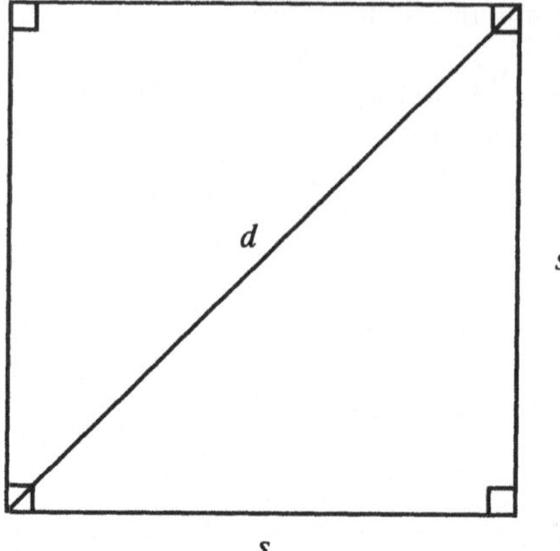

Damit ist ein Rezept gegeben, wie nichtrationale Zahlen zu konstruieren sind: Man muß nur eine Dezimaldarstellung angeben, die *keinen* periodischen Block enthält. Die reelle Zahl

$$0{,}10100100010000100000100000010000000\ldots$$

ist ein Beispiel. Die Anzahlen der Nullen sind 1, dann 2, dann 3 und so weiter. Kein Block wiederholt sich. Diese Zahl ist daher nicht rational und *kann nicht* als Quotient zweier ganzer Zahlen geschrieben werden. Sie ist eine *irrationale Zahl* und kann als Beispiel für Stifels Interpretation dienen:

Wenn wir versuchen, sie [die irrationalen Zahlen] der Berechnung zugänglich zu machen, ... stellen wir fest, daß sie immer wieder entfliehen, so daß keine von ihnen wirklich dingfest gemacht werden kann.

Die nicht endende Irregularität der Dezimalentwicklung von irrationalen Zahlen zeigt, so Stifels Worte, daß die irrationalen Zahlen „in einer Wolke der Unendlichkeit" verborgen sind.[3]

Über die Tatsache hinaus, daß die eben genannte Zahl irrational ist, kommt ihr jedoch keine weitere Bedeutung zu. Viel interessanter wäre da doch die Entlarvung der irrationalen Identität bei einer ansonsten geläufigen Zahl. Solch eine Zahl ist $\sqrt{2}$, deren Irrationalität schon die Pythagoräer im alten Griechenland vor 25 Jahrhunderten entdeckten.

Die Zahl $\sqrt{2}$ kommt, auch im griechischen Sinne, sofort ins Spiel, wenn man ein Quadrat der Seitenlänge s und seine Diagonale d betrachtet, wie es in der Abbildung oben gezeigt ist. Nach dem Satz des Pythagoras gilt:

$$d^2 = s^2 + s^2 = 2s^2, \quad \text{also} \quad d = \sqrt{2s^2} = s\sqrt{2}.$$

$\sqrt{2}$ ist also in jedem Quadrat gegenwärtig, sei es ein Vorfahrtsschild, ein Schachbrett oder eine Computerdiskette.

$\sqrt{2}$ ist aber nicht nur allgegenwärtig, $\sqrt{2}$ ist auch noch irrational. Diese Tatsache scheint den Griechen überhaupt nicht gefallen zu haben, und der Legende nach soll ihr Entdecker, der Pythagorärer Hippasus, von seinen Mathematiker-Kollegen für den Verrat dieses unglückseligen Sachverhalts ermordet worden sein. Ein mathematisches Ergebnis, das solch tödliche Konsequenzen nach sich zieht, verdient unsere besondere Aufmerksamkeit. Daher werden wir zwei verschiedene Beweise der Irrationalität von $\sqrt{2}$ geben. Der eine erfordert ein paar Geometriekenntnisse, der andere ein Quentchen elementare Zahlentheorie. Das Ziel beider Beweise ist der Nachweis, daß man $\sqrt{2}$ nicht als Quotient zweier ganzer Zahlen schreiben kann, wie sehr man sich auch bemüht.

Wie wir in Kapitel J bereits deutlich gemacht haben, kann man einen solchen Nachweis nicht führen, indem man einige Beispiele testet. Ein Chemiker, der 50 000 Stücke Natrium in 50 000 Bechergläser mit Wasser fallen läßt und jedesmal feststellt, daß es fürchterlich kracht, kann daraus mit Fug und Recht schließen, daß da etwas am Kochen ist. Aber ein Mathematiker, der 50 000 Brüche testet und feststellt, daß keiner von ihnen $\sqrt{2}$ darstellt, ist von einem allgemeinen Ergebnis genauso weit entfernt, als ob er überhaupt nicht erst angefangen hätte.

Für unsere Fragestellung benötigen wir also ein besseres Werkzeug. Dieses Werkzeug ist der Beweis durch Widerspruch, der den beiden folgenden Beweisgängen als Prinzip zugrunde liegt. In beiden Fällen wird aus der Annahme des Gegenteils, nämlich $\sqrt{2}$ sei doch rational, ein Widerspruch hergeleitet.

Theorem: $\sqrt{2}$ ist irrational.

Beweis durch Widerspruch: Wir nehmen an, $\sqrt{2}$ sei rational. Dann gibt es also zwei positive ganze Zahlen a und b mit $a/b = \sqrt{2}$. Hierbei nehmen wir an, was ganz wesentlich ist, daß der Bruch a/b in minimaler Form vorliegt, daß also die Zahlen a und b möglichst klein gewählt sind. Eine solche Darstellung läßt sich immer erreichen, zum Beispiel würde man 15/9 zu 5/3 reduzieren.

Zu der minimalen Darstellung $\sqrt{2} = a/b$ konstruieren wir ein Quadrat mit der Seitenlänge b, wie es die Abbildung auf Seite 242 zeigt. Wie bereits erwähnt, hat die Diagonale dann die Länge $b \cdot \sqrt{2} = b \cdot (a/b) = a$. Auf der Diagonalen tragen wir die Strecke AD der Länge b ab und ziehen die Senkrechte $DE \perp AC$ zu AC zu dem Schnittpunkt E mit BC, wie es in der Abbildung eingezeichnet ist. Die Strecke CD hat nach Konstruktion die Länge $\overline{AC} - \overline{AD} = a - b$.

Der Winkel $\angle ACB$ beträgt 45° und der Winkel $\angle CDE$ 90°, so daß der dritte Winkel im $\triangle CED$ ebenfalls 45° beträgt. Das Dreieck $\triangle CED$ ist also gleichschenklig, und daher ist $\overline{ED} = \overline{CD} = a - b$.

Nun zeichnen wir die Strecke AE ein. Dadurch entstehen die beiden rechtwinkligen Dreiecke $\triangle ADE$ und $\triangle ABE$, die die gemeinsame Hypotenuse AE

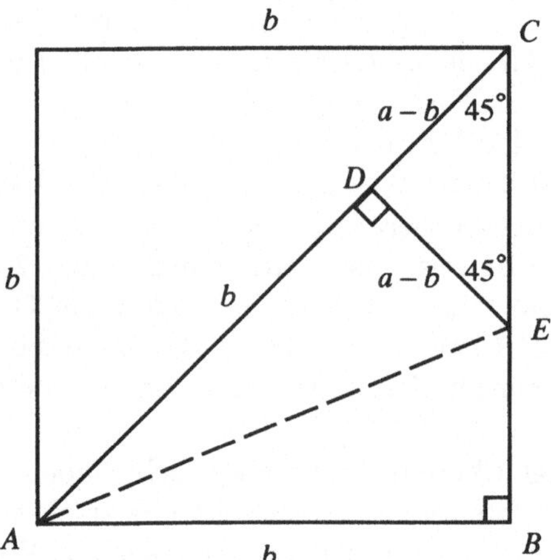

haben. Der Satz des Pythagoras, auf beide Dreiecke angewandt, besagt:

$$\overline{AB}^2 + \overline{EB}^2 = \overline{AE}^2 = \overline{AD}^2 + \overline{ED}^2.$$

Also ist $b^2 + \overline{EB}^2 = b^2 + \overline{ED}^2$ und somit $\overline{EB}^2 = \overline{ED}^2$, woraus $\overline{EB} = \overline{ED} = a - b$ folgt. Damit gilt aber auch $\overline{EC} = \overline{BC} - \overline{EB} = b - (a - b) = 2b - a$.

Wir betrachten jetzt das kleine rechtwinklige Dreieck $\triangle CED$. Die beiden Katheten hatten die Länge $a - b$, und so ergibt sich nach dem Satz des Pythagoras für die Hypotenuse EC die Länge $(a - b)\sqrt{2}$. Andererseits hatten wir gerade festgestellt, daß EC die Länge $2b - a$ hat. Also ist $(a - b)\sqrt{2} = 2b - a$ oder:

$$\sqrt{2} = \frac{2b - a}{a - b}.$$

Wir fassen das Bisherige noch einmal zusammen. Wir waren von einer angenommenen minimalen Darstellung $\sqrt{2} = a/b$ ausgegangen und hatten auf elementargeometrischem Wege die neue Darstellung

$$\sqrt{2} = \frac{2b - a}{a - b}$$

abgeleitet. Vielleicht sieht es noch nicht so aus, aber wir stehen kurz vor einem Widerspruch. Um ihn sichtbar zu machen, benötigen wir vier einfache Sachverhalte:

1. Da a und b ganze Zahlen sind, sind auch $2b - a$ und $a - b$ ganze Zahlen.

2. Wir hatten angenommen: $\sqrt{2} = a/b$. Nun ist offenbar $1 < \sqrt{2} < 2$ und daher auch $1 < a/b < 2$. Durch Multiplikation mit b folgt daraus $b < a < 2b$.

3. Wegen $b < a$ nach (2) ist $a - b$ positiv, und wegen $a < 2b$ nach (2) ist auch $2b - a$ positiv.

4. Aus $b < a$ in (2) folgt $2b < 2a$, und nach Subtraktion von a erhält man $2b - a < a$.

Wir hatten ferner angenommen, daß $\sqrt{2} = a/b$ als Quotient in *minimaler Form* geschrieben ist, aber in der Darstellung

$$\sqrt{2} = \frac{2b - a}{a - b}$$

sind sowohl Zähler als auch Nenner positive ganze Zahlen nach (1) und (3), und der neue Zähler $2b - a$ ist nach (4) kleiner als der ursprüngliche Zähler a. Da der Zähler kleiner ist, haben wir eine Bruchdarstellung für $\sqrt{2}$ gefunden, die kleiner ist als die vorausgesetzte Minimaldarstellung, und das ist unmöglich.

Wir sind zu einem Widerspruch gekommen, und das keine Sekunde zu spät. Unsere gesamte Argumentation war auf dem Treibsand der anfänglichen irrigen Annahme aufgebaut, daß $\sqrt{2}$ rational sei. Diese Annahme müssen wir verwerfen und schließen, daß $\sqrt{2}$ irrational ist. Das war zu beweisen.

Nun wollen wir einen zweiten, viel kürzeren Beweis für die Irrationalität von $\sqrt{2}$ angeben. In diesen gehen der Satz über die eindeutige Primfaktorzerlegung ganzer Zahlen, den wir aus Kapitel A kennen, sowie eine weitere Folgerung, die wir jetzt bereitstellen, ein.

Betrachten wir die Zerlegung einer positiven ganzen Zahl m in ihre Primfaktoren. Für $m = 360$ hätten wir beispielsweise $m = 2^3 \cdot 3^2 \cdot 5$. Die Primzahl 2 kommt in dieser Faktorisierung dreimal vor, die Primzahl 3 zweimal, und die 5 erscheint einmal. Alle anderen Primzahlen – 7, 11, 13 und so weiter – treten überhaupt nicht auf. Natürlich kann man über die Häufigkeit des Auftretens einer bestimmten Primzahl nur dann etwas aussagen, wenn eine konkrete Zahl vorgegeben ist.

Wir wollen jetzt aber m^2 betrachten. In unserem Beispiel wäre dies:

$$m^2 = 360^2 = (2^3 \cdot 3^2 \cdot 5) \cdot (2^3 \cdot 3^2 \cdot 5) = 2^6 \cdot 3^4 \cdot 5^2.$$

In der Primfaktorzerlegung von m^2 tritt jede Primzahl doppelt so häufig auf wie in der Primfaktorzerlegung von m. Die Häufigkeit ihres Vorkommens muß also eine *gerade* Zahl sein. Die 3 Zweien aus der ersten Zahl m werden mit den 3 Zweien der zweiten Zahl m multipliziert, so daß sich 6 Zweien in der Zerlegung von m^2 ergeben. Analog entstehen 4 Dreien und 2 Fünfen. Weitere Primteiler kommen nicht vor.

Man überzeugt sich leicht davon, daß dieses Phänomen allgemeiner Natur ist. Beim Quadrieren einer positiven ganzen Zahl verdoppelt sich die Anzahl der auftretenden Primteiler. Die Anzahl ist also immer gerade. Dies gilt im übrigen auch für Null: Null ist gerade und bleibt beim Verdoppeln Null. Man kann diese Erkenntnis kurz so formulieren:

In der Primfaktorzerlegung einer Quadratzahl tritt jeder Primfaktor geradzahlig oft auf.

Damit wären wir bereit für den zweiten Irrationalitätsbeweis.

Theorem: $\sqrt{2}$ ist irrational.

Beweis durch Widerspruch: Wir nehmen an, $\sqrt{2}$ sei rational. Dann gibt es also zwei positive ganze Zahlen a und b mit $a/b = \sqrt{2}$. Durch Quadrieren dieser Gleichung erhält man $2b^2 = a^2$.

Wir betrachten jetzt die Primfaktorzerlegung von beiden Seiten dieser Gleichung. Auf der rechten Seite steht das Quadrat a^2 der ganzen Zahl a. Aufgrund unserer Erkenntnis wissen wir, daß die Primzahl 2 in der Primfaktorisierung von a^2 geradzahlig oft auftreten muß. Auf der linken Seite tritt der quadratische Faktor b^2 auf, dessen Faktorisierung den Primfaktor 2 ebenfalls geradzahlig oft enthalten muß. Die *vollständige* linke Seite ist aber $2b^2$. Daher – und das ist der springende Punkt – tritt eine zusätzliche 2 auf. Da der Faktor b^2 eine gerade Anzahl an Zweien beiträgt, enthält die Primfaktorzerlegung des Ausdrucks $2b^2$ insgesamt eine *ungerade* Zahl von Zweien.

Damit sind wir an einem Widerspruch angelangt: Wenn man a^2 in Primzahlen faktorisiert, erhält man eine gerade Anzahl von Zweien, die Primzahlfaktorisierung derselben Zahl $a^2 = 2b^2$ enthält aber eine ungerade Anzahl von Zweien. Die Zahl a^2 oder, was dasselbe ist, $2b^2$ hat also zwei *verschiedene* Primfaktorzerlegungen. Dies widerspricht dem Satz über die Eindeutigkeit der Primfaktorzerlegung aus Kapitel A. Logisch betrachtet sind wir also in eine Zwickmühle geraten. Untersucht man die logischen Schritte einzeln, so kann die Unstimmigkeit nur von der anfänglichen Annahme herrühren, daß sich $\sqrt{2}$ als Bruch schreiben läßt. Diese Annahme müssen wir also verwerfen, und $\sqrt{2}$ ist wieder einmal irrational.

In diesem zweiten Beweis kann man die 2 durch 3, 5, 7 oder jede andere Primzahl p ersetzen und so die Irrationalität der Zahlen $\sqrt{3}$, $\sqrt{5}$, $\sqrt{7}$ und $\sqrt{p}$ nachweisen. In verallgemeinerter Form liest sich dies so: Die Wurzel $\sqrt{n}$ einer jeden positiven ganzen Zahl, die keine Quadratzahl ist, ist irrational. Dasselbe gilt sinngemäß für Zahlen wie $\sqrt[3]{n}$, wenn n kein Kubus ist, für $\sqrt[4]{n}$, wenn n keine vierte Potenz ist, und so weiter.

Irrationale Zahlen gibt es also in Hülle und Fülle. Die erwähnten Beispiele sind aber noch „zahm" gegenüber dem nächsten Kriterium, das in der Erweiterung von Zahlbereichen eine Rolle spielt. Zwar sind irrationale Zahlen nicht als Quotienten ganzer Zahlen auszudrücken, sie sind aber alle Nullstellen eines Polynoms mit ganzzahligen Koeffizienten. So ist die irrationale Zahl $\sqrt{2}$ Lösung der quadratischen Polynomgleichung $x^2 - 2 = 0$, und die Irrationalzahl

$\sqrt[4]{7}$ löst zum Beispiel die Gleichung vierten Grades $x^4 - 7 = 0$. In beiden Gleichungen – und das ist entscheidend – treten nur ganze Zahlen als Koeffizienten auf.

Eine Zahl, die Nullstelle eines Polynoms mit ganzzahligen Koeffizienten ist, heißt *algebraisch*. Offenbar ist jede rationale Zahl a/b algebraisch, denn sie löst die Gleichung $bx - a = 0$ ersten Grades, deren Koeffizienten b und $-a$ ganze Zahlen sind. In diesem Sinne kann man die algebraischen Zahlen als Erweiterung der rationalen Zahlen auffassen. Sie entstehen, wenn man die Forderung „Gleichung ersten Grades" fallenläßt und Polynome beliebigen Grades zuläßt, wobei die Koeffizienten aber weiterhin ganze Zahlen sein müssen.

Zwar ist jede rationale Zahl algebraisch, aber die Umkehrung ist nicht richtig. Nicht jede algebraische Zahl ist rational, wie die Zahlen $\sqrt{2}$ oder $\sqrt[4]{7}$ belegen. Die Menge der algebraischen Zahlen umfaßt die Menge der rationalen Zahlen und einen großen Teil der irrationalen Zahlen. Wir wollen einmal zeigen, daß die irrationale Zahl $1/2 + \sqrt{11}$ algebraisch ist. Dazu müssen wir ein Polynom angeben, das die Nullstelle $1/2 + \sqrt{11}$ hat. Dies kann man wie folgt konstruieren: Wir starten mit $x = 1/2 + \sqrt{11}$ und hangeln uns durch eine Kette algebraischer Manipulationen, bis das Radikal eliminiert ist:

$$x - \frac{1}{2} = \sqrt{11} \quad \Rightarrow \quad \left(x - \frac{1}{2}\right)^2 = \sqrt{11}^2 = 11.$$

Die Klammern der linken Seite kann man ausmultiplizieren: $x^2 - x + 1/4 = 11$. Um ganzzahlige Koeffizienten zu erhalten, multiplizieren wir diese Gleichung mit 4 und bringen alle Terme auf eine Seite:

$$4x^2 - 4x - 43 = 0.$$

Wir haben ein quadratisches Polynom mit ganzzahligen Koeffizienten konstruiert, das $1/2 + \sqrt{11}$ als Nullstelle hat. Definitionsgemäß ist daher $1/2 + \sqrt{11}$ algebraisch.

Mit einer ähnlichen Strategie kann man nachweisen, daß die schon etwas kompliziertere Zahl

$$\frac{\sqrt{6}}{\sqrt[3]{5} + \sqrt{3}}$$

als Lösung der Gleichung

$$4x^{12} - 49\,248x^{10} - 37\,260x^8 - 127\,440x^6 + 174\,960x^4 - 139\,968x^2 + 46\,656 = 0$$

auftritt und daher ebenfalls algebraisch ist. Die Ableitung dieser Gleichung kann allerdings nur furchtlosen Gemütern angeraten werden.

Jede reelle Zahl, die in einer endlichen Zahl von Schritten mit Hilfe der von Descartes erlaubten fünf Operationen Addition, Subtraktion, Multiplikation, Division und Wurzelziehen aus den ganzen Zahlen erzeugt werden kann, ist

algebraisch. Es ist, offen gesagt, nicht ganz einfach, sich eine nichtalgebraische
Zahl vorzustellen, also eine Zahl, die nicht Lösung *irgendeiner* Polynomgleichung mit ganzzahligen Koeffizienten ist.

Euler war der erste, der an die Existenz solcher Zahlen glaubte. Er nannte
eine Zahl, die nicht algebraisch ist, *transzendent*, weil sie die Operationen
der Algebra verläßt – sie transzendiert.[4] Transzendente Zahlen werden also
nicht definiert, indem man festlegt, welche Eigenschaften sie haben sollen,
sondern indem man feststellt, welche Eigenschaft sie nicht haben: Sie sind
nicht algebraisch.

Aufgrund dieser „Negativdefinition" bleibt zunächst offen, ob es solche Zahlen überhaupt gibt. Man könnte schließlich auch Delphine per Definition algebraisch nennen, wenn sie in Wasser leben, und transzendent, wenn sie nicht
algebraisch sind. Logisch ist diese Definition völlig in Ordnung. Nur: Es gibt
halt keine transzendenten Delphine.

Gibt es aber transzendente Zahlen? Euler hat nie eine gefunden. Es dauerte noch ein Jahrhundert, bis Joseph Liouville (1809–1882) eine Zahl künstlich
zusammenbastelte, deren Transzendenz er zeigen konnte. Sein Beispiel einer
transzendenten Zahl L ist durch eine unendliche Reihe definiert:

$$
\begin{aligned}
L &= \frac{1}{10^{1!}} + \frac{1}{10^{2!}} + \frac{1}{10^{3!}} + \frac{1}{10^{4!}} + \frac{1}{10^{5!}} + \cdots \\
&= \frac{1}{10^1} + \frac{1}{10^2} + \frac{1}{10^6} + \frac{1}{10^{24}} + \frac{1}{10^{120}} + \cdots \\
&= 0{,}1 + 0{,}01 + 0{,}000001 + 0{,}000000000000000000000001 + \cdots \\
&= 0{,}110001000000000000000001000000000\ldots
\end{aligned}
$$

Die Einsen in dieser Entwicklung werden sehr schnell extrem selten, je weiter man nach rechts schaut. Liouvilles Beweis war ein Geniestreich, der ein
für allemal die Existenz transzendenter Zahlen sicherte. Andererseits war es
höchst unbefriedigend, daß die erste Zahl, deren Transzendenz bekannt wurde,
ein derartiges Kunstprodukt war.

Es wäre viel zufriedenstellender gewesen, die Transzendenz einer wohlbekannten Zahl zu zeigen. Zwei Kandidaten regten sofort die Phantasie der Mathematiker an: Die Kreiskonstante π und die Eulersche Zahl e, die wir beide
aus den Kapiteln C beziehungsweise N von den natürlichen Wachstumsprozes-
sen kennen.

Es war schon lange bekannt, daß sowohl π als auch e irrational sind. Die
Irrationalität von π wurde 1737 von Euler selbst erkannt, und die Irrationalität von e wurde 1767 von Johann Lambert (1728–1777) bewiesen. Aber
Irrationalität bedeutet nicht automatisch Transzendenz, wie das Beispiel der
irrationalen, aber algebraischen Zahl $\sqrt{2}$ ja zeigt. Der Nachweis der Transzendenz ist ein weitaus schwierigeres Unterfangen.

Es gelang zuerst bei der Zahl e. Nach größeren Anstrengungen bewies
Charles Hermite (1822–1901) 1873 die Transzendenz von e. Dieses Ergebnis

wurde als ein Triumph des mathematischen Denkens gefeiert. Ganz anders als Liouville, der eine Zahl *konstruiert* hatte, deren Transzendenz er nachweisen konnte, mußte sich Hermite mit einem bestens bekannten Gegner herumschlagen. Liouville läßt sich mit einem Paläontologen vergleichen, der einen Dinosaurierknochen suchen soll und dafür die ganze Welt bereisen darf. Hermite hingegen war aufgefordert, den Schädel eines Tyrannosaurus Rex in seinem Gemüsegarten zu finden.

Aber er fand ihn schließlich. Auf der Höhe seines Erfolges wurde Hermite gedrängt, nun auch π anzugehen. Dies lehnte er aber mit den Worten ab:

Ich wage nicht zu versuchen, die Transzendenz von π zu zeigen. Wenn sich andere daranmachen sollten, so wäre keiner glücklicher über ihren Erfolg als ich, aber glauben Sie mir, mein teurer Freund, es wird sie einige Anstrengung kosten.[5]

In diesen Worten kommt zum Ausdruck, welchen intellektuellen Preis er selbst zuvor gezahlt hatte. Hermite wollte, obwohl er ein hervorragender Mathematiker war, keinen weiteren Gedanken an einen Transzendenzbeweis für irgendeine Zahl verschwenden. Ein solches Unternehmen war ihm genug.

Damit fiel es Ferdinand Lindemann (1852–1939) zu, π 1882 ins Licht der Transzendenz zu rücken. Ironischerweise beruhte Lindemanns Beweis nicht nur auf Hermites bodenbereitenden – und geistig bahnbrechenden – Arbeiten, sondern war auch noch viel einfacher als erwartet.

Jetzt wußte man von den beiden bedeutenden Konstanten e und π, daß sie nicht nur irrational, sondern noch viel schlimmer waren: Keine von beiden war Nullstelle irgendeines Polynoms mit ganzzahligen Koeffizienten. Wenn Stifel die irrationalen Zahlen treffend dahingehend charakterisierte, daß sie unter einer „Wolke der Unendlichkeit" verborgen seien, so müßte man von den transzendenten Zahlen eigentlich annehmen, daß sie unter einer Wolke algebraischer Unzugänglichkeit verborgen sind.

Wo stehen wir jetzt eigentlich? Descartes' kurze Liste algebraischer Operationen öffnete uns die Tür zu einer Reihe verschiedener Zahlbereiche, von den ganz normalen natürlichen Zahlen bis zu den Brüchen, die als Quotienten diesem Kapitel den Namen gaben. Sie sind aber nicht ausreichend, um die Irrationalität von $\sqrt{2}$ zu erfassen. Hermite und Lindemann bewiesen, daß keine auch noch so ausgedehnte Verkettung von Additionen, Subtraktionen, Multiplikationen, Divisionen und Wurzelberechnungen eine Zahl wie e oder π würde hervorbringen können. Die Entdeckung der transzendenten Zahlen, wie auch schon vorher die der irrationalen, hat gezeigt, daß die reellen Zahlen ein viel geheimnisvolleres und komplizierteres System darstellen, als man auf den ersten Blick vermutet hätte.

Russellsche Paradoxa

Bertrand Arthur William Russell wurde am 18. Mai 1872 in dem ganz gewöhnlichen Alter von 0 Jahren geboren und starb im ungewöhnlichen Alter von 97 Jahren am 2. Februar 1970. Fast ein Jahrhundert lang führte er ein erstaunlich ausgefülltes und turbulentes Leben, in dem er als Philosoph und Sozialkritiker, als Schriftsteller und Lehrer unvergänglichen Ruhm erwarb, als Mitglied des House of Lords dem Staat diente und als Gefangener im Gefängnis von Brixton einsaß. Er lehrte an einigen der berühmtesten Universitäten, von Cambridge über Harvard bis Berkeley. Er erhielt einen Nobelpreis. Er war viermal verheiratet und hatte zahlreiche Affären. Er wurde verunglimpft, weil er gottlosen Atheismus praktizierte und Sex außerhalb der Ehe befürwortete. Die Liste derer, denen er auf seinem Lebensweg begegnete, liest sich wie das Who's who der westlichen Kulturgeschichte.

Im ersten Teil dieses Kapitels soll der außergewöhnliche Lebenslauf von Bertrand Russell skizziert werden. Diese Schilderung beruht zu einem wesentlichen Teil auf seinen eigenen Schriften und zum anderen auf Ronald Clarks ausgezeichneter Biographie *The Life of Bertrand Russell* von 1976. Danach werden wir uns einer detaillierteren Betrachtung des Russellschen Paradoxons zuwenden, eine seiner frühen Entdeckungen, die zu Beginn des zwanzigsten Jahrhunderts die Grundfesten der Mathematik schwer erschütterte. Diese Aufteilung wird, so hoffen wir, dem Leser Leben und Werk Bertrand Russells näherbringen.

Besonders bezeichnend für Russell war die seltsame Mischung aus Angepaßtheit und Nonkonformität, aus traditionellen Werten und schockierendem Radikalismus, die er an den Tag legte. In vielerlei Hinsicht schien er ein Abkomme der britischen Oberklasse zu sein, und in anderen Dingen wieder war er der erbitterte Feind des Status quo. Es gibt Photographien, die ihn als Anführer von Antikriegsprotesten im Dreiteiler und mit Taschenuhr zeigen. Obwohl ihn sein Versprechen, „respektable Leute nicht zu respektieren", als Verräter an seiner Klasse abgestempelt haben muß, hatte Bertrand Russell eine Herkunft, wie sie respektabler nicht sein kann.[1]

Sein Großvater John Russell war von 1846 bis 1852 und noch einmal von 1865 bis 1866 Premierminister unter Queen Victoria. Bertrand, der in seinem Leben noch sehen sollte, wie Menschen auf dem Mond spazierengehen, erinnerte sich daran, auf Queen Victorias Knie gesessen zu haben, wenn sie seinen Großvater auf dessen Landsitz besuchte. Der kleine Bertie wurde also in die höchsten Ränge der britischen Gesellschaft im ausgehenden neunzehnten Jahrhundert hineingeboren.

Aber auch dem Mächtigen kann das Leben übel mitspielen. Russell verlor im Alter von vier Jahren beide Elternteile. Daraufhin wurde er hauptsächlich von seiner Großmutter erzogen, die ihn nicht zur Schule schickte, sondern von Privatlehrern zu Hause unterrichten ließ. Der brillante und sensible Junge verbrachte so einen Großteil seiner Jugend unter viel älteren in der stillen Abgeschiedenheit von Pembroke Lodge, dem Herrensitz seiner Vorfahren, und entbehrte dadurch die freie Sorglosigkeit der Jugend. Nach seiner eigenen Schilderung war er ein einsamer und depressiver Jüngling, der einen großen Teil seiner Zeit damit zubrachte, vor sich hin zu brüten. Er grübelte über Gut und Böse nach und trug sich mehr als einmal mit dem Gedanken, Selbstmord zu begehen.

Aus der Einsamkeit seiner Jugend zog Russell aber eine Lehre, die er bis ans Ende seiner Tage befolgen sollte. Es war der Lieblingsvers seiner Großmutter aus der Bibel – „Du sollst niemals der Meute folgen und Böses tun". Dieses Wort charakterisiert Russells Leben wie kein zweites.[2]

Als es an der Zeit war, verließ Bertie Pembroke Lodge und ging ans Trinity College nach Cambridge, jene Institution, in die auch schon über zweihundert Jahre früher der junge Isaac Newton eingetreten war. Mit seiner Erziehung durch Privatlehrer und seinen intellektuellen Interessen kam er wie ein seltsamer Vogel daher, aber das Leben am College gefiel ihm gut. Der Mathematik wandte er sein Hauptinteresse zu.

Es war Liebe auf den ersten Blick. In der Physik und den experimentellen Fächern kam sich Russell völlig fehl am Platze vor, und so wurde die Mathematik – ein unpersönliches Fach, das er, so seine eigenen Worte, lieben konnte, das ihn aber nicht wiederlieben würde – zu seiner Besessenheit. Für Russell bot sie den einzigen Weg zu Wahrheit und Vollkommenheit. „Ich konnte die reale Welt nicht leiden", gab er zu, „und suchte Zuflucht in einer zeitlosen Welt, die dem Wechsel und Verfall und dem Wohl und Wehe des Fortschritts nicht unterworfen ist."[3] In diesem Geist schrieb er den folgenden Lobgesang auf die Mathematik, dessen Maß an Lobhudelei nur durch seine Eloquenz etwas gemildert wird:

Das wirkliche Leben ist für die meisten ein ständig währender Kompromiß zwischen dem Idealen und dem Möglichen, ein ewiges Abfinden mit dem Zweitbesten. Aber die Welt der reinen Vernunft kennt keine Kompromisse, keine praktischen Grenzen, keine Beschränkung für die schöpferische Aktivität, die das leidenschaftliche Streben nach dem Vollkommenen, dem alle großen Leistungen entspringen, einfängt. Fern menschlicher Leidenschaften, ja fern von den bedauernswerten natürlichen Gegebenheiten, haben die Generationen einen geordneten Kosmos geschaffen, wo sich der reine Gedanke wie in seinem natürlichen Zuhause aufhalten kann und wo wenigstens einer unserer edleren Impulse aus dem trostlosen Dasein der realen Welt entrinnen kann.[4]

Wie man diesen Worten entnehmen kann, übten die angewandteren Aspekte der Mathematik wenig Anziehungskraft auf ihn aus. Seine Liebe galt einem reineren, eher asketischen mathematischen Denken. In seiner *Introduction to Mathematical Philosophy* beschreibt Russell die beiden großen und einander entgegengerichteten Strömungen innerhalb des mathematischen Denkens:

Die bekanntere ... ist konstruktiv und zielt auf eine allmählich größer werdende Komplexität: Von den ganzen Zahlen zu den Brüchen, den reellen Zahlen, den komplexen Zahlen; von der Addition und Multiplikation zur Differentiation und Integration und weiter zur höheren Mathematik. Die andere Strömung, die weniger bekannt ist, schreitet voran ... zu immer größerer Abstraktion und logischer Vereinfachung.[5]

Diese zweite Richtung, die Abkehr von den Anwendungen und der Komplexität und Hinwendung zu den Grundlagen und der Vereinfachung, wurde charakteristisch für Russells mathematische Philosophie. Hier fand er sein intellektuelles Zuhause.

Sein Werk über die Grundlagen der Mathematik entstand in Cambridge, wo er zunächst als Student, später als Stipendiat tätig war. Bei diesem Unternehmen wurde er von Alfred North Whitehead unterstützt, einem etablierten Logiker. Die Zusammenarbeit sollte für jahrzehntelange Dispute im beruflichen und privaten Leben sorgen. Während des Sommers 1900 machte Russell in einer Zeit eines „intellektuellen Rausches" umfangreiche Fortschritte auf dem Gebiet der mathematischen Logik. An diese für den 28jährigen hitzige und aufregende Periode erinnerte er sich später:

Ich sagte immer wieder zu mir selbst, daß ich endlich etwas getan hatte, das es auch wert war, und ich hatte das Gefühl, daß ich auf der Straße aufpassen mußte, nicht überfahren zu werden, bevor ich es aufgeschrieben hatte.[6]

1903 veröffentlichte Russell das 500 Seiten starke Werk *The Principles of Mathematics*. Später verfaßten er und Whitehead zusammen die massive Abhandlung *Principia Mathematica* in drei Bänden, die 1910, 1912 und 1913 erschienen. Darin unternahmen sie den endgültigen Versuch, die gesamte Mathematik auf die grundlegenden und unwiderlegbaren Prinzipien der Logik zu reduzieren. Die *Principia* waren mit logischen Symbolen unter Ausschluß von englischen Worten derart überfüllt, daß der Mathematikhistoriker Ivor Grattan-Guinness eine typische Seite treffend als „tapetenmusterähnlich" beschrieb.[7] Ein Auszug wurde schon in Kapitel J abgebildet.

Die keine Ungenauigkeit erlaubende Präzision der drei Bände hatte die Reserven von Russell, Whitehead und wohl jedem anderen, der die Lektüre erfolgreich durchstand, vollständig aufgebraucht. Auch ihre Brieftaschen erlitten dieses Schicksal, denn nur sehr wenige Leute verspürten den Wunsch, eine derart furchterregende Publikation zu erwerben. „Wir hatten so jeder minus 50 Pfund für zehn Jahre Arbeit verdient", gab Russell zu.[8] Schlimmer noch: Es war keineswegs klar, ob Russell und Whitehead ihr Ziel erreicht hatten, die gesamte Mathematik auf die Logik zu reduzieren. Klar war nur, daß sie ein Werk geschaffen hatten, in dem die Grundlagen der Mathematik in einer nie gekannten Tiefe erforscht worden waren.

Am Vorabend des Ersten Weltkrieges hatte Russell also einen Meilenstein in der Philosophie der Mathematik hinterlassen. Die Zeitgenossen hätten vielleicht vermuten müssen, daß Russell nun den Rest seiner Jahre mit der Erforschung weiterer geheimnisvoller Theoreme der Logik zubringen würde. Aber weit gefehlt, sein Leben nahm eine unerwartete Wendung in eine ganz andere, bemerkenswerte Richtung.

Es waren mehrere Kräfte, innere und äußere, die ihn dazu trieben, aber in erster Linie war es der Wahnsinn des Ersten Weltkrieges. Russell wurde, wie viele britische Intellektuelle, Zeuge, wie eine ganze Generation junger Männer in dem jahrelangen Gemetzel dahingerafft wurde. Ganz plötzlich hatte der Marsch logischer Symbole über die Seiten seine Bedeutung verloren. Im Angesicht des Krieges gestand er ein: „Das Werk, das ich geschaffen habe, scheint so winzig, so unbedeutend für diese Welt, in der wir leben müssen."[9]

Bertrand Russell stürzte sich ins Kampfgetümmel – als Aktivist gegen den Krieg. 1916 wurde er verhaftet, er wurde von Cambridge ausgeschlossen, sein Paß wurde eingezogen. Aus diesem banalen Grund konnte er einen Ruf nach Harvard nicht annehmen. Aber nichts konnte seine scharfe Verurteilung der Kriegsanstrengungen, deren Tragik täglich zunahm, zum Verstummen bringen, und so war der nächste Konflikt nur eine Frage der Zeit: 1918 wurde Russell erneut verhaftet und für sechs Monate ins Gefängnis von Brixton verbracht. Der Sohn der Oberklasse war zum Gefangenen seines Gewissens geworden.

Es war aber nicht nur seine Haltung gegen den Krieg, die ihn mit dem britischen Establishment in Konflikt brachte. In mindestens zwei weiteren Punkten griff er traditionelle Werte an. Der eine war sein öffentliches Bekenntnis zum Atheismus. Russell kritisierte nicht bestimmte Religionsgemeinschaften, sondern die Religion allgemein. Er glaubte vor allem an die Oberhoheit der Vernunft und vertrat die Ansicht, daß die Theologie die Menschheit in eine umgekehrte und damit verhängnisvolle Richtung führte. Seine Vorwürfe waren beißend, scharf und harsch. So schrieb er: „Je mächtiger die Religion und je gefestigter der dogmatische Glaube in einem Abschnitt der Geschichte war, desto schlimmer waren die verübten Grausamkeiten."[10] Regelmäßig attackierte er die römisch-katholische Kirche wegen ihres Widerstandes gegen die Geburtenkontrolle, und auch mit anderen christlichen Religionsgemeinschaften ging er kaum freundlicher um. Denen, die in der Gestaltung unseres Universums die Handarbeit Gottes zu erkennen glaubten, warf Russell entgegen: „Glauben Sie denn wirklich, daß Sie, wenn Sie Allmacht und Allwissen besäßen und Millionen von Jahren Zeit hätten, Ihre Welt zu vervollkommnen, nichts Besseres zustandebrächten als den Ku-Klux-Klan oder die Faschisten?"[11] Seine Ansichten kommen beispielhaft zur Geltung in der Antwort auf die Frage, was er am meisten auf dieser Welt liebe: „Mathematik und die See, Theologie und Heraldik. Die ersten beiden wegen ihrer Unmenschlichkeit und die letzteren wegen ihrer Absurdität."[12] Es ist daher wohl verständlich, daß eine religiöse Postille die irrtümliche Meldung seines Ablebens auf einer Chinareise mit den wenig barmherzigen Worten kommentierte: „Den Missionaren mag vergeben werden, wenn sie bei der Nachricht des Todes von Mr. Bertrand Russell einen Seufzer der Erleichterung ausstoßen."[13]

So kontrovers wie seine Ansichten über Religion waren auch seine Ansichten über Sex und Ehe. Die ihm angediehene geradlinige Erziehung hätte solch unorthodoxe Gedanken kaum vorausahnen lassen. Im Alter von 22 Jahren heiratete er Alys Pearsall Smith, eine amerikanische Quäkerin, die in England lebte. Alys bestand auf einer Hochzeit nach dem Ritual der Quäker, der Bertie mit dem ihm eigenen Takt zustimmte: „Glaube bloß nicht, daß ich mich an einer religiösen Zeremonie besonders störe ... *Jede* Zeremonie ist abstoßend."[14]

Natürlich sollte ihre Ehe ewig halten, aber in Herzensdingen gab es nur wenig Beständigkeit bei Bertrand Russell. Eines schönen Tages im Frühjahr 1902 stellte Russell während einer Fahrradtour bei Cambridge fest, daß er seine Frau nicht mehr liebte.

Diese Erkenntnis leitete eine Reihe von Liebschaften ein, die über ein halbes Jahrhundert fortdauerten und diesen Mann der Vernunft zu einem Verhalten verführten, das der restlichen Welt fraglos unvernünftig vorkommen mußte. Anscheinend vernarrte er sich in Evelyn Whitehead, die Frau des Mannes, mit dem zusammen er an den *Principia Mathematica* schrieb. Er hatte eine längere Affäre mit Lady Ottoline Morrell, einer bekannten Vertreterin der oberen Zehntausend Großbritanniens und Frau eines prominenten Politikers. Man traf sich ungezählte Male heimlich in obskuren Hotelzimmern. Das alles war für einen Mann internationalen Formats wenig angemessen, aber es schien ihn nicht zu stören.

Während sich dies abspielte, ließ er sich von Alys scheiden und heiratete 1921 Dora Black. Auf dem Papier bestand diese zweite Ehe bis 1935, aber schon 1929 schrieb Russell über seine zweite Frau: „Weder sie noch ich erheben irgendeinen Anspruch auf eheliche Treue."[15] Unter diesen Umständen konnte es ihn kaum überrascht haben, daß Dora 1930 ein Kind von einem anderen bekam. Als sie aber ein zweites Kind von demselben Mann bekam, hatte selbst Russell genug. Er reichte die Scheidung ein. Damit war der Weg frei für die dritte Ehe mit Helen Patricia Spence, die immerhin von 1936 bis 1952 hielt.

Schließlich heiratete er im Alter von 80 Jahren Edith Finch, eine Professorin
für Englische Philologie in Bryn Mawr. In ihr fand er eine Partnerin, mit der
er seine letzten Jahre glücklich verbringen konnte.

Das eheliche und außereheliche Verhalten, das Russell an den Tag legte,
brachte ihm einen Haufen Ärger ein, insbesondere deshalb, weil er immer bereit war, seine Ansichten über Sex, Keuschheit, Empfängnisverhütung und
dergleichen mehr lautstark zum besten zu geben. Besonders bekannt wurde
ein Vorfall aus dem Jahre 1940, als er auf Geheiß der religiösen Gemeinschaft
und von Bürgermeister Fiorello LaGuardia von einer Fakultätsstelle am City
College von New York ausgeschlossen wurde. Dies wurde mit der Tatsache
begründet, daß Russell aufgrund seiner Ansichten, die sich gegen die Religion richteten und ungebundene Geschlechtsbeziehungen befürworteten, für
die Lehre nicht geeignet sei. Gewissermaßen als Entschuldigung für sein Ge-
baren äußerte er einmal, vom Pfeile Amors getroffene Mathematiker verhiel-
ten sich nicht anders als andere, „außer vielleicht, daß die Ferien von der
Vernunft ihre Leidenschaft bis zum Exzeß steigert".[16] Bertrand Russell muß
einen beträchtlichen Teil seiner Zeit in den Ferien verbracht haben.

Andererseits gehörte auch ein beträchtlicher Teil seiner Zeit der Arbeit. In
den streitbeladenen Jahren war er als Schriftsteller nicht weniger produktiv
als zuvor. Er verfaßte Bücher mit sozialpolitischen Kommentaren, Abhandlungen über Erziehungsfragen und Artikel für die Presse. Es mag vielleicht
unpassend erscheinen, aber in seinem sozialen Engagement schrieb er sogar
für das *Glamourmagazin* und wirkte als prominenter Gast an Radiosendungen
der BBC mit. Zum Teil ist seine Akzeptanz in der Öffentlichkeit, ungeachtet
seiner umstrittenen Standpunkte, bestimmt darauf zurückzuführen, daß Bertrand Russell als Mensch eine natürliche Faszination ausstrahlte. Zum Teil
geht sie aber auch auf die Tatsache zurück, daß er seine Widersacher einfach
überlebte.

Noch zwei weitere Aspekte in seinem Leben sollten erwähnt werden. Der eine
war seine fortwährende Ablehnung des kommunistischen Systems. In einer
Zeit, in der immer mehr Intellektuelle den Aufstieg des Kommunismus als
die Rettung der Menschheit priesen, schwamm Russell gegen den Strom. Er
führte für seine Opposition gegen den Philosophen Karl Marx zwei prägnante,
natürlich rein logisch begründete Gründe an: „Erstens war Marx wirrköpfig,
und zweitens war sein Denken fast ausschließlich vom Haß getrieben."[17]
Russell fand seine Verachtung für den Kommunismus bestätigt, als er
1920 während eines Besuchs in Moskau mit Lenin zusammentraf und völlig
erschüttert zurückkehrte. Seine Beurteilung des sowjetischen Staates fiel so
harsch aus wie kaum eine andere: „Ein Asyl mordlustiger Irrer, von denen die
Wächter die schlimmsten sind."[18] Während des Zweiten Weltkrieges, den er
ausdrücklich unterstützte, stellte Russell die Frage, ob Englands Feind Hitler
wirklich um so vieles schlimmer sei als Englands Verbündeter Stalin.

Ein weiterer wichtiger Aspekt in seinem Leben war seine Begabung als Schriftsteller. Er schrieb über eine Vielzahl verschiedenster Themen. Ob es sich um philosophische Wälzer (zum Beispiel *Our Knowledge of the External World as a Field for Scientific Method in Philosophy* – Unsere Kenntnis der äußeren Welt als Objekt für die wissenschaftliche Methode in der Philosophie), um kritische Abhandlungen (beispielsweise *An Outline of Intellectual Rubbish* – Ein Abriß intellektuellen Mists) oder um popularistische Triviallektüre (zum Beispiel *If You Fall in Love with a Married Man* – Wenn Sie sich in einen verheirateten Mann verlieben) handelte, er schrieb frisch, provokativ und engagiert.

Die besondere Note gewannen alle seine Schriften durch den beißenden Sarkasmus, der immer wieder zum Vorschein kam. Als er einmal darüber schrieb, ob Schlemmerei als Sünde einzuordnen sei, sinnierte er: „Sie ist eine irgendwie vage Sünde, denn es ist schwer zu sagen, wo das legitime Interesse an der Nahrungsaufnahme endet und wo man beginnt, Schuld auf sich zu laden. Ist es denn schon sündhaft, einen Bissen zu essen, der nicht ausdrücklich nahrhaft ist? Wenn dem so ist, so riskieren wir bei jeder gesalzenen Mandel die ewige Verdammnis." [19] Ein anderes Mal machte er sich über überzeugte Verfechter von Tierrechten lustig, als er schrieb: „Ein resoluter Gleichmacher ... wird Affen als dem Menschen gleichwertige Wesen ansehen müssen. Aber warum sollte er bei den Affen aufhören? Ich sehe überhaupt nicht ein, warum er davor haltmachen sollte, das Wahlrecht für Austern einzufordern!" [20] Das Abfassen seiner Autobiographie zögerte er mit der Begründung hinaus: „Ich empfinde gewisse Bedenken ... zu früh anzufangen, denn ich fürchte, etwas Wichtiges könnte sich noch ereignen. Nehmen Sie an, ich beende meine Tage als Präsident von Mexiko; dann wäre die Biographie doch irgendwie unvollständig, wenn ich das nicht erwähnte." [21]

Sein Talent im Umgang mit Worten wurde mit der höchsten Auszeichnung geehrt, als Bertrand Russell 1950 der Literatur-Nobelpreis zuerkannt wurde. Doch aus der Schilderung seines Rezeptes für erfolgreiches Schriftstellern geht nur wenig Brauchbares für Philologielehrer hervor:[22] „Er [ein Lehrer] gab mir ein paar einfache Regeln mit auf den Weg, von denen ich mich aber nur an zwei erinnere: ‚Setze nach jeweils vier Worten ein Komma' und ‚Benutze niemals das Wort ‚und' am Satzanfang'." Besonderen Wert legte er auf den Rat, alles immer wieder zu überarbeiten. „Darum bemühte ich mich gewissenhaft, aber ich stellte fest, daß mein erster Entwurf immer besser war als der zweite. Diese Entdeckung hat mir immens viel Zeit gespart." Sein ganzes Leben hindurch, von den Tagen seiner mathematischen Forschungen bis zu seinen Verhaftungen, von seinen zahlreichen Affären bis zur Ehrung durch die Nobelpreis-Verleihung, verkehrte Russell freundschaftlich mit einer ganzen Reihe der interessantesten und einflußreichsten Leute. Sein Pate war John Stuart Mill. Wir haben schon erwähnt, daß er auf Queen Victorias Knie saß. Später war er in Gesellschaft von John Maynard Keynes, William James und H. G. Wells. Er kannte die

Schriftsteller Beatrix Potter, D. H. Lawrence, George Bernard Shaw, Joseph Conrad, Aldous Huxley und Rabindranath Tagore. Unter seinen Studenten befanden sich Ludwig Wittgenstein und T. S. Eliot. In Rußland sprach er mit Lenin und Trotzki, und in Peking wurden seine Vorlesungen im Jahre 1920, wie verlautet, von zwei eifrigen jungen Radikalen besucht: Mao Tse-tung und Tschou En-lai. Er war befreundet mit allen, von Albert Einstein über Peter Sellers bis Winston Churchill. Über den Letztgenannten erzählte Russell eine Begebenheit bei einer Dinnerparty: „Winston bat mich, ihm in zwei Worten die Differentialrechnung zu erklären, und ich tat es zu seiner Zufriedenheit."[23]

Als wäre das nicht genug, belegte Bertrand Russell im Trinity College jene Räume, in denen einst Isaac Newton residiert hatte. Wenn Newton und Russell in ihrem Temperament auch nicht hätten verschiedener sein können, so hatten beide Engländer doch einen Intellekt von außerordentlicher Schärfe, und jeder verschob die Grenzen der Mathematik seiner Zeit in neue Dimensionen.

Die Grenze, die Russell verschob, wollen wir jetzt etwas näher ansehen. Dazu gehen wir ins Jahr 1901 zurück, in dem Russell in seine Forschungen zur logischen Begründung der Mathematik vertieft war. Dabei sah er sich gezwungen, Beziehungen zwischen Kollektionen von Dingen zu untersuchen. Russell sprach in diesem Zusammenhang von *Klassen*, während wir heute den Begriff der *Menge* benutzen. Die Natur der „Dinge" in der Klasse ist dabei völlig unerheblich; es ging einzig und allein um die abstrakte Logik der Mengenlehre.

Die Relation des Enthaltenseins in einer Menge scheint eine triviale Angelegenheit zu sein. Wenn wir die Menge $\mathbf{S} = \{a, b, c\}$ betrachten, dann ist b ein Element der Menge $\mathbf{S}$, aber g ist es nicht. Wenn wir die Menge der geraden ganzen Zahlen betrachten, so sind 2, 6 und 1660 in dieser Menge enthalten, während 3, 1/2 und π nicht in dieser Menge liegen.

Jetzt heben wir den Grad der Abstraktion ein wenig an: Die Elemente einer Menge können selbst wieder Mengen sein. In der zweielementigen Menge $\mathbf{T} = \{a, \{b, c\}\}$ ist das erste Element a und das zweite Element die *Menge* $\{b, c\}$. Betrachten wir ferner die Menge $\mathbf{W}$, die aus der Menge der geraden und der Menge der ungeraden Zahlen besteht:

$$\mathbf{W} = \{\{2, 4, 6, 8, \ldots\}, \{1, 3, 5, 7, \ldots\}\}.$$

Die Menge $\mathbf{W}$ hat also zwei Elemente, von denen jedes selbst eine Menge ist, die unendlich viele Elemente enthält.

Die Tatsache, daß eine Menge wieder Mengen als Elemente haben kann, führte Russell auf eine interessante Frage: Kann eine Menge *sich selbst* als Element enthalten? Er schrieb: „Mir schien, daß eine Klasse manchmal ein Element von sich selbst ist und manchmal nicht."[24]

Als Beispiel gab er die Menge aller Teelöffel an, die selbst sicherlich kein Teelöffel ist. Die Menge aller Teelöffel ist daher kein Element von sich selbst. Ganz ähnlich ist die Menge aller Menschen kein Mensch und daher nicht in sich selbst enthalten.

Andererseits schien es Russell, daß bestimmte Mengen sich selbst als Elemente enthalten. Sein Beispiel hierfür war die Menge all der Dinge, die keine Teelöffel sind. Diese Menge der Nichtteelöffel enthält Mistgabeln, britische Premierminister, achtstellige Zahlen – eben alles, was kein Teelöffel ist. Diese Menge selbst ist mit Sicherheit ebenfalls kein Teelöffel. Oder haben Sie schon einmal mit der Menge, die Mistgabeln, britische Premierminister, achtstellige Zahlen und vieles mehr enthält, ihren Tee umgerührt? Damit gehört sie zu Recht als weiterer Nichtteelöffel zu sich selbst als Element.

Betrachten wir einmal die Menge X aller Mengen, die mit zwanzig oder weniger deutschen Worten beschrieben werden können. Die Menge aller Büffel wäre ein solches Element in X, denn ihre Beschreibung „Die Menge aller Büffel" besteht aus vier Worten. Genauso gehört „Die Menge aller Igelstacheln" (vier Worte) als Element zu X, ebenso wie „Die Menge aller Moskitos, die in Südamerika leben" (acht Worte). Diese Bedingung an ein Element aus X erfüllt aber auch X selbst: „Die Menge aller Mengen, die mit zwanzig oder weniger deutschen Worten beschrieben werden können" ist mit vierzehn deutschen Worten beschrieben und muß daher in X, also in sich selbst, enthalten sein.

Offenbar fällt jede Menge in genau eine von zwei Kategorien: Entweder ist sie eine Menge, wie die der Teelöffel, die sich nicht selbst enthält – dann wollen wir sie eine *Russellmenge* nennen –, oder sie ist eine Menge, wie die Menge X, die sich selbst als Element enthält.

Diese zunächst unschuldig erscheinenden Betrachtungen nahmen aber eine ominöse Wendung, als Russell die Menge *aller* der Mengen, die *sich nicht als Element enthalten*, untersuchen wollte. Mit anderen Worten: Man sammelt alle Russellmengen und faßt sie zu einer neuen großen Menge zusammen, die wir mit R bezeichnen wollen. In R ist also zum Beispiel die Menge aller Teelöffel als Element enthalten, die Menge aller Menschen und viele, viele weitere Mengen.

Und nun kommt die Frage, die die Grundfesten der Mathematik erschütterte: Ist denn R in sich enthalten oder nicht? Oder anders ausgedrückt: Ist die Menge R aller Russellmengen selbst eine Russellmenge oder nicht? Auf diese Frage gibt es nur zwei mögliche Antworten: „Ja" oder „Nein".

Nehmen wir einmal an, die Antwort sei „Ja". Dann ist R Element von sich selbst. Um aber Element von sich selbst zu sein, muß R das Kriterium einer Russellmenge, das wir oben kursiv hervorgehoben haben, erfüllen: R enthält sich nicht selbst als Element. Wenn also R ein Element von R ist, darf R nicht R als Element enthalten. Dies ist ein Widerspruch, der die angenommene Antwort „Ja" ausschließt.

Was passiert aber, wenn die Antwort „Nein" ist und daher **R** *kein* Element von **R** ist? Dann ist **R** nicht Element von sich selbst und erfüllt daher, wie die Menge der Teelöffel, das Kriterium einer Russellmenge und muß daher zu **R** gehören. Wenn also **R** nicht in **R** enthalten ist, gehört es deswegen definitionsgemäß zu **R**. Wieder sind wir auf einen Widerspruch gestoßen.

Dabei hatte alles so einfach angefangen. Aber irgendwie „führt jede Alternative zu ihrem Gegenteil und damit zum Widerspruch". Russell stand verblüfft vor seiner „sehr speziellen Klasse", die er mit logischen Methoden konstruiert hatte, die „bisher immer völlig in Ordnung schienen".[25] Heute wird diese Konstruktion das Russellsche Paradoxon genannt.

Vielleicht ist es ganz hilfreich, die logischen Verwicklungen dieser Argumentation an einem konkreteren Beispiel zu illustrieren. Nehmen wir an, ein bekannter Kunstkenner wolle sämtliche Bilder der Kunstgeschichte in zwei disjunkte Kategorien einteilen: Der einen Kategorie sollen alle Bilder angehören, die auf der abgebildeten Szene eine Darstellung von sich selbst enthalten – zugegebenermaßen ein eher seltener Fall. Als Beispiel können wir uns ein Bild mit dem Titel *Interieur* vorstellen, auf dem ein Raum mit Möbeln dargestellt ist – eine Statue, wehende Gardinen, ein Flügel –, und an der Wand hinter dem Flügel hängt ein kleines Gemälde mit dem Titel *Interieur*, auf dem dasselbe dargestellt ist. Unser Ölgemälde enthält also eine Darstellung von sich selbst.

Die andere Kategorie besteht dagegen aus den weit häufigeren Gemälden, die kein Bild von sich selbst enthalten. Solche Bilder wollen wir Russellbilder nennen. Die *Mona Lisa* zum Beispiel ist ein solches Russellbild, denn auf diesem Bild findet man kein kleines gerahmtes Bild mit einer Darstellung der *Mona Lisa*.

Nun organisiert unser Kunstkenner eine riesige Ausstellung, auf der alle Russellbilder zu sehen sind. Diese werden unter immensen Kosten und Mühen gesammelt und an die Wände einer riesigen Halle gehängt. Stolz auf seine Leistung bestellt unser Kunstkenner nun eine Malerin, um ein Gemälde der Halle mit all ihren Bildern anzufertigen.

Nachdem das Bild vollendet ist, benennt es die Malerin mit dem angemessenen Titel *Alle Russellbilder dieser Welt* und übergibt es dem Kunstmäzen. Sorgfältig begutachtet er das Werk und entdeckt auch einen winzigen Makel: Gleich neben der *Mona Lisa* ist ein Gemälde abgebildet, das den Titel *Alle Russellbilder dieser Welt* trägt. Das bedeutet aber, daß das Bild *Alle Russellbilder dieser Welt* zu den Bildern gehört, die eine Darstellung von sich selbst enthalten, und daher *kein* Russellbild ist. Folglich gehört es auch nicht in diese Ausstellung und darf daher auch nicht abgebildet werden, wie es zwischen den anderen Bildern hängt. Er bittet also die Malerin, es zu überpinseln.

Nachdem sie das getan hat, präsentiert sie das Gemälde dem Kunstkenner erneut. Nach einer kurzen Überprüfung stellt er fest, daß es ein neues Problem gibt: Das Gemälde *Alle Russellbilder dieser Welt* enthält nun keine Darstellung von sich selbst und ist daher ein Russellbild, das in die Ausstellung gehört. Dann muß aber auch abgebildet werden, wie es unter den anderen Bildern an der Wand hängt, sonst enthält das Gemälde nicht *alle* Russellbilder dieser Welt. Unser Kunstkenner ruft daher die Malerin zurück und bittet sie, eine kleine Abbildung des Gemäldes *Alle Russellbilder dieser Welt* in das Gemälde einzufügen.

Nachdem das Bildchen eingefügt ist, befinden wir uns wieder in der ersten Situation. Das Bildchen muß wieder ausgelöscht werden, daraufhin wieder eingesetzt, wieder rausgenommen und so weiter. Man kann nur hoffen, daß Malerin oder Kunstkenner früher oder später dahinterkommen, was hier geschieht: Sie sind auf das Russellsche Paradoxon gestoßen.

Man könnte die ganze Geschichte für völlig irrelevant halten. Aber, erinnern wir uns daran, daß es das Ziel Russells war, mit seiner Arbeit die gesamte Mathematik auf die unerschütterlichen Grundfesten der Logik zu stellen. Sein Paradoxon setzte das ganze Unterfangen aufs Spiel. Wie sich ein Bewohner des Penthouses unbehaglich fühlen muß, wenn er von einem Riß im Fundament hört, so müssen Mathematiker ein Unbehagen verspüren, wenn sie erfahren, daß sich in den elementaren Grundlagen ihres Faches, der Logik, ein Loch auftut. Damit könnte das gesamte mathematische Gebäude, wie das erwähnte Wohnhaus, jeden Moment zusammenstürzen.

Man braucht eigentlich nicht zu erwähnen, daß Russell von der Existenz seines eigenen Paradoxons schockiert war. „Ich hatte bei diesen Widersprüchen dieselben Gefühle", schrieb er, „die ein gläubiger Katholik einem gottlosen Papst gegenüber haben muß."[26] Andere waren ähnlich bestürzt, wie aus dem berühmt gewordenen Briefwechsel zwischen Russell und dem Logiker Gottlob Frege (1848–1925) hervorgeht. Der letztere hatte die *Grundgesetze der Arithmetik* publiziert, ein größeres Werk, in dem die Grundlagen der Arithmetik erforscht werden sollten. Darin hatte Frege in der gleichen naiven und leichtfertigen Weise mit Mengen operiert, die Russell zu seinem Paradoxon geführt hatte. Russell teilte Frege seine Konstruktion mit, und der erkannte sofort, daß diese seinem Unternehmen den Todesstoß versetzt hatte. Als Russells Brief Frege erreichte, ging gerade der zweite Band seiner *Grundgesetze* in Druck, und Frege mußte den größten Alptraum eines Wissenschaftlers erleben, daß sich nämlich sein Werk in allerletzter Minute als Makulatur herausstellt. Mit einer Bitterkeit, die nur noch von seiner Integrität übertroffen wurde, schrieb er:

Ein Wissenschaftler kann kaum mit Schlimmerem konfrontiert werden, als daß die Grundlagen seiner Arbeit zusammenbrechen, sobald er sie beendet hat. Ich wurde durch einen Brief von Herrn Bertrand Russell in genau diese Situation versetzt, als mein Werk schon fast im Druck vorlag.[27]

Die Aussage des Paradoxons war völlig klar, aber ein Ausweg war zunächst nicht in Sicht. Nach Jahren fruchtloser Bemühungen versuchten die Logiker, das Paradoxon wegzudiskutieren, indem sie vereinbarten, eine Menge, die sich

Bertrand Russell
(Nachdruck mit freundlicher Genehmigung von
The Bertrand Russell Archives, McMaster University.)

selbst als Element enthalte, sei gar keine Menge im eigentlichen Sinne. Durch derartige logische Klimmzüge und entsprechend formulierte Definitionen wurden solche Klassen für unzulässig erklärt.

Daß ein solches Vorgehen durchaus vernünftig ist, kann man auch an unserem Gleichnis mit den Gemälden verdeutlichen. Ist es überhaupt erlaubt, von einem Gemälde zu sprechen, das ein Bild von sich selbst enthält? Wenn das Gemälde *Alle Russellbilder dieser Welt* ein Bild von sich selbst enthielte, dann müßte bei genauer Untersuchung dieses inneren Bildes – eventuell mit Hilfe einer Lupe – darin wiederum ein winziges Bildnis von *Alle Russellbilder dieser Welt* sichtbar werden. Darin würde man aber wiederum eine kleinere Version von *Alle Russellbilder dieser Welt* entdecken und so weiter. Der Prozeß würde sich ins Unendliche fortsetzen, gerade so wie bei den endlosen Reflexionen zwischen gegeneinandergerichteten Spiegeln in einer Umkleidekabine. Ein solches Bild mit unendlich wiederholten Selbstabbildungen könnte nicht gemalt werden.

Dies ist eine sehr grobe Veranschaulichung des von Russell unternommenen Versuches, das Paradoxon aufzulösen. Er schrieb, daß, „was immer alle Elemente einer Kollektion umfaßt, nicht selbst Element dieser Kollektion sein darf".[28] Damit ist die selbstbezogene Natur der Mitgliedschaft in der großen Russellmenge **R** nicht erlaubt. Diese Russellmenge ist also gar keine Menge.

Diese Lösung, die einen qualvollen Umdenkprozeß erforderte, schien äußerst mühsam und künstlich zu sein. Russell nannte so etwas „Theorien, die zwar richtig sein mögen, aber bestimmt nicht elegant sind".[29] Wenn sie auch sonst nichts bewirkt hat, sie hat das Studium der Mengen jedenfalls von dem naiven Prä-Russell-Stadium in eine weniger intuitive Sphäre gehoben.

Jenen Mathematikern, die den fundamentalen Fragen eher indifferent gegenüberstanden, schien die ganze Angelegenheit mehr geistigen Aufwand zu erfordern, als sie wert war. Und Russell kam zu der Überzeugung, daß seine Reduktion der Mathematik auf die Logik bei weitem nicht so befriedigend war, wie er in seinem jugendlichen Optimismus angenommen hatte.

Die intellektuelle Anstrengung und ihr ernüchterndes Ergebnis forderten einen hohen Preis. Russell erinnerte sich, wie er sich danach „mit einer Art Ekel" von der mathematischen Logik abwandte.[30] Er dachte nun öfter an Selbstmord, aber er nahm Abstand davon, denn er war sich sicher, daß er eine solche Tat danach schwer bereuen würde, wie er selbst bemerkte. Die Enttäuschung ließ nach, und er ließ es sich noch weitere zwei Drittel eines Jahrhunderts wohlergehen, wie wir gesehen haben.

Es ist schwierig, sein langes Leben abschließend zusammenzufassen. Russell stellte eine nicht zu bändigende intellektuelle Kraft dar und war doch der große Griesgram des zwanzigsten Jahrhunderts. Er verzweifelte am Zustand der Menschheit und kämpfte doch für seine Verbesserung. Er wurde genausooft als Halunke abgetan wie als Held gefeiert. Aber selbst seine größten Feinde konnten nicht leugnen, daß dieser Mann seine Überzeugungen mit der entsprechenden Courage vertrat. Wie ihm seine Großmutter geraten hatte, ist er nie der Meute gefolgt und hat Böses getan.

Wir wollen ihm das letzte Wort lassen. In einem Essay von 1925 mit dem Titel *What I Believe* – Was ich glaube – gab Bertrand Russell einen Hinweis darauf, was ihn in seinem langen, turbulenten Leben aufrecht hielt.

Glück, schrieb der große Skeptiker, *ist nicht um so weniger wahres Glück, weil es einmal enden muß, genauso wie das Denken und die Liebe nicht deshalb ihren Wert verlieren, nur weil sie nicht ewig währen. ... Selbst wenn uns das offene Fenster der [Vernunft] zuerst frösteln läßt nach der behaglichen behütenden Wärme, die von den traditionellen vermenschlichenden Mythen ausgeht, so bringt uns der frische Wind am Ende doch Lebenskraft, und die großen Räume haben ihren ganz eigenen Glanz.*[31]

Sphäre und Zylinder

Die Kugel ist die Verkörperung des Einfachen. Kein dreidimensionaler Körper läßt sich leichter beschreiben, und bei keinem ist die Symmetrie vollkommener. Die Kugel ist die *absolute Perfektion.*

Wie zahllose Leute vor und nach ihm hat der Philosoph Plato ihre Vollkommenheit gerühmt. Er erklärte, der Schöpfer des Universums hätte „es in einer gerundeten, sphärischen Gestalt angelegt, bei der die größten Entfernungen nach allen Richtungen vom Zentrum ausgehen, einer Gestalt, die den höchsten Grad an Vollständigkeit und Gleichförmigkeit erreicht hatte. Denn er schätzte Gleichförmigkeit ungleich höher ein als ihr Gegenteil." [1] In neuerer Zeit empfand auch der Maler Cézanne diese Überlegenheit der Uniformität. Entsprechend riet er seinen Schülern, „die Natur mit den Formen des Zylinders, der Kugel und des Kegels aus allen Perspektiven darzustellen". [2] Sein geschultes Künstlerauge sah Kugeln überall, hoch oben in der Luft und unten auf der Erde. Tatsächlich ist ja mit Ausnahme von ein paar Astronauten die gesamte Menschheit bisher immer auf einer recht großen Kugel herumgelaufen.

Obwohl man die Kugel überall antrifft, hat sie eine unbestechliche Schönheit, eine Eleganz, die ihrer inhärenten Einfachheit entspringt und sie von allen anderen Formen absetzt. Kein anderer Körper schlägt unsere Aufmerksamkeit so in seinen Bann wie die Kugel.

Lassen wir die Schwärmerei sein, und wenden wir uns der Kugel als mathematischem Objekt zu. Mathematisch gesehen ist eine *Kugel* als die Menge der Punkte im dreidimensionalen Raum definiert, die von einem festen Punkt den gleichen vorgegebenen Abstand haben. Dieser Abstand ist der *Radius* und der feste Punkt der *Mittelpunkt* der Kugel. Euklid sah die Kugel wohl unter einem eher dynamischen Gesichtspunkt, als er sie durch die folgende Beschreibung definierte: „Bewegt man einen Halbkreis, wobei man den Durchmesser des Halbkreises fest läßt, und führt ihn zur Ausgangsposition der Bewegung zurück, so ist die dadurch erzeugte Figur eine Kugel." [3]

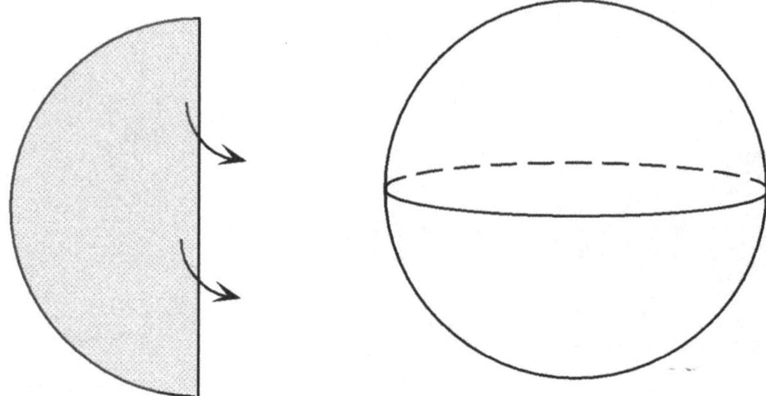

Der Gedanke, eine Kugel werde durch einen rotierenden Halbkreis erzeugt, wie es in der Abbildung oben angedeutet ist, bringt wenigstens Leben in die Bude. Doch ist der handgreifliche Halbkreis heutzutage aus der Mode gekommen. In der modernen Mathematik bevorzugt man in der Regel Definitionen, die in der reinen Logik fußen und nicht von physikalischer Bewegung abhängen. Nichtsdestoweniger war Euklids Vorstellung von einer durch Rotation erzeugten Kugel ein zentraler Punkt bei ihrer Oberflächenbestimmung. Der Mathematiker, der schließlich alle Einzelteile zusammensetzte, war der unvergleichliche Archimedes von Syrakus.

In diesem Kapitel wollen wir dem Weg des Archimedes bei der Berechnung der Oberfläche der Kugel folgen. Bei diesem Unterfangen geriet Archimedes sehr schnell in tieferliegende Probleme. Bevor auch wir uns darin verfangen, wollen wir die Oberfläche eines weniger komplizierten dreidimensionalen Körpers bestimmen, die des Zylinders.

Bei der üblichen Herleitung der Oberflächenformel wird der Zylinder der Länge nach aufgeschnitten, abgerollt und flachgewalzt, wie es in der Abbildung auf Seite 265 oben dargestellt ist. Dabei werden Boden- und Deckelfläche nicht mitberechnet. Man erhält durch diesen Prozeß ein Rechteck, dessen Höhe die Höhe h des Originalzylinders und dessen Breite die Länge des unteren Randkreises, also der Umfang b des Zylinders ist. Der beträgt, wie wir in Kapitel C gesehen haben: $b = 2\pi r$. Daher gilt:

$$\text{Oberfläche des Zylinders} = \text{Fläche des Rechtecks} = b \cdot h = (2\pi r) \cdot h = 2\pi r h.$$

Daß diese Herleitung so einfach war, zeigt, daß der Zylinder zwar gekrümmt, aber offenbar nicht *übermäßig* gekrümmt ist.

Die Bestimmung der gekrümmten Oberfläche der Kugel ist jedoch viel schwieriger. Zum ersten ist nicht klar, wo man überhaupt anfangen soll. Versucht man die Methode, die beim Zylinder zum Erfolg geführt hat, zu übertragen und die Kugel aufzuschneiden und abzurollen, so entsteht keine einfache

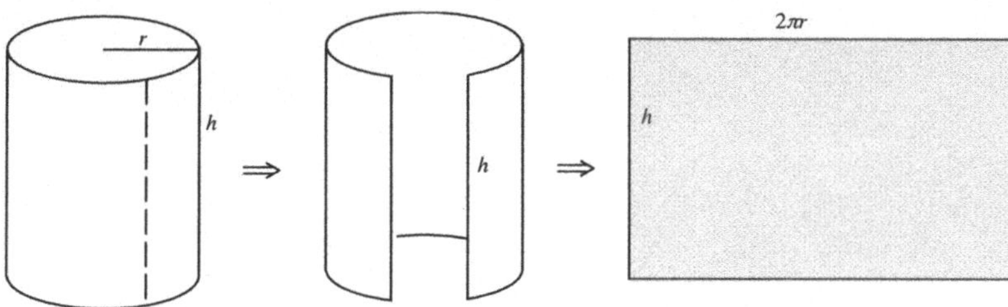

oder sonst bekannte Fläche. Wir könnten auch versuchen, eine Unzahl winziger Quadrate auf die Kugel zu kleben und deren Flächen aufzusummieren, aber irgendwie passen diese auf der Kugel nie recht zusammen. Wenn man quadratische Flächeneinheiten auf einer Kugeloberfläche verwendet, vergleicht man Äpfel mit Bananen.

Diese Schwierigkeiten hielten Archimedes dennoch nicht davon ab, die tiefsten Geheimnisse dieser Oberfläche zu ergründen. In Kapitel C hatten wir bereits darauf hingewiesen, daß er eine Reihe von unvergleichlichen mathematischen Triumphen feierte, die in dieser Form keine Vorgänger und kaum Nachfolger hatten. Der größte war aber sowohl nach seiner eigenen Meinung als auch nach der folgender Generationen die Berechnung der Oberfläche und des Volumens der Kugel. Diese Entdeckungen sind meisterlich in seiner Abhandlung *Über Kugel und Zylinder* verewigt. Wie wir sehen werden, werden einige kompliziertere geometrische Beziehungen benötigt, aber das Ergebnis rechtfertigt die Anstrengung.

Nach einer mathematischen Binsenwahrheit kann man ein schwieriges Problem oft in eine Folge einfacherer Teilprobleme zerlegen – vielleicht auch ein guter Rat für das tägliche Leben. Das wußte auch Archimedes. Anstatt also die Kugeloberfläche direkt anzugehen, verließ sich Archimedes auf die handlicheren Eigenschaften zweier anderer Körper: die des Kegels und die des Kegelstumpfes. Wir treten nun in seine Fußstapfen und bestimmen zuerst deren Oberflächen.

Dazu betrachten wir den Kegel in der Abbildung unten. Der Radius des Basiskreises werde mit r bezeichnet und die *Mantelhöhe* – die Länge einer Geraden auf dem Mantel von der Spitze zum unteren Rand – mit s.

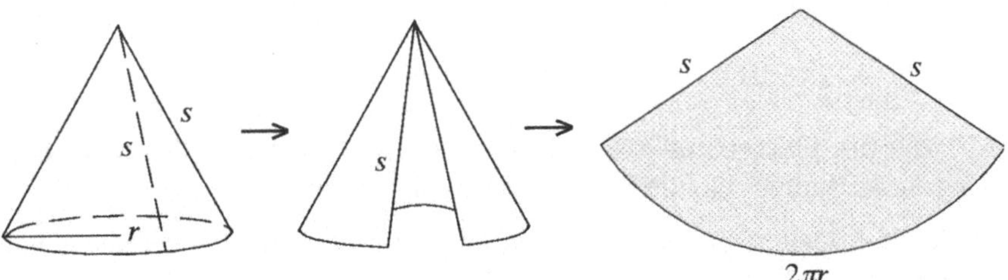

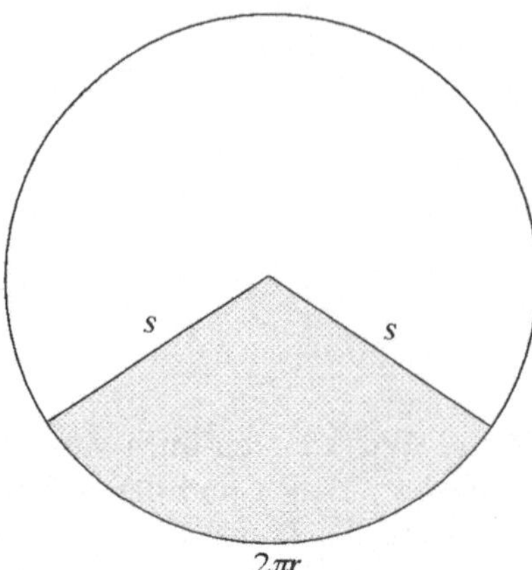

Um die Oberfläche des Kegels zu bestimmen, schlitzen wir ihn von der Basis bis zur Spitze gerade auf, wie es in der Abbildung dargestellt ist. Dann drücken wir die entstandene Fläche platt. Dadurch entsteht ein Teil eines Kreises, ein *Kreisausschnitt* oder *Sektor*. Der Radius des zugehörigen Kreises ist aber die Mantelhöhe s des ursprünglichen Kegels.

Vervollständigt man jetzt den Kreissektor zum Kreis, wie es in der Abbildung oben dargestellt ist, so sieht man: Das Verhältnis der Sektorfläche zur gesamten Kreisfläche ist gleich dem Verhältnis der Bogenlänge des Sektorrandes zum gesamten Kreisumfang. In Formeln:

$$\frac{\text{Fläche des Sektors}}{\text{Fläche des Kreises}} = \frac{\text{Bogenlänge des Sektors}}{\text{Umfang des Kreises}}.$$

Wenn beispielsweise die Fläche des Sektors ein Drittel der Kreisfläche ausmacht, dann beträgt auch seine Bogenlänge ein Drittel des Kreisumfangs.

Der vervollständigte Kreis hat den Radius s und daher die Fläche πs^2 und den Umfang $2\pi s$. In der Abbildung oben ist die Bogenlänge des Kreissektors bereits eingetragen: Sie ist gegeben durch den Umfang $2\pi r$ des Basiskreises des ursprünglichen Kegels. Alles in allem gilt damit:

$$\frac{\text{Fläche des Sektors}}{\pi s^2} = \frac{2\pi r}{2\pi s} = \frac{r}{s}$$

oder, nach Umordnen:

$$\text{Fläche des Sektors} = \frac{r}{s} \cdot \pi s^2 = \pi r s.$$

Da die Fläche des plattgedrückten Sektors aber die Oberfläche des ursprünglichen Kegels ist, haben wir die folgende Formel abgeleitet:

Formel A: Der Mantel des Kegels mit Basisradius r und Mantelhöhe s hat die Fläche $\pi r s$.

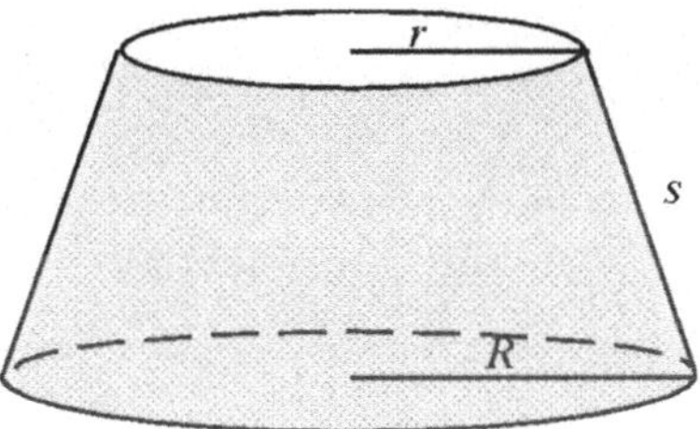

Die zweite Fläche, die Archimedes zu seiner Approximation der Kugeloberfläche benötigte, war die eines Kegelstumpfes. Ein *Kegelstumpf* ist der untere Teil eines Kegels, der entsteht, wenn man von einem Kegel die Spitze parallel zu seiner Grundfläche abschneidet, wie es die Abbildung oben zeigt. Wir wollen nun die Oberfläche eines Kegelstumpfes – genauer, seines Mantels – bestimmen. Sei dazu r der Radius des oberen begrenzenden Kreises, R der des unteren Kreises und s die Mantelhöhe des Stumpfs, also die Länge einer Geraden, die auf der Mantelfläche senkrecht vom oberen zum unteren Randkreis verläuft.

Es scheint ganz vernünftig, zur Oberflächenberechnung den Kegel wieder zu vervollständigen und nach Formel A die Flächen des vollständigen Kegels und der abgeschnittenen Kegelspitze zu berechnen. Die Differenz ist dann die Mantelfläche des Kegelstumpfs.

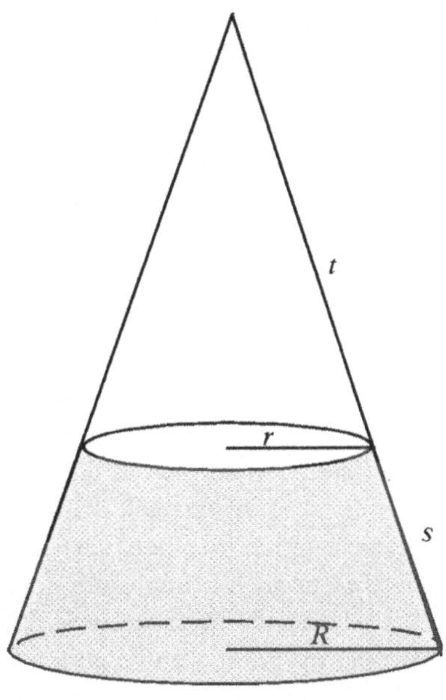

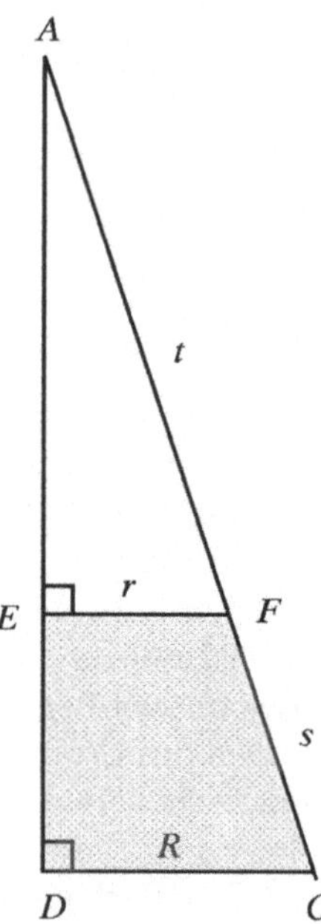

Um die Schreibweise etwas zu vereinfachen, führen wir noch t als Bezeichnung für die Mantelhöhe der Kegelspitze ein, wie in der Abbildung auf Seite 267 unten angedeutet. Die Kegelspitze hat also Radius r und Mantelhöhe t und daher nach Formel A die Oberfläche $\pi r t$. Der gesamte vervollständigte Kegel hat Basisradius R und Mantelhöhe $s + t$, die sich als Summe der Mantelhöhen von Stumpf und Spitze ergibt. Seine Oberfläche ist also $\pi R(s + t)$. Daraus folgt für den Stumpf:

$$
\begin{aligned}
\text{Oberfläche (Stumpf)} \quad &= \quad \text{Oberfläche (Kegel)} - \text{Oberfläche (Kegelspitze)} \\
&= \quad \pi R(s + t) - \pi r t = \pi R s + \pi R t - \pi r t \\
&= \quad \pi[Rs + (Rt - rt)].
\end{aligned}
$$

Dieser Ausdruck läßt allerdings noch zu wünschen übrig. Das Auftreten der Länge t ist unangenehm, denn wir kennen eigentlich nur die Größen R, r und s – die Abmessungen des ursprünglichen Kegelstumpfs. Die Geistergröße t mißt dagegen einen Teil des Kegels, der schon lange entfernt worden ist. Mit dieser Formel bleibt das „Kegelfrustum" noch ein Quell des „Kegel-Frusts".

Dieser Situation kann man aber erfolgreich durch die Betrachtung ähnlicher Dreiecke begegnen. Dazu schneiden wir den vervollständigten Kegel vertikal auf. Dieser Querschnitt ist in der Abbildung oben dargestellt. Das obere rechtwinklige Dreieck $\triangle AEF$ ist dem gesamten Dreieck $\triangle ADC$ ähnlich, denn beide besitzen einen rechten Winkel und den gemeinsamen Winkel $\angle DAC$. Nach den Ähnlichkeitssätzen sind damit einander entsprechende Seiten proportional. Im besonderen ist das Verhältnis der Hypotenuse zur waagrechten Seite in beiden Dreiecken dasselbe. Es gilt also: $t/r = (s + t)/R$. Diese Relation läßt sich umformen zu:

$$Rt = r(s + t) = rs + rt \quad \text{oder} \quad Rt - rt = rs.$$

Setzen wir dies an der entsprechenden Stelle in die Formel für die Kegelstumpfmantelfläche ein, so folgt:

$$\text{Oberfläche des Kegelstumpfs} = \pi[Rs + (Rt - rt)] = \pi[Rs + rs] = \pi s[R + r].$$

Insgesamt haben wir also abgeleitet:

Formel B: Ein Kegelstumpf mit oberem Radius r, unterem Radius R und Mantelhöhe s hat die Mantelfläche $\pi s(R + r)$.

So kann man sagen: Die Oberfläche eines Kegelstumpfmantels ergibt sich als Produkt von π, der Mantelhöhe und der Summe der Radien der beiden begrenzenden Kreise.

Damit haben wir alle Vorbereitungen getroffen. Die Kugeloberfläche ist jedoch noch nicht in Sicht. Tatsächlich hat Archimedes an dieser Stelle seine Aufmerksamkeit auch nicht auf die dreidimensionale Kugel gelenkt, sondern auf den zweidimensionalen Kreis. Da heißt es erst einmal, sich warm anzuziehen.

Einem Kreis mit Radius r und Durchmesser AA' beschreibt er zunächst ein regelmäßiges Vieleck mit gerader Eckenzahl und Kantenlänge x ein. Am Beispiel des regulären Achtecks $ABCDA'D'C'B'$ ist dies in der Abbildung auf Seite 270 dargestellt, aber die Argumentation läßt sich auf jedes beliebige Polygon mit gerader Seitenzahl übertragen. Archimedes zeichnet nun die Senkrechten BB', CC' und DD' ein, die den Durchmesser AA' in den Punkten F, G beziehungsweise H schneiden. Die gestrichelten Geraden $B'C$ und $C'D$ schneiden den Durchmesser AA' in den Punkten K beziehungsweise L. Schließlich benötigt man noch die scheinbar unwichtige Gerade $A'B$, deren Länge wir mit y bezeichnen. Damit ist die Abbildung in ein Gewirr von größeren und kleineren Dreiecken eingeteilt.

Zwei Folgerungen aus diesen Konstruktionen kann man unmittelbar ziehen. Zum ersten haben die Strecken BF und $B'F$ die gleiche Länge, die wir mit b bezeichnen. Gleichermaßen haben CG und $C'G$ die gleiche Länge c. Schließlich haben DH und $D'H$ auch die gleiche Länge d.

Für die zweite unmittelbare Folgerung benötigen wir allerdings ein grundlegendes Resultat aus Buch III der *Elemente* des Euklid, Winkel auf einem Kreis betreffend. Danach sind Winkel auf einem Kreis, die aus dem Umfang gleiche Bogen herausschneiden, selbst gleich. Da wir ein *regelmäßiges* Vieleck vor uns haben, sind die Bogen über den Seiten alle gleich und damit auch alle Winkel auf dem Kreisrand über den Seiten des Vielecks. Zum Beispiel sind $\angle BA'A$

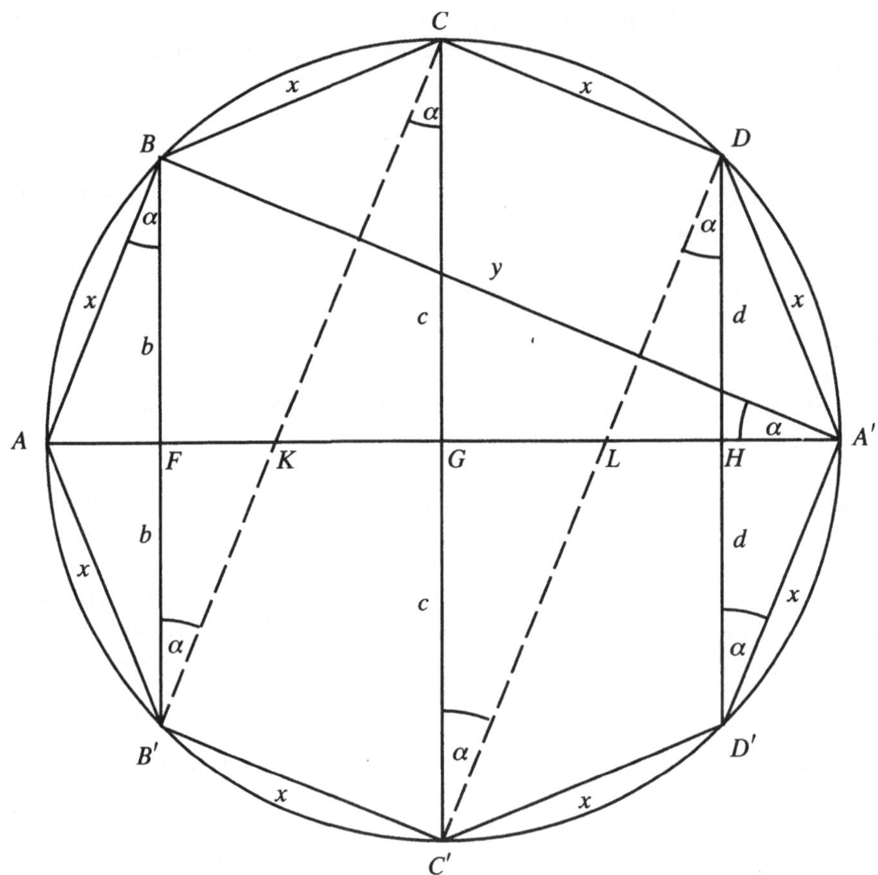

und $\angle ABB'$ gleich, weil sie die gleich langen Bogen AB beziehungsweise AB' überspannen. Ganz analog gilt $\angle ABB' = \angle BB'C = \angle B'CC'$ und so weiter. Alle diese gleichen Winkel sind in der Abbildung oben mit α bezeichnet.

Wir folgen nun Archimedes beim Aufstellen einer Kette von einander proportionalen Größen. Zunächst bemerken wir, daß $\triangle ABA'$ und $\triangle AFB$ ähnlich sind, da sie beide den Winkel $\angle BAA'$ gemeinsam haben und einen Winkel der Größe α besitzen. Dann sind entsprechende Seiten einander proportional und es gilt:

$$\overline{AF}/\overline{BF} = \overline{AB}/\overline{A'B} \quad \text{oder} \quad \frac{\overline{AF}}{b} = \frac{x}{y}.$$

Daraus folgt $xb = (\overline{AF}) \cdot y$, was wir später noch benötigen.

Des weiteren sind die Dreiecke $\triangle AFB$ und $\triangle KFB'$ ähnlich, denn sie besitzen beide einen Winkel α, und $\angle AFB$ und $\angle KFB'$ sind jeweils rechte Winkel.

Dies führt auf die Proportionalitätsbeziehung:

$$\overline{KF}/\overline{B'F} = \overline{AF}/\overline{BF} \quad \text{oder} \quad \frac{\overline{KF}}{b} = \frac{\overline{AF}}{b} = \frac{x}{y},$$

wobei die letzte Gleichung einfach die Gleichung aus dem vorigen Paragraphen ist. Es folgt $xb = (\overline{FK}) \cdot y$.

Wir gehen nun in dieser Weise um den ganzen Kreis herum, immer ähnliche Dreiecke benutzend. Die nächsten sind $\triangle KFB'$ und $\triangle BGC$, die Winkel der Größe α und die rechten Winkel $\angle FKB'$ beziehungsweise $\angle GKC$ besitzen. Es gilt also:

$$\overline{KG}/\overline{CG} = \overline{FK}/\overline{B'F} \quad \text{oder} \quad \frac{\overline{KG}}{c} = \frac{\overline{FK}}{b} = \frac{x}{y},$$

wobei wiederum die Gleichung aus dem letzten Paragraphen eingeht. Es folgt $xc = (\overline{KG}) \cdot y$.

So fahren wir fort. Aus der Ähnlichkeit von $\triangle KGC$ und $\triangle LGC'$ folgt ganz so wie eben: $xc = (\overline{GL}) \cdot y$. Die Ähnlichkeit von $\triangle LGC'$ und $\triangle LHD$ impliziert $xd = (\overline{LH}) \cdot y$, und die Ähnlichkeit von $\triangle LHD$ und $\triangle A'HD'$ schließlich führt auf $xd = (\overline{HA'}) \cdot y$.

Was soll man mit diesem Wust von Gleichungen nun anfangen? Archimedes addiert sie:

$$
\begin{aligned}
xb &= (\overline{AF}) \cdot y \\
xb &= (\overline{FK}) \cdot y \\
xc &= (\overline{KG}) \cdot y \\
xc &= (\overline{GL}) \cdot y \\
xd &= (\overline{LH}) \cdot y \\
xd &= (\overline{HA'}) \cdot y
\end{aligned}
$$

$$xb + xb + xc + xc + xd + xd = (\overline{AF} + \overline{FK} + \overline{KG} + \overline{GL} + \overline{LH} + \overline{AF}) \cdot y$$

und vereinfacht den entstandenen Ausdruck zu:

$$x[2b + 2c + 2d] = (\overline{AA'}) \cdot y.$$

Die Strecken in der Klammer auf der rechten Seite bilden nämlich aneinandergereiht gerade den Durchmesser AA' des Kreises, so daß sich ihre Längen zu $\overline{AA'}$ addieren. Der Radius des Kreises war r, also ist $\overline{AA'} = 2r$. Insgesamt haben wir also bewiesen:

$$x[2b + 2c + 2d] = 2ry. \tag{$*$}$$

Noch ist nicht klar, wie Archimedes die Relation $(*)$ ausnutzen wird. Sie spielt aber eine zentrale Rolle bei der weiteren Berechnung.

Im nächsten Schritt treffen wir nun endlich auf die Kugel. Archimedes rotiert die Kreisfläche mit der gesamten Dreieckszerlegung aus der Abbildung

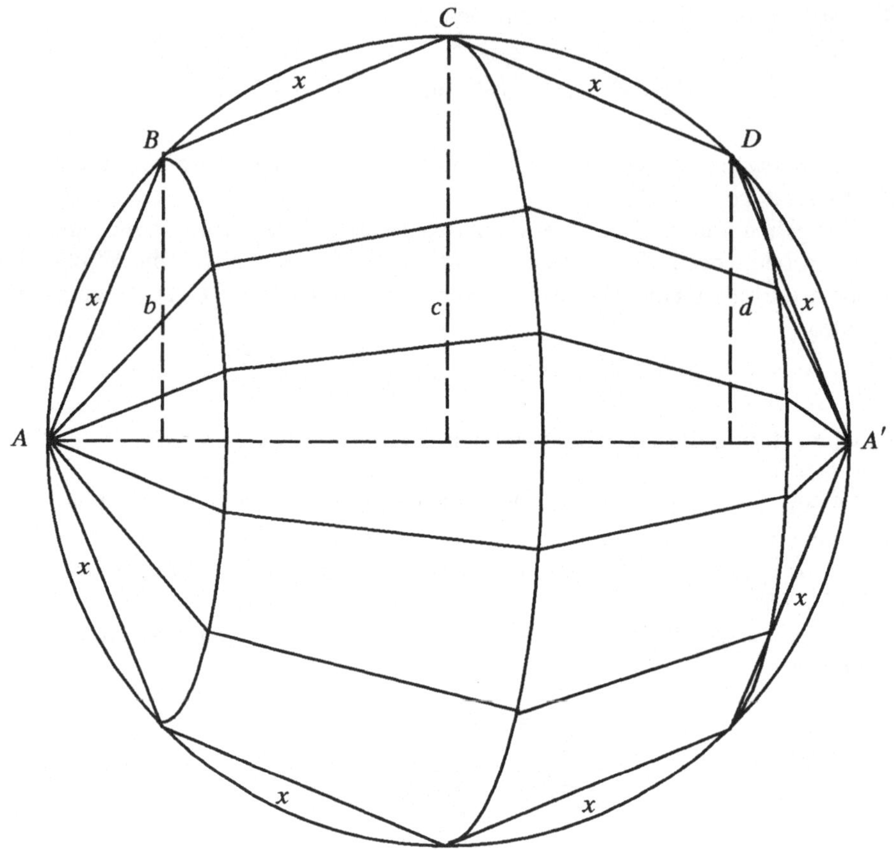

um die horizontale Achse AA'. Der rotierende Kreis beschreibt dabei eine Kugel, wie es Euklid in seiner Definition der Sphäre erwähnt. Gleichzeitig erzeugt das rotierende Polygon einen Körper, den man sich in eine Serie von Kegelstümpfen zerlegt denken kann, deren beide Endstücke jeweils echte Kegel sind. Diese Situation ist in der obigen Abbildung dargestellt.

Die Mantelhöhe eines jeden Kegelstumpfs und der beiden Endkegel ist x, die Seitenlänge des anfangs dem Kreis einbeschriebenen Polygons.

Wir bestimmen jetzt die Oberfläche dieses Innenkörpers. Der Kegel ganz links mit der Mantelhöhe x und dem Basisradius b hat nach Formel A die Fläche $\pi x b$. Der nächste Kegelstumpf links hat Mantelhöhe x, den oberen Radius b und den unteren Radius c, so daß sich seine Oberfläche nach Formel B zu $\pi x(b + c)$ ergibt. Analog hat der Kegelstumpf auf der rechten Seite die Oberfläche $\pi x(c + d)$ und der Kegel rechts die Oberfläche $\pi x d$.

Insgesamt ergibt sich:

$$\text{Oberfläche des Innenkörpers} \; = \; \pi x b + \pi x (b+c) + \pi x (c+d) + \pi x d$$
$$= \; \pi x [b + (b+c) + (c+d) + d]$$
$$= \; \pi x [2b + 2c + 2d].$$

Wie von Zauberhand ist hier der Ausdruck aus (∗) entstanden. Diese Beziehung setzen wir nun ein und erhalten die wichtige Formel:

$$\text{Oberfläche des Innenkörpers} = \pi x [2b + 2c + 2d] = \pi(2ry).$$

Jetzt wird auch deutlich, warum Archimedes die rätselhafte Gerade $A'B$ eingezeichnet hat: Ihre Länge y ist eine ganz wesentliche Größe in der Formel für die Oberfläche des der Kugel einbeschriebenen Körpers. Es wird aber auch deutlich, warum Archimedes ein regelmäßiges Vieleck mit *gerader* Seitenzahl verwenden mußte. Dadurch kommt nämlich jeder innere Radius (bei uns b, c und d) in zwei Teilkörpern vor. Hätte er ein Vieleck mit ungerader Seitenzahl genommen, so wären nicht an beiden Enden Kegel entstanden. Dann wäre aber ein Radius nicht in einem Kegelstumpf und gleichzeitig dem abschließenden Kegel vorgekommen, und die Gleichung (∗) wäre nicht anwendbar gewesen.

Wie dem auch sei, wir haben die Oberfläche des einbeschriebenen Körpers bestimmt, nicht aber die der Kugel. Die erstere dient jedoch als Näherung für die letztere, und diese Approximation wird um so besser, je größer die Anzahl der Ecken des einbeschriebenen Vielecks ist. Statt eines Achtecks könnte man ein Zehneck, ein Zwanzigeck oder ein 20 000 000eck benutzen. Unabhängig von der Anzahl der Ecken beträgt die Oberfläche des einbeschriebenen Körpers $\pi \cdot (2ry)$, denn die Herleitung läßt sich direkt übertragen. Dabei nähert sich die Oberfläche des Innenkörpers immer mehr der der Kugel an. Wir greifen auf den Begriff des Limes aus Kapitel D zurück und erhalten die Beziehung:

$$\text{Oberfläche der Kugel} = \lim (\text{Oberflächen der Innenkörper} = \lim \pi(2ry).$$

Während die Anzahl der Ecken unbegrenzt wächst, ändert sich der Wert des Kugelradius r natürlich nicht. Allerdings verändert sich y, die Länge der Strecke $A'B$. In der Abbildung auf Seite 270 erkennt man, daß der Punkt B auf dem Kreisbogen gegen A wandert, wenn man die Eckenzahl erhöht. Die Strecke $A'B$ nähert sich deshalb dem Durchmesser AA' an. Folglich gilt:

$$\lim y = \lim \overline{A'B} = \overline{A'A} = 2r.$$

Mit dieser Beziehung sind wir bei einem abschließenden Resultat angelangt:

$$\text{Oberfläche der Kugel} = \lim[\pi(2ry)] = 2\pi r(\lim y) = 2\pi r(2r) = 4\pi r^2.$$

Das Ergebnis läßt sich also einfach formulieren, nur sein Beweis war aufwendig.

In seiner Abhandlung *Über Kugel und Zylinder* formulierte Archimedes den Satz allerdings anders. Zu seiner Zeit vor fast 2 000 Jahren, vor der Entstehung der algebraischen Schreibweise, hätte eine Formel wie $4\pi r^2$ keine Bedeutung gehabt. Statt dessen hatte seine Formulierung einen Hauch von Poesie: „Die Oberfläche einer beliebigen Kugel ist viermal so groß wie der größte Kreis in ihr." [4] Das stimmt natürlich mit unserer Version überein, denn der „größte Kreis" in einer Kugel ist der, der bei einem ebenen Schnitt durch einen Durchmesser der Kugel entsteht. Ein solcher Kreisquerschnitt hat den Radius r und die Fläche πr^2. Archimedes behauptet, die Oberfläche der Kugel sei viermal so groß, also $4\pi r^2$. Ob man es nun in Formeln oder in Worten ausdrückt, die Eleganz der Beweisführung bleibt dieselbe.

Der historischen Genauigkeit halber müssen wir allerdings von unserer Darstellung einige Abstriche machen. Bei unserem Beweis sind wir zwar Archimedes in seiner Argumentation gefolgt, wir haben aber einige Änderungen vorgenommen. Erstens ging er rein geometrisch vor und nicht algebraisch, wie wir schon erwähnt haben. Zweitens kannte Archimedes noch nicht den Grenzwertbegriff. Nachdem wir den kritischen Punkt des Beweises, die Bestimmung der Oberfläche des approximierenden Innenkörpers, gemeistert hatten, ließen wir einfach die Zahl der Ecken des regulären Polygons gegen unendlich gehen, bestimmten den Grenzwert und hatten das Ergebnis.

Archimedes jedoch, dem weder der Limesbegriff noch die zugrundeliegende algebraische Schreibweise zur Verfügung standen, verwandte die Beweistechnik, die uns schon in Kapitel G bei der Diskussion des Euklidschen Werks begegnet ist und die wir *doppelte reductio ad absurdum* genannt hatten. Er zeigte also zuerst, daß die Oberfläche der Kugel nicht größer sein kann als das Vierfache des größten Kreises. Dann zeigte er, daß die Kugeloberfläche auch nicht kleiner sein kann als das Vierfache des größten Kreises. Nur durch Ausschluß dieser beiden Alternativen konnte er zeigen, daß die Kugeloberfläche exakt gleich dem Vierfachen des größten Kreises ist, kein Quentchen mehr und kein Quentchen weniger.

Wir sollten Archimedes wegen seines indirekten Beweises nicht schelten. Durch den logisch völlig richtigen Gebrauch der doppelten *reductio ad absurdum* konnte er nicht nur diesen Satz, sondern viele weitere wichtige Ergebnisse aus der Geometrie zweifelsfrei beweisen. Noch 1500 Jahre später benutzten Mathematiker diese Technik. Mit den ihm zur Verfügung stehenden Mitteln leistete er Hervorragendes. Schließlich wurde nur durch die Einführung der algebraischen Schreibweise und des Grenzwertbegriffs die enorme Verkürzung ermöglicht, die wir oben vorgenommen haben.

Dies war also der geniale Satz aus dem Traktat *Über Kugel und Zylinder*. An anderer Stelle in diesem Werk gab Archimedes eine weitere Variante desselben Ergebnisses an, die auf den Titel der Schrift Bezug nimmt. Dort schrieb er: „Ein Zylinder, dessen Grundkreis gleich dem größten Kreis in der Kugel ist, und dessen Höhe gleich dem Durchmesser dieser Kugel ist, ... ist noch um

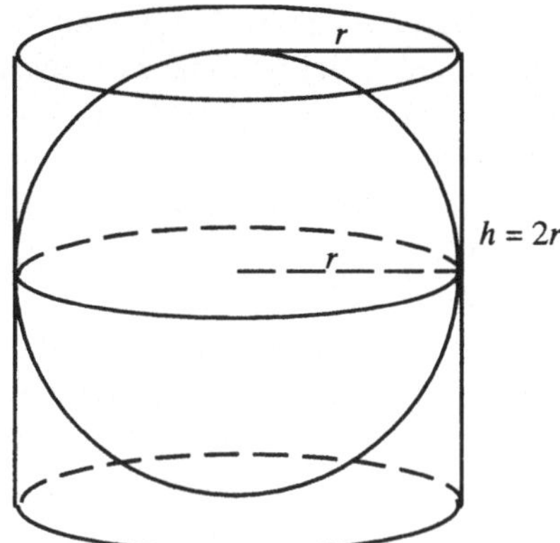

die Hälfte größer als die Oberfläche der Kugel."[5] Damit war also gemeint:

$$\text{Oberfläche des Zylinders} = \text{Oberfläche der Kugel} + \frac{1}{2}(\text{Oberfläche der Kugel}).$$

Hier hatte Archimedes einen Zylinder zu der Kugel in Beziehung gesetzt, die exakt in ihn hineinpaßt, wie es die Abbildung oben zeigt. Ist diese Aussage tatsächlich äquivalent zu der vorigen über die Oberfläche der Kugel? Dies ist sie in der Tat, und wir wollen das kurz begründen.

Wir hatten schon am Anfang des Kapitels bewiesen, daß die Mantelfläche des Zylinders $2\pi rh$ ist. Die Höhe des Zylinders ist nach dem Zitat gleich dem Durchmesser der Kugel $h = 2r$. Damit beträgt die Mantelfläche dieses Zylinders $2\pi rh = 4\pi r^2$.

Archimedes spricht aber von der Oberfläche des Zylinders, zu der auch die Boden- und Deckelfläche gehören. Beide Flächen haben je die Größe πr^2. Damit beträgt die Gesamtoberfläche des Zylinders:

$$\text{Seitenfläche} + \text{Bodenfläche} + \text{Deckelfläche} = 4\pi r^2 + \pi r^2 + \pi r^2 = 6\pi r^2.$$

Archimedes behauptet, daß die Zylinderoberfläche „noch um die Hälfte größer als die Oberfläche der Kugel" sei. Bezeichnet man mit S die Kugeloberfläche, so gilt also:

$$\text{Oberfläche des Zylinders} = 6\pi r^2 = S + \frac{1}{2}S.$$

Daraus folgt unmittelbar $12\pi r^2 = 2S + S = 3S$ und daher auch $S = 12\pi r^2/3 = 4\pi r^2$ wie zuvor.

Archimedes war von dieser Beziehung zwischen Zylinder und Kugel ziemlich stark fasziniert, und er war zu Recht stolz darauf, sie entdeckt zu haben. Der Legende nach hatte er darum gebeten, auf seinen Grabstein die Abbildung einer Kugel in einen Zylinder einzumeißeln, um immer an diese großartige geometrische Relation zu erinnern. Sie sollte sein Vermächtnis werden.

Aus der Sicht unserer hochentwickelten Gegenwart betrachtet, könnte man leicht der Versuchung erliegen, sich bei all dem wissenschaftlichen und technologischen Fortschritt der Neuzeit den früheren Generationen geistig überlegen zu fühlen. Schließlich hat Archimedes nie einen Doktorgrad erworben und Euklid keinen Nobelpreis erhalten. Wir setzen uns gemütlich vor den Fernseher und bedauern unsere intellektuell minderbemittelten Vorfahren.

Unsere obigen Ausführungen sollten Vorurteile dieser Art jedoch ausräumen. Die mathematische Beweisführung, die wir eben kennnengelernt haben, straft die Behauptung Lügen, daß alle genialen Menschen der Geschichte heutzutage leben. Denn mit Hilfe seines glasklaren Verstandes lüftete Archimedes bereits vor mehr als zwanzig Jahrhunderten das Geheimnis der Kugeloberfläche – keine der geringsten Leistungen in der Geschichte der Mathematik.

Trisektion des Winkels

Seit Menschengedenken wurden immer wieder jene tapferen Helden bewundert, die sich durch das Unmögliche herausfordern ließen. Um den Heiligen Gral und den Schatz des Captain Kidd, um die Nordwestpassage und den Brunnen der ewigen Jugend ranken sich Geschichten von unerschrockenen Abenteurern, die mit großen Hoffnungen ins Ungewisse aufbrachen. Viele kehrten geschlagen und enttäuscht zurück. Manche kehrten überhaupt nicht zurück. Ganz wenige siegten über alle Widerstände: Jason fand das Goldene Vlies, Curie isolierte Radium, Hillary und Tenzing bezwangen den Mount Everest. Das ist der Stoff, aus dem Legenden gestrickt werden, denn solche Erzählungen von Mut und Ausdauer schlagen uns in ihren Bann.

Auch in der Mathematik gab und gibt es dieses Streben, das Unmögliche zu schaffen – teils mit erfolgreichem, teils mit vernichtendem Ausgang. Natürlich findet die Suche in der verdünnten Atmosphäre der reinen Vernunft statt und nicht in der des Himalaya. Die wohl berühmteste Suche gilt der Dreiteilung des Winkels, und das schon seit Tausenden von Jahren.

Die Anfänge gehen wieder einmal, wie so viele in der Mathematik, auf die griechischen Geometer zurück. Die Herausforderung ist leicht erklärt: Man gebe sich einen beliebigen Winkel vor und teile ihn exakt in Drittel. Die Aufgabe scheint damit völlig klar, aber man muß vorher noch die exakten Regeln festlegen.

Als erstes dürfen wir nur die klassischen Geräte der Geometrie benutzen: den Klappzirkel und das Lineal ohne Markierungen, wie wir es aus Kapitel G kennen. Dreiteilungen des Winkels, bei denen andere Werkzeuge benutzt werden, wie genial sie auch seien, gelten nicht als Lösung des Problems. Tatsächlich führten die griechischen Geometer Winkeldreiteilungen durch, indem sie Hilfskurven wie die Quadratrix des Hippias oder die archimedische Spirale zu Hilfe nahmen. Diese Kurven waren aber selbst nicht mit Zirkel und Lineal konstruierbar und verletzten daher die Spielregeln. Das wäre etwa so, als flöge man mit dem Hubschrauber auf den Mount Everest: Man erreicht

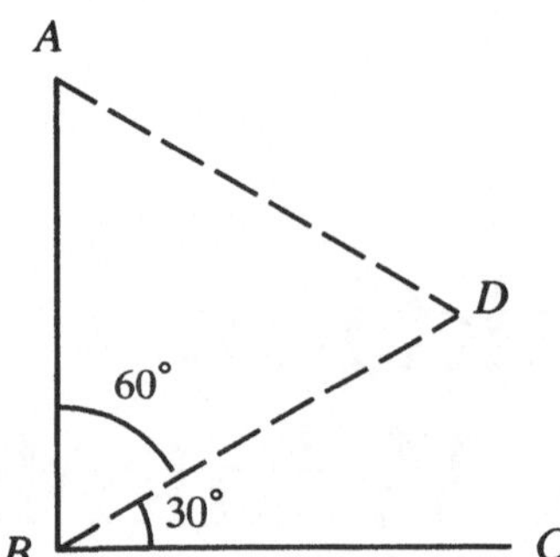

das Ziel mit unerlaubten Mitteln. Für eine regeltreue Dreiteilung des Winkels dürfen nur Zirkel und Lineal benutzt werden.

Die zweite Spielregel besagt, daß die Konstruktion nach endlich vielen Schritten beendet sein muß. Eine „unendliche Konstruktion", selbst wenn sie den dreigeteilten Winkel als Grenzwert hat, ist unzulässig. Konstruktionen, die ewig dauern, sind vielleicht die Norm beim Autobahnbau, in der Geometrie sind sie jedenfalls nicht erlaubt.

Schließlich muß das Verfahren auf *jeden* Winkel anwendbar sein. Die Dreiteilung eines speziellen Winkels oder auch Tausender spezieller Winkel ist nicht ausreichend. Wenn das Verfahren nicht allgemeingültig ist, ist es nicht die Lösung unseres Problems.

Ein Beispiel für den letzten Punkt ist in der Abbildung oben gegeben. Mit Zirkel und Lineal ist hier die Senkrechte AB zu BC errichtet – eine einfache Übung. Über der Seite AB als Basis wird nun das gleichseitige Dreieck $\triangle ABD$ konstruiert. Bei dieser Konstruktion handelt es sich um die erste Proposition in Euklids *Elementen*, die wir aus Kapitel G kennen. Sie ist also völlig legitim. Der Winkel $\angle ABD$ beträgt 60°, und der Winkel $\angle ABC$ hat 90°, so daß $\angle DBC = 30° = (1/3) \cdot \angle ABC$. Wir haben also mit Zirkel und Lineal einen Winkel dreigeteilt.

Ist das nun ein Grund zum Feiern? Eigentlich nicht, denn die Dreiteilung eines rechten Winkels war nicht unser Ziel. Wir müssen einen *allgemeinen* Winkel dreiteilen, und das beschriebene Verfahren ist sicherlich nicht allgemein.

Ermutigend für die Winkeldreiteiler mag sich ausgewirkt haben, daß zwei offensichtlich verwandte Konstruktionen mit Zirkel und Lineal durchaus ausgeführt werden können. Dabei handelt es sich einmal um die Zweiteilung des Winkels und zum anderen um die Dreiteilung einer Strecke. Wir wollen kurz einschieben, wie diese Konstruktionen funktionieren.

Es sei also ein beliebiger Winkel wie in der Abbildung auf Seite 279 vorgegeben, den wir mit Zirkel und Lineal halbieren sollen. Das Verfahren, das wir hier vorstellen, erscheint als Proposition 9 im ersten Buch der *Elemente*. Wir

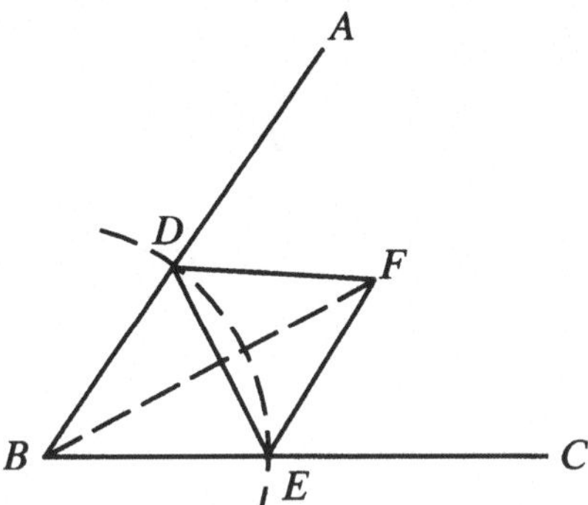

wählen einen Punkt D auf der Strecke AB. Mit dem Zirkel schlagen wir um
den Punkt B einen Kreis mit Radius BD, der die Strecke BC in E schneidet.
Dann ist $\overline{BD} = \overline{BE}$. Mit dem Lineal zeichnen wir die Strecke DE ein und
errichten darüber das gleichseitige Dreieck $\triangle DEF$. Schließlich zeichnen wir
die Gerade durch B und F ein.

Mit der Theorie kongruenter Dreiecke kann man nun nachweisen, daß BF
den Winkel $\angle ABC$ halbiert: Zunächst ist $\overline{BD} = \overline{BE}$ nach Konstruktion;
$\overline{DF} = \overline{EF}$, da $\triangle DEF$ gleichseitig ist; trivialerweise ist $\overline{BF} = \overline{BF}$. Nach dem
SSS-Kongruenzsatz sind $\triangle BDF$ und $\triangle BEF$ kongruent. Daher sind auch die
Winkel $\angle ABF$ und $\angle CBF$ gleich, der Winkel $\angle ABC$ ist also halbiert.

Es sei noch einmal ausdrücklich darauf hingewiesen, daß hier ein *allgemeiner* Winkel mit *Zirkel und Lineal* in *endlich vielen Konstruktionsschritten*
halbiert wurde. Wir haben also alle Regeln erfüllt. Offensichtlich ist die Win-
kelhalbierung recht elementar.

Genauso einfach ist es, einen Winkel zu vierteilen, also in vier gleiche Winkel zu zerlegen. Dazu muß man nur die eben gebildeten Winkel $\angle CBF$ und
$\angle ABF$ durch Wiederholung der Konstruktion selbst halbieren und erhält so
die geforderten vier gleichen Teile. Halbiert man diese wieder, erhält man Ach-
telwinkel und so weiter. Die Teilung eines allgemeinen Winkels in 2^n gleiche
Teile bereitet also keinerlei Schwierigkeiten. Doch das ist für die Dreiteilung
des Winkels wenig hilfreich.

Die andere verwandte Konstruktion betrifft die Dreiteilung einer beliebigen
Strecke mit Zirkel und Lineal. Wieder schlagen wir bei Euklid nach, der die
folgende Methode in Proposition 9 des Buches VI seiner *Elemente* beschreibt.
Wir gehen von einer beliebigen Strecke AB wie in der Abbildung auf Seite
280 aus, die wir dritteln möchten. Wir zeichnen dazu eine weitere Gerade AC,
die sich von A in eine beliebige Richtung erstreckt, und wählen einen Punkt D
auf AC. Auf der Geraden AC tragen wir nun mit dem Zirkel die Strecken DE
und EF ab, die beide die gleiche Länge wie AD haben sollen. Dadurch hat die
Strecke AD genau ein Drittel der Länge von AF. Jetzt zeichnen wir die Gerade
BF ein, wodurch der Winkel $\angle AFB$ entsteht, den wir mit α bezeichnen. Mit

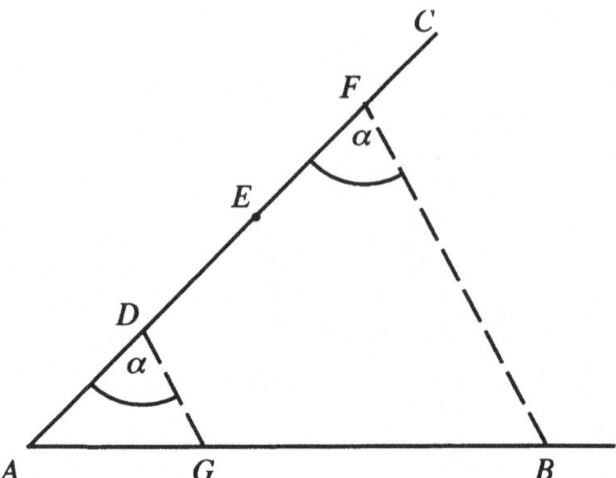

Zirkel und Lineal konstruieren wir den Winkel $\angle ADG$, ebenfalls von der Größe α. Diese Konstruktion bezeichnet Euklid als Proposition 23 in Buch I. Nun sind die Dreiecke $\triangle ADG$ und $\triangle AFB$ ähnlich, denn beide enthalten einen Winkel der Größe α, und sie haben den Winkel $\angle CAB$ gemeinsam. Daraus folgt wieder die Proportionalität entsprechender Seiten, und man erhält:

$$\overline{AG}/\overline{AB} = \overline{AD}/\overline{AF} = \frac{1}{3}$$

nach den Bemerkungen oben. Die Strecke AG ist also ein Drittel so lang wie AB. Wir haben eine *allgemeine Strecke* ausschließlich mit *Zirkel und Lineal* in einer *endlichen Zahl von Schritten* dreigeteilt.

Wenn man aber Winkel zweiteilen und Strecken dreiteilen kann, dann scheint es nicht ganz abwegig anzunehmen, daß man auch Winkel dreiteilen kann. So muß es wohl den alten Griechen vorgekommen sein, und genauso dachten zahllose andere Mathematiker im Verlauf der Jahrhunderte.

Vielleicht gab es noch einen weiteren Quell der Hoffnung für die Trisektierer: Mit Zirkel und Lineal lassen sich die abenteuerlichsten Konstruktionen durchführen. Keiner zeigt sich übermäßig überrascht, daß man beispielsweise ein gleichseitiges Dreieck oder ein Quadrat konstruieren kann. Aber schon die Konstruktion eines regelmäßigen Fünfecks mit Zirkel und Lineal, die Euklid im vierten Buch der *Elemente* beschreibt, ist gar nicht so offensichtlich. Es ist sogar möglich, ein regelmäßiges Sechseck, Achteck, Zehneck, Zwölfeck und Fünfzehneck zu konstruieren. Die Konstruktion des letzteren erscheint als letzte Proposition in Buch IV.

Wenn Zirkel und Lineal zu solchem fähig sind, dann ist es vielleicht auch nicht zu optimistisch, die Konstruktion eines Neunecks ins Auge zu fassen. Man könnte zum Beispiel mit einem gleichseitigen Dreieck $\triangle ABC$ beginnen und eine der Seiten zu einem Punkt D verlängern, wie es die Abbildung auf Seite 281 oben zeigt. Dann beträgt der Winkel $\angle DAC$ $180° - 60° = 120°$. *Wenn* wir den Winkel $\angle DAC$ dreiteilen könnten, hätten wir einen Winkel von

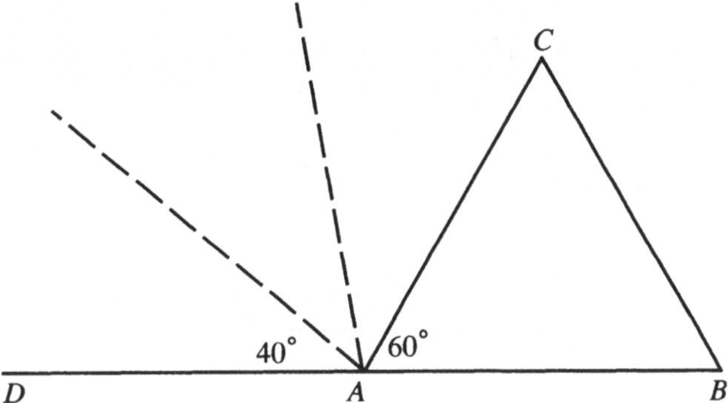

120°/3 = 40° konstruiert, also ein Neuntel des Vollkreises von 360°. Diesen Winkel von 40° müßten wir um einen Punkt herum neunmal abtragen und hätten dann ein reguläres Neuneck vor uns, wie in der Abbildung unten.

Diese Konstruktion steht und fällt mit der *wenn*-Bedingung. Zweifellos war der Wunsch nach einer Konstruktionsmethode für ein regelmäßiges Neuneck ein weiterer Ansporn für die Suche nach einer Winkeldreiteilung mit Zirkel und Lineal.

An dieser Stelle sollten wir vielleicht einen kurzen Blick auf zwei „Fastlösungen" werfen. Das sind Verfahren, die jeden beliebigen Winkel dreiteilen, dabei aber die eine oder andere vorgeschriebene Regel verletzen.

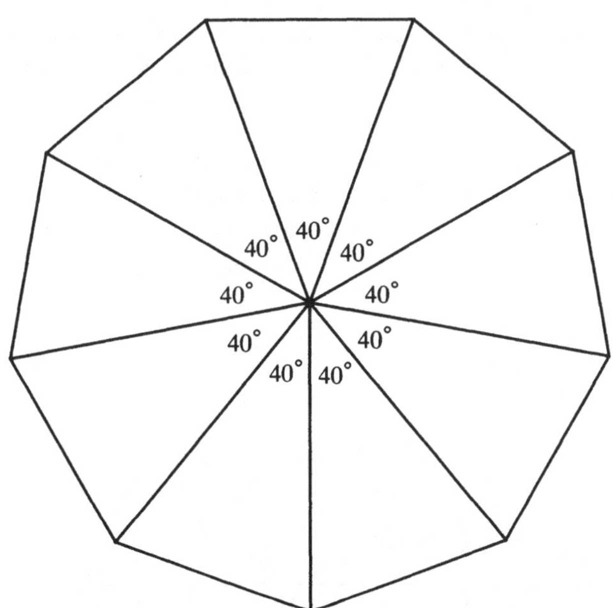

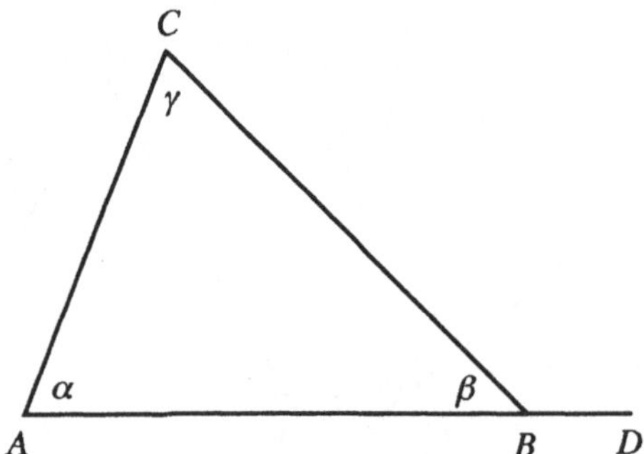

Das erste Verfahren ist eine geniale Konstruktion, die man Archimedes zuschreibt. Sie beruht auf einem wohlbekannten Satz, daß nämlich der Außenwinkel eines Dreiecks gleich der Summe der beiden gegenüberliegenden Innenwinkel ist. Um das einzusehen, muß man nur die Seite AB nach D verlängern, wodurch der Außenwinkel $\angle DBC$ entsteht, vergleiche die Abbildung oben. Nun gilt für die Winkel in einem Dreieck $\alpha + \beta + \gamma = 180°$. Ferner ist $\angle DBC + \beta = 180°$, da es sich bei AD um eine Gerade handelt. Also ist $\alpha + \beta + \gamma = \angle DBC + \beta$ und daher $\alpha + \gamma = \angle DBC$, was wir behauptet hatten.

Das Konstruktionsverfahren von Archimedes zur Dreiteilung eines beliebigen Winkels $\angle AOC$ ist in der Abbildung unten symbolisiert. Um den Punkt O wird ein Halbkreis mit beliebigem Radius r geschlagen. Die Strecke CO wird über den Schnittpunkt B mit der anderen Seite des Halbkreises hinaus verlängert.

Es ist wichtig, die Gerade um die richtige Länge nach links zu verlängern. Dazu muß man das Folgende beachten: Das Lineal muß so verschoben werden, daß es durch den Punkt A und den Punkt D auf der verlängerten Geraden geht, und zwar derart, daß die Entfernung der Punkte D und E, wobei E der Schnittpunkt der Strecke AD mit dem Halbkreis ist, gerade r beträgt. r war der Radius des Halbkreises. Man muß, mit anderen Worten, die Strecke AD so konstruieren, daß $\overline{ED} = r$ ist. Wir behaupten nun, daß der so konstruierte Winkel $\angle ADC$ genau ein Drittel des ursprünglich gegebenen Winkels $\angle AOC$ beträgt.

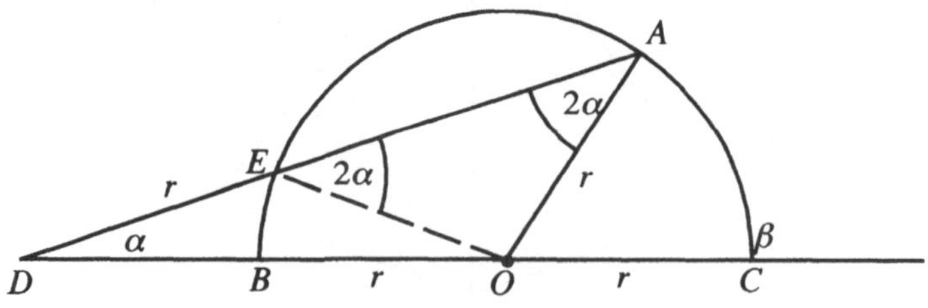

Zum Beweis bezeichnen wir den Winkel $\angle ADC$ mit α. Wir zeichnen den Radius EO des Halbkreises ein, wodurch das Dreieck $\triangle DEO$ mit $\overline{ED} = \overline{EO} = r$ entsteht. Da das Dreieck gleichschenklig ist, ist auch $\angle EOD = \alpha$. Der Winkel $\angle AEO$ als Außenwinkel des Dreiecks $\triangle DEO$ ist gleich der Summe der beiden gegenüberliegenden Innenwinkel, also $\angle AEO = \alpha + \alpha = 2\alpha$. Das Dreieck $\triangle EOA$ ist ebenfalls gleichschenklig, da zwei seiner Seiten Radien sind, und daher ist $\angle EAO = \angle AEO = 2\alpha$.

Jetzt kommt der wesentliche Schluß: $\angle AOC$ ist als Außenwinkel des Dreiecks $\triangle AOD$ gleich der Summe der beiden gegenüberliegenden Innenwinkel:

$$\angle AOC = \angle ODA + \angle DAO = \alpha + 2\alpha = 3\alpha.$$

Damit ist gezeigt, daß der vorgegebene Winkel $\angle AOC$ exakt dreimal so groß wie der konstruierte Winkel $\angle ADC$ ist. Oder anders ausgedrückt: Wir haben den Winkel $\angle ADC$ konstruiert, der ein Drittel des Winkels $\angle AOC$ beträgt. Wir übertragen jetzt den Winkel $\angle ADC$ in den Winkel $\angle AOC$ und haben so die Dreiteilung allein mit Zirkel und Lineal zustande gebracht.

Oder doch nicht? Leider wurde bei der Konstruktion ein unerlaubter Schritt durchgeführt. Das geschah bei der Bestimmung des Punktes D. Wie können wir mit einem Lineal ohne Markierung überhaupt D und damit auch E bestimmen? Wie kann man ein Lineal in A anlegen und so verschieben, daß die Strecke ED die Länge r bekommt? Man könnte sich vorstellen, auf dem Lineal Markierungen anzubringen und es so lange zu verwackeln, bis die Markierungen der gewünschten Länge mit den Punkten D und E übereinstimmen. Solche Operationen sind aber nicht erlaubt. Das Lineal darf nicht markiert werden. Sein Gebrauch darf nicht von einem geschulten Auge abhängen, das beim Hin- und Herwackeln eine vorgegebene Länge abschätzen kann. Dieses Verfahren verletzt die Spielregeln, obwohl es den Winkel exakt dreiteilt.

Um Archimedes kein Unrecht zu tun: Er hat diesen Regelverstoß natürlich erkannt. Die Griechen hatten für ein solches Hin- und Herschieben des Lineals sogar einen eigenen Ausdruck. Statt Archimedes also eines Schnitzers zu beschuldigen, sollten wir ihm für diese geniale Methode danken.

Das zweite Verfahren, das wir betrachten wollen, teilt einen beliebigen Winkel ebenfalls auf illegitime Weise in drei Teile. Wir betrachten den Winkel $\beta = \angle AOC$ in der Abbildung auf Seite 284. Wenn wir ihn zweimal halbieren, erhalten wir den Winkel $\angle DOC = \beta/4$. Wenn wir diesen Winkel $\angle DOC$ erneut zweimal halbieren, erhalten wir einen Winkel der Größe

$$\frac{1}{4}\left(\frac{1}{4}\beta\right) = \frac{1}{16}\beta.$$

Den übertragen wir als Winkel $\angle EOD$ neben die Strecke OD. Eine weitere zweifache Halbierung ergibt einen Winkel der Größe

$$\frac{1}{4}\left(\frac{1}{16}\beta\right) = \frac{1}{64}\beta,$$

den wir als $\angle FOE$ kopieren.

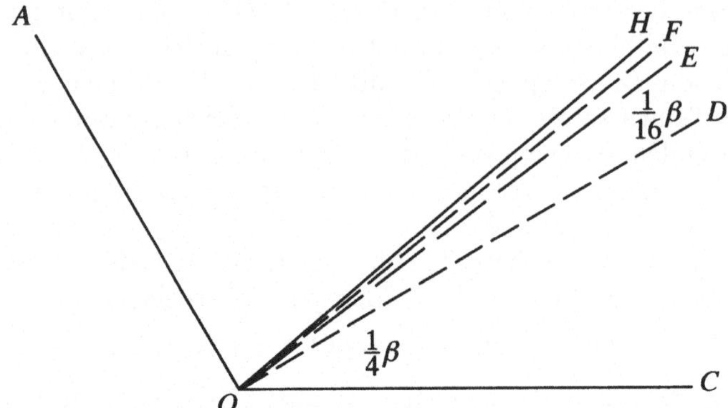

Auf diese Weise fahren wir unendlich lange fort und konstruieren den Winkel $\angle COH$ der Größe

$$\frac{1}{4}\beta + \frac{1}{16}\beta + \frac{1}{64}\beta + \frac{1}{256}\beta + \ldots$$

Hierbei handelt es sich um eine *unendliche geometrische Reihe*, deren Wert wir, allerdings auf naive Weise, ermitteln wollen.

Mit S wollen wir den Wert der Summe bezeichnen:

$$S = \frac{1}{4}\beta + \frac{1}{16}\beta + \frac{1}{64}\beta + \frac{1}{256}\beta + \ldots$$

Davon subtrahieren wir ein Viertel von S:

$$
\begin{aligned}
S - \frac{1}{4}S \;=\;& \left(\frac{1}{4}\beta + \frac{1}{16}\beta + \frac{1}{64}\beta + \frac{1}{256}\beta + \ldots\right) \\
& -\frac{1}{4}\left(\frac{1}{4}\beta + \frac{1}{16}\beta + \frac{1}{64}\beta + \frac{1}{256}\beta + \ldots\right) \\
=\;& \left(\frac{1}{4}\beta + \frac{1}{16}\beta + \frac{1}{64}\beta + \frac{1}{256}\beta + \ldots\right) \\
& -\left(\frac{1}{16}\beta + \frac{1}{64}\beta + \frac{1}{256}\beta + \frac{1}{1024}\beta + \ldots\right) \\
=\;& \frac{1}{4}\beta + \frac{1}{16}\beta + \frac{1}{64}\beta + \frac{1}{256}\beta + \ldots \\
& -\frac{1}{16}\beta - \frac{1}{64}\beta - \frac{1}{256}\beta - \frac{1}{1024}\beta - \ldots \\
=\;& \frac{1}{4}\beta.
\end{aligned}
$$

Die letzte Gleichheit gilt, da sich alle Terme bis auf den ersten gegenseitig aufheben. Insgesamt haben wir:

$$S - \frac{1}{4}S = \frac{1}{4}\beta.$$

Daraus folgt:

$$\frac{3}{4}S = \frac{1}{4}\beta \quad \Rightarrow \quad S = \frac{4}{3}\cdot\frac{1}{4}\beta = \frac{1}{3}\beta.$$

Mit anderen Worten: Der Winkel $\angle COH$, dessen Größe wir mit S bezeichnet hatten, beträgt ein Drittel des gegebenen Winkels $\angle AOC = \beta$. Damit ist die Dreiteilung durchgeführt.

Freilich ist der Haken bei diesem Verfahren offensichtlich: Man benötigt unendlich viele Konstruktionsschritte. Es ist zwar richtig, daß man sich immer mehr einer perfekten Dreiteilung annähert, je mehr zweifache Halbierungen man durchführt. Und natürlich kann man das Verfahren so lange fortführen, bis man den Winkel bis auf Bruchteile eines Grades bestimmt hat. Aber in der Problemstellung ist von der *exakten* und nicht der approximativen Teilung in drei gleich große Winkel die Rede. Die exakte Dreiteilung nach dieser Methode erfordert unendlich viele Konstruktionsschritte, und das überschreitet nicht nur die aufgestellten Regeln, sondern auch unser aller Lebensalter. Eine solche Konstruktion könnten wir, wie so manchen Autobahnbau, nie zu einem Ende bringen.

Ungeachtet dieser und weiterer vielversprechender Versuche blieb das Problem der Dreiteilung des Winkels in der Antike ungelöst. Im vierten Jahrhundert nach Christus berichtete Pappus, der schon in Kapitel I den Intellekt der Bienen pries: „Wenn die alten Geometer einen gegebenen geradlinigen Winkel in drei gleiche Teile teilen wollten, so waren sie ratlos." [1]

Die Ratlosigkeit hielt an bis in die Renaissance und weiter bis in die Neuzeit. Mit jedem Jahrhundert, das verging, mit jedem Versuch, der fehlschlug, gewann das Trisektionsproblem an Bedeutung. Wie ein Outlaw, auf dessen Kopf eine hohe Prämie steht, wurde die Dreiteilung des Winkels von einem Aufgebot jagdlüsterner Mathematiker verfolgt. Wissenschaftler und Pseudowissenschaftler ersannen Dreiteilungsverfahren und kündigten diese der Welt mit großem Hallo an. Doch ausnahmslos mußten die Unglückseligen zusehen, wie andere die Fehler in ihren Gedankengängen bloßlegten. Die Flut der falschen Beweise wurde schließlich so groß, daß die Pariser Akademie 1775 erklärte, sie werde fürderhin keine weiteren Arbeiten zur Dreiteilung des Winkels annehmen. [2] Jeder, der eine Dreiteilungsmethode anbringe, werde wie ein Pestkranker an der Pforte abgewiesen.

Diese Entscheidung spiegelt wider, was inzwischen einige Mathematiker zu glauben begannen: daß die Dreiteilung eines beliebigen Winkels jenseits der Kapazität von Zirkel und Lineal lag. Keine geringere Autorität als René Descartes hatte diese Vermutung schon mehr als ein Jahrhundert zuvor geäußert, und langsam wuchs der Verdacht, daß das Ausbleiben eines Beweises nicht auf die Unfähigkeit der Mathematiker hinwies, sondern auf die Unlösbarkeit des Problems selbst. [3] Bis 1775 blieb dies jedoch nur ein Verdacht. Der Beweis der Unmöglichkeit war genausowenig gelungen wie die Dreiteilung eines beliebigen Winkels.

Ein Hinweis darauf, daß man vielleicht doch voreilig auf die Unlösbarkeit des Problems geschlossen haben könnte, resultierte schon zwei Jahrzehnte
nach dem Bann durch die Pariser Akademie aus einer Arbeit des 18jährigen
Gauß. 1796 bewies er, daß sich das regelmäßige 17eck sehr wohl mit Zirkel
und Lineal konstruieren läßt. Das schlug wie eine Bombe ein. Keiner hatte
vor Gauß je die Idee gehabt, daß so etwas möglich sein könnte, und wenn man
dem 17eck im Verlauf der Jahrhunderte schon weniger Interesse als der Dreiteilung des Winkels entgegengebracht hatte, dann doch nur deshalb, weil man
dessen Konstruktion für noch unmöglicher gehalten hatte. Gauß' erstaunliche Entdeckung zeigte, daß Zirkel und Lineal weitere versteckte Möglichkeiten
bereithielten. Wenn man schon das 17eck konstruieren kann, dann könnte jemand mit dem Intellekt eines Gauß vielleicht doch noch das Dreiteilungsrätsel
lösen.

Die Frage blieb weiterhin einige Jahrzehnte offen, bis Pierre Laurent Wantzel (1814–1848) die endgültige Lösung fand. Wantzel war Mathematiker, In-
genieur und Linguist und hatte die École Polytechnique in Paris besucht, eine
der großen wissenschaftlichen Bildungsstätten jener Tage. Wie es manchmal
bei Leuten mit solch vielgefächerten Interessen geschieht, wandte er seine Aufmerksamkeit bald diesem, bald jenem Fach zu und hinterließ weder ein umfangreiches Werk noch erwarb er ewigen Ruhm. Selbst unter Mathematikern
wüßten die meisten mit dem Namen Pierre Wantzel nichts anzufangen.

Seine Unbekanntheit mag auch seinem kurzen Leben zuzuschreiben sein,
dessen Kürze vielleicht auf seinen ausschweifenden Lebensstil zurückzuführen
ist. Ein Kollege erinnert sich an Wantzel:[4]

Gewöhnlich arbeitete er abends und ging sehr spät zu Bett; dann las er und
kam nur zu wenigen Stunden unruhigen Schlafs, denn er trieb Mißbrauch
abwechselnd mit Kaffee und Opium. Bevor er verheiratet war, nahm er
seine Mahlzeiten unregelmäßig ein. Er hatte ein unerschütterliches Ver-
trauen in seine Konstitution, schließlich war er von Natur aus sehr stark,
aber das setzte er mit Vergnügen durch alle erdenklichen Arten des Miß-
brauchs aufs Spiel. Denen, die seinen vorzeitigen Tod betrauern, hat er
großen Kummer bereitet.

Wantzels Veröffentlichung zur Dreiteilung des Winkels von 1837 trägt den
Titel: *Untersuchungen zu den Mitteln, mit welchen man erkennt, ob ein Pro-*
blem der Geometrie mit Zirkel und Lineal gelöst werden kann.[5] Für ein so
wichtiges Problem, das so lange Zeit die Gemüter bewegt hatte, hatte die
Arbeit recht wenige Seiten, nämlich nur sieben, aber es waren sieben bemerkenswerte Seiten. Die Einzelheiten seiner Beweisführung gehen weit über den
Rahmen dieses Buches hinaus, aber wir wollen sie wenigstens skizzieren.

Wesentlich an Wantzels Beweis war die Verlagerung des Problems aus dem
Gebiet der reinen Geometrie in die Algebra und Arithmetik hinein. Er wollte
genau bestimmen, welche Größen mit Zirkel und Lineal überhaupt konstruier-

bar sind und welche nicht. Dazu faßte er diese Größen nicht als geometrische Strecken, sondern als numerische Längen auf.

Wantzel schloß nun, wenn man jeden beliebigen Winkel dreiteilen kann, dann natürlich auch einen Winkel von 60°. Wenn aber ein 60°-Winkel dreigeteilt werden kann, so muß, wie er nach einer algebraischen Umformulierung und unter Verwendung einiger trigonometrischer Argumente folgerte, die kubische Gleichung $x^3 - 3x - 1 = 0$ eine konstruierbare Lösung haben. Konstruierbar bedeutet, daß die Lösung, als Länge aufgefaßt, mit Zirkel und Lineal konstruierbar sein muß. Wantzel selbst kam zu einer etwas anderen, aber äquivalenten Form dieser Gleichung, das braucht uns hier jedoch nicht zu kümmern.

Wantzels Genialität kam erst richtig zum Vorschein, als er bewies, daß die kubische Gleichung, wenn sie eine konstruierbare Lösung hat, auch eine *rationale* Lösung haben muß. Es muß also eine rationale Zahl geben, wie sie in Kapitel Q definiert wurde, die die kubische Gleichung erfüllt. Damit war die ganze Frage darauf reduziert zu untersuchen, ob es für die Gleichung $x^3 - 3x - 1 = 0$ eine rationale Lösung gibt.

Dieser Frage gehen wir nun nach und nehmen an, es gäbe einen Bruch c/d, der die kubische Gleichung löst. Der Bruch soll in gekürzter Form vorliegen, so daß der Zähler c und der Nenner d keine gemeinsamen Faktoren außer 1 oder -1 enthalten. Da c/d eine Lösung der kubischen Gleichung sein soll, gilt:

$$(c/d)^3 - 3(c/d) - 1 = 0,$$

was man durch Multiplikation mit d^3 in $c^3 - 3cd^2 - d^3 = 0$ überführen kann.

Wir schreiben diese Gleichung auf zwei verschiedene Arten um. Zunächst folgt aus der äquivalenten Form $c^3 - 3cd^2 = d^3$ die Beziehung $c \cdot (c^2 - 3d^2) = d^3$. Die ganze Zahl c ist ein Faktor der linken Seite $c \cdot (c^2 - 3d^2)$ und daher auch ein Faktor der rechten Seite d^3. Da c und d aber nach Voraussetzung keine gemeinsamen Teiler außer 1 und -1 haben, kann c nur dann d^3 teilen, wenn $c = 1$ oder $c = -1$ ist.

Wir kehren noch einmal zur Gleichung $c^3 - 3cd^2 - d^3 = 0$ zurück und schreiben sie in $3cd^2 + d^3 = c^3$ um, was äquivalent ist zu $d \cdot (3cd + d^2) = c^3$. Ganz analog ist hier d Teiler der linken Seite $d \cdot (3cd + d^2)$ und daher auch der rechten Seite c^3. Wieder folgt aus der Teilerfremdheit von c und d, daß $d = 1$ oder $d = -1$ sein muß.

Wir fassen das bisherige Ergebnis zusammen: Wenn c/d eine rationale Lösung der kubischen Gleichung $x^3 - 3x - 1 = 0$ in gekürzter Darstellung ist, dann ist $c = \pm 1$ und/oder $d = \pm 1$. Der Bruch c/d ist bei allen Kombinationsmöglichkeiten von c und d aber immer 1 oder -1.

Wir haben die Suche nach rationalen Lösungen also drastisch auf die beiden Möglichkeiten 1 und -1 eingeengt, die wir getrennt untersuchen können. Für $x = c/d = 1$ folgt: $x^3 - 3x - 1 = 1 - 3 - 1 = -3 \neq 0$, so daß $c/d = 1$ keine Lösung ist. Gleichermaßen folgt für $x = c/d = -1 : x^3 - 3x - 1 = (-1)^3 - 3(-1) - 1 = -1 + 3 - 1 = 1 \neq 0$, und auch $c/d = -1$ ist keine Lösung.

Da dies die einzigen möglichen Kandidaten für eine rationale Lösung waren, hat die Kubik überhaupt keine rationale Lösung.

Was haben wir bisher erreicht? Wir betrachten noch einmal die Kette der Argumente, aus der die Unmöglichkeit der Dreiteilung des Winkels mit Zirkel und Lineal folgt:

1. **Annahme:** Man kann einen beliebigen Winkel mit Zirkel und Lineal dreiteilen.

2. Dann kann man auch den Winkel von 60° dreiteilen.

3. Folglich gibt es eine konstruierbare Lösung der Gleichung $x^3 - 3x - 1 = 0$.

4. Wenn dies richtig ist, gibt es auch eine rationale Lösung der Gleichung $x^3 - 3x - 1 = 0$.

5. Diese rationale Lösung $x = c/d$ muß $x = 1$ oder $x = -1$ sein.

Wir haben aber gezeigt, daß die Behauptung (5) falsch ist, denn weder $x = 1$ noch $x = -1$ löst die kubische Gleichung $x^3 - 3x - 1 = 0$. Wir sind zu einem Widerspruch gelangt. Da aber die Behauptung (1) unausweichlich auf die Behauptung (5) führt, muß schon die Behauptung (1) falsch gewesen sein. Mit Hilfe unseres alten Freundes, des „Beweises durch Widerspruch", haben wir ein Problem gelöst, das so viele Generationen von Mathematikern geplagt hat: Die Dreiteilung eines beliebigen Winkels mit Zirkel und Lineal ist unmöglich.

Wantzels Beweis gehört sicherlich nicht zu den einfachsten, aber wer würde eine einfache Lösung für ein Problem erwarten, das mehr als zwanzig Jahrhunderte offen war? Stolz beanspruchte Wantzel für den Beweis die Priorität, als er bemerkte: „Es scheint, daß zuvor noch nicht streng bewiesen worden ist, daß diese Probleme [Trisektionen], die in der Antike so berühmt waren, einer Lösung durch geometrische Konstruktionen nicht zugänglich sind."[6] Damit hätte die Angelegenheit im Jahre 1837 endgültig erledigt sein sollen.

Das war sie auch – jedenfalls für jeden ernsthaften Mathematiker. Seltsamerweise beharrt seitdem jedoch eine Ansammlung irregeführter oder einfach nur verbohrter Individuen darauf, weiterhin nach Dreiteilungsalgorithmen zu suchen. Selbst heutzutage sind die Winkel-Trisektierer noch aktiv. Jeder behauptet von sich, den magischen Prozeß gefunden zu haben, der die Winkeldreiteilung ermöglicht, und beansprucht seine Seite im Goldenen Buch der Mathematikgeschichte.

Sie liegen aber alle schief. Wantzels Beweis macht ihre Anstrengungen zunichte. Die Dreiteilung des allgemeinen Winkels ist unmöglich. Dudley Underwood bemerkt hierzu, man könne genausogut nach „zwei geraden Zahlen suchen, deren Summe ungerade ist".[7] Überzeugte Trisektierer lassen sich allerdings durch nichts abschrecken, was Robert Yates mit den Worten kommentiert: „Wenn das Virus dieser phantastischen Seuche erst einmal ins Gehirn eingedrungen ist und nicht sofort die geeigneten Antiseptika appliziert werden, gerät das Opfer in einen Circulus vitiosus, ... der von einem Gewaltverbrechen an der Logik zum nächsten führt."[8]

Eine Erklärung für ein solches Verhalten könnte vielleicht in einem Mißverständnis der Bedeutung des Wortes *unmöglich* zu finden sein. Für manche klingt das Wort *unmöglich* vielleicht eher wie eine Herausforderung und nicht wie eine Schlußfolgerung. Schließlich galt es einst dem Menschen als unmöglich, selbst zu fliegen oder das Golden Gate zu überbrücken oder auf dem Mond spazierenzugehen. Alle diese als unmöglich erachteten Herausforderungen wurden aber gemeistert. Und wer kennt nicht das alles versprechende Wort: „Amerika ist das Land der unbegrenzten Möglichkeiten"? Lassen Sie sich nicht davon irreführen, ob Sie nun in Amerika, in Europa oder auf einem anderen Kontinent zu Hause sind. Meist sind es ohnehin nur Politiker oder Autoren von Selbsthilfefibeln, die so etwas sagen.

Mathematiker wissen es zum Glück besser. Wie wir aus Kapitel J wissen, können sie sehr wohl die Unmöglichkeit der Lösung eines Problems definitiv beweisen. Dann heißt *unmöglich* tatsächlich auch *unmöglich.*

Den armen Seelen, die immer noch den Heiligen Gral der Trisektion suchen, sei an dieser Stelle noch einmal mit aller Deutlichkeit gesagt, daß 1837 Pierre Laurent Wantzel bewies, daß aus der Möglichkeit der Winkeldreiteilung die Existenz einer rationalen Lösung einer gewissen Gleichung folgt, die keine rationale Lösung besitzt. Die logische Unmöglichkeit der letzteren Aussage bedingt die logische Unmöglichkeit der ersteren. Eine allgemeine Winkeldreiteilung mit Zirkel und Lineal kann es deshalb nicht geben und wird es nie geben. Schluß – Ende – Aus.

Universelle Anwendbarkeit

Mathematik ist nützlich.

Banaler kann man kaum ausdrücken, was jedermann, vom gereiften Wissenschaftler bis zum mathophoben Angsthasen, ohnehin schon lange weiß: Mathematik wird in vielen Bereichen des täglichen Lebens praktisch angewandt. Jahr für Jahr zieht diese Allgegenwart der Mathematik Tausende in Fortbildungskurse und sorgt für den Verkauf von Hunderttausenden von Lehrbüchern, denn für manch einen wird die Mathematik zum unentbehrlichen Werkzeug in seinem Betätigungsfeld. Studenten der Ingenieurwissenschaften, Architektur, Physik, Ökonomie, Astronomie und zahlloser anderer Wissenschaften wird immer wieder auf die Nase gebunden, daß sie für ihre angestrebte Karriere unbedingt solide Mathematikkenntnisse erwerben müssen. Wenn es um die Nützlichkeit und Anwendbarkeit geht, können nur wenige andere menschliche Erkenntnisse mit mathematischen Errungenschaften mithalten.

Hinter der Banalität dieser Beobachtung verbirgt sich jedoch eine subtile philosophische Frage: *Wieso* erfüllt die Mathematik ihre nützliche Rolle so ausgezeichnet? Die reine Mathematik ist schließlich ein Gewebe von Abstraktionen, ein System von in sich konsistenten Begriffen und logisch eleganten Ideen, aber eben von Ideen. Logische Konsistenz garantiert noch lange nicht Nützlichkeit an und für sich. Die Regeln des Bridge beispielsweise sind logisch konsistent, bieten aber keine weitere Erkenntnis über die Umlaufbahn des Mondes.

Nehmen wir nur die Geometrie des Euklid aus Kapitel G. Fraglos handelt es sich um ein gelungenes Beispiel einer sorgfältigen Ableitung aus einem System von Axiomen, aber bedeutet dies *automatisch*, daß die Propositionen Euklids auch die Geometrie eines freien Parkplatzes auf der Straßenseite gegenüber beschreiben? Nichtsdestoweniger können wir uns mit einem Blatt Papier und ein bißchen Euklid drinnen gemütlich hinsetzen und Länge und Fläche des Parkplatzes draußen berechnen, was wir durch Messungen auch nachprüfen könnten. Prinzipiell besteht aber keinerlei Notwendigkeit, nach draußen zu gehen. Die Abstraktionen der Mathematik führen auf Ergebnisse, die so genau sind, daß wir den Parkplatz gar nicht brauchen.

Dabei handelt die Geometrie Euklids an keiner Stelle von Parkplätzen. Sie handelt nicht von physikalischen Objekten. Sie handelt von Ideen. Was geht da eigentlich vor? Warum rechtfertigt die Mathematik so oft ihre Beschreibung als „Vergeistigung des gesunden Menschenverstandes", wie sie Lord Kelvin einmal genannt hat?[1]

Beachtet denn die Natur, wie oft behauptet wird, mathematische Regeln? Wenn dies so ist, so bedeutet es, daß der Welt da draußen durch mathematische Prinzipien Bedingungen auferlegt werden. Oder legen Natur und Mathematik nur zufällig gleiches, aber sonst nicht weiter in Beziehung stehendes Verhalten an den Tag? Ist es nur Zufall, daß die Mathematik mit ihrem geordneten Charakter die perfekte Sprache ist, die der Welt innewohnende Ordnung zu beschreiben? Vielleicht imitieren Rhythmus und Struktur der immateriellen Mathematik nur Rhythmus und Struktur der materiellen Realität, ohne daß einer dem anderen gehorcht.

Neben all diesen philosophischen Fragen sollte man eine ganz irdische Tatsache nicht vergessen: Viele Phänomene in der Natur haben sich bis jetzt einer mathematischen Beschreibung erfolgreich widersetzt. In einigen Fällen ist die Mathematik einfach noch nicht soweit. Diese Meinung vertrat ein skeptischer Friedrich der Große, als er 1778 an Voltaire schrieb:

Die Engländer haben Schiffe mit den günstigsten Formen gebaut, wie es Newton geraten hatte, aber ihre Admirale haben mir versichert, diese Schiffe segelten nicht annähernd so gut wie jene, die nach den Regeln der Erfahrung gebaut worden waren ... Eitelkeiten über Eitelkeiten! Eitelkeiten der Geometrie![2]

Ein anderes Beispiel: Man muß zugeben, daß es kein mathematisches Modell gibt, das das Wetter auch nur einigermaßen richtig vorhersagen kann. Ein „perfektes" Wettermodell müßte einen solchen Wust von miteinander in Wechselwirkung stehenden Variablen berücksichtigen – Windgeschwindigkeiten, Luftdrücke, Sonnenlichteinstrahlung und vieles mehr –, daß die Mathematik an deren Komplexität scheitern würde. Das heißt aber nicht, daß wir aufgeben sollen. Die Methoden der Wettervorhersage werden ständig verbessert, und die mathematischen Modelle sind äußerst kompliziert geworden. Aber kein Modell kann zum Beispiel exakt vorhersagen, wie viele Regentropfen auf den Reichstag fallen, solange Christo ihn verhüllt. Von einer solchen Präzision sind wir meilenweit entfernt. Natürlich wird eine gewisse Zahl von Regentropfen, eventuell null, das verhüllte Gebäude treffen, und die Ungenauigkeit der mathematischen Beschreibung werden sie nicht aufhalten. Wie hat das Augustin Fresnel so treffend ausgedrückt: „Die Natur schert sich nicht um die Schwierigkeiten der Analysis."[3]

Im folgenden aber müssen wir uns darum scheren. Von den zahllosen mathematischen Anwendungen wollen wir zwei betrachten, die möglichst einfach

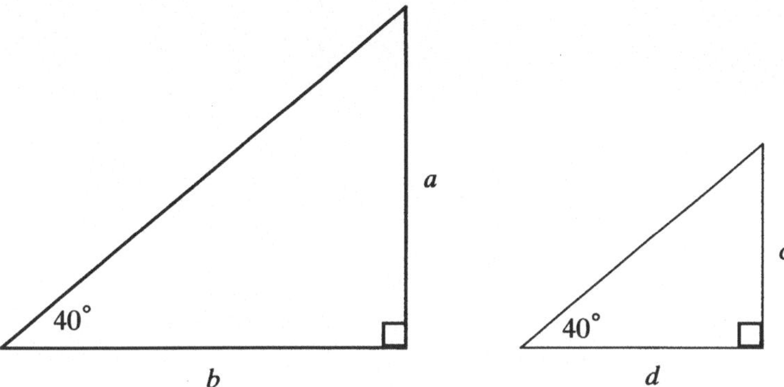

sind und doch etwas Wesentliches über die Welt, in der wir leben, aussagen. Die erste Anwendung betrifft die Messung des Raumes und die zweite die der Zeit.

Stellen wir uns einmal die folgende Situation vor: Wir stehen am Ufer eines Flusses, und uns direkt gegenüber steht ein großer Baum. Durch den reißenden Strom können wir nicht schwimmen, und der Baum wäre uns auch zu hoch, um hinaufzuklettern. Wie können wir trotzdem die Höhe des Baumes bestimmen?

Die Antwort gibt die Trigonometrie, ein uraltes und äußerst nützliches Gebiet der Mathematik. Der Name ist Methode: *tri* – drei – *gon* – Seite – *metrein* – messen – das Messen von Dreigonen: von Dreiecken. Genauer wird in der Trigonometrie die Ähnlichkeit von rechtwinkligen Dreiecken ausgenutzt.

Betrachten wir die rechtwinkligen Dreiecke in der Abbildung oben. Jedes hat neben dem rechten Winkel einen Winkel von 40°, so daß der dritte jeweils 180° − 90° − 40° = 50° beträgt. Da die Dreiecke in ihren Winkeln übereinstimmen, sind sie ähnlich, und die entsprechenden Seitenverhältnisse sind gleich. Beispielsweise ist das Verhältnis der dem 40°-Winkel gegenüberliegenden Seite zu der diesem Winkel anliegenden horizontalen Seite bei beiden Dreiecken gleich. Symbolisch gilt also:

$$\frac{a}{b} = \frac{c}{d}.$$

Wenn beispielsweise bekannt ist, daß $a = 83{,}91$, $b = 100$ und $c = 55$ ist, so kann man diese Werte in die Gleichung einsetzen und die vierte, unbekannte Seite berechnen:

$$\frac{83{,}91}{100} = \frac{55}{d} \quad \Rightarrow \quad 83{,}91d = 5\,500 \quad \Rightarrow \quad d = \frac{5\,500}{83{,}91} = 65{,}55.$$

Unter Ausnutzung der Proportionalität kann man aus der Kenntnis von drei Seiten die vierte bestimmen.

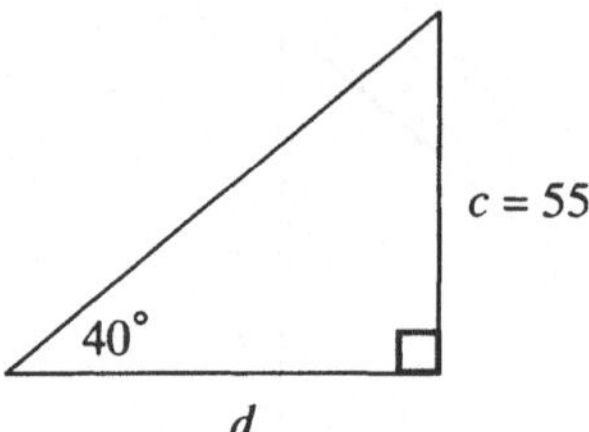

Damit scheint ein *Paar* von rechtwinkligen Dreiecken nötig zu sein. Es gibt jedoch keinen Grund dafür, daß beide in dem gestellten Problem explizit auftreten. Wenn nur das rechtwinklige Dreieck in der Abbildung oben gegeben ist, kann man dann d trotzdem berechnen?

Die Antwort lautet „Ja", denn man kann sich leicht ein weiteres, wenn auch imaginäres, rechtwinkliges Dreieck mit einem 40°-Winkel vorstellen, an dem man das unbekannte Verhältnis auf rein mathematische Weise bestimmen kann. Unter diesem Gesichtspunkt definiert der Trigonometer den *Tangens* eines Winkels α in einem rechtwinkligen Dreieck – mit $\tan\alpha$ bezeichnet – als das Verhältnis von Gegenkathete zu Ankathete des Winkels α. Für das Dreieck in der Abbildung unten gilt also:

$$\tan\alpha = \frac{\text{Gegenkathete}}{\text{Ankathete}} = \frac{a}{b}.$$

Dieses Verhältnis kann man berechnen, ohne Hilfestellung bei der Vermessung physikalisch existierender Dreiecke suchen zu müssen. Griechische Mathematiker wie Hipparch und Ptolemäus haben dies schon vor über 2 000 Jahren getan, und in den späteren Schulen der Inder und Araber stellten Gelehrte trigonometrische Tafeln auf, die $\tan\alpha$ für jeden gewünschten Winkel α enthielten. Die Entdeckung hat ihren Weg bis in die modernen Taschenrechner gefunden: Mit ein paar Tastendrücken erhält man $\tan 40° = 0{,}8390996$.

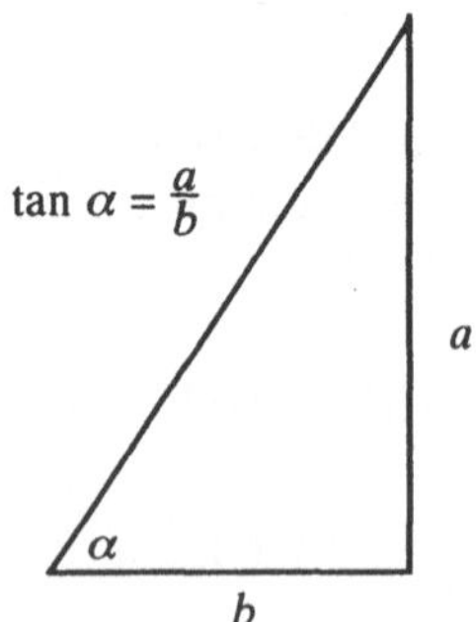

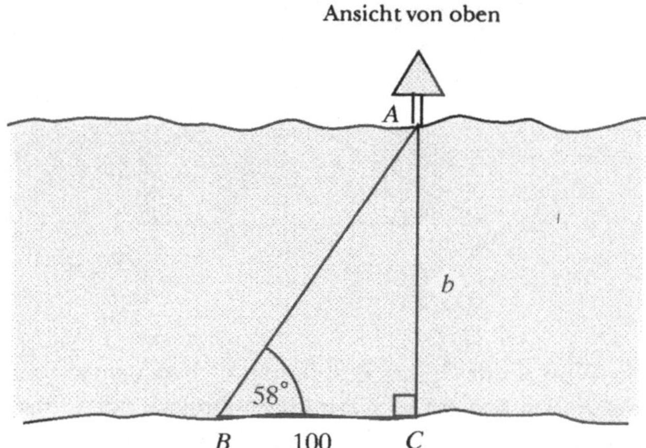

Mit einer trigonometrischen Berechnung erhält unser einsames Dreieck in der Abbildung auch seine dritte Seite:

$$\tan 40° = \frac{\text{Gegenkathete}}{\text{Ankathete}} \quad \Rightarrow \quad 0{,}8390996 = \frac{55}{d}.$$

Daher ist $0{,}8390996 \cdot d = 55$, also $d = 55/0{,}8390996 = 65{,}546$, was wir mit dem Referenzdreieck schon einmal ausgerechnet hatten.

Der wesentliche Punkt dabei ist, daß man den Tangens als Verhältnis an einem rechtwinkligen Dreieck mathematisch berechnen kann, ohne das Dreieck konkret vor sich zu haben. Diesen Wert benutzt man dann anstelle eines zweiten Dreiecks bei der Lösung realer Probleme. Mit der beschriebenen Methode wollen wir nun die Höhe des Baumes am anderen Flußufer bestimmen.

Zunächst müssen wir die Breite des Flusses in Erfahrung bringen. Dazu spazieren wir eine bestimmte Strecke – zum Beispiel 100 Meter – am Ufer entlang und messen den Winkel, unter dem der Baum von unserem neuen Standort aus zu sehen ist. Nehmen wir an, dies seien 58°. Die Situation ist in der Abbildung oben aus der Vogelperspektive dargestellt. In dem rechtwinkligen Dreieck $\triangle ABC$ entspricht die unbekannte Breite des Flusses der Länge b. Die Seite BC hat die gewissenhaft vermessene Länge von 100 Metern, der Winkel $\angle ABC$ beträgt 58°, daher gilt:

$$\tan 58° = \frac{\text{Gegenkathete}}{\text{Ankathete}} = \frac{b}{100}.$$

Daraus erhält man $b = 100 \cdot \tan 58° = 100 \cdot 1{,}600 = 160{,}0$ Meter. Der numerische Wert $\tan 58° = 1{,}600$ stammt aus einem Taschenrechner. Damit ist die Breite des Flusses bekannt.

Wir wollten aber die Höhe des Baumes bestimmen. Wir gehen zu unserem Ausgangspunkt zurück, der genau gegenüber des Baumes liegt, und messen von

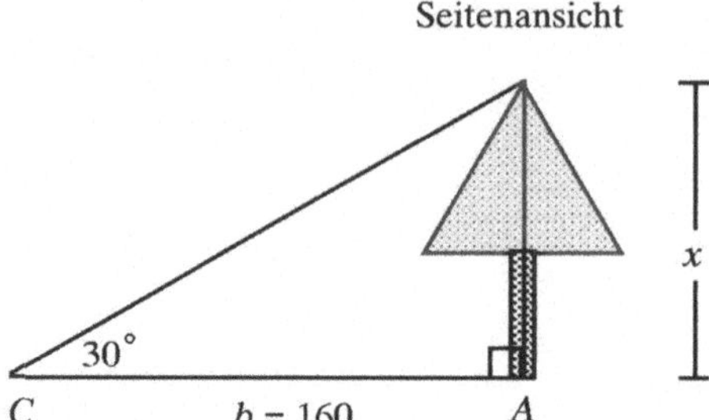

da aus den Winkel zur Spitze des Baumes. Nehmen wir an, es ergeben sich
30°. Wieder haben wir ein rechtwinkliges Dreieck vor uns, diesmal allerdings
senkrecht zur Erdoberfläche, wie es die Abbildung oben zeigt. Die eine Kathete
des Dreiecks ist die Breite des Flusses, die wir vorhin zu 160 Metern bestimmt
haben. Die Höhe des Baumes ist unsere Unbekannte x, der maßgebliche Winkel
ist 30°. Damit erhalten wir für den Tangens:

$$\tan 30° = \frac{\text{Gegenkathete}}{\text{Ankathete}} = \frac{x}{160},$$

was direkt auf

$$x = 160 \cdot \tan 30° = 160 \cdot 0{,}57735 = 92{,}4 \text{ Meter}$$

führt. Ein wahrhaft stolzer Baum, dessen Höhe wir bestimmt haben, ohne uns
die Hosen zu zerreißen oder nasse Füße zu holen. Auch wenn diese Anwendung
der Trigonometrie recht trivial war, so spricht sie doch für sich.

Natürlich würde des Teufels Advokat unsere Leistung als unnötig abtun.
Irgendwie könnte man sich ein Kanu organisieren, hinüberpaddeln, den Baum
umhacken und dann die Höhe messen. Es ist also nicht so, daß einem die Trigonometrie Informationen verschafft, die man sich nicht auch anderswo holen
kann.

Um solche Einwände etwas abzuschwächen, wollen wir ein durchaus dra-
matisches Beispiel betrachten, bei dem die Trigonometrie eine Rolle spielt.
Dazu begeben wir uns ins Jahr 1852 in das Büro des Generallandvermessers
von Indien. In dem ehrgeizigen britischen Projekt, den gesamten Himalaya
zu kartographieren, dienten trigonometrische Messungen zur Berechnung der
Höhe der entfernten Gipfel.

Es war unerhört schwierig, an die nötigen Informationen heranzukommen.
Zum einen gab es Probleme wegen des großen Maßstabs. Anders als ein Baum
am anderen Flußufer lagen die Gipfel des Himalaya hundert Kilometer und
mehr von den Vermessern entfernt. Bei einer solchen Distanz muß man at-
mosphärisch bedingte Verzerrungen und die Erdkrümmung miteinbeziehen.
Politische Querelen machten es den Vermessungstrupps unmöglich, Nepal oder

Tibet zu betreten, in deren Grenzregion die Hauptkette des Himalaya liegt. Nur wegen ihrer unglaublichen Höhe waren die Gipfel überhaupt von den indischen Vorgebirgen aus zu sehen. Ein niedrigeres Massiv wäre hinter dem Horizont verschwunden.

Trotz dieser Schwierigkeiten ging die Arbeit voran. Verschiedene Gipfel wurden vermessen, und die Daten wurden von Angestellten des Generallandvermessers analysiert. In jenem Büro, so die Kunde der Gebirgsvermesser, überprüfte der bengalische Hauptrechner – ein Mensch, keine Maschine – seine Ergebnisse wieder und wieder, bevor er aufgeregt verkündete, er habe den höchsten Berg der Erde entdeckt.[4]

Auf dem Vermessungsblatt war dieser nur als Gipfel XV vermerkt. Tatsächlich sah er gar nicht wie der höchste von allen Bergen am Horizont aus, aber das kam daher, daß er viel weiter entfernt war als all die anderen. Seine Entfernung wurde ebenfalls, wie im Beispiel der Flußbreite, aus trigonometrischen Daten errechnet. Gipfel XV erhob sich über achteinhalb Kilometer über den Meeresspiegel und kratzte schon die Stratosphäre an. Im Vergleich zu diesem Riesen war der höchste Gipfel Europas, der Montblanc, nur etwa halb so groß und endete schon reichlich vier Kilometer unterhalb von Gipfel XV.

Die Briten benannten den Gipfel nach guter Tradition der Kolonialmächte nach einem der ihren: nach Sir George Everest, dem früheren Leiter des Vermessungsunternehmens. Den Bewohnern der Vorgebirge war die Existenz des großen Berges natürlich nicht unbekannt. Die Tibeter im Norden hatten ihn schon immer Chomolungma genannt, was soviel wie „Göttinmutter der Welt" bedeutet, und die Sherpas im Süden hatten ihm den Namen Sagarmatha gegeben, was „Mutter des Universums" heißt. Allerdings ist der höchste Berg der Welt bis heute den meisten unter dem Namen Mt. Everest bekannt. Wenn der Name auch ein Überbleibsel des britischen Imperialismus ist, so muß man doch zugestehen, daß „Everest" den majestätischen Klang ausstrahlt, der sich für eines der größten Wunder der Natur geziemt. Wäre der Name des Vermessungsleiters Sir George Terwilliger gewesen, müßte man diesen Gesichtspunkt wohl außer acht lassen ...

Worauf wir hier allerdings hinauswollen, ist die Anwendung der Trigonometrie bei der Höhenbestimmung im Jahre 1852. Sie erfolgte mehr als ein Jahrhundert, bevor Tenzing Norgay und Edmund Hillary als erste Menschen Ende Mai 1953 auf dem Gipfel des Mt. Everest standen. Neben Rucksäcken und Eispickeln erforderte diese Erstbesteigung enormen Mut. Die Höhenbestimmung erforderte nur Trigonometrie.

Wenn schon dieses erdverbundene Beispiel die Nützlichkeit der Mathematik zeigt, so wird sie erst recht durch das nächste, noch viel bemerkenswertere, demonstriert: Die gleiche Methode, mit der Bäume und Evereste vermessen wurden, lieferte nämlich auch die ungleich größeren Entfernungen zu Mond, Sonne und den Planeten.

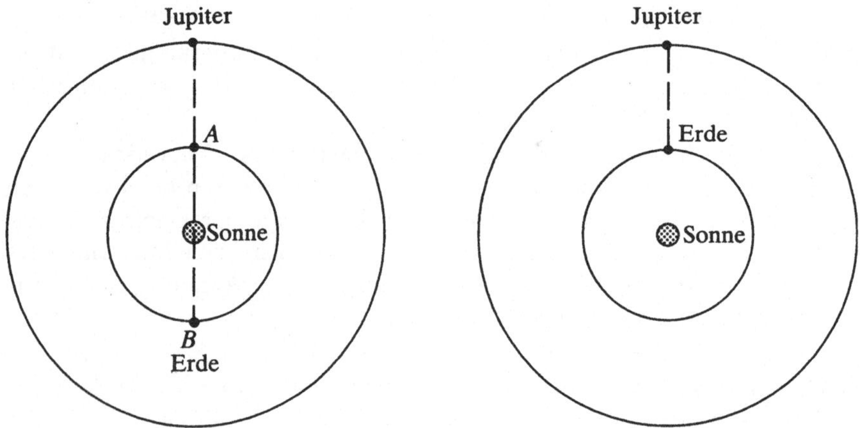

Erste Schätzungen gehen auf die Griechen und die islamischen Gelehrten zurück, die ihre Daten für die Abstände von Sonne und Mond aus Beobachtungen von deren Verfinsterungen mit dem bloßen Auge und ihren trigonometrischen Kenntnissen gewannen. Um 850 berechnete der Astronom Abdul'l Abbas Al-Farghani für den mittleren Abstand der Sonne von der Erde den Wert von 1 170 Erdradien. Dies war eine gewaltige Unterschätzung, denn damit lägen nur etwa acht Millionen Kilometer zwischen uns und der Sonne. Bei der geringen Entfernung wäre unser Planet sofort zu Asche verglüht. Aber es war ein Anfang.[5]

Mit dem Aufkommen des Teleskops im siebzehnten Jahrhundert wurden genauere Beobachtungen ermöglicht. Diese waren auch unerläßlich, wollte man Dreiecke, deren eine Seite sich von der Erde zur Sonne erstreckt, genau ausmessen. Kleine Fehler bei der Messung führen bei diesen Größenordnungen nicht zu Fehlern im Zentimeterbereich, wie bei der Höhe eines Baumes, sondern zu Fehlern im Bereich von Abermillionen Kilometern. Die erforderliche Genauigkeit ging an die Grenze der Leistungsfähigkeit der damaligen Instrumente. Dennoch berechnete Ende des siebzehnten Jahrhunderts Giovanni Cassini (1625–1712) eine Entfernung von etwa 22 000 Erdradien zur Sonne.[6] Das sind etwa 140 Millionen Kilometer – nicht schlecht, verglichen mit der heute allgemein angenommenen Entfernung von 149 Millionen Kilometern. Dies ist ein besonders glanzvolles Beispiel für die Nützlichkeit der Trigonometrie bei der Lösung scheinbar unlösbarer extraterrestrischer Probleme.

Wie es in der Wissenschaftsgeschichte schon oft geschehen ist, wurde durch die Lösung des einen Problems die Lösung des nächsten ermöglicht. In diesem Fall führte die Kenntnis des Sonnenabstands zu einer ersten Schätzung der Lichtgeschwindigkeit, der vielleicht wichtigsten Konstanten der gesamten Physik. Wir wollen uns den Gang der Dinge im folgenden vergegenwärtigen.

Schon 1610 hatte Galileo Galilei durch sein „Guckglas" entdeckt, daß der Jupiter von vier Monden umrundet wird. Astronomen zeichneten in der Folge die Bewegungen dieser Satelliten genau auf, und um 1670 hatte Cassini exakte Tabellen erstellt, die die Zeiten angaben, zu denen der innerste Mond, Io, hinter dem riesigen Planeten verschwand. Danach sollten die Verfinsterungen des Mondes Io alle 42 Stunden und 27 Minuten stattfinden.

Aber ein völlig unvermutetes Phänomen wurde beobachtet. Wenn Erde und Jupiter sich auf entgegengesetzten Seiten der Sonne gegenüberstanden, wie es in der Abbildung auf Seite 298 links dargestellt ist, so verschwand Io später als vorhergesagt hinter Jupiter. Wenn Erde und Jupiter dagegen auf derselben Seite der Sonne in einer Linie mit ihr standen, wie es rechts auf der Abbildung gezeigt ist, geschah dies früher als erwartet. Diese Unregelmäßigkeit in der Bewegung von Io um Jupiter war zunächst völlig unerklärlich.

Die Unregelmäßigkeiten hatte Ole Roemer (1644–1710), einer der Assistenten von Cassini, aufgezeichnet. Er fragte sich, was die Verzögerung der Mondfinsternis hervorrufen könnte, wenn die Planeten ihre größte Entfernung erreicht hatten, und was die Beschleunigung hervorruft, wenn sie sich allmählich wieder näher kommen. Eine mögliche Erklärung wäre natürlich eine unterschiedliche Umkreisungsgeschwindigkeit von Io um den Jupiter gewesen, die sich erhöht, wenn die Erde nah ist, und die abnimmt, wenn sich die Erde entfernt. Leider hätte das aber die Gesetze der Physik verletzt, und warum sollte sich ein Jupitermond um den Standort der Erde kümmern?

Die einfachere Erklärung, die auch Roemer vermerkte, war die Annahme, daß sich Io mit konstanter Geschwindigkeit bewegte, daß das Licht jedoch eine längere Zeit zur Erde benötigte, wenn es eine größere Entfernung zurücklegen mußte. Die offensichtliche Verzögerung wurde nicht durch irgendwelche Vorgänge in der Nähe des Jupiter verursacht, sondern durch die zusätzliche Zeit, die das Licht brauchte, um den Durchmesser der Erdbahn zu durchqueren.

Natürlich wußten die Leute, daß der *Schall* seine Zeit braucht, um von einem Ort zu einem anderen zu gelangen. Das stellt man schließlich schon beim verspäteten Donnergrollen nach einem weit entfernten Blitz fest. Allerdings bestand der weitverbreitete Glaube, daß sich *Licht* unmittelbar verbreite und daß das, was an einem Ort geschieht, gleichzeitig im ganzen Universum zu sehen ist. So dachten Autoritäten wie Aristoteles in der Antike und Descartes im frühen siebzehnten Jahrhundert. Roemer jedoch erklärte das scheinbare Abbremsen und Beschleunigen des Jupitermondes genauso, wie man die Verzögerung des Donners erklärt, nur daß es in diesem Fall Licht ist, das die Zeit benötigt, um von einem Ort zum andern zu gelangen.

Roemer selbst war an einer Bestimmung der eigentlichen Lichtgeschwindigkeit gar nicht so sehr interessiert, sondern viel mehr daran, zu beweisen, daß sich Licht nicht simultan an allen Orten ausbreitet.[7] Wir können jedoch mit Roemers Daten eine Lichtgeschwindigkeitsschätzung „à la siebzehntes Jahrhundert" nachholen. Aus seinen Beobachtungen geht hervor, daß sich die Io-Verfinsterung um 22 Minuten verzögerte, wenn sich die Erde vom Ort ihrer kürzesten Entfernung vom Jupiter zum Ort ihrer größten Entfernung bewegte. Roemer schrieb diese verlorenen 22 Minuten dem Umstand zu, daß das Licht genau diese Zeit benötigt, um den Durchmesser der Erdbahn zu durchqueren. In der Abbildung auf Seite 298 ist das die Strecke von Punkt A nach Punkt B. Für die Entfernung von der Erde zur Sonne benötigt das Licht also die Hälfte dieser Zeit, nämlich 11 Minuten. Setzen wir für diese Entfernung die Schätzung von 139 Millionen Kilometern ein, die Cassini aus seinen trigonometrischen Daten gewonnen hatte, so hätte das Licht eine Geschwindigkeit von $139\,000\,000/11 = 126\,400\,000$ Kilometern pro Minute oder $211\,000$ Kilometern pro Sekunde.

Das war eine ganz außergewöhnliche Geschwindigkeit. Christiaan Huygens war beeindruckt: „Ich habe kürzlich mit großem Vergnügen von der schönen Entdeckung erfahren, mit der M. Römer zeigt, daß Licht Zeit benötigt, um sich von seiner Quelle auszubreiten, und mit der er diese Geschwindigkeit sogar messen kann. Das ist eine wirklich wichtige Entdeckung."[8] Ein anderer Astronom jener Tage bemerkte mit Erstaunen: „Wir werden höchst erschreckt sein über die riesigen Abstände und die Geschwindigkeit, mit der sich das Licht bewegt."[9]

Wie sich herausstellte, war die geschätzte Geschwindigkeit noch zu gering. Der Radius der Erdbahn war um 9 Millionen Kilometer unterschätzt, und die Zeit, die das Licht für seine Durchquerung benötigt, war um einige Minuten überschätzt. Tatsächlich braucht das Licht dafür nur wenig mehr als 16,5 Minuten und nicht die 22 Minuten, die Roemer bestimmt hatte. Heute wird die Lichtgeschwindigkeit mit ganz genau $299\,792$ Kilometern pro Sekunde angegeben.

Die Mathematik hat sich also bei der Messung riesiger Entfernungen im Raum außerordentlich bewährt. Das zweite Beispiel dieses Kapitels ist aber nicht minder eindrucksvoll: die Anwendung mathematischer Methoden bei der Messung großer Zeitabstände in die Vergangenheit.

Jahrhundertelang hatten die Gelehrten prähistorischen Objekten *relative* Zeitangaben zugeordnet, die auf eine einfache Beobachtung zurückgingen: Wenn wir uns durch die Erd- und Felsschichten durchbuddeln, gehen wir auch in der Zeit zurück. Das ist relativ simpel. Wie steht es aber mit dem *absoluten* Alter eines ausgegrabenen Knochens, einer ägyptischen Grabkammer oder eines verkohlten Holzstückchens aus einer Höhlenwohnung? Kann ein Archäologe begründete Hoffnung hegen, jemals das Jahrzehnt, das Jahrhundert oder das Jahrtausend zu bestimmen, aus dem diese Funde kommen? Diese Information scheint für immer verloren und vergessen.

Das ist sie aber keineswegs. Zu den eindrucksvollsten Eigenschaften der Wissenschaft gehört ihr ständiger Wille, Wissen zu schaffen, auch wenn es hoffnungslos scheint. Sehr phantasievoll hat das Sir Thomas Browne ausgedrückt: „Welchen Gesang die Sirenen anstimmten, oder welchen Namen sich Achill gab, als er sich unter den Frauen versteckte, das sind zwar verwirrende Fragen, aber ganz ratlos sind wir nicht." [10]

In diesem Geist müssen der Chemiker Willard Libby und seine Kollegen in den Jahren nach dem Zweiten Weltkrieg die Methode der Radiokarbondatierung entwickelt haben. Für diese Entdeckung erhielt Libby 1960 den Nobelpreis für Chemie als verdiente Anerkennung dafür, daß er das Geheimnis um das Lebensalter längst erloschener Lagerfeuer und prähistorischer Skelette enträtselt hatte. Was Libby in den alten Knochen und Holzresten entdeckt hatte, waren winzige, genaugehende Uhren. Um ihre verborgene Botschaft ablesen zu können, bedurfte es genauer Kenntnisse der chemischen Eigenschaften des Kohlenstoffs und der mathematischen Eigenschaften des natürlichen Logarithmus.

Zuerst zur Chemie. Kohlenstoff kommt in drei Isotopen vor. Zwei davon, die häufigeren und stabileren, sind ^{12}C und ^{13}C. Das dritte Isotop ist seltener und vergänglicher: ^{14}C, ein radioaktives Isotop mit einer Halbwertszeit von etwa 5 568 Jahren. Dabei hat der Ausdruck *Halbwertszeit* die folgende Bedeutung: Nach 5 568 Jahren ist die Hälfte der Masse des ursprünglich vorhandenen ^{14}C radioaktiv zerfallen. Wenn wir heute ein Kilogramm ^{14}C unberührt liegen lassen, so wird in 5 568 Jahren nur noch ein halbes Kilogramm übrig sein, nach weiteren 5 568 Jahren nur noch ein Viertel Kilogramm und so weiter.

Das Kohlenstoffisotop ^{14}C entsteht in den oberen Atmosphärenschichten durch die Einwirkung kosmischer Strahlung, wo es mit Sauerstoff zu radioaktivem Kohlendioxid reagiert. Dieses setzt sich allmählich bis auf die Erdoberfläche ab und wird Teil des Gemisches an Kohlenstoffverbindungen, aus denen alles Leben besteht. Libby nannte das Kind gleich beim Namen: „Pflanzen leben von Kohlendioxid und sind daher alle radioaktiv. Da die Tiere auf unserer Erde von den Pflanzen leben, werden auch alle Tiere radioaktiv." [11] Als Folge davon ist radioaktiver Kohlenstoff in den Karotten, die Sie zu Mittag essen, in den Petunien in Ihrem Garten, in Ihrem Hamster und im Vizepräsidenten von was auch immer. Durch unseren irdischen Ursprung sind wir alle markiert.

Mit raffinierten chemischen Analysen ist es möglich, die Anteile von radioaktivem und nicht radioaktivem Kohlenstoff in lebendem Gewebe zu bestimmen. Es ist eine vernünftige Annahme, daß diese Verhältnisse zu Lebzeiten der Tiere und Pflanzen aus der Vergangenheit ganz ähnlich waren. Da Organismen bei der Aufrechterhaltung ihrer Lebensvorgänge verlorenen Kohlenstoff ^{14}C kontinuierlich aus der Nahrungskette entnehmen und ersetzen, kann man annehmen, daß sich ein recht konstantes Gleichgewicht dieser Isotopenverhältnisse aufbaut.

Wenn aber nun ein Mastodon stirbt oder ein Baum gefällt wird, sind die Tage der ^{14}C-Ersetzung vorbei. Der zu diesem Zeitpunkt in das Gewebe eingebaute Kohlenstoff ist alles, was in Zukunft vorhanden sein wird. Im Lauf der

Zeiten bleibt der nichtradioaktive Kohlenstoff unverändert, aber der radioaktive unterliegt dem Zerfall – er verschwindet. Das Verhältnis des radioaktiven zum nichtradioaktiven Kohlenstoff wird daher mit der Zeit immer kleiner. Wie bei einer alten Uhr, deren Gewichte nach unten wandern, nehmen die radioaktiven Emissionen proportional ab. Diese Abnahme des ^{14}C-Anteils beginnt mit dem Todestag des Organismus und hält an bis zu dem Tag, an dem der alte Knochen oder das Holzstück ausgegraben wird – und darüber hinaus.

Chemiker können mit ihren Spezialgeräten den gegenwärtigen Grad der radioaktiven ^{14}C-Strahlung der Probe bestimmen – ein Wert, der kleiner ist, als er zu Lebzeiten des Objekts war. Da wir aber wissen, mit welcher Rate ^{14}C zerfällt, können wir, innerhalb gewisser Genauigkeitsgrenzen, berechnen, wie lange es gedauert hat, bis das Objekt diese verminderte Radioaktivitätsstufe erreicht hat. Dies ist aber genau die Zeitspanne, in der der Knochen oder das Holz nicht mehr dem Stoffwechsel eines lebenden Wesens unterlegen ist – oder kurz und bündig: Das ist das historische Alter des Objekts. Ein amüsantes Beispiel wissenschaftlicher Detektivarbeit und sicher eines Nobelpreises würdig.

Aber wie so oft in der Wissenschaft wird für die letzten Feinheiten die Mathematik gebraucht. Die alles entscheidende Gleichung bei der Datierung mit Kohlenstoffisotopen ist:

$$A_s = \frac{A_0}{e^{0{,}693t/5568}}.$$

Hierbei ist A_s die Radioaktivität der historischen Probe, A_0 ist die Radioaktivität der Vergleichsprobe eines lebenden Exemplars, und t ist die Zeit, die seit dem Tod des historischen Lebewesens vergangen ist. In diese Gleichung geht natürlich auch, wie man sieht, die ^{14}C-Halbwertszeit von 5568 Jahren ein. Und die Zahl e ist hier in einer ihrer Glanzrollen zu sehen.

Das folgende Beispiel, das einem von Libby selbst gegebenen gleicht, soll die mathematische Methode illustrieren.[12] Nehmen wir an, Archäologen hätten ein Stück Holz von einem Begräbnisschiff eines schon lange beerdigten ägyptischen Pharaos bei Grabungen gefunden. Wir wollen außerdem annehmen, daß der Baum, dem dieses Stück Holz entstammt, um dieselbe Zeit gefällt wurde, zu der auch der Pharao starb. Chemiker analysieren das Holz in ihrem Labor und bestimmen die Radioaktivität: Sie beträgt $A_s = 9{,}7$ Zerfälle pro Minute pro Gramm Kohlenstoff. Bei frisch geschnittenem Holz derselben Art werden aber $A_0 = 15{,}3$ radioaktive Zerfälle pro Minute pro Gramm Kohlenstoff gemessen. Wir wollen das Alter des Holzes t berechnen.

Dazu setzen wir A_s und A_0 in die Gleichung ein:

$$9{,}7 = \frac{15{,}3}{e^{0{,}693t/5568}}.$$

Daraus folgt unmittelbar $9{,}7 \cdot e^{0{,}693t/5568} = 15{,}3$ und somit $e^{0{,}693t/5568} = 15{,}3/9{,}7 = 1{,}577$.

Wir suchen aber die Unbekannte t im Exponenten. Wir bilden also den natürlichen Logarithmus beider Seiten der Gleichung:

$$\ln(e^{0{,}693t/5568}) = \ln 1{,}577.$$

Wer sich nicht direkt erinnert, kann in Kapitel N nachschlagen: $x = \ln(e^x)$. Also haben wir:

$$\frac{0{,}693t}{5568} = 0{,}456,$$

wobei der Wert $\ln 1{,}577 = 0{,}456$ dem Taschenrechner entlockt wurde. Nun folgt:

$$0{,}693t = 5\,568 \cdot 0{,}456 = 2\,359{,}0 \quad \Rightarrow \quad t = \frac{2\,359{,}0}{0{,}693} = 3\,663{,}8 \text{ Jahre.}$$

Nach unserer Berechnung wurde das Begräbnisschiff vor 3 664 Jahren gebaut, und zu dieser Zeit ist wohl auch der Pharao gestorben. Natürlich kann man bezüglich der Genauigkeit an vielen Stellen dieser Altersbestimmung seine Zweifel anmelden. Alles, von einer ungenauen Bestimmung der Radioaktivität bis zu einer Kontamination der Probe, kann das Resultat in der einen oder anderen Weise beeinflussen. Wenn wir aber angeben, der Pharao sei vor etwa 3 700 Jahren gestorben, so bewegen wir uns schon auf festerem Boden. Ein stummes Objekt hat uns sein eigenes Alter verraten. Dank der Chemie und der Mathematik ist eine Tür in die Vergangenheit aufgegangen.

Ob man nun die Höhe des Mt. Everest, die Geschwindigkeit des Lichts oder das historische Alter eines Pharao bestimmen will, die Mathematik hat ihre Nützlichkeit und universelle Anwendbarkeit ohne die Spur eines Zweifels unter Beweis gestellt. Morris Kline geht sogar so weit zu behaupten:

Der eigentliche Wert der Mathematik liegt gar nicht sosehr in dem Fach selbst, sondern in den Möglichkeiten, die sie dem Menschen bei seinem Umgang mit der physikalischen Welt eröffnet.[13]

Viele werden einwerfen, daß Kline da wohl ein wenig über das Ziel hinausgeschossen ist. Im Grunde genommen behauptet er damit, daß die Mathematik Astronomen und Chemikern alle ihre mathematischen Wünsche erfüllen soll; anschließend können die Mathematiker ihre Schreibtische aufräumen und nach Hause gehen.

Einen völlig gegensätzlichen Standpunkt vertritt G. H. Hardy, der zu den reinsten der reinen Mathematiker gehört. Hardy, der in bezug auf provozierende Aussagen selbst einiges loshat, gab zwar zu, daß „ein großer Teil der Elementarmathematik ... einen beachtlichen praktischen Nutzen besitzt", aber er fuhr fort mit der Feststellung, daß nützliche Ideen

im Ganzen eher stumpfsinnig sind. Sie sind der Teil, der den geringsten ästhetischen Wert besitzt. Die ‚wahre' Mathematik der ‚wahren' Mathematiker, die Mathematik eines Fermat, Euler, Gauß, Abel oder Riemann, ist fast gänzlich ‚nutzlos'.[14]

Obwohl die meisten Mathematiker von Hardys unnachgiebiger Vereinnahmung der Nutzlosigkeit leichte Abstriche machen würden, ist man sich im Stand der Mathematiker weitgehend einig, daß das Fach nicht nur als Diener der anderen Wissenschaften fungiert. Ergebnisse wie der Primzahlsatz aus Kapitel P behalten ihre Schönheit und Faszination und damit ihre mathematische Legitimation, auch jenseits aller Anwendungsansprüche. Wenn wir die Mathematik nur nach Nützlichkeitserwägungen beurteilen, ignorieren wir eines der zentralen Privilegien des Menschen: Er darf sich auf den Flügeln des Geistes erheben nur um des Vergnügens des Fliegens willen.

Wahrscheinlich liegt die Wahrheit irgendwo zwischen den Positionen von Morris Kline und G. H. Hardy. Der Nützlichkeit der Mathematik kann man nicht entrinnen; nach wie vor richten Zehntausende von Mathematikern ihre Bemühungen auf die Anwendungen. Unter Mathematikern hört man bisweilen die folgende Perle der Weisheit: Es ist leicht, ein mittelmäßiger angewandter Mathematiker zu werden; es ist schon etwas weniger leicht, ein mittelmäßiger reiner Mathematiker zu werden; wesentlich schwerer ist es, ein außergewöhnlicher reiner Mathematiker zu werden; am schwersten ist es aber, ein außergewöhnlicher angewandter Mathematiker zu werden. Um in der angewandten Mathematik Herausragendes zu leisten, muß man mehrere Gebiete beherrschen: sowohl Mathematik als auch Astronomie oder Chemie oder Ingenieurwissenschaften. Wo ein reiner Mathematiker sich die Arbeit einfacher machen kann, indem er Postulate frei verändert oder Hypothesen hinzufügt, muß der angewandte Mathematiker es mit den unkontrollierbaren Phänomenen der externen Welt aufnehmen. Reine Mathematik wird von der Logik geleitet, angewandte Mathematik wird von der Logik *und* der Natur geleitet. Reine Mathematiker können die Spielregeln verändern, angewandte Mathematiker sind dem ausgeliefert, was ihnen die Natur vorgibt.

Wir wollen diese Betrachtungen mit den Worten Galileos abschließen, eines Wissenschaftlers allerersten Rangs, der aus allen Ecken der Natur das Echo der Mathematik vernahm. Die Nützlichkeit und universelle Anwendbarkeit der Mathematik wurde niemals treffender angesprochen als in Galileos Beschreibung des Universums als ein „großes Buch", das

man nicht verstehen kann, wenn man nicht zuerst die Sprache zu erfassen und die Buchstaben zu lesen lernt, aus denen es komponiert ist. Es ist geschrieben in der Sprache der Mathematik.[15]

Venn-Diagramme

In der Mitte des neunzehnten Jahrhunderts entwarf John Venn (1834–1923), ein Mitglied der Universität von Cambridge, ein Darstellungsschema zur Visualisierung logischer Beziehungen. Venn war Geistlicher in der Anglikanischen Kirche, eine Autorität in bezug auf die „Morallehre", wie sie später genannt wurde, und er stellte ein massives Kompendium mit den Namen aller Studenten der Universität zusammen. Als Mathematiker war er nicht besonders herausragend. Aber ein einziger Beitrag hat ihm Unsterblichkeit verliehen.

Dieser Beitrag ist das Venn-Diagramm. Es gehört heute so fest zu den einschlägigen Lehrbüchern wie die Titelseite oder das Inhaltsverzeichnis. Ein *Venn-Diagramm* ist einfach ein meist rechteckiges Feld, in dem Kreise Gruppen von Objekten mit gemeinsamen Eigenschaften repräsentieren.

Betrachten wir das große Rechteck in der Abbildung auf Seite 306 oben. Es soll die Gesamtheit aller Tiere darstellen. Darin repräsentiere die Region C die Menge aller Kamele, die Region B die Menge aller Vögel und die Region A die aller Albatrosse. Man entnimmt dem Diagramm sofort:

- Alle Albatrosse sind Vögel: Region A ist ganz in Region B enthalten.

- Keine Kamele sind Vögel: Die Regionen C und B schneiden sich nicht.

- Keine Kamele sind Albatrosse: Die Regionen C und A schneiden sich nicht.

Hier wurde eine elementare Regel der Logik versinnbildlicht: Aus den Behauptungen „Alle Objekte mit Eigenschaft A haben auch Eigenschaft B" und „Kein Element mit Eigenschaft C hat Eigenschaft B" folgt: „Kein Element mit Eigenschaft C hat Eigenschaft A." Diese Schlußfolgerung ist trivial, wenn man sich die Kreise auf dem Diagramm ansieht.

Niemand, selbst nicht die besten Freunde von John Venn, würden sagen, daß dem Ganzen eine besonders tiefschürfende Idee zugrunde liegt. Venns

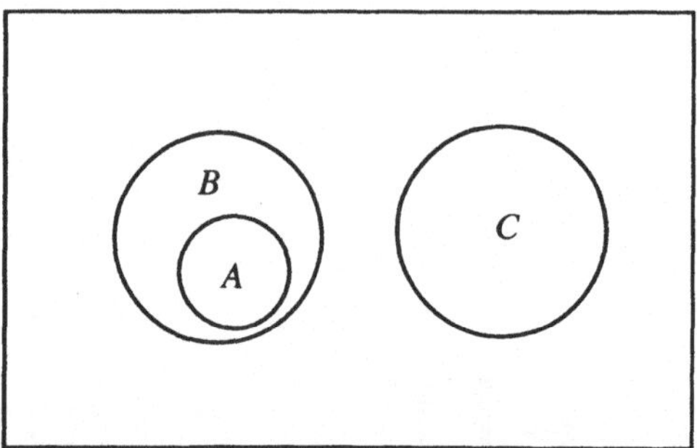

Erfindung verbrauchte wesentlich weniger Gehirnschmalz als beispielsweise die Bestimmung der Kugeloberfläche durch Archimedes. Die letztere beruht auf einer tiefen Einsicht. Die erstere hätte auch ein Kind mit einem Buntstift machen können.

Aber da ist noch etwas. Gottfried Wilhelm Leibniz, der als der Begründer der symbolischen Logik gilt, hat schon im siebzehnten Jahrhundert kleine Diagramme dieser Art benutzt. Und in Leonhard Eulers *Opera Omnia* findet sich die Illustration, die in der Abbildung unten zu sehen ist. Kommt einem das nicht bekannt vor? Ein „Venn-Diagramm" ein Jahrhundert vor Venn. Gerechterweise sollten wir es also „Euler-Diagramm" nennen. Natürlich würde eine solche Namensänderung nichts zu Eulers überragendem Ruhm beitragen, sie würde aber den Ruf Venns völlig auslöschen.

Das Venn-Diagramm ist also weder tiefliegend noch original. Es ist bloß bekannt. Irgendwie gibt es halt im Reich der Mathematik eine Abteilung mit dem Namen Venn. Keiner wurde in der langen Geschichte der Mathematik für weniger berühmt. Mehr ist dazu nicht zu sagen.

III. Or si la notion *C* étoit toute entiere hors de la notion *B*, elle seroit aussi tout entiere hors de la notion *A*, comme on voit par cette figure

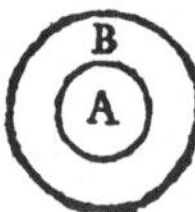

d'où nait cette forme de syllogisme:

Tout *A* est *B*:
Or Nul *C* n'est pas *B*, ou Nul *B* n'est pas *C*:
Donc Nul *C* n'est pas *A*.

Ein „Euler-Diagramm"
(Nachdruck mit freundlicher Genehmigung der Lehigh University Library.)

Wo sind die Frauen?

Wenn der Leser mitgezählt hat, sollte ihm aufgefallen sein, daß auf den bisherigen Seiten weitaus mehr Männer als Frauen genannt wurden. Diese Unausgewogenheit reflektiert die männliche Dominanz in der Geschichte der mathematischen Wissenschaft. Aber bedeutet dies, daß Frauen nie etwas zur Mathematik beigetragen haben, daß Frauen derzeit nichts beitragen oder daß Frauen in der Zukunft nichts beitragen werden?

Die Antworten auf diese Fragen sind, in der Reihenfolge: „Nein", „Natürlich nicht" und „Unverschämt!" Frauen erscheinen in der Geschichte der Mathematik schon in der Antike und sind heute aktiver denn je. Sie sind präsent gegen alle Widerstände, die sich männliche Mathematiker kaum vorstellen können, und nicht nur trotz eines Mangels an Ermutigung, sondern auch trotz einer aktiven *Abschreckung* weiblicher Aktivität.

Einleitend müssen wir zugestehen, daß eine kurze Liste der einflußreichsten Mathematiker – Archimedes, Newton, Euler, Gauß oder wie sie sonst genau aussehen mag – ausschließlich männliche Namen nennt. Frauen in der Mathematik sind vor 1900 sehr in der Minderheit. Unter denen, die hin und wieder genannt werden, sind Hypatia von Alexandria, die um 400 n. Chr. lebte; Emilie du Chatelet (1706–1749) und Maria Agnesi (1718–1799) im achtzehnten Jahrhundert; Sophie Germain (1776–1831), Mary Somerville (1780–1872) und Ada Lovelace (1815–1852) im frühen neunzehnten Jahrhundert. Sofia Kowalewskaja steht in dieser Liste an der Schwelle zum zwanzigsten Jahrhundert.

Von den hier genannten war Hypatia eine einflußreiche Geometerin, Lehrerin und Schriftstellerin; Chatelet und Somerville waren bekannt geworden, weil sie Newton ins Französische beziehungsweise Laplace ins Englische übersetzten. Agnesi veröffentlichte 1748 einen mathematischen Text, für den sie wohlverdiente Anerkennung erhielt. Lovelace arbeitete zusammen mit Charles Babbage an der Konstruktion seiner „Analytischen Maschine" – einem Proto-Computer.

Germain und Kowalewskaja sind die ausgezeichnetsten Mathematikerinnen dieser Liste. Die erste arbeitete sowohl auf dem Gebiet der reinen wie der angewandten Mathematik. Wir haben bereits ihre Arbeit zur Fermatschen Vermutung in Kapitel F erwähnt. 1816 erhielt sie einen Preis der Französischen Akademie der Wissenschaften für ihre mathematische Analyse der Elastizität. Kowalewskaja erhielt einen Doktortitel und hatte eine Position an der Universität inne, beides in ihrer Zeit wegbereitende Leistungen für eine Frau. Dabei erwarb sie sich den Respekt vieler sonst sehr skeptischer männlicher Kollegen.

Weibliche Mathematiker existierten also durchaus auch vor dem zwanzigsten Jahrhundert. Verwunderlich ist nicht, daß es nur wenige gab, verwunderlich ist, daß es überhaupt welche gab. Denn Frauen mußten nicht nur die normalen Hürden der höheren Mathematik überwinden, die sich den mathematischen Bestrebungen eines jeden in den Weg stellen, sondern zusätzlich ein Sammelsurium gesellschaftlich bedingter Barrieren. Die drei wichtigsten Hemmnisse wollen wir im folgenden beleuchten.

Zunächst wäre da die überall vorhandene *negative Einstellung* gegenüber Frauen überhaupt in dieser Disziplin, eine Einstellung, die sowohl bei Frauen als auch bei Männern ihre Spuren hinterlassen hat. Im Zentrum dieser Meinung steht der Glaube, Frauen seien unfähig, ernsthaft Mathematik zu betreiben. Diese Überzeugung war sehr weit verbreitet, und auch viele einflußreiche Persönlichkeiten teilten diese Überzeugung. Immanuel Kant soll gesagt haben, es sei ebenso wahrscheinlich, daß Frauen Bärte tragen wie daß sich ihre hübschen Köpfe erfolgreich mit Geometrie beschäftigen – eine höchst entmutigende Erklärung dieses so bedeutenden Philosophen.[1] Leider gehören solche Einstellungen keineswegs nur der Vergangenheit an. Wenn sich heute ein Mädchen entschließt, naturwissenschaftliche Fächer oder gar Mathematik als Hauptfach zu wählen, wird ihm nicht selten von Eltern, Freundinnen und Freunden oder anderen wohlmeinenden Beratern erklärt, Kunst und Musik oder Deutsch und Französisch seien der weiblichen Art des Denkens eher angemessen. Man sollte es kaum glauben.

Zu den bevorzugten Argumenten, wonach Frauen ungeeignet seien, Mathematik zu betreiben, gehört die Tatsache, daß es so wenige gibt, die es getan haben. Mit anderen Worten, das Fehlen von Frauen in der Mathematik dient als Begründung dafür, daß sie auf diesem Gebiet unfähig sind. Solch eine Argumentation ist einfach lächerlich. Überlegen Sie, man würde aus der Tatsache, daß es nur einige wenige Schwarzafrikaner in der Bundesliga gibt, schließen, daß diese grundsätzlich schlechter Fußball spielen. Dabei gehören inzwischen einige Schwarzafrikaner zu den besten Fußballspielern der Welt.

Daß Frauen sehr wohl zu mathematischen Höchstleistungen fähig sind, beweisen schon die anfangs aufgezählten Mathematikerinnen. Wir könnten die Liste auch fortsetzen mit Frauen, die in jüngerer Zeit aktiv waren: Grace Chisholm Young hat Anfang des zwanzigsten Jahrhunderts eine Schlüsselrolle bei der Verfeinerung der höheren Integrationstheorie gespielt, Julia Robinson hat Hilberts Zehntes Problem gelöst, und Emmy Noether darf man eine der hervorragendsten Algebraikerinnen des zwanzigsten Jahrhunderts nennen. Die Meinung, Frauen könnten Mathematik nicht betreiben, entbehrt jeder Grundlage.

Aber gleichzeitig gab es da noch die Meinung, Frauen *sollten* keine Mathematik betreiben. Daß es pure Zeitverschwendung wäre, gehört noch zu den zahmeren Lesarten. Vielfach wurde mathematische Betätigung für Frauen auch als schädlich bezeichnet. So wie Kinder nicht auf der Straße spielen sollen, so sollen sich Frauen von der Mathematik fernhalten.

So erging es etwa Florence Nightingale, die sich später einen Namen in der Kunst der Medizin gemacht hat. In ihrer Jugend zeigte sie viel mathematischen Enthusiasmus, der ihre skeptische Mutter zu der Frage bewegte: „Was kann eine verheiratete Frau mit Mathematik schon anfangen?" [2] Wie wir in Kapitel U gesehen haben, gibt es kaum eine menschliche Errungenschaft, die nützlicher ist als die Mathematik, aber Florence Nightingale hat man das Gegenteil erzählt. Nach der traditionellen Rollenauffassung der Frau im neunzehnten Jahrhundert sah man in der Mathematik überhaupt keinen Nutzen für sie.

Man hat den Mädchen auch erzählt, das Studium der Mathematik zerstöre gute Umgangsformen. Schlimmer noch, angeblich gab es medizinische Beweise, daß bei Frauen, die zuviel nachdachten, der Strom des Bluts von den reproduktiven Organen zum Hirn umgelenkt werde, was offensichtlich entsetzliche Konsequenzen nach sich zöge. In diesem Zusammenhang ist es ganz interessant, daß sich Männer – aller Völker – niemals um eine ähnliche Umlenkung ihres Blutflusses gesorgt haben.

Meinungen und Märchen dieser Art zogen rasch Aktivitäten nach sich, beziehungsweise Inaktivitäten, um genau zu sein. Germain mußte ihre mathematischen Veröffentlichungen unter einem männlichen Pseudonym herausgeben. Kowalewskaja wurde eine akademische Stellung zunächst verwehrt, obwohl sie ihre Eignung bewiesen hatte. Selbst die große Emmy Noether stieß auf Feindseligkeiten, als sie eine Stellung im Mittelbau an der Universität Göttingen suchte. Die Verleumder fürchteten, daß die Talfahrt, wenn eine Frau erst einmal ihren Fuß in der Tür hat, nicht mehr aufzuhalten sei. Darauf antwortete Hilbert mit einer gehörigen Portion Sarkasmus: „Ich sehe nicht, wieso das Geschlecht einer Kandidatin ein Argument gegen ihre Einstellung ist. Schließlich sind wir eine Universität und keine Badeanstalt." [3] Noether bekam ihre Anstellung, und die mathematische Gemeinde hat es überlebt.

Ein zweites Hemmnis war die *Verwehrung einer formalen Ausbildung*. Mathematik ist ein Gebiet, in dem hartes Training vonnöten ist. Man muß mit den Anfängen beginnen und sich zu den Grenzen der Forschung durchbeißen. Bei einer so alten und komplexen Disziplin wie der Mathematik braucht dies Jahre der Anstrengung. In der Vergangenheit gab es nur wenige Frauen, die diesen steinigen Weg überhaupt nur *betreten konnten*. Erfolg in der höheren Mathematik zu haben, war daher fast ganz unmöglich.

Wie eigneten sich die Männer dieses Gebiet an? Sie bekamen oft Privat-
oder Einzelunterricht. Wir haben schon erfahren, daß Leibniz selbst Christiaan
Huygens aufsuchte oder daß Euler bei Johann Bernoulli studierte. In diesen
Fällen gab ein etablierter Könner die Fackel an den zukünftigen Meister weiter.
Nur äußerst wenige Frauen hatten ähnliche Chancen.

Männer gingen nach entsprechendem Training an die Universität, wo ihre
Talente und Fähigkeiten weiter gefördert wurden. Gauß ging an die Universität
Helmstedt, Wantzel an die École Polytechnique und Russell nach Cambridge.

In Gegensatz dazu war es Germain, einer Frau mit vielversprechendem
Talent, noch nicht einmal erlaubt, die Vorlesungsräume einer Universität zu
betreten – wegen ihres Geschlechts. Sie konnte das Fortschreiten des Stoffes
nur heimlich verfolgen, indem sie an der Tür des Vorlesungssaals lauschte oder
die Notizen verständnisvoller männlicher Kollegen abschrieb. Daß sie sich
schließlich durchsetzen konnte, zeugt, so Gauß, von einer Frau „allerhöchster
Noblesse".[4]

Die überwältigende Mehrheit der Frauen hatte also keinerlei Kontakt zur
Welt der offiziellen Mathematik. Man muß auch bemerken, daß die meisten
der erwähnten Frauen wohlhabend waren und die entsprechenden Privilegien
genossen. Germain konnte die Bibliothek ihres Vaters nutzen. Somerville
belauschte den Privatunterricht ihres Bruders. Die Töchter reicher Familien
hatten natürlich Möglichkeiten, die sich denen aus ärmerem Hause nicht boten.
Über *arme* Frauen mit mathematischem Talent bemerkte Michael Deakin:
„Zwei Hindernisse, Armut und Weiblichkeit, waren ganz klar zu viel."[5]

Es ist ganz aufschlußreich, die Situation der Mathematikerinnen mit der
von Schriftstellerinnen im vergangenen Jahrhundert zu vergleichen. Lesen und
Schreiben gehörten zur Ausbildung der gehobenen Tochter, obwohl beides eher
als notwendiges Attribut sozialen Umgangs denn als Mittel zu künstlerischer
Karriere angesehen wurde. Dennoch gelang es nicht wenigen Frauen, sich die
schriftstellerisch notwendigen Kenntnisse anzueignen. Wenn sie dann noch
ausreichend Zeit, Disziplin und Begabung hatten, konnten sie diese in Poesie
oder Prosa umsetzen. Die Literatur von Jane Austen erwuchs aus dem Leben ihrer Umgebung, sorgfältig beobachtet und durch ihr außerordentliches
literarisches Talent gefiltert und verfeinert. Austen war eine Künstlerin, und
sie schuf ein Werk, das sie in die Reihe der größten Namen der englischen
Literatur erhebt.

Zwar haben die meisten Mädchen neben Lesen und Schreiben auch elementares Rechnen gelernt, aber schon an dieser Stelle bricht die Analogie mit der
Literatur zusammen. Die Erweiterung der Kenntnisse im Rahmen der höheren
Mathematik erfordern das Verständnis von Geometrie, Infinitesimalrechnung
und Differentialgleichungen, wobei jedes Gebiet auf dem vorgenannten aufbaut. Nur sehr wenige Menschen vermögen solche Kenntnisse ohne Unterwei-
sung zu erwerben. Da man aber den Frauen eine solche weiterführende Unter-
richtung verwehrte, kamen sie von vornherein nicht mit den mathematischen

Grundwerkzeugen in Kontakt. Die Tür zu einer wissenschaftlichen Laufbahn wurde ihnen vor der Nase zugeschlagen. Wir kennen die mathematischen Jane Austens nicht, die mangels formaler Ausbildung niemals zum Zuge kamen.

Das war die Vergangenheit, aber wie steht es mit der Gegenwart? Natürlich sind die formalen Barrieren aus dem Weg geräumt. Universitäten legen Frauen nicht mehr die Zwänge auf, wie Germain sie gekannt hatte. Im Gegenteil, in den meisten Ländern lassen die Zahlen der Studienanfänger in Mathematik die Entwicklung eher hoffnungsvoll erscheinen. In den USA vergaben die Universitäten und Colleges im akademischen Jahr 1990/91 beispielsweise 14 661 „Undergraduate-Diplome" in Mathematik, von denen 47 Prozent, nämlich 6 917, an Frauen verliehen wurden. Dem männlichen mathematischen Establishment des letzten Jahrhunderts wäre eine solche fast perfekte Aufteilung unvorstellbar gewesen.

Wenn wir uns aber die Zahlen der höheren Studienabschlüsse ansehen, stimmen die Daten weniger optimistisch. In demselben akademischen Jahr waren unter den Empfängern des „Masters-Diploms" nur zwei Fünftel Frauen, und bei den Promotionen in Mathematik war es nur noch ein Fünftel.[6] Dies zeigt, daß Frauen zwar in den Colleges und den ersten Universitätsjahren noch in adäquater Zahl in den mathematischen Grundstudiengängen vertreten sind, ihr Anteil in den weiterführenden Studiengängen jedoch überproportional abnimmt. Dies aber ist die notwendige Ausgangsposition für die Forschungsmathematiker und Universitätsprofessoren von morgen, und so bleibt wohl das Verhältnis weiterhin unausgeglichen.

Warum schlagen Frauen keine qualifizierenden Studiengänge ein? Historisch gesehen haben viele ihre Berufung darin gesehen, Lehrerin zu werden, und daher war eine Ausbildung über das Staatsexamen hinaus nicht nötig. In vielen Fällen hat sicherlich ein Minderwertigkeitskomplex, der durch das oben beschriebene Verhalten der Gesellschaft begünstigt wurde, zu einer pessimistischen Einschätzung eines weiterführenden Universitätsabschlusses beigetragen. Und gerade beim Studium der höheren Mathematik braucht man immer wieder Ermutigung – eine Vertrauensperson, die einen wieder aufrichtet und bei der Bewältigung der Schwierigkeiten hilft, die das Fach mit sich bringt. Männer haben da Mitstreiter und Vorbilder im Überfluß. Frauen hingegen können sich in den Stürmen der akademischen Welt sehr einsam vorkommen. Ihr Weg durch die Institutionen der Ausbildung bleibt in vielerlei Hinsicht verschieden von dem ihrer männlichen Kollegen.

Aber selbst wenn Frauen die negative Haltung überwunden und eine solide Ausbildung erworben hatten, gab es erneut ein Hindernis: den *Mangel an Unterstützung* für ihre Bemühungen, ihrer mathematischen Arbeit neben den Erfordernissen des täglichen Lebens nachzugehen.

Um mathematisch forschen zu können, benötigt man große Intervalle freier Zeit. Mathematiker in der Forschung sitzen oft eine längere Zeit einfach herum und denken nach. In der Vergangenheit waren, wie heute eben auch, größere freie Perioden nicht jedermann gleichermaßen verfügbar. Der einfachste Garant für unbeschränkte Muße war natürlich die Unabhängigkeit durch Reichtum. Der Legende nach war zum Beispiel Archimedes Mitglied der königlichen Familie von Syrakus. Der Marquis de l'Hospital (1661–1704) war reich genug, um sich von einem Johann Bernoulli in der neuen Differentialrechnung, die in Europa gerade en vogue war, unterrichten zu lassen. Und von den Frauen auf unserer Liste war Emilie Chatelet eine Marquise, Lovelace war eine Gräfin, und Agnesi kam aus reicher Familie. Keine und keiner mußte die Zeit mit Wäschewaschen verbringen.

Weitere Unterstützung kam von den europäischen Akademien, den Denkfabriken früherer Jahrhunderte. Förderung von den Akademien in Berlin, Paris oder St. Petersburg gab den Gelehrten Lohn und Brot. Euler, der Lehrstühle in Berlin und St. Petersburg innehatte, wußte perfekt mit diesen Gegebenheiten umzugehen.

Eine weitere Möglichkeit bestand in einer Tätigkeit, die einen so wenig in Anspruch nahm, daß man sich Perioden der Freizeit für Studien und Zerstreuung schaffen konnte. Wir haben schon gesehen, daß Leibniz neben seiner Tätigkeit in diplomatischen Diensten in Paris immer wieder Zeit fand, sich der Mathematik zuzuwenden und so nebenbei die Differentialrechnung zu entwickeln. Der Magistratsbeamte Fermat hatte am Gericht offenbar nie genug zu tun, und so beschäftigte er sich eben mit Mathematik.

Insgesamt hat es also dem potentiellen Mathematiker nicht gerade geschadet, extrem reich, ein Mitglied einer Akademie oder einfach nur unterbeschäftigt zu sein. Heutzutage kommt natürlich die finanzielle Unterstützung für Mathematiker hauptsächlich von den Universitäten, die ihnen ein Büro, eine Bibliothek und Reisemittel zur Verfügung stellen und den Austausch mit Kollegen vom Fach ermöglichen.

Völlig im Gegensatz dazu steht die historische Rolle der Frau: Kinder, Küche, Kirche. Die klassischen Aufgaben der Kindererziehung und Hausarbeit waren seit jeher ein Full-time-job. Selbst wenn sie die notwendige Ausbildung genossen hätte, wo sollte eine Frau die Zeit hernehmen, über Differentialgleichungen oder projektive Geometrie nachzudenken? Die an sie gerichteten Erwartungen waren ganz anderer Natur.

Tatsächlich hatten Frauen in der Regel noch nicht einmal ein eigenes *Zimmer*. In einem Essay dieses Titels erinnert Virginia Woolf daran, daß Frauen fast nie einen Ort hatten, an den sie sich zurückziehen konnten, um nachzudenken, zu schreiben – oder sich mit Mathematik zu beschäftigen. Woolf erzählt die Geschichte von Judith, einer imaginären Schwester von Shakespeare, die genauso talentiert ist wie ihr Bruder, ihr Leben aber der Erfüllung der täglichen Bedürfnisse der Familie opfern muß, während ihr Bruder William sein schriftstellerisches Geschick perfektioniert. Woolf beschreibt Shakespeares imaginäre Schwester:[7]

Sie war so abenteuerlustig und phantasiereich wie er und genauso erpicht darauf, die Welt zu sehen. Man ließ sie jedoch nicht die Schule besuchen. Sie hatte nie die Chance, Grammatik und Logik zu lernen, ganz zu schweigen von der Lektüre eines Horaz oder Vergil. Hie und da nahm sie ein Buch in die Hand ... und las ein paar Seiten. Aber dann kamen ihre Eltern herein und hießen sie, die Strümpfe zu stopfen oder nach dem Eintopf auf dem Herd zu sehen und nicht über Büchern und Zeitschriften vor sich hin zu träumen.

Die Schwester gab die Unterstützung, der Bruder empfing sie. Ein wesentlicher Unterschied.

Denken wir an Leonhard Euler, den Vater von dreizehn Kindern. Jemand mußte sie füttern, ihre Windeln wechseln, ihre Kleider waschen. Das tat jedenfalls nicht Leonhard. Denken wir an Srinivasa Ramanujan (1887–1920), einen unglaublich begabten Mathematiker zu Beginn des zwanzigsten Jahrhunderts. Bei seinen täglichen Verrichtungen war er von der Hilflosigkeit eines Kindes, und seine Frau mußte sich um alles kümmern. Paul Erdös, dem wir im ersten Kapitel begegnet sind, lernte immerhin schon mit 21 Jahren, ein Brot mit Butter zu bestreichen. Ganz offensichtlich hat ihn seine Mutter in den ersten Jahren seiner mathematischen Entwicklung ganz außerordentlich unterstützt.

Was wäre im umgekehrten Fall geschehen? Wären Frau Euler oder Frau Ramanujan oder Frau Erdös genauso erfolgreiche Mathematikerinnen geworden, wenn sich jemand um ihre täglichen Bedürfnisse gekümmert hätte? Wir wissen es nicht. Aber würden mehr Frauen in den Annalen der Mathematik erscheinen, wenn sie dieselbe Unterstützung wie diese Männer erhalten hätten? Ganz zweifellos.

Die erwähnten Hindernisse – ablehnende Haltung der Umwelt, Schwierigkeiten, eine mathematische Ausbildung zu erhalten, fehlende Unterstützung von außen – treffen mehr oder weniger auch auf das Leben von Sofia Kowalewskaja zu, „der größten Mathematikerin vor dem zwanzigsten Jahrhundert".[8] Ihre Geschichte ist beredtes Beispiel für die Schwierigkeiten und den Triumph einer Frau in der Mathematik.

Sofia Kowalewskaja wurde Anfang 1850 in Moskau geboren und wuchs in einem wohlhabenden Haushalt in intellektueller Atmosphäre mit englischer Gouvernante auf und hatte die Gelegenheit, Mathematik zu lernen. Sie selbst erzählte später die Geschichte, daß die Wände ihres Schlafzimmers mit den Vorlesungsmitschriften aus dem Analysisunterricht ihres Vaters tapeziert waren. Das junge Mädchen war fasziniert von den seltsamen Symbolen und Formeln, die es wie Freunde schweigend umgaben. Eines Tages schwor sie sich, ihre Geheimnisse zu ergründen.

Dazu war aber eine entsprechende Ausbildung nötig. Zunächst lernte sie Arithmetik. Dann wurde Sofia erlaubt, die Privatstunden ihres Vetters zu besuchen, vornehmlich jedoch, um diesen durch die weibliche Konkurrenz zu härterer Arbeit anzustacheln. Auf diese Weise konnte sie sich die Algebra an-

eignen – was ihm nicht gelang. Als nächstes lieh sie sich ein Buch, das ein
Physiker in der Nachbarschaft geschrieben hatte. Bei der Lektüre hatte sie
mit der Trigonometrie, die sie überhaupt nicht kannte, größere Schwierigkeiten. Da sie aber nicht aufgeben wollte und andererseits keine befriedigenden
Erklärungen finden konnte, entwickelte sie für sich von Grund auf die ganze
Materie. Als dem Physiker bewußt wurde, was sie da vollbracht hatte, bemerkte er voller Bewunderung: „Sie hat diesen ganzen Zweig der Wissenschaft
– die Trigonometrie – ein zweites Mal erfunden."[9]

Eine solche Leistung zeigt höchste mathematische Kreativität. Als sie siebzehn war, reisten sie und ihre Familie nach St. Petersburg, wo sie die Einwände
ihres Vaters entkräften konnte und schließlich Privatunterricht in Analysis erhielt. Dabei zeigte sie so großes Talent, daß sie, wäre sie anderen Geschlechts
gewesen, sofort die Universität hätte besuchen müssen. Aber für eine Russin
des neunzehnten Jahrhunderts lag diese Möglichkeit außerhalb jeder Reichweite.

Ihre Antwort auf diese enttäuschende Erfahrung war recht extrem – jedenfalls aus heutiger Sicht. Mit achtzehn ging sie eine Vernunftehe mit einem
jungen Gelehrten ein, der seine Studien in Deutschland fortsetzen wollte. Dort
hoffte sie auf bessere Ausbildungschancen. Der Mann war der Paläontologe
Vladimir Kowalewskij, der in die „Scheinehe" einwilligte, weil er damit einen
Beitrag zur Befreiung der Frau zu leisten hoffte. Die beiden machten sich nach
Deutschland auf, wo sie hinter der Fassade ihrer Ehe getrennte Interessen verfolgten. Sofia Kowalewskaja besuchte die Universität in Heidelberg.

Kowalewskaja tat sich in Heidelberg – wie überall – hervor, und 1871 setzte
sie sich neue Ziele: Sie ging an die Universität nach Berlin, zu einem der
größten Mathematiker jener Zeit, Karl Weierstraß (1815–1897). Die bestimmt
auftretende Kowalewskaja arrangierte ein Treffen mit dem weltberühmten Gelehrten und bat ihn um Privatunterricht. Weierstraß schickte sie wieder nach
Hause mit einer Sammlung von so schweren Problemen, daß er dachte, sie nie
wiederzusehen.

Aber er hatte sich geirrt. Eine Woche später kam Kowalewskaja mit den
Lösungen wieder. Nach Weierstraß' Meinung zeigte ihre Arbeit „das Geschenk
einer intuitiven Genialität in einem Grad … wie man es … selbst bei älteren
und weiter fortgeschrittenen Studenten selten findet".[10] Sie hatte einen weiteren Skeptiker – diesmal einen der einflußreichsten Mathematiker der Welt –
auf ihre Seite gezogen.

Damit begann eine lang andauernde Zusammenarbeit zwischen dem alternden Weierstraß und der jugendlichen Kowalewskaja. Ihrer Energie und
ihrer Einsichtsfähigkeit brachte er seinen höchsten Respekt entgegen, und deshalb machte er sie mit einem Großteil der bedeutenden Mathematiker Europas
bekannt. Unter seiner Anleitung führte Kowalewskaja Untersuchungen über
partielle Differentialgleichungen, Abelsche Integrale und die Dynamik der Saturnringe durch. Für diese drei Arbeiten erhielt sie 1874 den Doktortitel der

Universität Göttingen. Sie war die erste Frau, die einen solchen Titel von einer modernen Universität erhielt.

Ihr ganzes Leben hindurch beschäftigte sich Kowalewskaja nicht nur mit Mathematik, sondern auch mit Fragen der sozialen und politischen Gerechtigkeit. Als Streiterin für die Freiheit unterstützte sie die Frauenrechtsbewegung und den Kampf für ein freies Polen. Einmal schrieb sie Artikel für ein radikales Blatt. Zusammen mit ihrem Mann betrat sie während der „Commune von 1871" verbotenerweise die Stadt Paris, als diese von Bismarcks Truppen eingeschlossen war. Bei diesem Abenteuer schossen deutsche Soldaten sogar auf die Kowalewskaja. Als sie in Paris angekommen war, kümmerte sie sich um die Kranken und Verwundeten und nahm Kontakt mit den Anführern der Radikalen in der belagerten Stadt auf. Sie gehörte zu denen, die sich ihrem sozialen Gewissen verpflichtet fühlen.

Doch sie war nicht nur Wissenschaftlerin und Revolutionärin, sie war auch Schriftstellerin. Sie verfaßte Novellen, Gedichte und Dramen sowie die autobiographische Schilderung ihrer Entwicklungsjahre: *Erinnerungen an die Kindheit.* Als Heranwachsende hatte sie in Rußland Fedor Dostojewski kennengelernt und später in ihrem Leben Ivan Turgenjew, Anton Tschechow und George Eliot getroffen. Eine sozial engagierte Mathematikerin, die sich in den höchsten literarischen Kreisen bewegte.

Sofia Kowalewskaja besaß also ein beeindruckendes Spektrum höchst unterschiedlicher Talente. Brillant, durchsetzungsfähig und klar im Ausdruck, wurde sie von einem Zeitgenossen als „einfach umwerfend" beschrieben.[11] Da hat man das Bild einer fesselnden, charismatischen Person von der Art vor Augen, über die Bestseller oder Fernsehdreiteiler geschrieben werden.

Aber in allen Dreiteilern wird der Triumph von der Tragödie begleitet. Trotz der etwas speziellen Umstände ihrer Heirat hatte sich bei ihr eine wirkliche Liebe zu ihrem Gatten entwickelt, und 1878 bekam das Paar eine Tochter. Aber fünf Jahre später, nachdem er größere Geldbeträge bei geschäftlichen Fehlspekulationen verloren hatte, nahm sich der verzweifelte Vladimir Kowalewskij durch Einatmen von Chloroform das Leben. Sofia war nun Witwe und alleinerziehende Mutter.

Glücklicherweise war sie aber auch eine Mathematikerin von Weltniveau. Aufgrund der enthusiastischen Unterstützung durch einen Weierstraß-Schüler, Gösta Mittag-Leffler, wurde sie in die Fakultät der Universität Stockholm aufgenommen. 1889 bekam sie als erste Frau eine feste Professorenstelle – ein Präzedenzfall in der Mathematik.

Doch auch ihre Zeit in Stockholm blieb nicht ohne Schwierigkeiten. Das übliche Vorurteil gegen Frauen wurde durch ihre entschlossene öffentliche Unterstützung liberaler und bisweilen auch revolutionärer Bewegungen noch verstärkt. Konservative Wissenschaftler konnten sie nicht in ihrer mathematischen Arbeit kritisieren, und so verurteilten sie sie wegen ihrer Kontakte zu einem bekannten deutschen Sozialisten. Sowohl Weierstraß als auch Mittag-

Sofia Kowalewskaja auf einer sowjetischen Briefmarke

Leffler baten sie inständig, einen zurückhaltenderen politischen Standpunkt einzunehmen. Das tat sie nicht.

Was ihre mathematische Tätigkeit anbelangt, wurde sie zu einem der Herausgeber der Zeitschrift *Acta Mathematica* berufen. Auch hier war sie die erste Frau, die eine solche Stellung innehatte. Sie korrespondierte mit Mathematikern wie Hermite und Chebyshev, dem wir schon in früheren Kapiteln begegnet sind. Sie wurde so zu einem wichtigen Bindeglied zwischen der russischen Mathematikergemeinde und der im Westen Europas. 1888 erhielt Kowalewskaja von der französischen Akademie der Wissenschaften den *Prix Bordin* für ihre Arbeit *On the Rotation of a Solid Body about a fixed Point* – „Über die Rotation eines starren Körpers um einen festen Punkt". Nun kamen internationaler Ruhm, Artikel in Zeitschriften und Gratulationsbriefe. Die Anerkennung war ausreichend, um ihr die korrespondierende Mitgliedschaft in der Kaiserlichen Russischen Akademie der Wissenschaften einzutragen, aber immer noch nicht genug, ihr als Frau eine akademische Stelle in ihrem Heimatland zu verschaffen.

1891 schien also eine vielversprechende Zukunft vor dieser bemerkenswerten Person zu liegen. Doch unvermutet bahnte sich eine Tragödie an. Auf einer Reise nach Frankreich erkältete sie sich leicht, wie es schien. Als sie jedoch nach Stockholm zurückgekehrt war, verschlechterte sich ihr Zustand in dem rauhen Winterwetter. Schließlich wurde sie so schwach, daß sie ihre Verpflichtungen nicht mehr wahrnehmen konnte und zu Hause blieb. Nachdem sie in ein Koma gefallen war, starb Sofia Kowalewskaja am 10. Februar 1891 viel zu früh im Alter von nur 41 Jahren.

Der vorzeitige Tod einer hochbegabten Persönlichkeit löst immer Erschütterung und Verzweiflung aus, und viele Träume bleiben unerfüllt. Beileidsbekundungen kamen aus ganz Europa und zeugten von der tiefempfundenen Trauer. Wir wissen nicht, welche Beiträge Kowalewskaja noch zur Mathematik hätte leisten können. Und wir wissen nicht, welchen Einfluß diese Beiträge auf die Stellung der Frau in dieser Disziplin hätten haben können.

Hochbegabungen wie Kowalewskaja sind äußerst selten, aber in den hundert Jahren seit ihrem Tod ist die Zahl der Frauen in der Mathematik immer größer geworden. Und damit kommen wir zu einer beunruhigenden Frage: Wenn wir dieses Kapitel den Mathematikerinnen gewidmet haben, haben wir uns dann der Diskriminierung der Frau schuldig gemacht, indem wir sie als eine besondere Spezies behandelt haben? Frauen haben ihren Anteil in der Medizin und im Recht erobert, und so spricht man weit weniger von „Doktorinnen" oder „Rechtsanwältinnen". Wir wollen mit diesem Kapitel auch nicht anregen, daß man das mathematische Berufsbild in zwei Gruppen aufteilen sollte: Mathematiker und Mathematikerinnen. Das kann nicht unsere Absicht sein, und es entspricht auch nicht der Realität. Es ist aber eine Gefahr.

Das war auch die Meinung von Julia Robinson. Als ihr Ansehen wuchs, als sie in die amerikanische National Academy of Sciences aufgenommen wurde und den „MacArthur Award" erhielt, wurde Robinson als Triumphatorin in einer männlichen Domäne gefeiert. „Die ganze Aufmerksamkeit", schrieb sie in einer wichtigen Stellungnahme, „war sehr erfreulich, aber zugleich verwirrend. In erster Linie bin ich Mathematiker. Man sollte sich nicht an mich als an die erste Frau erinnern, die dies oder jenes getan hat, sondern, wie es einem

Mathematiker gebührt, an die Person, die diese Theoreme zuerst bewiesen und jene Probleme zuerst gelöst hat." [12] Darauf gibt es nur eine Antwort: „Genau!"

Auch wenn viele Ungerechtigkeiten, denen Frauen sich ausgesetzt sehen, noch ausgemerzt werden müssen, so gibt es doch Hoffnung, daß der Wunsch von Robinson in Erfüllung gehen wird. Die Zahl der Mathematik-Studentinnen steigt kontinuierlich, und viele Schranken und Vorurteile sind verschwunden. Auch wenn das Problem noch nicht vollständig gelöst ist, so ist der Fortschritt nicht zu übersehen. Man darf hoffen, daß in nicht allzu ferner Zukunft die Frage „Wo sind die Frauen?" der Vergangenheit angehören wird.

X-Y-Ebene

In diesem Kapitel verbrauchen wir gleich zwei Buchstaben des Alphabets. Es behandelt ein Thema, das schon mehrfach auf den vorhergegangenen Seiten aufgetaucht ist und dessen grundlegender Charakter den Gedanken nahelegt, daß es schon immer existiert haben muß.

Wir spielen auf das System von Koordinatenlinien an, die als Gitter horizontal und vertikal der Ebene überlagert werden und jedem Punkt dieser zweidimensionalen Fläche eine numerische Adresse zuweisen. Die horizontale x-Achse trägt eine Zahlenskala, die nach rechts hin zunimmt, während bei der vertikalen y-Achse die Skala nach oben hin steigt. Mit Hilfe dieser beiden Achsen ist es möglich, zwischen einem geometrischen Punkt und seinen numerischen Koordinaten hin- und herzuwechseln.

Nun ist es nicht besonders interessant, einen einzelnen Punkt einzuzeichnen. Legt man eine Gleichung zugrunde, wie zum Beispiel $y = x^2 + 1$, dann wird die Darstellung schon etwas komplexer, wenn man die Gleichung durch die Menge *aller* Punkte (x, y) in der Ebene veranschaulicht, deren Variablen x und y durch die Beziehung $y = x^2 + 1$ verbunden sind. Dabei erzeugt also die algebraische Gleichung eine geometrische Kurve, in diesem Fall eine Parabel, die in der Abbildung auf Seite 320 zu sehen ist.

Diese Verbindung von Algebra und Geometrie scheint völlig natürlich zu sein. Es mag daher überraschen, daß sie noch gar nicht so lange bekannt ist. Während die Euklidische Geometrie, ganz ohne algebraische Beschreibung, schon über 2000 Jahre alt ist, gibt es die *analytische Geometrie* noch nicht einmal vierhundert Jahre. Damit ist sie jünger als der Logarithmus, *Romeo und Julia* und Boston.

Das Gebiet entstand, wie so viele neue mathematische Begriffsbildungen, im siebzehnten Jahrhundert. Die Innovatoren waren Pierre de Fermat und René Descartes, beides Franzosen, beide brillant, beide weichenstellende Charaktere in der Entwicklung der Mathematik. Wie wir schon in einem früheren Kapitel bemerkt haben, wird die Erfindung der Koordinatengeometrie durch Fermat von seinen besser bekannten Beiträgen zur Zahlentheorie in den Schat-

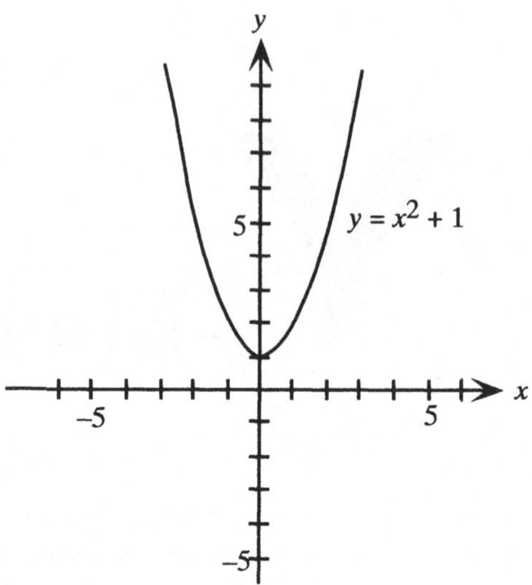

ten gestellt. Schuld an seinem nur sehr geringen Einfluß auf die Entwicklung
war überdies Fermats Hinauszögern einer Publikation, so daß die Idee zur Zeit
der Verbreitung seiner Arbeit schon längst nicht mehr neu war. Den Ruhm,
die analytische Geometrie begründet zu haben, erwarb sich daher ihr erster
öffentlicher Befürworter, René Descartes.

Im Jahr 1637 hatte Descartes ein voluminöses Werk geschrieben, den *Discours de la Methode*, eine Art philosophischen Fahrplan für die wissenschaftliche Revolution. Dieser Abhandlung fügte er, gewissermaßen als Nachwort, einen Anhang mit dem Titel *Géométrie* an, den er mit einem Manifest begann:

> *Jedes Problem in der Geometrie kann ohne Schwierigkeit auf eine Formulierung reduziert werden, in der die Kenntnis der Längen gewisser Geraden ausreicht, die entsprechende Konstruktion durchzuführen. ... Und ich werde nicht zögern, diese arithmetischen Ausdrücke in die Geometrie einzuführen.*[1]

Die bis dato reine Euklidsche Geometrie, in der idealisierte geometrische Formen die Hauptrolle spielten, sollte nun von Zahlen, die Descartes „arithmetische Ausdrücke" nennt und die Längen messen und Positionen angeben, durchdrungen werden.

Die meisten Leser fanden in der *Géométrie* leider keine leichte Lektüre. Selbst Isaac Newton mußte zugeben, daß er sich anfangs keinen Reim auf Descartes' Methode machen konnte. Jahre später schrieb ein Biograph, daß Newton

> *Descartes' Geometrie in die Hand nahm, obwohl man ihm gesagt hatte, daß sie sehr schwer verständlich sei, einige zehn Seiten las, abbrach, wieder von vorn las, etwas weiter kam als das erste Mal, wieder anhielt, zurück*

an den Anfang ging und weiterlas, bis er schließlich das Ganze schrittweise bewältigt hatte.[2]

Wenn schon Newton Probleme hatte, kann man sich vorstellen, wie andere sich geplagt haben müssen. Ganz charakteristisch war auch die Warnung Descartes' an seinen Leser:

Ich werde nicht anhalten, um dies im Detail zu erläutern, würde ich Sie ja dadurch des Vergnügens berauben, es aus eigener Kraft zu meistern. ... Ich finde hier nichts so schwierig, daß es nicht von jedem, der mit gewöhnlicher Geometrie und Algebra vertraut ist, ausgearbeitet werden könnte.[3]

In der Beschreibung seines Buches Mersenne gegenüber war Descartes besonders schonungslos: „Ich habe eine Reihe von Dingen ausgelassen", schrieb er, „die alles hätten klarer werden lassen. Aber das tat ich mit Absicht, anders hätte ich es nicht getan."[4] Die Philosophie, die dem zugrunde liegt – daß man Klarheit in mathematischen Darstellungen vermeiden soll –, ist dem hoffnungsvollen Lehrbuchautor nicht unbedingt zu empfehlen, wenn er denn auch am Verkauf seines Werkes interessiert ist.

Glücklicherweise waren andere durchaus in der Lage, Descartes' Ideen verständlicher wiederzugeben. Frans van Schooten (1615–1660) aus Amsterdam gab die *Géométrie* ein Dutzend Jahre nach dem Erscheinen der Originalausgabe von Descartes mit einem großen hilfreichen Kommentarteil heraus und machte dadurch das Gebiet einer viel größeren Leserschaft zugänglich. Es ist sicher von besonderer Bedeutung, daß sowohl Isaac Newton als auch Gottfried Wilhelm Leibniz bei ihrer Entdeckung der Infinitesimalrechnung sehr stark von van Schootens Ausgabe der Descartesschen Geometrie profitierten.

Das Gebiet, so wie sie sich mit ihm beschäftigten, war mit dem heutigen nicht identisch. In jenen Tagen zeichnete man die Achsen nicht unbedingt rechtwinklig zueinander ein. Manchmal zeichnete man überhaupt keine y-Achse ein. Und die Aversion negativen Zahlen gegenüber beschränkte das Arbeiten oft auf den ersten Quadranten, die Region rechts oben in der Ebene, wo sowohl die x-Koordinate als auch die y-Koordinate positiv sind. Es dauerte seine Zeit, bis sich die Dinge eingerenkt hatten.

Einen recht bedeutenden Beitrag zu der Entwicklung steuerte auch Newton bei, dessen Einfluß hier allerdings angesichts seiner vielen anderen Leistungen in Vergessenheit zu geraten droht. Seine *Enumeratio linearum tertii ordinis*, die er schon 1676 geschrieben hatte, aber erst mit der typischen Newtonschen Verzögerung 1704 publizierte, wurde als das Werk beschrieben, mit dessen Hilfe „die analytische Geometrie, so könnte man sagen, ihre Eigenständigkeit erreichte".[5] Newton führte darin 72 verschiedene Arten von Gleichungen dritten Grades ein, analysierte sie und zeichnete ihre Graphen aufs peinlichste genau, wobei sein Enthusiasmus für die analytische Geometrie nur noch von seiner Ausdauer übertroffen wurde.

Nach den Entdeckungen von Descartes und Fermat und den darauffolgenden Beiträgen von Newton war das neue Gebiet geboren und wurde allmählich

René Descartes
(Nachdruck mit freundlicher Genehmigung der Muhlenberg College Library.)

standardisiert. Wir neigen heute dazu, diese Leistung zu unterschätzen und als einen trivialen, offensichtlichen Schritt in der Entwicklung abzutun. Aber die Geschichte zeigt immer wieder, daß, was später offensichtlich erscheint, oft weit davon entfernt war. So schreibt auch Julia Robinson über ein unbequemes mathematisches Problem:

Man hat mir gesagt, daß einige Leute denken, ich müßte wohl blind gewesen sein, die Lösung nicht zu sehen, als ich so nahe davor stand. Nun, die anderen haben sie auch nicht gesehen. Wie es aussah, lagen eben viele Dinge herum, wie am Strand, so daß keines speziell auffällt, bis jemand sich bückt und eines aufhebt. Dann aber sehen wir alle dieses eine.[6]

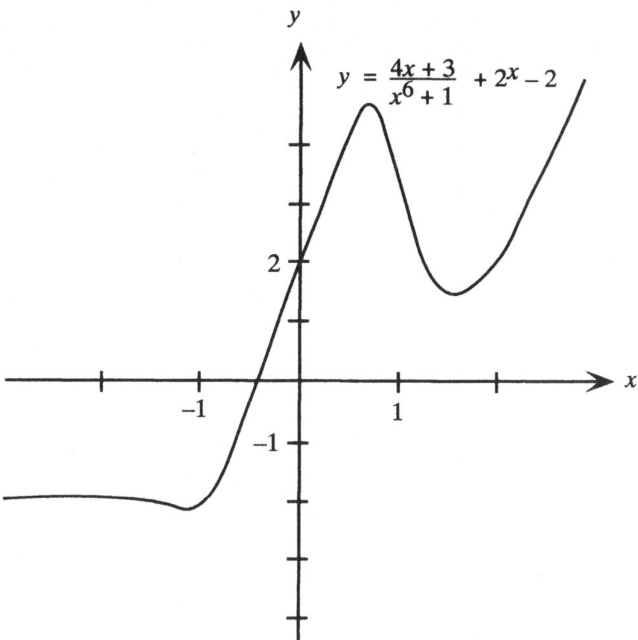

Mit diesen Worten läßt sich auch die Verbindung von Geometrie und Algebra beschreiben, wie sie im siebzehnten Jahrhundert hergestellt wurde.

Von Anfang an war klar, daß die analytische Geometrie zwei wichtige, aber einander entgegengesetzte Aspekte behandeln würde. Da ist einmal die Algebra, die im Dienste der Geometrie steht, aber andererseits wird auch die Geometrie im Dienste der Algebra genutzt. Zusammengenommen entsteht so etwas wie eine mathematische Symbiose, in der jeder Teilaspekt eines Problems von dem jeweils anderen profitieren kann.

Descartes war hauptsächlich ein Verfechter des ersten Aspekts. Er ging also in der Regel von einem geometrischen Problem aus, zu dessen Lösung er algebraische Techniken anwandte. Für ihn standen die relativ modernen Methoden der symbolischen Algebra im Vordergrund, mit denen er Fragen aus der jahrhundertealten Euklidischen Geometrie beantworten konnte.

Die andere Richtung aber, die eher für Fermat typisch ist, stellte sich im Lauf der Zeit als die wichtigere heraus. Man geht hier von einer algebraischen Gleichung aus und erzeugt damit eine geometrische Figur in der Ebene, wie wir es bei der Gleichung $y = x^2 + 1$ vorgeführt haben, oder wie es Newton bei seinen Zeichnungen der sechs Dutzend Kubiken bewerkstelligte. Genau diesen Ansatz hatte Fermat im Sinn, als er schrieb: „Wann immer in einer abgeleiteten Gleichung zwei unbekannte Größen auftreten, können wir dem einen geometrischen Ort zuordnen, wobei die Werte der einen dieser beiden eine Linie, gerade oder gekrümmt, beschreiben."[7] Diese Erkenntnis von Fermat, die

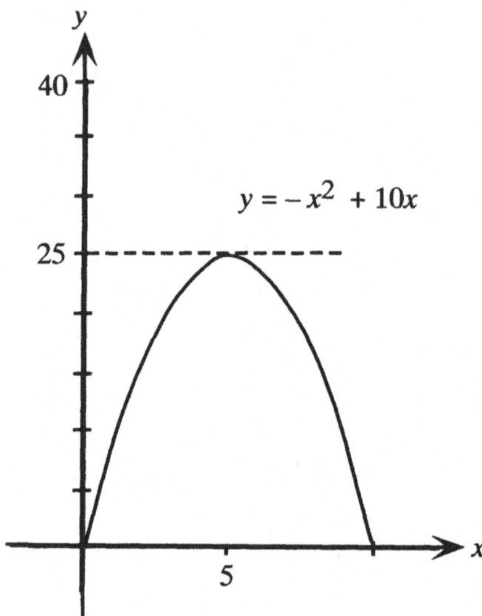

Carl Boyer „eine der wichtigsten Aussagen in der Geschichte der Mathematik"
nannte, erlaubte es den Mathematikern, neuartige Kurven nach Belieben zu
konstruieren, indem sie einfach die Punkte immer komplizierterer Gleichungen
graphisch darstellten.[8]

Bevor die analytische Geometrie die Bühne der Mathematik betrat, war
der Vorrat an Kurven auf die „in der Natur vorkommenden" beschränkt. Die
Mathematiker waren mit Kreisen, Ellipsen und Spiralen wohl vertraut, denn
diese traten bei der Lösung bekannter geometrischer Probleme auf. Eine Kurve
jedoch wie der Graph der Funktion

$$y = \frac{4x + 3}{x^6 + 1} + 2^x - 2$$

in der Abbildung auf Seite 323 wäre schlichtweg unvorstellbar gewesen. Die
Mathematiker bastelten sich die seltsamsten Gleichungen zurecht und erzeugten damit Kurven, die sich in bis dahin nicht gekannten Verwindungen durch
die x-y-Ebene schlangen. Und durch den Aufbau dieses viel größeren Vorrats
an Kurven gewannen sie Einsichten, die sich als wesentlich für die Entwicklung
der Differentialrechnung erweisen sollten.

Im verbleibenden Rest dieses Kapitels wollen wir die beiden fundamentalen, einander entgegengerichteten Aspekte der analytischen Geometrie genauer
beleuchten. Wir beginnen mit der Untersuchung der Frage, wie die Geometrie
einer Kurve zu einem Verständnis ihrer algebraischen Eigenschaften führen
kann.

Eigentlich haben wir dafür schon andere Beispiele kennengelernt. Geometrische Darstellungen haben unsere Diskussion der Differential- und Integralrechnung begleitet und unsere Herleitung des Newtonverfahrens motiviert. Ein

noch einfacheres Beispiel war die Illustration zu Cardanos Behauptung, daß zwei reelle Zahlen mit der Summe 10 niemals das Produkt 40 haben können, in Kapitel D. Wir haben diese Behauptung mit den Techniken zur Funktionswertmaximierung aus der Differentialrechnung bewiesen. Man hätte sich von der Angelegenheit aber auch überzeugen können, indem man einen kurzen Blick auf den Graph der Produktfunktion $y = -x^2 + 10x$ geworfen hätte, die in der Abbildung auf Seite 66 und noch einmal, um dem Leser übermäßiges Blättern zu ersparen, auf Seite 324 erscheint.

Wenn man erst einmal durch die Definition der Gleichung dafür gesorgt hat, daß die in Frage kommenden Produkte als y-Koordinaten der Punkte auf der Kurve auftreten, so wird sofort klar, daß sie niemals den Wert 40 erreichen. Aus der graphischen Darstellung geht unmittelbar hervor, daß das größtmögliche Produkt – also der höchste Punkt der Kurve – 25 ist. Die Beschränkungen für das Produkt zweier Zahlen, eine rein algebraische Fragestellung, werden hier durch die Geometrie einer assoziierten Kurve verdeutlicht.

Gehen wir zurück zu Kapitel K, wo wir feststellen mußten, daß es keine algebraische Methode gibt, mit der man eine exakte Lösung der Gleichung $x^7 - 3x^5 + 2x^2 - 11 = 0$ berechnen kann. Für solche Fälle priesen wir das Newtonverfahren als Methode der Wahl an, wenigstens eine angenäherte Lösung zu bestimmen. Aber es gibt noch einen anderen, wenn auch nicht ganz so effizienten Algorithmus, der zu einer Näherung an eine Lösung führt und dabei nur Daten benötigt, die die analytische Geometrie liefern kann.

Dazu zeichnen wir zunächst den Graphen der Funktion $y = x^7 - 3x^5 + 2x^2 - 11$ auf. Die Punkte, die dieser Gleichung genügen, von Hand einzuzeichnen, macht eigentlich keine rechte Freude. Der Stumpfsinn wäre unbeschreiblich. Mit der modernen Technologie ist es allerdings ein Klacks. Computersoftware oder Taschenrechner von der Größe einer Mathematikerinnenhand produzieren derartige graphische Darstellungen in Sekundenschnelle und berechnen und zeichnen dabei mehr Punkte, als ein Mensch in Monaten bewältigen könnte. So ist auch die Abbildung auf Seite 326 entstanden.

Da wir die Gleichung $x^7 - 3x^5 + 2x^2 - 11 = 0$ lösen wollen, müssen wir ein x suchen, so daß in der Geichung $y = x^7 - 3x^5 + 2x^2 - 11$ die Variable y den Wert $y = 0$ annimmt. Das ist aber gerade die erste Koordinate des Schnittpunktes des Graphen mit der x-Achse. Bei dem in der Abbildung auf Seite 326 dargestellten Ausschnitt der Funktion gibt es offenbar nur einen derartigen Punkt. Man kann genauer zeigen, daß diese spezielle Gleichung siebten Grades nur eine Lösung hat. Diese wollen wir nun mit Hilfe der Geometrie ermitteln.

Es gibt Rechner und die geeignete Software, die uns dabei unterstützen. Man legt sozusagen einen Teil des Graphen unter ein Vergrößerungsglas. Zunächst sucht man sich einen Punkt, dessen Umgebung man vergrößern will, hier am besten etwas unterhalb von $x = 2$, und gibt dem Rechner die entsprechende Anweisung. Als Ergebnis, das man in der Abbildung unten sieht, erhält man eine vergrößerte Version der Region um den x-Achsenschnitt des

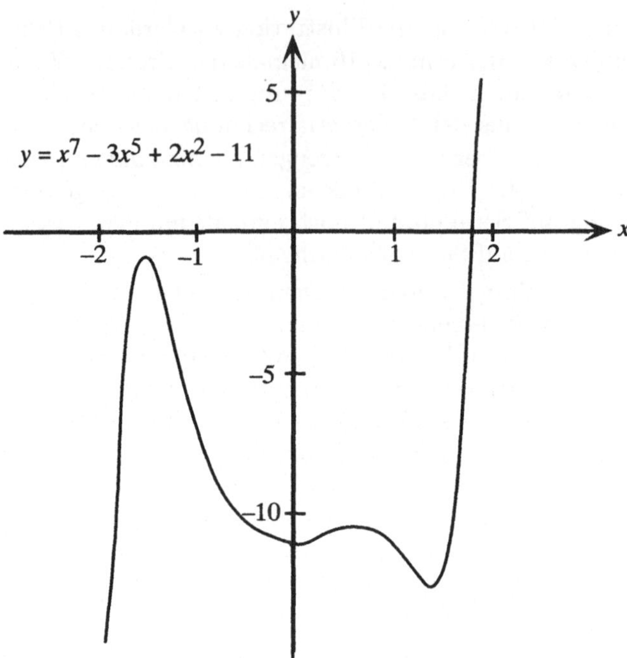

Graphen. Die Geometrie läßt vermuten, daß die Lösung irgendwo bei $x = 1{,}8$ liegt.

Wenn uns das noch nicht genau genug ist, können wir die geometrische Abbildung weiter vergrößern. Das können wir so lange fortsetzen, bis wir eine winzige Umgebung des x-Achsenschnitts vor uns haben, vielleicht von einer Breite

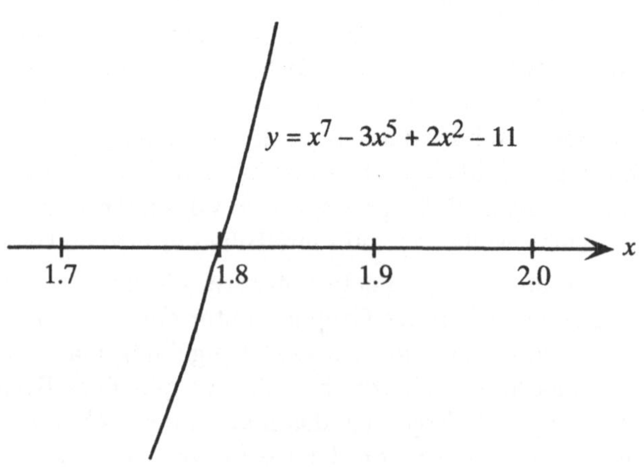

von nur 0,00001 Einheiten. Auf diese Weise läßt sich der x-Achsenschnitt mit hoher Genauigkeit approximieren.

In unserem Beispiel erhält man nach einigen Vergrößerungen den Wert $x = 1{,}7998295$ als Näherung an die Lösung. Zur Probe setzen wir ihn in die ursprüngliche Gleichung ein:

$$(1{,}7998295)^7 - 3 \cdot (1{,}7998295)^5 + 2 \cdot (1{,}7998295)^2 - 11 = -0{,}000004.$$

Wir sind also ziemlich nahe an 0. Mit dem graphikfähigen Rechner war das ein harmloser Prozeß.

Bevor wir uns dem anderen Problemkreis zuwenden, noch zwei wichtige Bemerkungen. Bei unserem Lösungsweg haben wir uns einer Technologie bedient, die noch vor ein paar Jahrzehnten undenkbar gewesen wäre, die aber heute alltäglich ist. Die Hardware, die zur Berechnung und graphischen Darstellung Hunderter von Punkten notwendig ist, ist das Geschenk des Ingenieurs an den Mathematiker.

Viel wichtiger aber ist, daß der Lösungsweg eines ursprünglich algebraischen Problems, nämlich die Suche nach der Lösung einer Gleichung siebten Grades, durch den geometrischen Verlauf einer Kurve in der Nähe der x-Achse bestimmt wurde. In diesem Zusammenhang sprechen Mathematiker gern von der „Kraft der Visualisierung". Es ist in der Tat schwer, sich dieser Macht der analytischen Geometrie, vor allem, wenn sie durch den Rechner erst richtig zur Geltung gebracht wird, zu entziehen.

Mit diesem Beispiel haben wir gezeigt, daß die Geometrie im Dienste der Algebra genutzt werden kann. Jetzt wechseln wir die Seiten und wenden die Methoden der Algebra an, um ein Theorem der Geometrie zu beweisen. Dazu müssen wir zwei Vorbereitungen treffen: Die algebraischen Darstellungen des Abstandes und der Steigung. Die letztere haben wir bereits in Kapitel D behandelt, und so wenden wir uns zunächst dem Abstandsbegriff zu.

Nehmen wir an, wir hätten wie in der Abbildung auf Seite 328 zwei Punkte P und Q vor uns und sollten deren Abstand bestimmen, also die Länge der Strecke PQ. Wir bezeichnen die Koordinaten der Punkte P und Q mit (a, b) beziehungsweise (c, d). Zeichnet man nun die gestrichelten Geraden ein, so erhält man das rechtwinklige Dreieck $\triangle PQR$. Nun können wir die Längen einfach an den Achsen ablesen. Die x-Achse liefert: $\overline{PR} = c - a$, und die y-Achse: $\overline{QR} = d - b$. Nach dem Satz des Pythagoras gilt daher:

$$\text{Abstand zwischen } P \text{ und } Q = \sqrt{\overline{PR}^2 + \overline{QR}^2} = \sqrt{(c-a)^2 + (d-b)^2}.$$

Dies ist die *Abstandsformel* der analytischen Geometrie.

Die Formel für die Steigung wurde in Kapitel D behandelt. Danach hat die Gerade durch P und Q in der Abbildung die Steigung:

$$m = \frac{\text{Änderung in } y}{\text{Änderung in } x} = \frac{d-b}{c-a}.$$

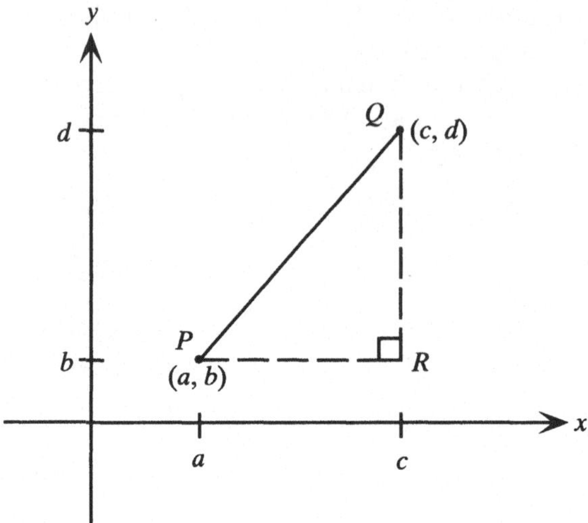

Hier ist eine Warnung angebracht: Wenn die Gerade senkrecht verläuft, dann haben alle Punkte die gleichen ersten Koordinaten, und daher wird der Ausdruck im Nenner der Steigungsformel Null. Das Ergebnis der Division ist daher keine reelle Zahl. Man sagt, die Steigung einer senkrechten Geraden ist nicht definiert. Um dieser Komplikation aus dem Weg zu gehen, wollen wir vereinbaren, daß im folgenden senkrechte Geraden ausgeschlossen werden.

Der Begriff der Steigung ermöglicht es, Parallelität und senkrechte relative Lage algebraisch zu charakterisieren, zwei geometrische Begriffe, die schon am Anfang der Euklidschen Geometrie beschrieben werden. Die intuitive Interpretation der Steigung läßt es sofort als selbstverständlich erscheinen, daß zwei Geraden genau dann parallel sind, wenn sie die gleiche Steigung haben. Eine analoge Charakterisierung von zwei zueinander senkrechten Geraden ist jedoch nicht so offensichtlich und verdient eine kurze Betrachtung.

Nehmen wir also an, zwei Geraden schneiden sich unter einem rechten Winkel. Um uns ins Reich der analytischen Geometrie zu begeben, führen wir Koordinatenachsen ein, wobei wir den Ursprung in den Schnittpunkt der beiden Geraden legen, wie es in der Abbildung auf Seite 329 geschehen ist.

Auf jeder der beiden Geraden messen wir eine Strecke der Länge 1 ab und bezeichnen die Koordinaten der jeweiligen Endpunkte P beziehungsweise Q mit (a, b) beziehungsweise (c, d). Nach unserer Abstandsformel gilt:

$$\sqrt{(a-0)^2 - (b-0)^2} = \overline{OP} = 1 \quad \Rightarrow \quad a^2 + b^2 = \left(\sqrt{a^2 + b^2}\right)^2 = 1^2 = 1.$$

Ganz analog gilt für den Abstand $\overline{OQ}$:

$$c^2 + d^2 = \left(\sqrt{c^2 + d^2}\right)^2 = 1.$$

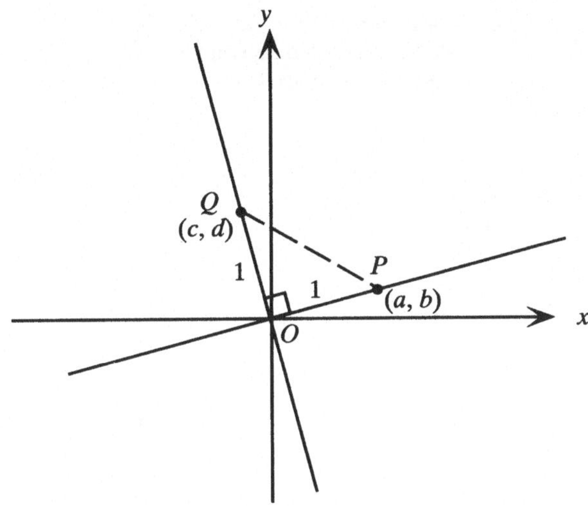

Durch Addition der beiden Gleichungen folgt:

$$a^2 + b^2 + c^2 + d^2 = 1 + 1 = 2. \qquad (*)$$

Zeichnet man die gestrichelte Strecke PQ ein, so entsteht das rechtwinklige Dreieck $\triangle POQ$. Nach Pythagoras gilt:

$$\overline{PQ} = \sqrt{1^2 + 1^2} = \sqrt{2}.$$

Andererseits liefert die Abstandsformel:

$$\overline{PQ} = \sqrt{(c-a)^2 + (d-b)^2}.$$

Durch Gleichsetzen der beiden letzten Ausdrücke und Quadrieren folgt:

$$(\sqrt{2})^2 = \left(\sqrt{(c-a)^2 + (d-b)^2}\right)^2,$$

was man weiter ausrechnet zu:

$$
\begin{aligned}
2 &= (c-a)^2 + (d-b)^2 = c^2 - 2ac + a^2 + d^2 - 2bd + b^2 \\
&= (a^2 + b^2 + c^2 + d^2) - 2ac - 2bd \\
&= 2 - 2ac - 2bd
\end{aligned}
$$

nach $(*)$ oben. Die letzte Gleichung vereinfacht sich weiter zu: $2 = 2 - 2ac - 2bd \Rightarrow 0 = -2ac - 2bd \Rightarrow ac = -bd$.

Die Bedeutung der letzten Relation wird klar, wenn man sich die Steigungen der Geraden ansieht. Die Steigung der Geraden durch O und P ist:

$$m_1 = \frac{b-0}{a-0} = \frac{b}{a}$$

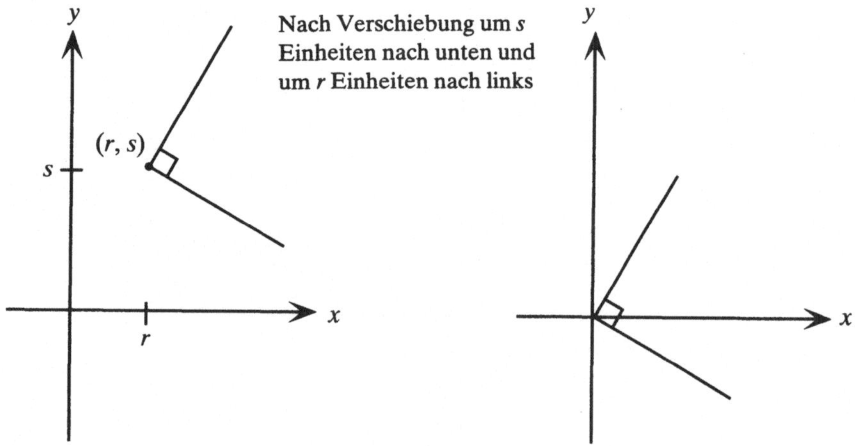

und die der Geraden durch O und Q ist $m_2 = d/c$. Damit folgt aber:

$$m_1 \cdot m_2 = \frac{b}{a} \cdot \frac{d}{c} = \frac{bd}{ac} = \frac{bd}{-bd} = -1,$$

wobei wir die Relation $ac = -bd$ ausgenutzt haben.

Wir haben also gezeigt: Wenn zwei Geraden zueinander senkrecht sind, ist das Produkt ihrer Steigungen -1. Das mag zwar als eine seltsame Bedingung erscheinen, aber es ist nichts anderes als die Übersetzung des Satzes von Pythagoras in die Sprache der analytischen Geometrie.

Was passiert eigentlich, wenn der Schnittpunkt der Geraden nicht im Koordinatenursprung liegt? Dazu betrachten wir die zueinander senkrechten Geraden mit dem Schnittpunkt (r, s) im linken Teil der Abbildung oben. Ohne sie zu deformieren, wird die ganze Konfiguration um s Einheiten nach unten und um r Einheiten nach links verschoben. Dadurch wandert der Schnittpunkt nach $(0, 0)$, während die Geraden ihre Neigung innerhalb des Koordinatensystems behalten. Dieser Endzustand der Verschiebung ist auf der rechten Seite der Abbildung dargestellt und entspricht der Situation in der Abbildung auf Seite 329. Damit ist die Argumentation wie eben anwendbar, und das Produkt der Steigungen der verschobenen Geraden beträgt -1. Die ursprünglichen Geraden haben aber dieselben Steigungen, so daß auch deren Produkt -1 ist.

Nach diesem Prolog sind wir nun endlich bereit, einen geometrischen Satz mit algebraischen Methoden zu beweisen. Wir brauchen dazu die Abstandsformel, den Begriff der Steigung und die angegebenen Charakterisierungen von parallelen und zueinander senkrechten Geraden – kurz alles, was wir auf den letzten Seiten zusammengestellt haben. Der Satz handelt von einem *Rhombus*, also einem Parallelogramm, dessen vier Seiten gleich lang sind.

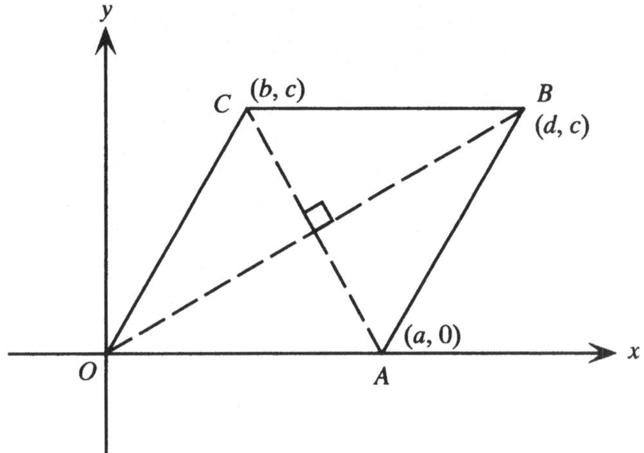

Satz: Ein Parallelogramm mit zueinander senkrechten Diagonalen ist ein Rhombus.

Beweis: Wir betrachten ein beliebiges Parallelogramm $OABC$, wie es in der obigen Abbildung dargestellt ist. Es ist im Koordinatensystem so orientiert, daß die Ecke O im Koordinatenursprung liegt und die Seite OA auf der x-Achse verläuft, wo der Punkt A die Koordinaten $(a, 0)$ hat. Daher gilt: $\overline{OA} = a$. Wir können übrigens jedes Parallelogramm durch Verschiebung und Rotation in diese Lage bringen, wobei sich die geometrischen Verhältnisse der Figur, zum Beispiel Länge und relative Lage der Seiten, nicht ändern würden.

Der Punkt C hat die Koordinaten (b, c). Da es sich um ein Parallelogramm handelt, ist die Seite CB parallel zur x-Achse. Deshalb sind die zweiten Koordinaten der Punkte C und B dieselben, also hat B die Koordinaten (d, c). Die Seiten OC und AB sind ebenfalls parallel. Daher gilt:

$$\frac{c}{b} = \text{Steigung von } OC = \text{Steigung von } AB = \frac{c}{d - a}.$$

Dies formt man um zu: $c(d - a) = bc$. Also ist $d - a = b$ beziehungsweise $d = b + a$.

Jetzt kommt unsere weitere Voraussetzung über das Parallelogramm ins Spiel: Die Diagonalen OB und AC stehen senkrecht aufeinander. Nach einer unserer Vorbemerkungen bedeutet dies, daß das Produkt ihrer Steigungen -1 ist. Also gilt:

$$\begin{aligned}
-1 &= (\text{Steigung von } OB) \cdot (\text{Steigung von } AC) = \frac{c}{d} \cdot \frac{c}{b - a} \\
&= \frac{c}{b + a} \cdot \frac{c}{c - a} \quad , \text{ nach der eben gezeigten Gleichung } d = b + a \\
&= \frac{c^2}{b^2 - a^2}.
\end{aligned}$$

Da aber

$$\frac{c^2}{b^2 - a^2} = -1$$

ist, folgt $b^2 - a^2 = -c^2$, also auch $a^2 = b^2 + c^2$. Nach der Abstandsformel gilt andererseits

$$\begin{aligned}
\overline{OC} &= \sqrt{(b-0)^2 + (c-0)^2} = \sqrt{b^2 + c^2} \\
&= \sqrt{a^2} \quad \text{nach der Schlußfolgerung oben} \\
&= a = \overline{OA}.
\end{aligned}$$

Damit ist gezeigt, daß OC und OA die gleiche Länge haben.

Wir sind jetzt fast am Ende. Die Länge von CB beträgt:

$$\sqrt{(d-b)^2 + (c-c)^2} = \sqrt{(d-b)^2} = d - b = (b+a) - b = a,$$

so daß auch CB und OA die gleiche Länge haben. Schließlich gilt noch

$$\overline{AB} = \sqrt{(d-a)^2 + (c-0)^2} = \sqrt{b^2 + c^2} = \overline{OC} = \overline{OA} = a.$$

Alle vier Seiten des Parallelogramms $OABC$ haben die gleiche Länge a. Das Parallelogramm ist also ein Rhombus.

Wie der Leser vielleicht schon ahnen wird, ist dieser Satz im Rahmen der Euklidschen Geometrie selbst sehr leicht zu beweisen, in der man mit den erwarteten Begriffen arbeitet – „kongruente Dreiecke", „Wechselwinkel" bei parallelen Geraden und dergleichen mehr. Das Wesentliche an dem wiedergegebenen Beweis ist seine algebraische Natur. Ganz nach Descartes' Ratschlag haben wir „nicht gezögert, diese arithmetischen Ausdrücke in die Geometrie einzuführen" und durch die Manipulation einiger Gleichungen zu zeigen, daß ein gewisses Parallelogramm ein Rhombus ist.

Natürlich gibt es wichtigere Beispiele, die man hätte anführen können, um die Bedeutung der analytischen Geometrie zu demonstrieren. So ist sie die ideale Spielwiese, um die Kegelschnitte zu studieren: Ellipsen, Parabeln und Hyperbeln. In ihrer Beschreibung im Rahmen der x-y-Koordinaten sind diese Figuren viel besser zu verstehen als bei der Behandlung mit den klassischen griechischen Methoden als ebene Schnitte von Kegeln in unterschiedlicher Lage.

Wie dem auch sei, wir sind nun zu einem Ende gekommen. Würden wir das Problem der Kegelschnitte weiter diskutieren, würden wir im übrigen den Leser „des Vergnügens berauben, es aus eigener Kraft zu meistern". Statt dessen beenden wir das Kapitel mit einem letzten Gruß an die analytische Geometrie der x-y-Ebene, an die Verbindung von Geometrie und Algebra, die zu einer der glücklichsten Ehen in der Mathematik geführt hat.

Z

Der Titel dieses letzten Kapitels könnte natürlich den Eindruck erwecken, uns
seien nun allmählich die Worte ausgegangen. Tatsächlich ist die Wahl eines einzigen Buchstabens als Überschrift aber durchaus angemessen für ein Kapitel,
in dem es um komplexe Zahlen geht. Diese werden nämlich im symbolischen
Alphabet des Mathematikers durchweg mit dem kleinen z bezeichnet.

Wir wollen untersuchen, was komplexe Zahlen sind, wo sie herkommen, und
warum sie eine so bedeutende Rolle in der modernen Mathematik spielen. Ihre
Geschichte ist verworren und verlangte die Aufgabe lange gehegter Vorurteile
über den Begriff „Zahl". Nach der griechischen Mythologie wurde Athene in
bereits erwachsenem Zustand aus dem Kopf ihres Vaters Zeus geboren. Die
imaginären Zahlen dagegen sind im Verlauf mehrerer Jahrhunderte nach und
nach den Köpfen vieler Mathematiker entsprungen.

Um verstehen zu können, was so beunruhigend daran war, müssen wir uns
zunächst mit den Eigenschaften der gewöhnlichen reellen Zahlen beschäftigen.
Wie jedermann weiß, gibt es zwei Kategorien nichtverschwindender Zahlen,
die positiven und die negativen; die Null paßt in keine der beiden Kategorien.
Die Arithmetik der Zahlen gehorcht gewissen Regeln, von denen eine ganz
besonders wichtig ist für unsere Diskussion: Das Produkt zweier positiver
Zahlen ist genau wie das Produkt zweier negativer Zahlen wieder positiv. Zum
Beispiel gilt $3 \times 4 = 12$, aber auch $(-3) \times (-4) = 12$.

Nehmen wir nun an, wir suchen die Quadratwurzel einer negativen Zahl
wie $\sqrt{-15}$. Ganz *reell* betrachtet, wenn wir es einmal so ausdrücken dürfen,
bereitet das Schwierigkeiten. Das Quadrat einer jeden Zahl ist positiv oder
gleich null. Das Quadrat keiner Zahl kann also -15 sein. Zahlen wie $\sqrt{-15}$
sollten daher, wie es unsere mathematischen Vorfahren ausdrückten, tunlichst
als Gebilde der Imagination abgetan werden.

Aber es ist mühsam, gute Ideen auf Dauer zu unterdrücken. Dies wurde
vor allem an den Arbeiten der italienischen Algebraiker deutlich, die wertvolle
Beiträge zur Kunst der Lösung algebraischer Gleichungen lieferten, auf dem
Weg dahin aber unabsichtlich auf die Quadratwurzeln negativer Zahlen stießen.

Wie wir schon in Kapitel Q bemerkt haben, waren die Mathematiker in jener Periode noch von *negativen* Zahlen unangenehm berührt, ganz zu schweigen von deren Quadratwurzeln. Die Aversion negativen Zahlen gegenüber hat sich in Gerolamo Cardanos *Ars Magna* niedergeschlagen, in der er 1545 die Lösung quadratischer Gleichungen beschreibt. Er konnte zwar den Fall „Quadrat plus cosa ist eine Zahl" behandeln (hier bezeichnet *cosa* die zu bestimmende Größe), was in moderner Schreibweise einer Gleichung beispielsweise der Form $x^2 + 3x = 40$ entspricht. Er scheute sich aber, den Fall „Quadrat minus cosa ist eine Zahl" überhaupt ins Auge zu fassen. Eine Gleichung der Form $x^2 - 3x = 40$ hat er nie betrachtet. Gleichungen, die eine negative Größe enthielten, waren mit einem Makel behaftet.

Statt dessen beschreibt Cardano ein Verfahren zur Lösung der Gleichung $x^2 = 3x + 40$. Nach unserem Verständnis ist das *äquivalent* zu $x^2 - 3x = 40$ und benötigt, vom algorithmischen Standpunkt aus gesehen, keine besondere Betrachtungsweise. In einem Jahrhundert jedoch, in dem negativen Größen so viel Negatives anhaftete, waren solche algebraischen Kapriolen wohl vonnöten.

Wer nicht an Einhörner glaubt, für den wäre es absurd, über deren Freßgewohnheiten zu diskutieren. Genauso mußten die, die die Existenz negativer Zahlen in Frage stellten, natürlich auch deren *Quadratwurzeln* für grotesk halten. Dennoch unternahm gerade Cardano den ersten auslotenden Schritt in diese Richtung, als er das folgende Problem in der *Ars Magna* stellte: „Jemand fordert Sie auf, 10 in zwei Teile zu zerlegen, so daß sich der eine mit dem anderen zu 40 multipliziert."[1]

Cardano notierte, daß es hier keine Lösung gibt. Tatsächlich gibt es kein Paar *reeller* Zahlen mit dieser Eigenschaft, wie wir mit Hilfe der Differentialrechnung in Kapitel D gezeigt haben. „Nichtsdestotrotz werden wir das Problem in dieser Weise lösen", schrieb er und gab die Zahlen

$$5 + \sqrt{-15} \quad \text{und} \quad 5 - \sqrt{-15}$$

an. Ist eine solche Lösung vernünftig? Zunächst einmal ist die Summe der Zahlen

$$5 + \sqrt{-15} + 5 - \sqrt{-15} = 5 + 5 = 10,$$

so daß also wirklich „10 in zwei Teile zerlegt" ist. Um andererseits das Produkt der beiden Teile zu bestimmen, wenden wir die bekannte Distributivitätsregel an:

$$(a + b)(c + d) = ac + ad + bc + bd.$$

Jeder Term in der ersten Klammer wird mit jedem Term in der zweiten Klammer multipliziert. In unserem Beispiel ergibt sich:

$$
\begin{aligned}
(5 + \sqrt{-15}) \cdot (5 - \sqrt{-15}) &= 25 - 5\sqrt{-15} + 5\sqrt{-15} - (\sqrt{-15})^2 \\
&= 25 - (-15) = 25 + 15 = 40.
\end{aligned}
$$

Hierbei wurde ausgenutzt, daß definitionsgemäß $(\sqrt{-15})^2 = -15$ gelten muß.
Cardano scheint also doch eine Möglichkeit gefunden zu haben, 10 in zwei Teile
zu zerlegen, deren Produkt 40 ist.

Aber waren diese beiden „Teile" auch „Zahlen"? Was ist denn eigentlich
$\sqrt{-15}$ genau? Cardano war von seiner eigenen Lösung weniger überzeugt als
vielmehr verwirrt. Er nannte sie „rätselhaft" und charakterisierte sie darüber
hinaus als „genauso subtil wie nutzlos", womit er einer neuen mathematischen
Idee nicht gerade ein berauschendes Zeugnis mit auf den Weg gab.[2]

Quadratwurzeln aus negativen Zahlen hätte man getrost aus weiteren Betrachtungen verbannen können, wäre da nicht jene phänomenale Leistung der
italienischen Mathematiker gewesen, nämlich die algebraische Auflösung der
kubischen Gleichung. In seiner *Ars Magna* veröffentlichte Cardano als erster
die Lösung von „Kubus plus cosa ist eine Zahl", was einer kubischen Gleichung
der Form $x^3 + mx = n$ entspricht, wobei m und n reelle Zahlen sind. Er ging
das Problem geometrisch an, indem er dreidimensionale Würfel in verschiedene
Stücke zerlegte. In der modernen algebraischen Schreibweise ist seine Lösung
äquivalent zu:

$$x = \sqrt[3]{\frac{n}{2} + \sqrt{\frac{n^2}{4} + \frac{m^3}{27}}} - \sqrt[3]{-\frac{n}{2} + \sqrt{\frac{n^2}{4} + \frac{m^3}{27}}}.$$

Diese Formel läßt sich hervorragend anwenden, beispielsweise auf die Kubik
$x^3 + 24x = 56$. Hier ist also $m = 24$ und $n = 56$, also gilt zunächst:

$$\sqrt{\frac{n^2}{4} + \frac{m^3}{27}} = \sqrt{\frac{56^2}{4} + \frac{24^3}{27}} = \sqrt{784 + 512} = \sqrt{1296} = 36.$$

Nach der Cardanischen Formel ist die Lösung der Kubik:

$$\begin{aligned}
x &= \sqrt[3]{\frac{56}{2} + 36} - \sqrt[3]{-\frac{56}{2} + 36} \\
&= \sqrt[3]{28 + 36} - \sqrt[3]{-28 + 36} = \sqrt[3]{64} - \sqrt[3]{8} = 4 - 2 = 2.
\end{aligned}$$

Tatsächlich erfüllt $x = 2$ die Gleichung, denn $2^3 + 24 \cdot 2 = 8 + 48 = 56$. Das
hat ausgezeichnet geklappt.

Was macht man aber bei der kubischen Gleichung $x^3 - 78x = 220$? Hier
ist $m = -78$ und $n = 220$, woraus folgt:

$$\sqrt{\frac{n^2}{4} + \frac{m^3}{27}} = \sqrt{\frac{220^2}{4} + \frac{(-78)^3}{27}} = \sqrt{12\,100 - 17\,576} = \sqrt{-5476}.$$

Da ist sie aufgetaucht, die gefürchtete Wurzel aus einer negativen Zahl. Cardanos wundervolle Formel für die kubische Gleichung macht Ärger.

Was den Mathematikern hier Kopfschmerzen bereitete, war die Tatsache,
daß die Kubik $x^3 - 78x = 220$ in Wirklichkeit eine relle Lösung hat, nämlich

$x = 10$: Es ist $10^3 - 78 \cdot 10 = 1000 - 780 = 220$. Schlimmer noch, es gibt zwei weitere reelle Lösungen: $-5 + \sqrt{3}$ und $-5 - \sqrt{3}$. Die Situation ist also völlig unbefriedigend. Bei einer reellen Kubik mit drei reellen Lösungen findet die Cardanische Formel keine einzige davon. Die Gelehrten waren verwirrter denn je.

Das war der Stand der Dinge auch noch eine Generation später. Da zeigte ein anderer Italiener, Rafael Bombelli (ca. 1526–1572), genialen Weitblick in seiner *Algebra* von 1572. Er schlug vor, man solle Quadratwurzeln aus negativen Zahlen ruhig einführen, zumindest zeitweise, während man von der rellen Kubik auf ihre reellen Lösungen schließt. Auf diese Weise könnten diese seltsamen und mühevoll zu behandelnden Größen als Werkzeuge bei den Zwischenschritten zur Auflösung kubischer Gleichungen dienen.

Um besser zu verstehen, was Bombelli damit meinte, kehren wir an den Punkt zurück, wo das Problem in unserem Beispiel ans Tageslicht trat. Wir vergessen also vorübergehend jedes Vorurteil gegen Quadratwurzeln aus negativen Zahlen und rechnen:

$$\sqrt{-5476} = \sqrt{5476 \cdot (-1)} = \sqrt{5476} \cdot \sqrt{(-1)} = 74\sqrt{(-1)}.$$

Hier wurde ausgenutzt, daß $\sqrt{5476} = 74$ ist. Jetzt wenden wir die Cardanische Formel in ihrer vollständigen Form an:

$$
\begin{aligned}
x &= \sqrt[3]{\frac{n}{2} + \sqrt{\frac{n^2}{4} + \frac{m^3}{27}}} - \sqrt[3]{-\frac{n}{2} + \sqrt{\frac{n^2}{4} + \frac{m^3}{27}}} \\
&= \sqrt[3]{\frac{220}{2} + \sqrt{-5476}} - \sqrt[3]{-\frac{220}{2} + \sqrt{-5476}} \\
&= \sqrt[3]{110 + 74\sqrt{-1}} - \sqrt[3]{-110 + 74\sqrt{-1}}.
\end{aligned}
\qquad (*)
$$

Damit ist alles nur schlimmer geworden, wie es scheint, denn nicht nur ist die Quadratwurzel aus -1 immer noch vorhanden, jetzt ist sie auch noch in einer dritten Wurzel eingebettet. Aber Bombelli hatte bemerkt, daß der berechnete Ausdruck seine Aufgabe ausgezeichnet erfüllt, wenn man ihn richtig weiterbehandelt.

Um das zu sehen, bedarf es weiterer Berechnungen. Zunächst sieht man:

$$
\begin{aligned}
(5 + \sqrt{-1}) \cdot (5 - \sqrt{-1}) &= 5^2 + 5\sqrt{-1} + 5\sqrt{-1} + \sqrt{-1}^2 \\
&= 25 + 10\sqrt{-1} + (-1)^2 = 24 + 10\sqrt{-1}.
\end{aligned}
$$

Hier wurde die Gleichung $(\sqrt{-1})^2 = -1$ ausgenutzt. Wir haben also gezeigt, daß

$$(5 + \sqrt{-1})^2 = 24 + 10\sqrt{-1}$$

ist.

Jetzt berechnen wir noch die dritte Potenz:

$$\begin{aligned}
(5 + \sqrt{-1})^3 &= (5 + \sqrt{-1}) \cdot (5 - \sqrt{-1})^2 = (5 + \sqrt{-1}) \cdot (24 + 10\sqrt{-1}) \\
&= 120 + 50\sqrt{-1} + 24\sqrt{-1} + 10(\sqrt{-1})^2 \\
&= 120 + 74\sqrt{-1} + 10 \cdot (-1) \\
&= 120 + 74\sqrt{-1} - 10 = 110 + 74\sqrt{-1}.
\end{aligned}$$

Dies sollte nun das Herz des Mathematikers erfreuen, denn das ist genau der Ausdruck, der in der ersten der beiden Kubikwurzeln in der Darstellung (∗) soviel Sorgen bereitet hatte. Zieht man nun aus

$$(5 + \sqrt{-1})^3 = 110 + 74\sqrt{-1}$$

auf beiden Seiten die dritte Wurzel, so kann man schreiben:

$$5 + \sqrt{-1} = \sqrt[3]{110 + 74\sqrt{-1}}.$$

Eine ähnliche Rechnung führt auf die Beziehung $(-5+\sqrt{-1})^3 = -110+74\sqrt{-1}$ und damit auf:

$$-5 + \sqrt{-1} = \sqrt[3]{-110 + 74\sqrt{-1}}.$$

Nun kann man schließlich doch einen Sinn in der Cardanischen Formel erkennen. Setzt man die gerade gefundenen Kubikwurzeln in die Gleichung (∗) ein, so folgt:

$$\begin{aligned}
x &= \sqrt[3]{110 + 74\sqrt{-1}} - \sqrt[3]{-110 + 74\sqrt{-1}} \\
&= (5 + \sqrt{-1}) - (-5 + \sqrt{-1}) \\
&= 5 + \sqrt{-1} + 5 - \sqrt{-1} = 10.
\end{aligned}$$

Wie wir schon vorher nachgeprüft hatten, *ist* $x = 10$ tatsächlich eine Lösung der ursprünglichen kubischen Gleichung. Und $\sqrt{-1}$ war der Rettungsanker bei der Suche.

An dieser Stelle kann man einen ernsthaften Einwand erheben: Wie, in drei Teufels Namen, kann jemand ahnen, daß $5 + \sqrt{-1}$ eine dritte Wurzel aus $110 + 74\sqrt{-1}$ ist? Das ist ja nun wahrlich nicht offensichtlich. Auch Bombelli mußte sich auf selbstgebastelte Beispiele verlassen, so wie dieses, bei denen er die Lösung schon von vornherein kannte. Wie man die Kubikwurzel eines allgemeinen Ausdrucks der Form $a + b\sqrt{-1}$ bestimmen könnte, davon hatte er nicht die geringste Ahnung, und das sollte auch noch einige Zeit ein Mysterium bleiben.

Bombellis Ansatz, den er selbst als „einen wilden Gedanken" bezeichnete, schien genausoviel auf Magie wie auf Logik zu beruhen. „Die ganze Angelegenheit scheint", wie er schrieb, „eher auf Spitzfindigkeit als auf Wahrheit

zu beruhen."[3] Dennoch war seine Bereitschaft, Quadratwurzeln aus negativen
Zahlen zuzulassen, ein wesentlicher Schritt in der Entwicklung. Er erlaubte
die Lösung kubischer Gleichungen. Er rettete Cardanos Formel. Und er stellte
eine ganz neue Art von Zahlen ins mathematische Rampenlicht.

Man kann bei einer solch revolutionären Idee kaum erwarten, daß sie sofort allgemein akzeptiert wird. Sechs Jahrzehnte nach Bombelli formte Descartes in einem Abschnitt seiner *Géométrie* einen Ausdruck für Zahlen wie
$\sqrt{-9}$: „Weder die wahren noch die falschen [negativen] Wurzeln sind immer
reell; manchmal sind sie imaginär."[4] Einen mathematischen Begriff imaginär
zu nennen – so wie Gnome oder der Klabautermann imaginär sind – bedeutet,
daß man ihn als hypothetisch, paradox oder halluzinös einstuft. Trotz dieser
Nebenbedeutung hat sich diese Bezeichnung bis heute erhalten.

Im siebzehnten Jahrhundert schließlich äußerte Newton ein Urteil ganz
besonderer Art, als er die imaginären Zahlen als „unmöglich" bezeichnete.[5]
In der Zwischenzeit nahm Leibniz bei einem pseudobiologischen Standpunkt
Zuflucht und schrieb: „Jenes Amphibium zwischen Sein und Nichtsein, das wir
die imaginäre Wurzel aus der negativen Einheit nennen ..."[6] Der Vergleich der
imaginären Zahlen mit Amphibien ist zwar immer noch besser als der mit dem
Klabautermann, aber mehr auch nicht.

Bis weit ins achtzehnte Jahrhundert blieben die imaginären Zahlen Bürger
zweiter Klasse im Staate der Mathematik. Dann aber wurden sie wegen einiger
grundlegender Fragen im Zusammenhang mit der Differentialrechnung und
aufgrund der höheren Einsicht eines Leonhard Euler als vollwertige Mitglieder
in die Gemeinschaft der Zahlen aufgenommen. Und Euler war es auch, der
das Standardsymbol i für $\sqrt{-1}$ einführte. Die Ingenieure benutzen übrigens j.

In der üblichen Notation wird eine *komplexe Zahl* als eine Zahl der Form
$z = a + bi$ definiert, wobei a und b reelle Zahlen sind. Damit taucht auch
endlich der kapiteltitelgebende Buchstabe z auf. Beispiele komplexer Zahlen
wären $3 + 4i$ oder $2 - 7i$. Da sowohl a als auch b Null sein können, fallen auch
die rein imaginäre Zahl $i\,(= 0 + 1i)$ und jede reelle Zahl $a\,(= a + 0i)$ unter den
umfassenderen Begriff der komplexen Zahlen. Damit beinhalten die komplexen
Zahlen auch alle die Zahlsysteme, die wir in Kapitel Q kennengelernt haben.

Euler hat aber viel mehr getan, als nur die Bezeichnung zur Verfügung zu
stellen. Er schloß eine logische Lücke, die viele seiner Vorgänger beunruhigt
hatte. Er gab nämlich ein Verfahren an, wie man die Kubikwurzel – und allgemeine Wurzeln beliebiger Ordnung – von komplexen Zahlen $a + bi$ berechnen
kann. Dabei zeigte er auch, daß eine von Null verschiedene komplexe Zahl
zwei verschiedene Quadratwurzeln, drei verschiedene Kubikwurzeln, vier verschiedene vierte Wurzeln und so weiter besitzt. Die reelle Zahl 8 beispielsweise
hat bekannterweise die dritte Wurzel 2. Weniger offensichtlich sind die beiden
anderen dritten Wurzeln $-1 + \sqrt{3}$ und $-1 - \sqrt{3}$. Der skeptische Leser mag
die aufgeführten Zahlen zur dritten Potenz erheben und überprüfen, ob sich
tatsächlich 8 ergibt.

Euler untersuchte auch Potenzen komplexer Zahlen. Man sieht leicht ein, daß $i^2 = (\sqrt{-1})^2 = -1$ und $i^3 = i^2 \cdot i = (-1) \cdot i = -i$ sind. Aber Euler war auf Größeres aus. Stolz wie er war, bewies er die bemerkenswerte Beziehung:

$$e^{i\pi} + 1 = 0.$$

Wie jeder Mathematiker sofort bemerken wird, ist diese Relation mit keiner anderen vergleichbar, stellt sie doch eine Beziehung her zwischen den wichtigsten Konstanten der gesamten Mathematik. Nicht nur 0 und 1 spielen hier eine Rolle, auch π (aus Kapitel C), e (aus Kapitel N) und i (aus Kapitel Z) glänzen im Rampenlicht. Ein wahrhaft erhabener Auftritt.

Noch rätselhafter mag da Eulers Berechnung von i^i aussehen, einer imaginären Potenz einer imaginären Zahl. Es scheint fast absurd, an so etwas auch nur zu denken, aber mit Eulers Formel oben und den beiden gängigen Regeln der Exponentiation:

$$(a^r)^s = a^{rs} = (a^s)^r \quad \text{und} \quad a^{-r} = 1/a^r$$

ist dies kein Problem. Setzen wir voraus, daß – und das muß man schon glauben – diese Regeln auch dann gelten, wenn Basis und/oder Exponent komplexe Zahlen sind, können wir folgendermaßen schließen:

$$e^{i\pi} + 1 = 0 \quad \Rightarrow \quad e^{i\pi} = -1 \quad \Rightarrow \quad e^{i\pi} = i^2.$$

Erhebt man die beiden Seiten der letzten Gleichung zur i-ten Potenz: $(e^{i\pi})^i = (i^2)^i$ und wendet die erste angegebene Regel an, so folgt:

$$e^{i^2\pi} = (i^i)^2.$$

Aber hier ist wieder $i^2 = -1$ und daher $e^{-\pi} = (i^i)^2$. Daraus zieht man die Quadratwurzel:

$$\sqrt{e^{-\pi}} = (i^i).$$

Nun kann man noch ausnutzen: $e^{-\pi} = 1/e^\pi$ und kommt zu dem Resultat:

$$i^i = \frac{1}{\sqrt{e^\pi}}.$$

Das Besondere an diesem Beispiel ist, daß die imaginäre Potenz einer imaginären Zahl die reelle Zahl

$$\frac{1}{\sqrt{e^\pi}}$$

ist. Das scheint ziemlich verquer. Ein Jahrhundert nach Euler faßte der amerikanische Logiker Benjamin Peirce die Reaktion der meisten Leute auf diese Entdeckung Eulers zusammen: „Wir haben nicht die leiseste Ahnung, was diese Gleichung bedeutet, wir können aber sicher sein, daß sie etwas Wesentliches beinhaltet."[7]

Euler kommt ein großes Verdienst zu bei dem Unternehmen, die komplexen Zahlen populär zu machen. Er zeigte, wie man ihre Potenzen und ihre Wurzeln bestimmt, und definierte sogar Funktionen wie ihre Logarithmen. In gewissem Sinne gab er ihnen ihre arithmethische und algebraische Legitimation.

Aber es gab noch viel mehr zu tun. Im darauffolgenden Jahrhundert wurde unter Beteiligung vieler Mathematiker die *komplexe Funktionentheorie* entwickelt. Zu den prominentesten gehört der Franzose Augustin-Louis Cauchy (1789–1857). Mit den neuen Begriffen konnten Mathematiker nun auch die Ableitung von $z^3 + 4z - 2i$ oder das Integral

$$\int \frac{e^{iz}}{i} \mathrm{d}z$$

bestimmen. Die komplexen Zahlen hatten einen weiten Weg zurückgelegt.

Es gibt ein zentrales und alles überspannendes Ergebnis, das den komplexen Zahlen einen einzigartigen Status verleiht. Dies ist der Fundamentalsatz der Algebra, der die Überlegenheit der komplexen Zahlen über alle anderen Zahlsysteme belegt. In diesem Sinne ist er einer der großartigsten Sätze der Mathematik überhaupt.

Der Beweis des Fundamentalsatzes der Algebra geht weit über den Rahmen dieses Buches hinaus. Aber wir können beschreiben, was er besagt, und ein Gefühl dafür geben, warum er so wichtig ist. Es sollte nicht überraschen, daß ein Satz mit dem Wort *Algebra* in seiner Bezeichnung von der Lösung von Gleichungen handelt.

Erinnern wir uns an Kapitel A: Die natürlichen Zahlen $1, 2, 3, \ldots$ sind für jedermann die einfachsten – die am wenigsten komplexen – überhaupt, und diese Einfachheit macht ihre Faszination und ihren Charme aus. Gleichzeitig erweisen sie sich deshalb aber als ungeeignet zur Lösung von Gleichungen.

Angenommen, wir wollten die Gleichung $2x + 3 = 11$ lösen. Ihre Koeffizienten 2, 3 und 11 entstammen allesamt der Menge der natürlichen Zahlen. Die Lösung ist $x = 4$, wieder eine natürliche Zahl. In diesem Beispiel war also das System der natürlichen Zahlen völlig ausreichend, nicht nur, um die Gleichung aufzustellen, sondern auch, um sie zu lösen.

Wie steht es aber mit $2x + 11 = 3$? Diese Gleichung ist innerhalb desselben Systems der natürlichen Zahlen geschrieben, hat aber keine natürliche Zahl als Lösung. Denn selbst wenn wir den kleinsten Kandidaten 1 für x einsetzen, ergibt der Ausdruck $2x + 11$ schon $2 \cdot 1 + 11 = 13$, was den gesetzten Wert von 3 erheblich überschreitet. Wir haben hier eine Gleichung vor uns, die zwar im System der natürlichen Zahlen geschrieben ist, aber keine natürliche Zahl als Lösung besitzt. In diesem Sinne sind die natürlichen Zahlen algebraisch unvollständig oder nicht abgeschlossen.

Leider entbehrt die Menge der reellen Zahlen auch nicht dieses Mankos. Die quadratische Gleichung $x^2 + 15 = 0$ hat nur reelle Koeffizienten – alle Koeffizienten sind sogar natürliche Zahlen. Ihre Lösung $x = \sqrt{-15}$ ist jedoch

Carl Friedrich Gauß auf dem deutschen 10-DM-Schein

keine reelle Zahl. Dies ist ein Beispiel für eine Gleichung, die im System der reellen Zahlen geschrieben ist, jedoch keine Lösung in diesem System besitzt. Auch die reellen Zahlen sind algebraisch nicht abgeschlossen.

Die komplexen Zahlen allerdings weisen dieses Manko nicht auf. Ein algebraisches Entweichen in weitere Zahlbereiche ist unmöglich. Genau das ist die Aussage des Fundamentalsatzes der Algebra. Er besagt, daß die Nullstellen eines Polynoms mit komplexen Koeffizienten selbst komplexe Zahlen sind – also auch die Lösungen polynomialer Gleichungen. Das gilt nicht nur für Gleichungen ersten Grades wie $3x + 8 = 2 + 3i$ mit der eindeutig bestimmten komplexen Lösung $x = -2 + i$ oder für Gleichungen zweiten Grades wie $x^2 + x = 11 + 7i$ mit den beiden komplexen Lösungen $x = 3 + i$ und $x = -4 - i$, sondern auch beispielsweise für eine Polynomgleichung fünften Grades wie

$$5x^5 + ix^4 - 3x^3 + (8 - 2i)x^2 - 17x - i = 0.$$

Diese muß fünf, eventuell mehrfache Lösungen besitzen, die alle komplexe Zahlen sind. Der Grad des Polynoms spielt für die Aussage überhaupt keine Rolle. Der *Fundamentalsatz der Algebra* besagt, daß jedes Polynom n-ten Grades mit komplexen Koeffizienten genau n, eventuell mehrfache Nullstellen hat, die alle komplexe Zahlen sind.

Man sollte darauf hinweisen, daß der Satz keinerlei Aussagen darüber wiedergibt, *wie* man diese komplexen Lösungen finden kann. Es wird nur bewiesen, daß sie existieren. Dennoch ist das ein sehr wichtiges und leistungsfähiges Ergebnis, denn es zeigt, daß das System der komplexen Zahlen für die Lösung *beliebiger* Polynomgleichungen mit komplexen Koeffizienten das richtige Umfeld ist und alle Lösungen liefert.

Eine große Zahl von Mathematikern des achtzehnten Jahrhunderts, darunter auch Euler, glaubte an die Gültigkeit dieses Satzes, war aber nicht in der Lage, ihn zufriedenstellend zu beweisen.[8] Das mußte warten, bis Carl Friedrich Gauß auf der Bildfläche erschien, jener Mathematiker, der in diesem Buch immer wieder aufgetaucht ist. In Kapitel A wurde Gauß als einer der größten Zahlentheoretiker in der Geschichte vorgestellt, und so mag es gerechtfertigt erscheinen, wenn wir am Ende des Buches zu ihm zurückkehren. In seiner Dissertation, mit der er 1799 den Doktorgrad an der Universität Helmstedt erwarb, findet sich der erste Beweis des Fundamentalsatzes der Algebra. Diese Dissertation, in der eine so wichtige Frage gelöst wurde, gilt als die beste Dissertation in der Mathematik überhaupt. Ihre Existenz sollte alle anderen Doktoren zur Bescheidenheit mahnen.

Cardano sah die komplexen Zahlen als „nutzlos" an. Leibniz siedelte diese „Amphibien" irgendwo zwischen Realität und Fiktion an, und Euler entdeckte einige ihrer eigentümlichsten und interessantesten Eigenschaften. Aber Gauß war es, der bewies, daß die komplexen Zahlen das ideale System sind, um Gleichungen zu lösen. In einem sehr reellen Sinne schenkt der Fundamentalsatz der Algebra dem Algebraiker das Paradies der komplexen Zahlen.

Nachwort

Das Alphabet ist erschöpft. Vielleicht fühlt sich der eine oder andere Leser ebenso. Unsere alphamathische Exkursion begann in Kapitel A mit dem Hauptsatz der Zahlentheorie. Auf halbem Wege begegneten wir in Kapitel L dem Hauptsatz der Differential- und Integralrechnung. Und beendet haben wir die Exkursion mit dem Fundamentalsatz der Algebra.

Zwischen diese grundlegenden Theoreme gestreut waren mathematische Begriffe und Mathematiker, graphische Darstellungen und Formeln, Erläuterndes und Kontroverses und hoffentlich auch Unterhaltsames. Auf unserem Weg von A bis Z reisten wir von China nach Cambridge und vom antiken Thales bis zum neuzeitlichen Computer. Mit Sicherheit hätten wir jedes Kapitel aufs Hundertfache ausdehnen können, aber der beschränkte Platz hielt uns davon ab, zu lange bei einem einzelnen Thema zu verweilen. Einige Kapitel hätte man vielleicht über Bord werfen können, aber das Interesse des Autors befahl, daß sie bleiben.

Zu guter Letzt war es eben doch nur meine individuelle Reise und sonst nichts. Ich danke dem Leser, daß er mich begleitet hat.

Anmerkungen

Vorwort

1. Ann Hibler Koblitz, *A Convergence of Lives*, Birkhäuser, Boston, 1983, p. 231.
   Eine deutschsprachige Biographie haben vorgelegt: Wilderich Tuschmann und Peter Hawig: *Sofia Kowalewskaja. Ein Leben für die Mathematik und Emanzipation*, Birkhäuser, Basel, 1993.
2. Proclus, *A Commentary on the First Book of Euclid's Elements*, Glenn R. Morrow (Übersetzer), Princeton University Press, Princeton, NJ, 1970, p. 17.

Arithmetik

1. Morris Kline, *Mathematical Thought from Ancient to Modern Times*, Oxford University Press, New York, 1972, p. 979.
2. David Wells, *The Penguin Dictionary of Curious and Interesting Numbers*, Penguin, New York, p. 257.
3. Florian Cajori, *A History of Mathematics*, Chelsea (Nachdruck), New York, 1980, p. 167.
4. David Burton, *Elementary Number Theory*, Allyn and Bacon, Boston, 1976, p. 226.
5. *Focus*, Newsletter of the Mathematical Association of America, Vol. 12, No. 3, Juni 1992, p. 3.
6. Leonard Eugene Dickson, *History of the Theory of Numbers*, Vol. 1, G. E. Stechert and Co., New York, 1934, p. 424.
7. Thomas L. Heath, *The Thirteen Books of Euclid's Elements*, Vol. 1, Dover, New York, 1956, pp. 349-350.
8. Donald J. Albers, Gerald L. Alexanderson and Constance Reid, *More Mathematical People*, Harcourt Brace Jovanovich, Boston, 1990, p. 269.
9. Paul Hoffman, „The Man Who Loves Only Numbers", *The Atlantic Monthly*, November 1987, p. 64.
10. Hoffman, „The Man Who Loves Only Numbers", p. 65.
11. Caspar Goffman, „And What Is Your Erdös Number?" *The American Mathematical Monthly*, Vol. 76, No. 7, 1969, p. 791.

Bernoulli-Versuche

1. David Eugene Smith, *A Source Book in Mathematics*, Dover, New York, 1959, p. 90.
2. Kline, *Mathematical Thought* ..., p. 473.
3. Charles C. Gillispie, ed., *Dictionary of Scientific Biography*, Vol. 2, Scribner's, New York, 1970; Johann Bernoulli, p. 53.
4. Anders Hald, *A History of Probability and Statistics and Their Applications before 1750*, Wiley, New York, 1990, p. 223.
5. Gillispie, *Dictionary of Scientific Biography*, Jakob Bernoulli, p. 50.
6. James R. Newman, *The World of Mathematics*, Vol. 3, Simon and Schuster, New York, 1956, pp. 1452-1453.
7. Hald, *A History of Probability* ..., p. 257.
8. Gerd Gigerenzer et al., *The Empire of Chance*, Cambridge University Press, New York, 1990, p. 29.
9. Newman, *The World of Mathematics*, p. 1455.
10. Newman, *The World of Mathematics*, p. 1454.
11. Ian Hacking, *The Emergence of Probability*, Cambridge University Press, New York, 1975, p. 168.

Crux mit dem Kreis

1. Vitruvius, *On Architecture*, Frank Granger (Übersetzer), Vol. 2, Loeb Classical Library, Cambridge, MA, 1962, p. 205.
2. Howard Eves, *An Introduction to the History of Mathematics*, 5th ed., Saunders, New York, 1983, p. 89.
3. Richard Preston, „Mountains of π", *The New Yorker*, 2. März 1992, pp. 36-67.
4. David Singmaster, „The Legal Values of π", *The Mathematical Intelligencer*, Vol. 7, No. 2, 1985, pp. 69-72.
5. Singmaster, „The Legal Values of π", p. 69.
6. Singmaster, „The Legal Values of π", p. 70.
7. Über den Versuch, im US-Staat Indiana die Zahl π per Gesetz festzulegen, berichtet ausführlich: Underwood Dudley, *Mathematik zwischen Wahn und Witz*, Birkhäuser, Basel, 1995.

Differentialrechnung

1. Dirk Struik, ed., *A Source Book in Mathematics: 1200-1800*, Princeton University Press, Princeton, NJ, 1986, pp. 272-273.
2. James Stewart, *Calculus*, 2nd ed., Brooks/Cole, Pacific Grove, CA, 1991, p. 56.

Euler

1. C. Boyer and Uta Merzbach, *A History of Mathematics*, 2nd ed., Wiley, New York, 1991, p. 440.

2. Leonhardi Euleri Opera Omnia, hg. von dem Euler-Kommitee der Schweizer Akademie der Wissenschaften seit 1911, bislang 74 Bände, Birkhäuser, Basel.

3. G. Waldo Dunnington, *Carl Friedrich Gauss: Titan of Science*, Exposition Press, New York, 1955, p. 24.

4. Carl Boyer, *History of Analytic Geometry*, Scripta Mathematica, New York, 1956, p. 180.

5. Dunnington, *Carl Friedrich Gauss: Titan of Science*, pp. 27-28.

6. G. G. Joseph, *The Crest of the Peacock*, Penguin, New York, 1991, p. 323.

7. „Glossary", *Mathematics Magazine*, Vol. 56, No. 5, 1983, p. 317.

8. E. H. Taylor and G. C. Bartoo, *An Introduction to College Geometry*, Macmillan, New York, 1949, pp. 52-53.

9. André Weil, *Number Theory: An Approach through History*, Birkhäuser, Boston, 1984, p. 261 (dt.: *Zahlentheorie. Ein Gang durch die Geschichte*, Birkhäuser, Basel, 1992).

10. W. Dunham, *Journey through Genius*, Wiley, New York, 1990, Chapter 9.

11. Weil, *Number Theory: An Approach through History*, p. 277;

Fermat

1. Weil, *Number Theory: An Approach through History*, p. 39.

2. E. T. Bell, *The Last Problem*, (Introduction and Notes by Underwood Dudley), Mathematical Association of America, Washington, DC, 1990, p. 265.

3. Boyer and Merzbach, *A History of Mathematics*, p. 344.

4. Boyer and Merzbach, *A History of Mathematics*, p. 333.

5. Weil, *Number Theory: An Approach through History*, p. 51.

6. Michael Sean Mahoney, *The Mathematical Career of Pierre de Fermat*, Princeton University Press, Princeton, NJ, 1973, pp. 311.

7. Burton, *Elementary Number Theory*, p. 264.

8. Smith, *A Source Book in Mathematics*, p. 213.

9. Smith, *A Source Book in Mathematics*, p. 213.

10. Harold M. Edwards, *Fermat's Last Theorem*, Springer-Verlag, New York, 1977, p. 73.

11. Bell, *The Last Problem*, p. 300.
Underwood Dudley beschreibt in *Mathematik zwischen Wahn und Witz* einige Lösungsversuche von Amateuren.

12. Gina Kolata, „At Last, Shout of 'Eureka!' in Age-Old Math Mystery", *New York Times*, 24. Juni 1993, p. 1.
Michael Lemonick, „*Fini* to Fermat's Last Theorem", *Time*, 5. Juli 1993, p. 47.

13. Edwards, *Fermat's Last Theorem*, p. 38.

Griechische Geometrie

1. Ivor Thomas, *Greek Mathematical Works*, Vol. 1, Loeb Classical Library, Cambridge, MA, 1967, pp. viii-ix.
2. Thomas, *Greek Mathematical Works*, p. 391.
3. Thomas, *Greek Mathematical Works*, p. 147.
4. Heath, *The Thirteen Books of Euclid's Elements*, Vol. 1, p. 153.
5. Dunham, *Journey through Genius*, pp. 37-38.
6. Thomas, *Greek Mathematical Works*, p. ix.
7. Heath, *The Thirteen Books of Euclid's Elements*, Vol. 1, pp. 253-254.
8. Proclus, *A Commentary on the First Book* ..., p. 251.
9. Proclus, *A Commentary on the First Book* ..., p. 251.
10. A. Conan Doyle, *A Study in Scarlet* (dt.: *Das scharlachrote Band*), in: *The Complete Sherlock Holmes*, Garden City Books, Garden City, NY, 1930, p. 12.
11. Heath, *The Thirteen Books of Euclid's Elements*, Vol. 1, p. 4.
12. *American Mathematical Monthly*, Vol. 99, No. 8, Oktober 1992, p. 773.
13. Morris Kline, *Mathematics in Western Culture*, Oxford University Press, New York, 1953, p. 54.
14. G. H. Hardy, *A Mathematician's Apology*, Cambridge University Press, New York, 1967, pp. 80-81.

Hypotenuse

1. Elisha Scott Loomis, *The Pythagorean Proposition*, National Council of Teachers of Mathematics, Washington, DC, 1968.
2. Frank J. Swetz and T. I. Kao, *Was Pythagoras Chinese?*, Pennsylvania State University Press, University Park, PA, 1977, pp. 12-16.
3. Edmund Ingalls, „George Washington and Mathematics Education", *Mathematics Teacher*, Vol. 47, 1954, p. 409.
4. James Mellon, ed., *The Face of Lincoln*, Viking, New York, 1979, p. 67.
5. Ulysses S. Grant, *Personal Memoirs*, Bonanza Books, New York (Facsimile der Ausgabe von 1885), pp. 39-40.
6. *The New England Journal of Education*, Vol. 3, Boston, 1876, p. 161.
7. *The Inaugural Addresses of the American Presidents*, annotated by Davis Newton Lott, Holt, Rinehart & Winston, New York, 1961, p. 146.
8. *The New England Journal of Education*, Vol. 3, Boston, 1876, p. 161.

Isoperimetrisches Problem

1. Virgil, *The Aeneid*, Rolfe Humphries (Übersetzer), Scribner's, New York, 1951, p. 16; (dt. Ausgaben u.a. Sammlung Tusculum, Artemis, Zürich; Goldmann Klassiker, München; Reclams Universalbibliothek, Stuttgart).
2. Proclus, *A Commentary on the First Book* ..., p. 318.
3. Thomas, *Greek Mathematical Works*, Vol. 2, p. 395.

4. Thomas, *Greek Mathematical Works*, Vol. 2, pp. 387-389.

5. Thomas, *Greek Mathematical Works*, Vol. 2, p. 589.

6. Thomas, *Greek Mathematical Works*, Vol. 2, p. 593.

Ja oder Nein?

1. Michael Atiyah, Kommentar in „A Mathematical Mystery Tour", *Nova*, PBS television program.

2. Bertrand Russell, *The Basic Writings of Bertrand Russell: 1903-1959*, Robert Egner and Lester Denonn, eds., Simon and Schuster, New York, 1961, p. 175.

3. Charles Darwin, *The Autobiography of Charles Darwin*, Dover Reprint, New York, 1958, p. 55; (dt. Ausgabe: *Mein Leben* , Insel, Frankfurt/M., 1993).

4. Boyer, *History of Analytic Geometry*, p. 103.

5. Thomas, *Greek Mathematical Works*, Vol. 1, p. 423.

6. Russell, *The Basic Writings of Bertrand Russell: 1903-1959*, p. 163.

7. John Bartlett, ed., *Familiar Quotations*, Little, Brown, Boston, 1980, p. 746.

8. Barry Cipra, „Solutions to Euler Equation", *Science*, Vol. 239, 1988, p. 464.

9. Hardy, *A Mathematician's Apology*, p. 94.

10. Malcolm Browne, „Is a Math Proof a Proof If No One Can Check It?" *New York Times*, 20. Dezember 1988, p. 23.

Königlicher Newton

1. John Fauvel, Raymond Flood, Michael Shortland und Robin Wilson, *Newtons Werk. Die Begründung der modernen Naturwissenschaft*, Birkhäuser, Basel, pp. 20-22.

2. Fauvel et al., *Newtons Werk*, p. 24.

3. Kline, *Mathematics in Western Culture*, p. 214.

4. Adolph Meyer, *Voltaire: A Man of Justice*, Howell, Soskin Publishers, New York, 1945, p. 184.
   Fauvel et al., *Newtons Werk*, p. 237.

5. R. S. Westfall, *Never at Rest*, Cambridge University Press, New York, 1980, p. 270.

6. Westfall, *Never at Rest*, pp. 273-274.

7. Westfall, *Never at Rest*, p. 266.

8. Westfall, *Never at Rest*, p. 202.

9. Joseph E. Hoffman, *Leibniz in Paris*, Cambridge University Press, Cambridge, UK, 1974, p. 229.

10. Westfall, *Never at Rest*, pp. 715-716.

11. Westfall, *Never at Rest*, p. 761.

12. Derek Whiteside, ed., *The Mathematical Papers of Isaac Newton*, Vol. 2, Cambridge University Press, Cambridge, UK, 1968, pp. 221-223.

Lanze für Leibniz

1. J. M. Child, *The Early Mathematical Manuscripts of Leibniz*, Open Court Publishing, London, 1920, p. 11.
2. J. Hoffman, *Leibniz in Paris*, pp. 2-3.
3. J. Hoffman, *Leibniz in Paris*, p. 15.
4. C. H. Edwards, Jr., *The Historical Development of Calculus*, Springer-Verlag, New York, 1979, p. 234.
5. Child, *The Early Mathematical Manuscripts of Leibniz*, p. 12.
6. J. Hoffman, *Leibniz in Paris*, pp. 91-93.
7. J. Hoffman, *Leibniz in Paris*, p. 151.
8. Eves, *An Introduction to the History of Mathematics*, p. 309.

Mathematikers Persönlichkeit

1. G. Pólya, „Some Mathematicians I Have Known", *American Mathematical Monthly*, Vol. 76, No. 7, 1969, pp. 746-753.
2. Paul Halmos, *I Have a Photographic Memory*, American Mathematical Society, Providence, RI, 1987, p. 2.
3. Pólya, „Some Mathematicians I Have Known", pp. 746-753.
4. Westfall, *Never at Rest*, p. 192.
5. Eves, *An Introduction to the History of Mathematics*, p. 370.
6. John F. Bowers, „Why Are Mathematicians Eccentric?" *New Scientist*, 22/29, Dezember 1983, pp. 900-903.
7. Ed Regis, *Einstein, Gödel & Co.*, Birkhäuser, Basel, 1989, p. 117.
8. Westfall, *Never at Rest*, p. 105.
9. Harold Taylor and Loretta Taylor, *George Pólya: Master of Discovery*, Dale Seymour Publications, Palo Alto, CA, 1993, p. 21.
10. Ed Regis, *Einstein, Gödel & Co.*, p. 205.
11. Scott Rice, ed., *Bride of Dark and Stormy*, Penguin, New York, 1988, p. 124.
12. *Math Matrix*, (Newsletter of the Department of Mathematics, The Ohio State University), Vol. 1, No. 5, 1986, p. 3.
13. Don Albers and G. L. Alexanderson, „A Conversation with Ivan Niven", *College Mathematics Journal*, Vol. 22, No. 5, November 1991, p. 394.
14. JoAnne Growney, „Misunderstanding", *Intersections*, Kadet Press, Bloomsburg, PA, 1993, p. 48.

Natürliche Logarithmen

1. Leonhard Euler, *Opera Omnia*, Vol. 8, Ser. 1, hg. von Adolf Krazer und Ferdinand Rudo, Birkhäuser, Basel, 1922, p. 128.
2. Charles Darwin, *The Autobiography of Charles Darwin*, pp. 42-43.

Orient und Okzident

1. Victor Katz, *A History of Mathematics: An Introduction*, HarperCollins, New York, 1993, p. 4.
   Vgl. zu den Beiträgen außereuropäischer Kulturen zur Mathematikgeschichte auch: Jeanne Pfeiffer und Amy Dahan-Dalmedico, *Wege und Irrwege – Eine Geschichte der Mathematik*, Birkhäuser, Basel, 1994.

2. Joseph, *The Crest of the Peacock*, p. 61.

3. Joseph, *The Crest of the Peacock*, p. 80.

4. Joseph, *The Crest of the Peacock*, p. 82.

5. Joseph, *The Crest of the Peacock*, pp. 83-84.

6. Swetz and Kao, *Was Pythagoras Chinese?*, p. 29.

7. Boyer and Merzbach, *A History of Mathematics*, p. 223.

8. Cajori, *A History of Mathematics*, p. 87.

9. Harry Carter (Übersetzer), *The Histories of Herodotus*, Vol. 1, Heritage Press, New York, 1958, p. 131.

Primzahlsatz

1. Boyer and Merzbach, *A History of Mathematics*, p. 501.

Quotienten

1. René Descartes, *The Geometry of René Descartes*, David Eugene Smith and Marcia L. Latham (Übersetzer), Dover, New York, 1954, p. 2.

2. Kline, *Mathematical Thought . . .*, pp. 592-593.

3. Kline, *Mathematical Thought . . .*, p. 251.

4. Kline, *Mathematical Thought . . .*, pp. 593-594.

5. Kline, *Mathematical Thought . . .*, p. 981.

Russellsche Paradoxa

1. Ronald W. Clark, *The Life of Bertrand Russell*, Knopf, New York, 1976, p. 7.

2. Clark, *The Life of Bertrand Russell*, p. 28.

3. Robert E. Egner and Lester E. Denonn, eds., *The Basic Writings of Bertrand Russell: 1903-1959*, Simon & Schuster, New York, 1961, p. 253.

4. Egner and Denonn, eds., *The Basic Writings . . .*, pp. 253-254.

5. Bertrand Russell, *Introduction to Mathematical Philosophy*, Macmillan, New York, 1919, p. 1.

6. Bertrand Russell, *The Autobiography of Bertrand Russell, 1872-1914*, George Allen & Unwin Ltd., London, 1967, p. 145.

7. „A Mathematical Mystery Tour", *Nova*, PBS television program.

8. Russell, *The Autobiography of Bertrand Russell*, p. 152.

9. Clark, *The Life of Bertrand Russell*, p. 258.

10. Egner and Denonn, eds., *The Basic Writings* ..., p. 595.

11. Egner and Denonn, eds., *The Basic Writings* ..., p. 589.

12. Egner and Denonn, eds., *The Basic Writings* ..., p. 253.

13. A. J. Ayer, *Bertrand Russell*, University of Chicago Press, Chicago, 1972, p. 17.

14. Clark, *The Life of Bertrand Russell*, p. 53.

15. Clark, *The Life of Bertrand Russell*, p. 441.

16. Clark, *The Life of Bertrand Russell*, p. 334.

17. Egner and Denonn, eds., *The Basic Writings* ..., p. 479.

18. Clark, *The Life of Bertrand Russell*, p. 382.

19. Egner and Denonn, eds., *The Basic Writings* ..., p. 352.

20. Egner and Denonn, eds., *The Basic Writings* ..., p. 298.

21. Clark, *The Life of Bertrand Russell*, p. 451.

22. Egner and Denonn, eds., *The Basic Writings* ..., p. 63.

23. Clark, *The Life of Bertrand Russell*, p. 202.

24. Bertrand Russell, *My Philosophical Development*, George Allen & Unwin Ltd., London, 1959, p. 76.

25. Russell, *My Philosophical Development*, pp. 75-76.

26. Egner and Denonn, eds., *The Basic Writings* ..., p. 255.

27. Kline, *Mathematical Thought* ..., p. 1192.

28. Kline, *Mathematical Thought* ..., p. 1195.

29. Egner and Denonn, eds., *The Basic Writings* ..., p. 255.

30. Clark, *The Life of Bertrand Russell*, p. 110.

31. Egner and Denonn, eds., *The Basic Writings* ..., p. 370.

Sphäre und Zylinder

1. Plato, *Timaeus and Critias*, Desmond Lee (Übersetzer), Penguin, London, 1965, pp. 45-46; (dt. Ausgabe u.a. Platon, *Sämtliche Werke*, Bd. 8, Insel, Frankfurt/M., 1991; *Sämtliche Werke*, Bd. 4, Rowohlt, Reinbek, 1994).

2. Bartlett, ed., *Familiar Quotations*, p. 638.

3. Heath, *The Thirteen Books of Euclid's Elements*, Vol. 3, p. 261.

4. T. L. Heath, ed., *The Works of Archimedes*, Dover, New York, 1953, p. 39.

5. Heath, ed., *The Works of Archimedes*, p. 1.

Trisektion des Winkels

1. John Fauvel and Jeremy Gray, eds., *The History of Mathematics: A Reader*, Macmillan, London, 1987, p. 209.

2. Cajori, *A History of Mathematics*, p. 246.

3. Descartes, *The Geometry of René Descartes*, pp. 216-219.

4. Cajori, *A History of Mathematics*, p. 350.

5. P. L. Wantzel, „Recherches sur les moyens de reconnaitre si un Problème de Géométrie peut se résoudre avec la règle et le compas", *Journal de mathematiques pures et appliquees*, Vol. 2, 1837, pp. 366-372.

6. P. L. Wantzel, „Recherches sur les moyens ...", p. 369.

7. Underwood Dudley, „What to Do When the Trisector Comes", *The Mathematical Intelligencer*, Vol. 5, No. 1, 1983, p. 21.
Siehe auch: Underwood Dudley, *Mathematik zwischen Wahn und Witz.*

8. Robert C. Yates, *The Trisection Problem*, National Council of Teachers of Mathematics, Washington, DC, 1971, p. 57.

Universelle Anwendbarkeit

1. Kline, *Mathematics in Western Culture*, p. 13.

2. Richard Aldington (Übersetzer), *Letters of Voltaire and Frederick the Great*, George Routledge & Sons Ltd., London, 1927, pp. 382-383; (dt.: *Der Briefwechsel mit Friedrich dem Großen*, hg. von Hans Pleschinski, Haffmans, Zürich, 1992.

3. Kline, *Mathematical Thought ...*, p. 1052.

4. James Ramsey Ullman, ed., *Kingdom of Adventure: Everest*, William Sloane Publishers, New York, 1947, pp. 34-35.

5. René Taton and Curtis Wilson, eds., *The General History of Astronomy*, Vol. 2, Cambridge University Press, New York, 1989, p. 107.
Deutschsprachige Astronomiegeschichte: Friedrich Becker, *Geschichte der Astronomie*, Bibliographisches Institut, Mannheim, 1968.

6. Albert Van Helden, *Measuring the Universe*, University of Chicago Press, Chicago, 1985, p. 129.

7. Albert Van Helden, „Roemer's Speed of Light", *Journal for the History of Astronomy*, Vol. 14, 1983, pp. 137-141.

8. Taton and Wilson, eds., *The General History of Astronomy*, p. 154.

9. Taton and Wilson, eds., *The General History of Astronomy*, p. 153.

10. Bartlett, ed., *Familiar Quotations*, p. 275.

11. Willard F. Libby, *Radiocarbon Dating*, 2nd ed., University of Chicago Press, Chicago, 1955, p. 5.

12. Libby, *Radiocarbon Dating*, p. 9.

13. Morris Kline, *Mathematics for Liberal Arts*, Addison-Wesley, Reading, MA, 1967, p. 546.

14. Hardy, *A Mathematician's Apology*, p. 119.

15. Stillman Drake (Übersetzer), *Discoveries and Opinions of Galileo*, Doubleday, Garden City, NY, 1957, pp. 237-238.

Wo sind die Frauen?

1. Nadya Aisenberg and Mona Harrington, *Women of Academe: Outsiders in the Sacred Grove*, University of Massachusetts Press, Amherst, MA, 1988, p. 9.

2. Cecil Woodham Smith, *Florence Nightingale: 1820-1910*, McGraw-Hill, New York, 1951, p. 27.
3. Auguste Dick, *Emmy Noether*, H. I. Blocher (Übersetzer), Birkhäuser, Boston, 1981, p. 125.
4. Fauvel and Gray, eds., *The History of Mathematics: A Reader*, p. 497.
5. Michael A. B. Deakin, „Women in Mathematics: Fact versus Fabulation", *Australian Mathematical Society Gazette*, Vol. 19, No. 5, 1992, p. 112.
6. „Earned Degrees Conferred by U.S. Institutions", *Chronicle of Higher Education*, 2. Juni 1993, p. A-25.
7. Virginia Woolf, *A Room of One's Own*, Harvest/HBJ Books, New York, 1989, p. 47; (dt.: *Ein eigenes Zimmer*, Reclam, Leipzig).
8. Gillispie, *Dictionary of Scientific Biography*, Aufsatz über ‚Sonya Kovalevsky', p. 477.
9. Koblitz, *A Convergence of Lives*, p. 49.
10. Koblitz, *A Convergence of Lives*, pp. 99-100.
11. Koblitz, *A Convergence of Lives*, p. 136.
12. Albers et al., *More Mathematical People*, p. 280.

X-Y–Ebene

1. Descartes, *The Geometry of René Descartes*, p. 2.
2. Whiteside, ed., *The Mathematical Papers of Isaac Newton*, Vol. 1, p. 6.
3. Descartes, *The Geometry of René Descartes*, p. 10.
4. Descartes, *The Geometry of René Descartes*, p. 10.
5. Boyer, *History of Analytic Geometry*, p. 138.
6. Albers et al., *More Mathematical People*, p. 278.
7. Boyer, *History of Analytic Geometry*, p. 75.
8. Boyer, *History of Analytic Geometry*, p. 75.

Z

1. Struik, ed., *A Source Book in Mathematics: 1200-1800*, p. 67.
2. Struik, ed., *A Source Book in Mathematics: 1200-1800*, p. 69.
3. Katz, *A History of Mathematics: An Introduction*, p. 336.
4. Descartes, *The Geometry of René Descartes*, p. 175.
5. Whiteside, ed., *The Mathematical Papers of Isaac Newton*, Vol. 5, p. 411.
6. Kline, *Mathematical Thought ...*, p. 254.
7. *A Century of Calculus*, Part I, Mathematical Association of America, Washington, DC, 1992, p. 8.
8. William Dunham, „Euler and the Fundamental Theorem of Algebra", *The College Mathematics Journal*, Vol. 22, No. 4, 1991, pp. 282-293.

Index